全国高等学校安全工程专业规划推荐教材

建筑施工安全（第三版）

李　钰　编著
田思进　主审

中国建筑工业出版社

图书在版编目(CIP)数据

建筑施工安全/李钰编著．—3 版．—北京：中国建筑工业出版社，2019.2（2022.12重印）

全国高等学校安全工程专业规划推荐教材

ISBN 978-7-112-22969-7

Ⅰ.①建…　Ⅱ.①李…　Ⅲ.①建筑施工-安全技术-高等学校-教材　Ⅳ.①TU714

中国版本图书馆 CIP 数据核字(2018)第 264463 号

为了更好地支持相应课程的教学，我们向采用本书作为教材的教师提供课件，有需要者可与出版社联系。

建工书院：https：//edu.cabplink.com

邮箱：jckj@cabp.com.cn　电话：(010) 58337285

全国高等学校安全工程专业规划推荐教材

建筑施工安全

(第三版)

李　钰　编著

田思进　主审

＊

中国建筑工业出版社出版、发行（北京海淀三里河路9号）

各地新华书店、建筑书店经销

北京红光制版公司制版

北京建筑工业印刷厂印刷

＊

开本：787×1092 毫米　1/16　印张：21¾　字数：483 千字

2019 年 2 月第三版　2022 年 12 月第十八次印刷

定价：**48.00** 元（赠教师课件）

ISBN 978-7-112-22969-7

(33051)

本书是第 3 次修订，主要依据自 2018 年 6 月 1 日起施行《危险性较大的分部分项工程安全管理规定》（中华人民共和国住房和城乡建设部令第 37 号）及《关于实施〈危险性较大的分部分项工程安全管理规定〉有关问题的通知》（建办质〔2018〕31 号）。

本书首先对建筑工程基础知识进行了简单介绍。其次对建筑施工安全分管理与技术层面进行详细探讨。在安全管理方面，详细阐述了建设工程安全的主要法律、法规，叙述了我国建设施工安全管理体制，以及对施工现场的安全管理知识；在安全技术层面，紧密围绕"住房和城乡建设部令第 37 号"与"建办质〔2018〕31 号"展开，对土方工程、脚手架工程、模板工程、主体工程、建筑施工机械、施工现场临时用电、建筑施工现场的防火防爆、拆除工程、"建筑三宝"的检测与正确使用等内容进行详细讲解。最后从理论上阐述了施工伤亡事故的调查处理方法与一般预防措施，并对施工过程中发生的六类典型事故案例进行了深入的分析和讨论，并给出了该类事故的特殊预防措施等，以便使本书更具有指导性。

本书可作为安全工程类专业教材，土木工程类相关专业教学参考书，也可作为建设工程领域安全技术与管理人员学习与培训的参考书。

*   *   *

责任编辑：陈　桦　张　健
责任校对：李美娜

第 三 版 前 言

本书前两版出版以来,受到许多高校师生的欢迎,已累计 12 次印刷。适逢部分规范法规的变化,尤其是新的《危险性较大的分部分项工程安全管理规定》(住房和城乡建设部令第 37 号)于 2018 年 6 月开始执行,为了紧跟施工安全管理与技术的发展,特组织修订第三版,并改为教材形式出版。为师生服务,努力打造精品教材,是编者一贯的思想宗旨!

本书继续沿用第二版成熟的体系,以施工安全管理与安全技术为核心,以最新的《危险性较大的分部分项工程安全管理规定》为主线(该部门规章是建设、施工、监理等项目参建各单位安全管理的切入点)进行了如下修订:

(1)以现行技术规范、法规为基准,修订了部分内容。

(2)施工管理部分,删除了施工现场的职业卫生管理,增加了施工现场安全警示牌,增加了安全应急预案的部分内容,更贴近施工现场安全管理的工作。

(3)修订了部分施工技术土方安全、主体施工、施工机械、脚手架、模板、临时用电等章节,内容更完整。

(4)删除了爆破工程一章,该章内容专业性较强,有限的篇幅难以完整表达爆破工程安全技术与安全管理的内容。

(5)更新了近年来影响较大的施工安全案例,针对性更强,教训更深刻。

(6)作为教材,每章增设学习要求与复习思考题。

(7)章后增设重难点知识讲解视频,扫二维码可看。书本与数字媒体有机结合,是本书第三版修订的大胆尝试。

本书由李钰编著,其中第 10 章由吉林建筑大学刘辉修编,由上海应用技术大学田思进主审。修编过程中,继续得到了东北大学徐晓虎、湖南工学院黄俊歆、常州大学郝永梅、武汉科技大学龚宜香、西安科技大学刘纪坤、大连交通大学欧晓英、河北科技大学苏昭桂、辽宁工程技术大学郝晓华等高校老师的支持指导。还得到了付玉、丁妍君、李恬雅等的帮助,一并表示感谢!

编者为本书准备了齐全的教研资料,如课件 PPT、教案、教学进度表、课程大纲等,任课教师有意索取,请扫码或申请加入 QQ 群:118173052 联系群主,也可进行学术交流,非教师谢绝入群。如有教材相关问题可与主编联系13504112906。

大连交通大学　李钰

2018 年 5 月

4

目　录

0 绪论

学习要求

通过绪论内容的学习，了解事故的危害与特点，了解我国施工安全管理的行业部门与综合管理部门，熟悉我国建筑施工安全的形势，熟悉事故类型与发生事故部位的对应关系，掌握施工安全事故分类。

建设工程，包括土木工程、建筑工程、线路管道和设备安装工程及装修工程。建筑工程施工安全事故类型在土木工程领域内更有代表性，或者说土木工程领域内施工事故类型集中体现在建筑工程施工上面。建筑工程施工（广义上说）主要包括建筑工程、道路工程、桥梁工程、铁路工程、水利工程等。而施工安全事故类别与部位可以涵盖所有建设工程。本书的事故就是建筑工程施工安全事故的简称。

0.1 事故的概念与分类

建筑工程施工安全事故是指在建筑工程施工过程中，在施工现场突然发生的一个或一系列违背人们意愿的，可能导致人员伤亡（包括人员急性中毒）、设备损坏、建筑工程倒塌或废弃、安全设施破坏以及财产损失的（发生其中任一项或多项），迫使人们有目的的活动暂时或永久停止的意外事件。

安全事故按性质不同可分为责任事故和非责任事故（自然灾害、自然事故）。安全事故还可以分为生产安全事故与非生产安全事故。目前我国对建筑安全生产的管理主要是针对生产事故。非生产安全事故如质量事故、技术事故以及其他安全事故。施工现场的生产安全事故一般有以下分类方法：

1）按事故严重程度分类

依据《企业职工伤亡事故分类标准》GB 6441—1986，可以分为轻伤事故、重伤事故与死亡事故三类。

轻伤，指造成职工肢体伤残，或某些器官功能性、器质性轻度损伤，表现为劳动能力轻度或暂时丧失的伤害，损失工作日低于 105 日。重伤，指造成职工肢体残缺或视觉、听觉等器官受到严重损伤，一般能引起人体长期存在功能障碍，或劳动能力有重大损失的伤害，损失工作日等于和超过 105 日。死亡或永久性全失能伤害定 6000 日。人体伤害程度的记录方法及伤害对应的损失工作日数值参见《事故伤害损失工作日标准》GB/T 15499—1995。

2）按事故类别分类

依据《企业职工伤亡事故分类标准》GB 6441—1986，在施工现场，按事故类别分，可以分为 14 类，即：高处坠落、坍塌、物体打击、起重伤害、触电、机械伤害、中毒、车辆伤害、灼烫、火灾、淹溺、火药爆炸、窒息、其他伤害等。

（1）高处坠落事故

由≥2m的势能差引起，人员由高处坠落以及从平地坠入坑内的伤害。由于建筑随着生产的进行，建筑物向高处发展，从而高空作业现场较多，因此高处坠落是最主要的事故，多发生在洞口、临边处作业、脚手架、模板、龙门架（井字架）等高空作业中。

（2）坍塌事故

指建筑物、堆置物倒塌以及土石塌方等引起的伤害事故。随着高层和超高层建筑的大量增加，基础工程的开挖也越来越深，土方坍塌事故上升，同时传统的脚手架坍塌、模板坍塌数量一直较多，因此坍塌也是主要的事故类型之一。

（3）物体打击事故

指落物、滚石、锤击、碎裂、崩块、砸伤等造成的人身伤害，不包括因爆炸而引起的物体打击。在建筑工程施工中，由于受到工期的约束，必然安排部分的或全面的立体交叉作业。因此，物体打击也是主要的事故类型之一，占事故发生总数的10%左右。

（4）起重伤害

指从事各种起重作业时发生的机械伤害事故，不包括上下驾驶室时发生的坠落伤害，起重设备引起的触电及检修时制动失灵造成的伤害。

（5）触电事故

指由于电流经过人体导致的生理伤害，不包括雷击伤害。建筑工程施工离不开电力，不仅指施工中的电气照明，更主要的是电动机械和电动工具，触电事故也是多发事故，占事故总数的7%左右。

（6）机械伤害事故

指被机械设备或工具绞、碾、碰、割、戳等造成的人身伤害，不包括车辆、起重设备引起的伤害。

（7）火灾

火灾时造成的人员烧伤、窒息、中毒等。

（8）车辆伤害

指被车辆挤、压、撞和车辆倾覆等造成的人身伤害。

（9）灼烫

指火焰引起的烧伤、高温物体引起的烫伤、强酸或强碱引起的灼伤、放射线引起的皮肤损伤，不包括电烧伤及火灾事故引起的烧伤。

（10）火药爆炸

指在火药的生产、运输、储藏、使用过程中发生的爆炸事故。

（11）中毒和窒息

指煤气、油气、沥青、一氧化碳等有毒气体中毒。

（12）淹溺

指人落入水中，因呼吸受阻造成伤害的事故。

（13）其他伤害

包括扭伤、跌伤、冻伤、野兽咬伤等。

3）根据法规条例分类

根据国务院 2007 年 6 月 1 日起实施的《生产安全事故报告和调查处理条例》，生产安全事故（以下简称事故）造成的人员伤亡或者直接经济损失，事故一般分为以下等级：

（1）特别重大事故，是指造成 30 人以上死亡，或者 100 人以上重伤（包括急性工业中毒，下同），或者 1 亿元以上直接经济损失的事故。

（2）重大事故，是指造成 10 人以上 30 人以下死亡，或者 50 人以上 100 人以下重伤，或者 5000 万元以上 1 亿元以下直接经济损失的事故。

（3）较大事故，是指造成 3 人以上 10 人以下死亡，或者 10 人以上 50 人以下重伤，或者 1000 万元以上 5000 万元以下直接经济损失的事故。

（4）一般事故，是指造成 3 人以下死亡，或者 10 人以下重伤，或者 1000 万元以下直接经济损失的事故。

所称的"以上"包括本数，所称的"以下"不包括本数。

住房和城乡建设部于 2010 年 7 月发文《关于做好房屋建筑和市政基础设施工程质量事故报告和调查处理工作的通知》（建质［2010］111 号），与《生产安全事故报告和调查处理条例》（国务院 493 号）令基本保持了一致（区别是：一般事故，是指造成 3 人以下死亡，或者 10 人以下重伤，或者 100 万元以上 1000 万元以下直接经济损失的事故）。并定义了工程质量事故，是指由于建设、勘察、设计、施工、监理等单位违反工程质量有关法律法规和工程建设标准，使工程产生结构安全、重要使用功能等方面的质量缺陷，造成人身伤亡或者重大经济损失的事故。工程质量事故强调了导致事故的原因是质量，其后果往往就是安全事故。

0.2　事故的危害与特点

1）事故的危害

（1）人员伤亡

建筑工程生产安全事故的发生，直接带来人员的伤亡。表 0-1 为近年来我国建筑工程施工事故死亡、重伤人员统计表。

建筑工程生产安全事故一直居高不下，在各产业系统中仅次于采矿业，居第二位，给国家和人民的生命财产安全造成重大损失。因此，建筑工程安全生产是直接关系到人民群众生命和财产安全的头等大事。

（2）财产损失

建筑安全事故不仅给受害人及其家庭成员带来巨大的精神痛苦，还对建筑企业乃至全社会产生许多负面影响。根据粗略估算，由于建筑事故所造成的经济损失（包括直接经济损失和间接经济损失）已经占到建筑项目总成本的相当比例。据统计数据，美国建筑工程安全事故造成的经济损失已占到总成本的 7.9%，英国则占总成本的 3%～6%，中国香港特别行政区则高达 8.5%，我国每年直接经济损失逾百亿元。

建筑业中较高的事故发生率和巨大的经济损失已经成为制约建筑业劳动生产率提高和技术进步的重要原因。随着中国经济的持续发展，人民生活水平的不断提高，建筑业从业人员以及全社会都对工程建筑过程中的安全管理水平提出了越来越高的要求。

（3）影响国民经济持续健康发展和社会稳定

1998 年以来，我国建筑业持续快速发展，建筑业增加值❶占全国 GDP 的比重一直稳定在 6.6%～6.8% 之间，在国民经济各部门中仅次于工业、农业、贸易，居第四位，成为重要的支柱产业之一。同时，建筑业提高了我国相关产业部门，如冶金、建材、化工、机械等行业技术装备水平，增强了我国能源、交通、通信、水利、城市公用等基础设施能力，改善了人民群众物质文化生活条件。当前，我国正处于城乡经济统筹发展，全面建设小康社会时期，建筑业肩负着历史重任。因此，建筑工程安全生产关系到国家经济持续健康高速发展和社会的稳定。

2) 事故的特点

施工安全事故具有事故的一般特性，如普遍性、随机性、必然性、因果相关性、突变性、潜伏性、危害性、不可逆转性以及可预防性等。作为建筑工程施工过程中发生的安全事故有其特殊性，其特殊性主要表现在：

（1）严重性

建筑工程发生安全事故，其影响往往较大，会直接导致人员伤亡或财产损失，重大安全事故往往会导致群死群伤或财产的巨大损失。近年来，施工安全事故死亡人数和事故起数仅次于交通、矿山，成为人们关注的热点问题之一。因此，对建筑工程安全事故隐患绝不能掉以轻心，一旦发生安全事故，其造成的损失将无法挽回。

（2）复杂性

建筑工程施工生产的特点，决定了影响建筑工程安全生产的因素很多，造成工程安全事故的原因错综复杂，即使同一类安全事故，其发生原因也可能多种多样。这样，在对安全事故进行分析时，增加了判断其性质、原因（直接原因、间接原因、主要原因）等的复杂性。

（3）可变性

许多建筑工程施工中出现安全事故隐患，其安全事故隐患并非静止的，而是有可能随着时间而不断地发展、恶化，若不及时整改和处理，往往发展为严重或重大安全事故。因此，在分析与处理工程安全隐患时，要重视安全隐患的可变性，应及时采取有效措施，进行纠正、消除，杜绝其发展恶化为安全事故。

（4）多发性

---

❶ 建筑业增加值

指建筑业企业在报告期内以货币表现的建筑业生产经营活动的最终成果。目前建筑业增加值采用分配法（收入法）计算，即从收入的角度出发，根据生产要素在生产过程中应得的收入份额计算。具体计算公式为：建筑业增加值＝本年提取的固定资产折旧＋应付工资＋应付福利费＋管理费用中的劳动待业保险金、税金＋工程结算税金及附加＋工程结算利润。

建筑工程中的安全事故，往往在建筑工程某部位或某工序或某项作业活动中经常发生，例如物体打击事故、触电事故、高处坠落事故、坍塌事故、起重事故、中毒事故等。因此对多发性安全事故，应注意吸取教训，总结经验，采取有效预防措施，加强事前控制与事中控制。

0.3 我国当前建筑工程安全生产形势

1）土木工程施工安全的主要管理部门

（1）住房和城乡建设部

目前，建设行政主管部门是住房和城乡建设部。根据国务院的职责规定，住房和城乡建设部关于安全管理的职责主要是承担房屋建筑和市政基础设施工程建筑安全生产备案的政策、规章制度并监督实施；负责建筑施工企业安全生产管理；参与重大勘察设计质量事故调查并监督处理；组织或参与建筑工程重大质量、安全事故的调查处理；事故的统计与发布。

为认真贯彻落实《生产安全事故报告和调查处理条例》（国务院令第 493 号），《关于进一步规范房屋建筑和市政工程生产安全事故报告和调查处理工作的若干意见》（建质 [2007] 257 号）规范了房屋建筑和市政工程生产安全事故报告和调查处理的程序与方法。

（2）交通运输部

目前，交通行政主管部门是交通运输部。根据国务院的职责规定，交通运输部关于安全管理的职责主要是组织落实安全生产和应急工作方针、政策，并监督检查相关工作的执行情况；组织拟订公路、水路安全生产政策，拟订综合性安全生产政策和有关规章制度，指导公路、水路应急预案的拟订，并监督实施；指导公路、水路行业安全生产监督管理工作和应急管理工作，指导相关安全生产和应急处置的宣传教育和培训工作；参与或组织协调有关事故调查处理工作；承担安全、应急信息统计汇总、分析等工作；指导公路、水路行业中央企业的安全生产监督管理工作等。

（3）国家铁路局

国家铁路局隶属于交通运输部管理的副部级国家局。国家铁路局管理铁路工程（含铁路沿线的桥梁、隧道工程）建设、安全生产的监督管理工作。

（4）水利部

水利部关于安全生产的主要职责是：指导水利行业安全生产工作，负责水利安全生产综合监督管理。组织或参与重大水利生产安全事故的调查处理，负责水利行业生产安全事故统计、报告等。

（5）国家能源局

国家能源局（副部级），为国家发展和改革委员会管理的国家局。下设电力安全监管司，该司的施工安全管理职责：组织拟订除核安全外的电力建设工程施工安全、工程质量安全监督管理办法的政策措施并监督实施，负责水电站大坝的安全监督管理，依法组织或参与电力生产安全事故调查处理。

生产安全事故统计报表制度（安监总统计［2010］62号），对事故报告规定如下：

统计范围：在中华人民共和国领域内从事生产经营活动中发生的造成人身伤亡或者直接经济损失的生产安全事故。

统计内容：主要包括事故发生单位的基本情况、事故造成的死亡人数、受伤人数、急性工业中毒人数、单位经济类型、事故类别、事故原因、直接经济损失等。

报送时间：国务院有关部门在每月5日前将上月事故统计报表（行业D1-D9表）抄送国家安全生产监督管理总局。

各部门、各单位都要严格遵守《中华人民共和国统计法》，按照本统计报表制度的规定，全面、如实填报生产安全事故统计报表。对于不报、瞒报、迟报或伪造、篡改数字的要依法追究其责任。

2）建筑工程安全生产形势

由于领导高度重视、全社会普遍关注，监管不断加强，近年来建筑业安全生产形势呈现持续稳定好转的态势，事故起数和死亡人数连年下降。近年来，全国建设系统加强了建筑工程安全法规和技术标准体系建设，年年开展专项整治活动，取得了一定成效，施工作业的安全、卫生及文明施工状况得到明显改善。在过去的十几年中，我国建筑工程安全管理所取得的成绩是很大的，如百亿元产值死亡率持续下降，从1994年的39.93人/百亿元，到2003年的6.92人/百亿元，再到2005年的3.43人/百亿元。

但当前的安全生产形势依然比较严峻，事故起数和死亡人数仍然比较大；较大及以上事故还时有发生，重大事故还没有完全遏制，安全生产形势不容乐观。由于我国正处在大规模的经济建设时期，建筑业规模逐年增加，事故发生数和死亡人数一直居高不下，正处在事故频繁发生的时期，是高危险、事故多的行业之一。建筑施工是事故多发的作业，它受地形、地物、地质、季节、施工环境、工程特点、施工技术等多种因素的制约。而且，施工多为立体交叉作业，不同程度地存在各种不安全因素，使建筑施工的安全状况依然十分严峻。近年来的事故起数、死亡、重伤人员统计见表0-1。

近年来我国建筑业事故起数、死亡、重伤人员统计表[⑦]　　　　表0-1

年度　　项目数量	起数 建筑业/土木行业	死亡人数 建筑业/土木行业	百亿元产值死亡率/ 当年产值百亿元	万人死亡率/ 当年从业万人数[②]
2003	1292/2634	1524/2788	6.92[④]	1.155[②]/2414.3
2004	1144/2582	1324/2789	—[③]	1.115[②]/2500.3
2005	1015/2288	1193/2607	3.43[④]	0.966[②]/2699.9
2006	888/2224	1048/2538	6.13[②④]/414.03[②]	0.882[②]/2878.2
2007[⑤]	840/2278	1011/2722	5.33[②④]/510.69[②]	0.869[②]/3133.7

续表

项目 数量 年度	起数 建筑业/土木行业	死亡人数 建筑业/土木行业	百亿元产值死亡率/ 当年产值百亿元	万人死亡率/ 当年从业万人数②
2008	745/2266	—③/2702	4.36②④/619.42②	0.815②/3315
2009	684⑥/2330	802/2760	3.52②④/784.09②	0.752②/3672.6
2010	627/2197	772/2769	2.88②④/960.31②	0.666②/4160.4
2011	589/2099	738/2634	2.26②④/1164.63②	0.684②/3852.5
2012	477/1948	624/2431	1.77②④/1372.17②	0.570②/4267.2
2013	528/2059	674/2489	1.55②④/1603.66②	0.553②/4499.3
2014	522①	648①	1.24②④/1767.13②	0.488②/4960.6
2015	442/1567	554/1891	1.05②④/1807.57②	
2016	634①	735①		
2017	692①	807①		
2018				
2019				
2020				
2021				

注：① 建筑业事故包括房屋建筑与市政工程共发生的施工事故。

② 包括建筑业、交通、铁道、水利等专业工程。

③ —表示有关部门未统计或作者未查到相关数据。

④ 全国建筑施工事故百亿元产值死亡率。

⑤ 仅本年度数据来源安全生产监督管理总局的报告，建设部的事故起数是859起，死亡人数1012人。

⑥ 不包含西藏自治区。

⑦ 数据由于资料的不同而略有差别。绪论的表0-1～0-4数据主要来自于中华人民共和国住房和城乡建设部发布的各年度的房屋市政工程生产安全事故情况通报。

近年来我国房屋建筑与市政工程较大及以上事故统计见表0-2。

近年来我国房屋市政工程较大事故及以上统计表   表0-2

年度	总起数	总死亡人数	较大事故		重大事故	
			起数 （比例）	死亡人数 （比例）	起数 （比例）	死亡人数 （比例）
2010	627	772	28（4.47%）	114（14.77%）	1（0.16%）	11（1.42%）
2011	589	738	24（4.07%）	97（13.14%）	1（0.17%）	13（1.77%）
2012	477	624	28（5.87%）	102（16.35%）	1（0.21%）	19（3.04%）
2014	522	648	28（5.36%）	95（14.66%）	1（0.19%）	10（1.54%）
2015	442	554	22（4.98%）	85（15.34%）	0	0

年度	总起数	总死亡人数	较大事故		重大事故	
			起数（比例）	死亡人数（比例）	起数（比例）	死亡人数（比例）
2016	634	735	27（4.26%）	94（12.79%）	0	0
2017	692	807	23（3.32%）	90（11.15%）	0	0

注：1. 自 2005 年以来，我国房屋市政工程没有发生过特别重大事故。

2. 2010 年重大事故是吉林梅河口爱民医院住院部综合楼工程"8.16"事故，死亡 11 人。

3. 2011 年重大事故是辽宁省大连市旅顺口区蓝湾三期工程"10.8"事故，13 人死亡。

4. 2012 年重大事故是湖北省武汉市东湖风景区东湖景园 C 区 7-1 号楼工程"9.13"事故，19 人死亡。

5. 2014 年重大事故是北京市海淀区清华附中体育馆工程"12.29"事故，10 人死亡。

我们必须看到，建筑施工安全事故较多，居道路交通后第二位，随着建筑业的持续快速发展，建筑施工安全生产形势将受到许多不确定因素的影响，将面临更多的挑战。如建筑项目逐年增多，施工规模不断增大，施工工艺日趋复杂，施工难度加大，安全技术措施无法满足安全防护的需要；随着市场经济的发展，建筑各方主体的经济成分日趋多元化，投资主体市场行为不规范，不履行法定监管程序，规避政府监管现象增多，给安全监管工作带来难度；一些施工企业，特别是新增企业安全生产保证能力与当前安全生产工作不相适应，安全生产责任制和安全技术措施无法得到落实和有效实施；施工队伍迅速扩大使得行业整体素质下降，无法满足安全需要等，安全管理工作任重而道远。

3）安全生产的基本原则与要求

建筑工程安全生产是指在工程施工生产过程中，努力改善劳动条件，克服不安全因素，防止伤亡事故的发生，使劳动生产在保证劳动者安全健康和国家财产及人民生命财产安全的前提下顺利进行。

基本原则是："安全第一，预防为主，综合治理"，坚持"管生产必须管安全"。

基本要求是：在施工中要以安全生产为方针，以"安全第一，预防为主，综合治理"和"管生产必须管安全"为基本原则，依靠科学管理和技术进步，推动安全生产工作的开展，控制人身伤亡事故的发生，保障国家财产的安全。

施工项目的质量与安全是工程建设的核心，是决定工程建设成败的关键。

"生产必须安全，安全为了生产"。"安全第一"与"质量第一"并不是矛盾的，而是辩证的统一。安全是为质量服务的，质量亦需以安全作保证，安全也是质量的特点之一。抓住质量与安全这两个环节，施工就能顺利进行，就能获得良好的社会效益、经济效益和环境效益。施工进度的实现，必须以安全为保证，这是显而易见的，为实现施工进度而不断发生安全事故，施工进度当然无法实现。投资和成本与安全亦是息息相关，如果施工中经常出安全事故，则进度、质量均受影响，投资效益受损，成本就要增加。

施工安全管理以国家颁布的各项政策和安全法规、规程，例如《安全生产法》、《建筑安全生产监督管理规定》、《建设工程安全生产管理条例》、《公路工程施工安全技术规程》、《铁路施工安全技术规则》及其他相关的标准、规范等为依据，结合工程的实际情况建立和健全安全健康管理体系，制定各项具有可操作性且行之有效的规章制度，以确保施工顺利进行和生产安全。

4）实现安全生产的重大意义

（1）直接关系到人民群众生命和财产安全

建筑业是高危险、事故多的行业之一。建筑工程生产安全事故的发生，一方面它直接带来人员的伤亡，从全球范围来看，建筑业的安全事故率都远高于其他行业的平均水平。如2003年，全球的重大职业安全事故总数约为355000起，其中建筑业安全事故约为60000起，占16.19%，其中亚洲和太平洋地区的建筑业安全事故约占了全球总数的68%。另一方面，建筑工程生产安全事故也带来了巨大的经济损失。因此，建筑工程安全生产是直接关系到人民群众生命和财产安全的头等大事。

充分认识做好安全生产工作的极端重要性。安全生产事关人民生命财产安全，事关改革发展稳定大局。各地建设主管部门要坚持以人为本，以科学发展观统领安全生产工作，牢固树立安全发展的观念，坚持"安全第一、预防为主、综合治理"的方针，不断增强做好安全工作的责任意识，以建立健全责任体系为基础，完善责任制度为核心，强化责任追究为保障，不断加强机制和制度建设，坚持不懈地把安全生产工作抓实抓细抓好。安全生产是党和国家的一贯方针和基本国策，它保护劳动者的安全和健康及国家财产不受侵害，使工程建设顺利进行，它也是促进社会生产力发展的基本条件。

（2）关系到国民经济持续发展和社会稳定大局

建筑业是我国国民经济的支柱产业。2003年，全社会固定资产投资5.51万亿，比上年同期增长26.77%；建筑业总值2186.49亿元，比上年增长23%；建筑业增加值8166亿元，比上年增长11.9%，占全国GDP的比重为7%。2006年9月出版的《中国统计年鉴》数据显示，2005年度，在全年国内生产总值（GDP）中，建筑业部分（建筑业增加值）为10133.8亿元，比上年增长16.6%，增幅高于我国的经济增长率（9.9%），占国内生产总值（183956.1亿元）的5.5%。这是我国建筑业年度完成的增加值首次突破1万亿元大关。

关心和维护建筑工程从业人员的人身安全与健康，是我国社会主义制度的本质要求，是实现建筑工程安全生产的重要条件，是贯彻落实科学的发展观和新时代中国特色社会主义思想的具体体现。因此，降低建筑工程安全事故率，是构筑和谐社会的需要，关系到国家经济发展和社会稳定的大事，意义特别重大。

（3）做好建筑安全工作是构建和谐社会的需要

我国党和政府提出全面建设小康社会、构建和谐社会和落实科学发展观的政治经济发展目标，建筑行业的安全生产工作是实现这一目标的重要组成部分。和谐社会是建立在经济生产持续稳定发展，人民生活富裕，自然生态良好和社会秩序稳定的基础之上的。建筑安全生产工作与构建和谐社会密切相关。保证建筑工人们的生命安全，关系到千千万万个家庭的幸福，关系到全社会的和谐与稳定。

安全发展是社会文明和社会进步程度的重要标志，是改革开放的成果惠及老百姓的具体体现，安全发展与节约发展，清洁发展和可持续发展紧密联系在一起，共同构成科学发展观的重要内容。安全发展就是坚持以人为本，在劳动者生命权利和职业健康最大限度得到保障的前提下，实现经济持续、快速、协调、稳定发展，建立和完善安定团结、和谐进步的社会制度和社会秩序。

建筑业安全生产工作是我国安全生产工作的重要组成部分，也是构建和谐社会的重要组成部分，它应该也必须得到全社会的关注与支持，这是我们做好建筑安全工作的动力和可靠保证。

0.4 本书内容与特点

1）事故类型与部位分析

在建筑工程施工过程中伤亡事故类别主要是高处坠落、坍塌（含土方坍塌、脚手架坍塌、模板坍塌）、物体打击、起重伤害和触电五类，又称为建筑工程五大伤害。近年来我国建筑业施工事故情况类型分析见表0-3。

近年来我国建筑业（房屋与市政工程）施工事故类型起数比例表　　　表 0-3

年度 \ 类型比例	高处坠落	坍塌	物体打击	起重伤害	机具伤害	触电	总计
2004	53.10%	14.43%	10.57%	—	6.72%[①]	7.18%	92.0%
2005	45.52%	18.61%	11.82%	—	5.87%	6.54%	88.36%
2006	41.03%	20.61%	12.79%	8.78%[②]	—[②]	6.20%	89.41%
2007	45.45%	20.36%	11.56%	—	6.64%	6.62%	90.63%
2010[③]	47.37%	14.83%	16.75%	7.02%	5.90%	—	91.87%[④]
2011	53.31%	14.6%	12.05%	8.32%	3.40%	5.09%	96.77%[⑤]
2012	52.77%	13.76%	12.11%	10.27%	4.72%	2.05%	95.68%
2013[⑥]	57.07%	18.26%	11.42%	7.31%			94.06%
2014	52.87%	13.6%	12.07%	9.58%			88.12%
2015	53.17%	13.35%	14.93%	7.24%			88.69%
2016	52.52%	10.57%	15.30%	8.83%			87.22%
2017	47.83%	11.71%	11.85%	10.40%	4.77%		86.56%

① 2004、2005 与 2007 年度的统计数据仅有机具伤害，无起重伤害。
② 2006 年度的统计数据仅有起重伤害，无机具伤害。
③ 本表格数据均来源于建设部历年的全国建筑施工安全生产形势分析报告。
④ 总计未包含机具伤害、触电伤害。
⑤ 总计未包含机具伤害。
⑥ 2013 年数据为上半年事故类型所占比例。

如表0-4所示，2004～2007 年为年事故发生部位的死亡人数占当年度死亡总人数的比例，2010 年、2011 年为发生在该部位的事故起数占总事故起数的比例。

近年来我国建筑业（房屋与市政工程）施工事故起数部位比例表　　　表0-4

部位 比例 年度	临边 洞口	各类 脚手架	龙门架（井字架） 物料提升机	安装、 拆除塔吊	基坑事故	模板支撑	施工机具
2004	20.39%	13.14%	9.67%	8.08%	5.66%	5.44%	6.72%
2005	19.20%	12.66%	8.38%	10.06%	—	—	—
2006	17.94%	11.16%	9.26%	10.59%	—	—	—
2007	15.51%	11.86%	—	11.86%	—	6.82%	—
2010	20.41%	12.44%	—	9.41%	8.45%	7.50%	—
2011	21.22%	11.71%	4.92%	13.58%	6.62%	7.81%	3.40%
2012	26.28%	13.76%	5.13%	12.94%	8.63%	5.34%	5.13%

1. 本表数据均来源于建设部历年的全国建筑施工安全生产形势分析报告。

2. "—"表示当年度未统计。

事故的类型与部位分析指明了预防事故的方向。在技术层面，深入到事物内部而不是仅仅浮在事物表面，更多地涉及土木工程学科的原理、计算与分析方法，可得到预防事故的本质安全措施，比纯粹的安全工程的方法更有效果。把多发事故的类型与部位串起来，就是《危险性较大的分部分项工程安全管理规定》（住建部令第37号）和建办质〔2018〕31号的主要内容，也是本书的主线，以土木工程的设计原理进行计算分析是本书的突出特色。考虑到读者多数是安全工程专业的师生，因此涉及土木工程计算时，力求深入浅出、简明扼要。在管理层面，以安全法律法规、管理体制与施工现场管理为主。

2）本书内容简介

大体上可划分为六部分：

第一部分为第1章建筑工程基础知识。首先对建筑工程基础知识进行了简单介绍。内容包括：建设项目的划分、基本建设程序、主要的建筑工程材料、建筑构造、建筑勘察、建筑设计、建筑分类、建筑工程产品及施工特点、建筑工程施工依据与顺序、建筑工程施工组织设计简介、建筑工程施工技术简介等。

第二部分为第2章建设工程安全相关法律法规。内容有：我国现行有关建设工程安全生产的法律法规与标准规范介绍、我国建筑工程安全立法历程、建筑工程安全的主要法律法规规定等。重点论述了安全生产责任制度、安全生产教育培训制度等十一项制度。

第三部分为第3章、第4章，建筑施工安全管理体制与施工企业的安全管理，包括建设主管部门对建筑施工安全的监督与管理、施工企业对施工安全的管理、工程监理单位对施工安全的监理、施工现场的安全管理危险源辨识、安全警示牌、安全检查、应急预案等进行了论述。

在施工现场的检查中，特加入了技术人员丰富工作经验的总结："有洞必有盖；有轴必有套；有轮必有罩；有台必有栏。"简明、深刻、实用、易懂易记，为本书增色不少。

第四部分为第5章～第12章。以危险性较大的分部分项工程与超过一定规模的危险性较大的分部分项工程为主线，系统论述了施工安全技术，包括土方工程、脚手架工程、模板工程、主体工程、建筑施工机械、施工现场临时用电、施工现场的防火防爆、拆除工程等。

第五部分为第 13 章。主要论述建筑施工防护用品，主要为"建筑三宝"的检测步骤、技术要求、正确使用等。

第六部分为第 14 章。主要讨论了建筑施工伤亡事故查处方法和程序、施工伤亡事故的一般预防以及案例分析的方法与实例分析。

3）本书特点简介

（1）内容全面而深入

从上面的内容简介中可以看出本书的内容比市面上的同类书更全面。从管理到技术内容全面，技术部分模板工程依据《混凝土结构工程施工规范》GB 506666—2011 有较详细的计算。《危险性较大的分部分项工程安全管理规定》（住建部令［2018］37 号）和建办质［2018］31 号文贯穿于技术部分的始终。在众多施工安全类书籍中，本书特色鲜明，脉络清晰，编者吸取其他建筑施工安全管理与技术的书籍之所长，精心编汇。管理类从绪论到施工现场安全管理是作者几年来潜心学习与思考的结晶。

（2）内容新

采用最新的规范、法规，注重知识更新，与时俱进，及时反映学科最新发展成果。如，最近三年的国家建筑工程伤亡情况与分析，《危险性较大的分部分项工程安全管理规定》（住建部令［2018］37 号）和建办质［2018］31 号、《建筑施工高处作业安全技术规范》JGJ 80—2016、建筑拆除工程安全技术规范 JGJ 147—2016、2015 年度的《建筑施工企业安全生产许可证管理规定》（住建部令第 23 号）、《中华人民共和国安全生产法》（2014 年修订）、《企业安全生产费用提取和使用管理办法》（财企［2012］16 号）、《建筑基坑支护技术规程》JGJ 120—2012《建筑机械使用安全技术规程》JGJ 33—2012 等在本书中均要详细论述。

（3）安全技术与管理有机结合

管生产必须管安全，安全不能脱离生产。因此本书在施工安全技术讲解时，寓安全于生产之中，尽量避免规范条文罗列（但有时不得不罗列），既方便教师讲解，又利于学生自学。

（4）每章增加重难点知识讲解

在每章的最后，均增加本章的重难点知识视频讲解。读者用手机扫二维码均可免费看编者的视频讲解。力求讲解清晰，重点突出，难点通俗易懂。书本与数字媒体的有机结合是本书第三版的大胆尝试。

0.5 学科特点

1）高度的政策性

国家及部委已出台几十部关于建筑工程安全生产的法律法规、规范规程，并且还在不断地更新，为体现科学技术的发展，把已经成熟的研究成果不断以法规、规程的形式应用到实际中去。学习建筑施工安全这门学科，就要关注与学习国家的政策、法律法规，把最新的法规应用到将来的具体工作中去。

2）复杂的技术性

建筑工程施工是一门复杂的技术，已形成一门独立的学科——工业与民用建筑专业。1998年国家教育部在核定专业名称时，与桥梁工程、隧道工程、铁道工程等几个专业合并为土木工程专业，增加了专业的知识面，使毕业生就业的范围更广，但各高校原有的专业特色一般都在保持。管生产必须管安全，如果从事土木施工领域的安全管理，必须对施工技术了解较多。因此就要多学习施工管理与技术。

本书以建筑工程施工安全为主，建筑工程施工安全事故类型在土木工程领域内更有代表性，或者说土木工程领域内施工事故类型集中体现在建筑工程施工上面。土木工程的范围较广，有建筑、桥梁、隧道、铁路、公路、水利等诸多领域。每一个工程类型都有其个性，都有其复杂的技术性，因此决定了土木工程领域安全管理的技术复杂性。

3）广泛的群众性

施工领域，一般都是建筑工人在技术人员的指挥下进行操作，建筑工人在很多情况下既是肇事者，又是受害者。因此安全工作具有广泛的群众性。要减少事故率，必须要加强建筑工人的安全意识，努力提高他们的安全素质和安全技能。可以采取多种形式的安全宣传、安全培训、技能训练等活动，使安全意识和安全文化深入人心。对施工人员进行安全教育，使其能熟练掌握本岗位的安全操作规程，在施工生产中做到不伤害自己、不伤害别人、也不被别人伤害。

0.6 学习与研究方法

1）努力学习理论

要认识到建筑工程施工安全的内容较多，涉及面很宽，需要的基础知识较多。要深刻理解与掌握建筑施工安全的管理与技术知识是不容易的，非下苦功大不可。

首先，学习建筑工程施工的安全技术与安全管理。施工安全与施工组织管理、施工技术密切相关。安全工程专业技术人员的建筑工程基础知识学得少，理解不够深入，对学习建筑工程施工安全带来了一些困难。把安全管理融入到建筑工程施工生产与项目管理中去，而不是孤立地片面地漂浮在上的管理安全。因此有志于学习建筑工程施工安全的学生，或从事该行业的安全管理人员，要努力掌握工程力学、钢筋混凝土结构、钢结构的基本知识以及本行业的构造与施工工艺技术。能够对危险性较大的分部分项工程进行论证计算是合格安全管理人员的基本要求。因此必须加强对建筑工程施工组织管理与施工技术的学习，以及其他建筑设计、力学与结构设计、设备、电气知识的学习。

既然建筑工程施工安全这门学科具有较高的政策性，要学好它，就必须学习与研究透彻建筑工程安全法律法规，把法律法规贯彻落实到工作中去。同时一些施工安全专业知识往往是以技术规范、规定、规程的形式颁布的，因此必须努力掌握众多的施工规范、规定、规程，并注意更新，把新的要求应用到安全管理工作中去。

在基本的安全技术知识的指导下，才能够具体问题具体分析，不断地发现建筑工程施工安全上存在的隐患，并努力解决这些问题。为提高安全生产管理水平，降低所在企业的、行业的乃至国家整体的事故率做出自己应有的贡献。

2）理论与实践相结合

要认识到这门学科是实践性很强的一门科学。在校期间，在努力学习理论的基础上，要重视所有的实践教学环节，如课程的实践训练等，要在老师的指导下，努力掌握训练课题的计算原理和方法，存在哪些危险因素，采取哪些措施如何预防；通过课程实习、生产实习，到建筑工地上参观与实习，实物联系教材，对比学习，把学到的理论与工程实践相结合。无论是在学校还是在工作岗位上，都要努力做到理论—实践—理论—实践，不断循环往复，才能学好理论，解决实际问题。读者如何成为施工安全专家，本书指明了前行的道路。

重难点知识讲解

1. 事故类别分类。
2. 建筑工程安全生产形势。
3. 建筑施工安全的事故类别与部位分析。

复习思考题

1. 我国建筑工程施工安全的形势如何？
2. 建筑工程施工安全五大伤害分别是什么？

第1章 建筑工程基础知识

学习要求

通过本章内容的学习，了解建设工程项目的划分，了解我国工程建设管理体制，了解建筑分类，了解钢筋、水泥、混凝土等材料，熟悉我国的建设程序，熟悉建筑施工的特点与顺序。

1.1 建设项目的划分

建设项目，又称基本建设项目。凡是在一个场地上或几个场地上按一个总体设计组织施工，建成后具有完整的系统，可以独立地形成生产能力或使用价值的建设工程，称为一个建设项目。对于每一个建设项目，都编有计划任务书和独立的总体设计。例如，在工业建设中，一般一个工厂就为一个建设项目；在民用建设中，一般一个学校、一所医院即为一个建设项目。对大型分期建设的工程，如果分为几个总体设计，则就是几个建设项目。

1.1.1 建设项目的划分

（1）单项工程

单项工程是建设项目的组成部分。一个建设项目可以是一个单项工程，也可能包括几个单项工程。单项工程是具有独立的设计文件，建成后可以独立发挥生产能力或效益的工程。生产性建设项目的单项工程一般是指能独立生产的车间。它包括土建工程、设备安装、电气照明工程、工业管道工程等。非生产性建设项目的单项工程，如一所学校的办公楼、教学楼、图书馆、食堂、宿舍等。

（2）单位工程

单位工程是单项工程的组成部分，一般指不独立发挥生产能力，但具有独立施工条件的工程。如车间的土建工程是一个单位工程，车间的设备安装又是一个单位工程，此外，还有电气照明工程、工业管道工程、给水排水工程等单位工程。非生产性建设项目一般一个单项工程即为一个单位工程。

（3）分部工程

分部工程是单位工程的组成部分，一般是按单位工程的各个部位划分的。例如房屋建筑单位工程可划分为基础工程、主体工程、屋面工程等。也可以按照工种工程来划分，如土石工程、钢筋混凝土工程、砖石工程、装饰工程等。

（4）分项工程

分项工程是分部工程的组成部分。如钢筋混凝土工程可划分为模板工程、钢筋工程、混凝土工程等分项工程；一般墙基工程可划分为开挖基槽、铺设垫层、做基础、做防潮层等分项工程。

1.1.2　项目划分的目的和意义

（1）可以更清晰地认识和分解建筑

（2）方便开展相关工作

如，设计是在总体设计的基础上，一般是以一个单项工程进行组织设计的；建筑工程施工是按分项工程、分部工程开展的；造价预算定额是按分部分项工程量取费的；工程验收分为过程验收与竣工验收，过程验收一般是从分项工程到分部工程，再到单位工程进行的。

1.2　基本建设程序与工程建设管理体制

基本建设程序是拟建建设项目在整个建设过程中各项工作的先后次序，是几十年来我国基本建设工作实践经验的科学总结。基本建设程序一般可划分为决策、准备、实施三个阶段。

1.2.1　基本建设项目的决策阶段

这个阶段要根据国民经济增长、中期发展规划，进行建设项目的可行性研究，编制建设项目的计划任务书（又叫设计任务书）。其主要工作包括调查研究、经济论证、选择与确定建设项目的地址、规模、时间要求等。

1）项目建议书阶段

项目建议书是向国家提出建设某一项目的建设性文件，是对拟建项目的初步设想。

（1）作用

项目建议书的主要作用是通过论述拟建项目的建设必要性、可行性，以及获利、获益的可能性，向国家推荐建设项目，供国家选择并确定是否进行下一步的工作。

（2）基本内容

① 拟建项目的必要性和依据。② 产品方案，建设规模，建设地点初步设想。③ 建设条件初步分析。④ 投资估算和资金筹措设想。⑤ 项目进度初步安排。⑥ 效益估计。

（3）审批

项目建议书根据拟建项目规模报送有关部门审批。

大中型及限额以上项目的项目建议书，先报行业归口主管部门，同时抄送国家发展与改革委员会。行业归口主管部门初审同意后报国家发展与改革委员会，国家发展与改革委员会根据建设总规模、生产总布局、资源优化配置、资金供应可能、外部协作条件等方面进行综合平衡，还要委托具有相应资质的工程咨询单位评估后审批。重大项目由国家发展与改革委员会报国务院审批。小型和限额以下项目的项目建议书，按项目隶属关系由部门或地方发展与改革委员会审批。

项目建议书批准后，项目即可列入项目建设前期工作计划，可以进行下一步的可行性研究工作。

2）可行性研究阶段

可行性研究是指在项目决策之前，通过调查、研究、分析与项目有关的工程、技术、经济等方面的条件和情况，对可能的多种方案进行比较论证，同时对项目建成后的经济效益进行预测和评价的一种投资决策分析研究方法和科学分析活动。

（1）作用

可行性研究的主要作用是为建设项目投资决策提供依据，同时也为建设项目设计、银行贷款、申请开工建设、建设项目实施、项目评估、科学实验、设备制造等提供依据。

（2）基本内容

可行性研究是从项目建设和生产经营全过程分析项目的可行性，主要解决项目建设是否必要、技术方案是否可行、生产建设条件是否具备、项目建设是否经济合理等问题。

（3）可行性研究报告

可行性研究的成果是可行性研究报告。批准的可行性研究报告是项目最终决策文件。可行性研究报告经有关部门审查通过，拟建项目正式立项。

1.2.2 基本建设项目的准备阶段

1）建设单位施工准备阶段

工程开工建设之前，应当切实做好各项施工准备工作。其中包括：组建项目法人；征地、拆迁；规划设计；组织勘察设计；建筑设计招标；建筑方案确定；初步设计（或扩大初步设计）和施工图设计；编制设计预算；组织设备、材料订货；建设工程报监理；委托工程监理；组织施工招标投标，优选施工单位；办理施工许可证；编制分年度的投资及项目建设计划等。

这里仅介绍勘察与设计阶段的工作过程与内容。

（1）勘察阶段

由建设单位委托有相应资质的勘察单位，针对拟开发的地段，根据拟建建筑的具体位置、层数、建设高度等，进行现场土地钻探的活动。然后在实验室进行土力学实验，得出地下水位高度，每一土层的名称、空间分布与变化、地基承载力大小，并对该场地做出哪一土层作为持力层的建议、建设场地适宜性评价、抗震评价等。最后以工程地质与水文地质勘探报告文件的形式提交给建设单位的有偿活动。设计单位以勘察报告的数据作为基础设计、地基处理的依据。

（2）设计阶段

设计单位接受建设单位的委托，或设计投标中标后，建设项目不超设计资质、符合城市规划的前提下，满足建设单位的功能要求或技术经济指标，同时满足建设法律法规、结构安全、防火安全、建筑节能等一系列要求后，以设计文件的形式提交给建设单位的有偿经济活动。设计是对拟建工程在技术和经济上进行全面的安排，是工程建设计划的具体化，是决定投资规模的关键环节，是组织施工的依据。设计质量直接关系到建设工程的质量，是建设工程的决定性环节。

经批准立项的建设工程，一般应通过招标投标择优选择设计单位。

一般工程进行两阶段设计，即初步设计和施工图设计。有些工程，根据需要可在两阶段之间增加技术设计。

① 初步设计。是根据批准的可行性研究报告和设计基础资料,对工程进行系统研究,概略计算,做出总体安排,拿出具体实施方案。目的是在指定的时间、空间等限制条件下,在总投资控制的额度内和质量要求下,做出技术上可行、经济上合理的设计,并编制工程总概算。

初步设计不得随意改变批准的可行性研究报告所确定的建设规模、产品方案、工程标准、建设地址和总投资等基本条件。如果初步设计提出的总概算超过可行性研究报告总投资的10%以上,或者其他主要指标需要变更时,应重新向原审批单位报批。

② 技术设计。为了进一步解决初步设计中的重大问题,如工艺流程、建筑结构、设备选型等,根据初步设计和进一步的调查研究资料进行技术设计。这样做可以使建设工程更具体、更完美、技术指标更合理。

③ 施工图设计。在初步设计或技术设计基础上进行施工图设计,使设计达到施工安装的要求。施工图设计应结合实际情况,完整、准确地表达出建筑物的外形、内部空间的分割、结构体系以及建筑系统的组成和周围环境的协调。

在设计单位,设计图纸是以建筑、结构、设备、电气等专业人员完成各个专业的施工图,设计完成后,进行校对、审核、专业会签等一系列环节,最后一套图纸(一般以单项工程为单位)按一定的序列排列,装订成册后提交给委托单位。《建设工程质量管理条例》规定,建设单位应将施工图设计文件报县级以上人民政府建设行政主管部门或其他有关部门审查,未经审查批准的施工图设计文件不得使用。

2)施工单位施工准备阶段

工程项目施工准备工作按其性质及内容通常包括技术准备、物资准备、劳动组织准备、施工现场准备和施工场外准备。

(1)技术准备

技术准备是施工准备的核心。具体有如下内容:

① 熟悉、审查施工图纸和有关的设计资料

熟悉、审查设计图纸的程序通常分为自审阶段、会审阶段和现场签证三个阶段。

设计图纸的自审阶段。施工单位收到拟建工程的设计图纸和有关技术文件后,应组织有关的工程技术人员对图纸进行自审。记录对设计图纸的疑问和有关建议等。

设计图纸的会审阶段。一般由建设单位主持,由设计单位、施工单位和监理单位参加,四方共同进行设计图纸的会审。图纸会审时,首先由设计单位的工程主持人向与会者说明拟建工程的设计依据、意图和功能要求,并对特殊结构、新材料、新工艺和新技术提出要求;然后施工单位根据自审记录以及对设计意图的了解,提出对设计图纸的疑问和建议;最后在统一认识的基础上,对所探讨的问题逐一地做好记录,形成"图纸会审纪要",由建设单位正式行文,参加单位共同会签、盖章,作为与设计文件同时使用的技术文件和指导施工的依据,以及建设单位与施工单位进行工程结算的依据。

设计图纸的现场签证阶段。在施工过程中，如果发现施工的条件与设计图纸的条件不符，或者发现图纸中仍然有错误，或者因为材料的规格、质量不能满足设计要求，或者因为施工单位提出了合理化建议，需要对设计图纸进行及时修订时，应遵循技术核定和设计变更的签证制度，进行图纸的施工现场签证。如果设计变更的内容对拟建工程的规模、投资影响较大时，要报请项目的原批准单位批准。在施工现场的图纸修改、技术核定和设计变更资料，都要有正式的文字记录，归入拟建工程施工档案，作为指导施工、工程结算和竣工验收的依据。

② 原始材料的调查分析

自然条件的调查分析。建设地区自然条件的调查分析的主要内容有：地区水准点和绝对标高等情况；地质构造、土的性质和类别、地基土的承载力、地震级别和抗震设防烈度等情况；河流流量和水质、最高洪水和枯水期的水位等情况；地下水位的高低变化情况，含水层的厚度、流向、流量和水质等情况；气温、雨、雪、风和雷电等情况；土的冻结深度和冬、雨期的期限等情况。

技术经济条件的调查分析。建设地区技术经济条件的调查分析的主要内容有：当地施工企业的状况；施工现场的动迁状况；当地可以利用的地方材料的状况；地方能源和交通运输状况；地方劳动力的技术水平状况；当地生活供应、教育和医疗卫生状况；当地消防、治安状况和施工承包企业的力量状况等。

③ 编制施工图预算和施工预算

编制施工图预算。这是按照工程预算定额及其取费标准而确定的有关工程造价的经济文件，它是施工企业签订工程承包合同、工程结算、建设单位拨付工程款、进行成本核算、加强经营管理等方面工作的重要依据。

编制施工预算。施工预算是根据施工图预算、施工定额等文件进行编制的，它直接受施工图预算的控制。它是施工企业内部控制各项成本支出、考核用工、"两算"对比、签发施工任务单、限额领料、基层进行经济核算的依据。

④ 编制施工组织设计

施工组织设计是指导施工的重要技术文件。由于建筑工程的技术经济特点，建筑工程没有一个通用型的、一成不变的施工方法，所以，每个工程项目都要分别确定施工方案和施工组织方法，也就是要分别编制施工组织设计，作为组织和指导施工的重要依据。

（2）物资准备

根据各种物资的需要计划，分别落实货源，安排运输和储存，使其满足连续施工的要求。物资准备主要包括建筑材料的准备；构（配）件和制品加工的准备；建筑机具安装的准备和生产工艺设备的准备。

（3）劳动组织准备

劳动组织准备的范围既有整个的施工企业的劳动组织准备，又有大型综合的拟建建设项目的劳动组织准备，也有小型简单的拟建单位工程的组织准备。

这里仅以一个拟建工程项目为例，说明其劳动组织准备工作的内容：① 建立拟建工程项目的领导机构；② 建立精干的施工队伍；③ 集结施工力量、组织劳动力进场，进行安全、防火和文明施工等方面的教育，并安排好职工的生活；

④ 向施工队组、工人进行施工组织设计、计划和技术交底；⑤ 建立健全各项管理制度。

工地的各项管理制度是否建立健全，直接影响其各项施工活动的顺利进行。其内容通常有：工程质量检查与验收制度；工程技术档案管理制度；材料（构件、配件、制品）的检查验收制度；技术责任制度；施工图纸学习与会审制度；技术交底制度；职工考勤、考核制度；工地及班组经济核算制度；材料出入库制度；安全操作制度；机具使用保养制度。

（4）施工现场准备

① 做好施工场地的控制网测量。② 搞好"三通一平"，即路通、水通、电通和平整场地。③ 做好施工现场的补充勘探。④ 建造临时设施。做好构（配）件、制品和材料的储存和堆放。⑤ 安装、调试施工机具。⑥ 及时提供材料的试验申请计划。⑦ 做好冬、雨期施工安排。⑧ 进行新技术项目的试制和试验。⑨ 设置消防、保安设施。

（5）施工的场外准备

① 材料的加工和订货。② 做好分包工作和签订分包合同。③ 向有关部门提交开工申请报告。

施工单位按规定做好各项准备，具备开工条件以后，建设单位向当地建设行政主管部门提交开工申请报告。经批准，项目进入下一阶段，施工安装阶段。

1.2.3 基本建设项目的实施阶段

这个阶段主要是依据设计图纸进行施工，做好生产或使用准备，进行竣工验收，交付生产或使用。

（1）施工安装阶段

建设工程具备了开工条件并取得施工许可证后才能开工。

按照规定，工程新开工时间是指建设工程设计文件中规定的任何一项永久性工程第一次正式破土开槽的开始日期。不需开槽的工程，以正式打桩作为正式开工的日期。铁道、公路、水库等需要进行大量土石方工程的，以开始进行土石方工程作为正式开工日期。工程地质勘察、平整场地、旧建筑物拆除、临时建筑或设施等的施工不算正式开工。

本阶段的主要任务是按设计进行施工安装，建成工程实体。

在施工安装阶段，施工承包单位应当认真做好图纸会审工作，参加设计交底，了解设计意图，明确质量要求；选择合适的材料供应商；做好人员培训；合理组织施工；建立并落实技术管理、质量管理体系和质量保证体系；严格把好中间质量验收和竣工验收环节。

（2）生产准备阶段

工程投产前，建设单位应当做好各项生产准备工作。生产准备阶段是由建设阶段转入生产经营阶段的重要衔接阶段。在本阶段，建设单位应当做好相关工作的计划、组织、指挥、协调和控制工作。

生产准备阶段的主要工作有：组建管理机构，制定有关制度和规定；招聘并培训生产管理人员，组织有关人员参加设备安装、调试、工程验收；签订供货及运输协议；进行工具、器具、备品、备件等的制造或订货；其他需要做好的有关工作。

（3）竣工验收阶段

建设工程按设计文件规定的内容和标准全部完成，并按规定将工程内外全部清理完毕后，达到竣工验收条件，建设单位即可组织竣工验收，勘察、设计、施工、监理等有关单位应参加竣工验收。竣工验收是考核建设成果、检验设计和施工质量的关键步骤，是由投资成果转入生产或使用的标志。竣工验收合格后，建设工程方可交付使用。

竣工验收后，建设单位应及时向建设行政主管部门或其他有关部门备案并移交建设项目档案。

建设工程自办理竣工验收手续后，因勘察、设计、施工、材料等原因造成的质量缺陷，应及时修复，费用由责任方承担。保修期限、返修和损害赔偿应当遵照《建设工程质量管理条例》的规定。

我国的基本建设程序如图 1-1 所示。

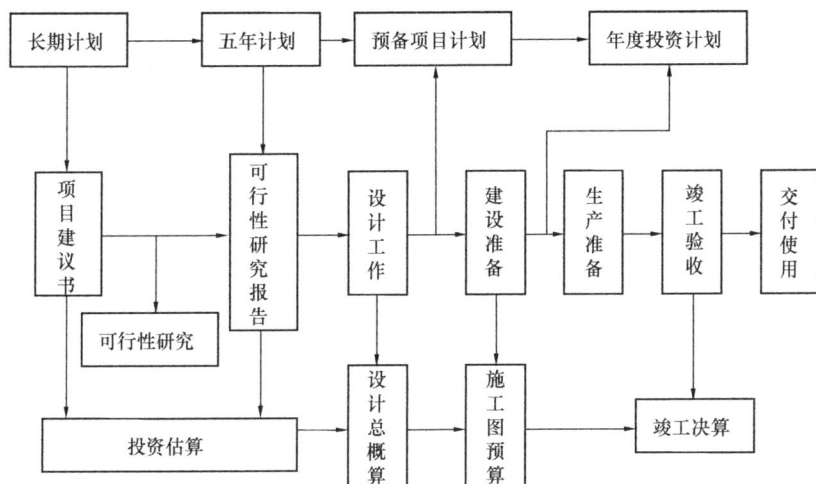

图 1-1　基本建设程序

1.2.4　工程建设管理体制

我国工程建设管理体制改革的目标是：改革市场准入、项目法人责任、招标投标、勘察设计、工程监理、合同管理、工程质量监督和建筑安全生产管理等制度，建立单位资质与个人执业注册管理相结合的市场准入制度，对政府投资工程严格实行四项基本制度，建立通过市场竞争形成工程价格的机制，完善工程风险管理制度，将建设市场的运行管理逐步纳入法制化轨道。按照国家有关规定，在工程建设中应该严格执行四项基本制度，即项目法人责任制、招标投标制、工程监理制和合同管理制等主要制度。这些制度相互关联、互相支持，共同构成了建设工程管理制度体系。

（1）工程建设项目法人责任制度。国有单位经营性大中型项目在建设阶段必须组建项目法人。项目法人可按《公司法》的规定设立有限责任公司（包括国有独资公司）和股份有限公司形式。项目法人对项目的策划、资金筹措、建设实施、生产经营、债务偿还和资产的保值增值，实行全过程负责。

（2）工程建设的招标投标制度。大型基础设施、公用事业等关系社会公共利益、公众安全的项目；全部或者部分使用国有资金投资或者国家融资的项目；使用国际组织或者外国政府贷款、援助资金的项目等必须进行招标。招标范围包括工程建设的勘察、设计、施工、监理、材料设备的招标投标。大中型工程建设项目的施工，凡纳入国家或地方财政投资的工程建设项目，可实行国内公开招标；凡利用外资或国际间贷款的工程建设项目，可实行国际招标。

（3）建设项目必须实行工程监理制度。国家重点建设工程；大中型公用事业工程；成片开发建设的住宅小区工程；利用外国政府或者国际组织贷款、援助资金的工程等必须实行监理。工程监理是由具有相应工程监理资质的监理单位按国家有关规定受项目法人委托，对施工承包合同的执行、安全施工、工程质量、进度、费用等方面进行监督与管理。监理单位和监理人员必须全面履行监理服务合同和施工合同规定的各项监理职责，不得损害项目法人和承包人的合法利益。

（4）合同管理制度。建设项目的勘察设计、施工、工程监理以及与工程建设有关的重要建筑材料、设备采购，必须遵循诚实信用原则，依法签订合同，通过合同明确各自的权利义务。合同当事人应当加强对合同的管理，建立相应的制度，严格履行合同。各级相应工程主管部门应依照法律法规，加强对合同执行情况的监督。

1.3　建筑与建筑分类

1.3.1　建筑的基本概念

建筑是建筑物和构筑物的通称。具体说，供人们进行生产、生活或其他活动的房屋或场所称为建筑物，如住宅、医院、学校、商店等；人们不能直接在其内进行生产、生活的建筑称为构筑物，如水塔、烟囱、桥梁、堤坝、纪念碑等。无论是建筑物还是构筑物，都是为了满足一定功能，运用一定的物质材料和技术手段，依据科学规律和美学原则而建造的相对稳定的人造空间。

建筑通常是由三个基本要素构成，即建筑功能、建筑物质技术条件和建筑形象，简称"建筑三要素"。

（1）建筑功能。是指建筑物在物质精神方面必须满足的使用要求。建筑的功能要求是建筑物最基本的要求，也是人们建造房屋的主要目的。不同的功能要求产生了不同的建筑类型，例如各种生产性建筑、居住建筑、公共建筑等。而不同的建筑类型又有不同的建筑特点。所以建筑功能是决定各种建筑物性质、类型和特点的主要因素。

建筑功能要求是随着社会生产和生活的发展而发展的，从构木为巢到现代化的高楼大厦，从手工业作坊到高度自动化的大工厂，建筑功能越来越复杂多样，人们对建筑功能的要求也越来越高。

（2）建筑物质技术条件。包括材料、结构、设备和建筑生产技术（施工）等重要内容。材料和结构是构成建筑空间环境的骨架；设备是保证建筑物达到某种要求的技术条件；而建筑生产技术则是实现建筑生产的过程和方法。例如：钢材、水泥和钢筋混凝土的出现，从材料上解决了现代化建筑中大跨、高层的结构问题；电脑和各种自动控制设备的应用，解决了现代建筑中各种复杂的使用要求；而先进的施工技术，又使这些复杂的建筑得以实现。所以他们都是达到建筑功能要求和艺术要求的物质技术条件。

建筑的物质技术条件受社会生产水平和科学技术水平制约。建筑在满足社会的物质要求和精神要求的同时，也会反过来向物质技术条件提出新的要求，推动物质技术条件进一步发展。物质技术条件是建筑发展的重要因素，只有在物质技术条件具有一定水平的情况下，建筑的功能要求和艺术审美要求才有可能充分实现。

（3）建筑形象。根据建筑的功能和艺术审美要求，并考虑民族传统和自然环境条件，通过物质技术条件的创造，构成一定的建筑形象。构成建筑形象的因素，包括建筑群体和单体的体形、内部和外部的空间组合、立面构图、细部处理、材料的色彩和质感以及光影和装饰的处理等。如果对这些因素处理得当，就能产生良好的艺术效果，给人以一定的感染力，例如庄严雄伟、朴素大方、轻松愉快、简洁明朗、生动活泼等。

建筑形象并不单纯是一个美观问题，它还常常反映社会和时代的特征，表现出特定时代的生产水平、文化传统、民族风格和社会精神面貌；表现出建筑物一定的性格和内容。例如埃及的金字塔、希腊的神庙、中世纪的教堂、中国古代的宫殿、近代出现的摩天大楼等，它们都有不同的建筑形象，反映着不同的社会文化和时代背景。

三个基本构成要素，满足功能要求是建筑的首要目的；材料、结构、设备等物质技术条件是达到建筑目的的手段；而建筑形象则是建筑功能、技术和艺术内容的综合表现。

1.3.2　建筑分类

1）按建筑物的用途分类

建筑分为工业建筑与民用建筑。民用建筑根据使用功能可分为居住建筑和公共建筑。

（1）工业建筑。主要供工业生产用的建筑物。工业建筑如冶金、机械、食品、纺织等。各类型中又有很多不同的工厂，如纺织印染厂、食品加工厂、机械制造厂等。

（2）居住建筑。主要指供家庭和集体生活起居用的建筑物。包括各种类型的住宅、公寓和宿舍等。

（3）公共建筑。供人们从事各种政治、文化、福利服务等社会活动用的公共建筑物。如展览馆、医院等。

2）按使用性质分类

公共建筑是供人们政治文化活动、行政办公以及其他商业、生活服务等公共事业所需要的建筑物。各类公共建筑的设置和规模，主要根据城乡总体规划来确定。由于公共建筑通常是城镇或地区中心的组成部分，是广大人民政治文化生活的活动场所，因此公共建筑设计，在满足房屋使用要求的同时，建筑物的形象也要起到丰富城市面貌的作用。公共建筑按使用功能的特点，可分为以下建筑类型：

(1) 生活服务性建筑：食堂、菜场、浴室、服务站等。

(2) 科研建筑：研究所、科学试验楼等。

(3) 医疗建筑：医院、门诊所、疗养院等。

(4) 商业建筑：超市、商场等。

(5) 行政办公建筑：各种办公楼、写字楼等。

(6) 交通建筑：火车站、客运站、航空港、地铁站等。

(7) 通信广播建筑：邮电所、广播电台、电视塔等。

(8) 体育建筑：体育馆、体育场、游泳池等。

(9) 观演建筑：电影院、剧院、杂技场等。

(10) 展览建筑：展览馆、博物馆等。

(11) 旅馆建筑：各类旅馆、宾馆等。

(12) 园林建筑：公园，动、植物园等。

(13) 纪念性建筑：纪念堂、纪念碑等。

(14) 文教建筑：学校、图书馆等。

(15) 托幼建筑：托儿所、幼儿园等。

3) 按建筑高度分类

(1) 高层建筑。建筑高度大于 27m 的住宅建筑和建筑高度大于 24m 的非单层厂房、仓库和其他民用建筑。裙房是指在高层建筑主体投影范围外，与建筑主体相连且建筑高度不大于 24m 的附属建筑。

(2) 单多层建筑。高层建筑以外的建筑。

(3) 超高层建筑。建筑物高度超过 100m 时，不论住宅或公共建筑均称为超高层建筑。

4) 按建筑结构类型分类

(1) 砌体结构建筑。用砌体块材（各种砖、砌块、石等）与砂浆砌筑成墙体，用钢筋混凝土楼板和钢筋混凝土屋面板建造的建筑。

(2) 混凝土结构建筑。主要承重构件全部采用钢筋混凝土建造的建筑。

(3) 钢结构建筑。主要承重构件全部采用钢材建造的建筑。

(4) 木结构建筑。承重材料或包括围护材料主要由木材建造的建筑。

1.4 建筑材料简介

1.4.1 建筑工程材料分类

构成各类建筑物和构筑物的材料称为建筑工程材料，它包括地基基础、梁、板、柱、墙体、屋面、地面等所有用到的各种材料。

建筑工程材料有不同的分类方法。如按建筑工程材料的功能与用途分类，可以分为结构材料、防水材料、保温材料、吸声材料、装饰材料、地面材料、屋面材料等；按化学成分分类，可将建筑材料分为无机材料、有机材料和复合材料，见表1-1。

建 筑 材 料 分 类 表 1-1

建筑材料	无机材料	金属材料	黑色金属：钢、铁	
			有色金属：铝、铝合金、铜、铜合金等	
		非金属材料	天然石材：花岗石、石灰石、大理石、砂岩石、玄武石等	
			烧结与熔融制品：烧结砖、陶瓷、玻璃、岩棉等	
			胶凝材料	水硬性胶凝材料：各种水泥等
				气硬性胶凝材料：石灰、石膏、水玻璃、菱苦土等
			混凝土及砂浆制品等	
			硅酸盐制品等	
	有机材料	植物材料：木材、竹材及其制品等		
		合成高分子材料：塑料、涂料、胶粘剂、密封材料等		
		沥青材料：石油沥青、煤沥青及其制品等		
	复合材料	无机材料基复合材料	混凝土、砂浆、钢筋混凝土等	
			水泥刨花板、聚苯乙烯、泡沫混凝土等	
		有机材料基复合材料	沥青混凝土、树脂混凝土、玻璃纤维增强塑料（玻璃钢）等	
			胶合板、竹胶板、纤维板等	

本节仅对建筑工程大量使用的建筑钢材、水泥、混凝土进行简单介绍。

1.4.2 建筑钢材

建筑钢材是指用于钢结构的各种材料（如圆钢、角钢、工字钢等）、钢板、钢管和用于钢筋混凝土中的各种钢筋、钢丝等。钢材具有强度高、有一定的塑性和韧性、有承受冲击和震动载荷的能力、可以焊接和铆接、便于装配等特点。因此，在建筑工程中大量使用钢材作为结构材料。用型钢制作钢结构，安全性大，自重轻，适用于大跨度及多层、高层结构；用钢筋制作的钢筋混凝土结构，虽自重较大，但用钢量较少，还克服了钢结构因锈蚀而维护费用大的特点。因而钢筋混凝土结构在工程中被广泛采用，钢筋是最重要的建筑材料之一。

《混凝土结构设计规范》GB 50010—2010规定，用于钢筋混凝土结构的国产普通钢筋可使用热轧钢筋。热轧钢筋是由低碳钢、普通低合金钢在高温状态下轧制而成的。热轧钢筋为软钢，其应力应变曲线有明显的屈服阶段，断裂时有"颈缩"现象，伸长率比较大。热轧钢筋根据其力学指标的高低，分为HPB300级（Ⅰ级）、HRB335（Ⅱ级）、HRB400（Ⅲ级）、HRBF400（Ⅲ级）、RRB400级（Ⅲ级）、HRB500（Ⅳ级）、HRBF500（Ⅳ级）四个级别。Ⅰ级钢筋强度最低，Ⅳ级钢筋强度最高。钢筋混凝土结构中的纵向受力钢筋宜采用HRB400、HRB500、HRBF400、HRBF500钢筋，箍筋宜采用HRB400、HRBF400、HPB300、HRB500、HRBF500钢筋。预应力钢筋宜采用预应力钢丝、钢绞线和预应力螺纹钢筋。RRB400钢筋不宜用作重要部位的受力钢筋，不应用于直接承受疲劳荷载的构件。

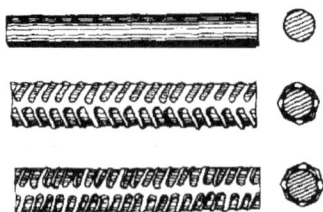

图1-2 钢筋外形与断面图

钢筋混凝土结构中使用的钢筋可以分为柔性钢筋及劲性钢筋。常用的普通钢筋统称为柔性钢筋，其外形有光圆和带肋两类，带肋钢筋又分为等高肋和月牙肋两种。Ⅰ级钢筋是光圆钢筋，Ⅱ、Ⅲ、Ⅳ级钢筋是带肋的，统称为变形钢筋。如图1-2所示。钢丝的外形通常为光圆，也有在表面刻痕的。

柔性钢筋可绑轧或焊接成钢筋骨架或钢筋网，分别用于梁、柱或板、壳结构中。劲性钢筋是由各种型钢、钢轨或者用型钢与钢筋焊接成的骨架。劲性钢筋本身刚度很大，施工时模板及混凝土的重力可以由劲性钢筋本身来承担，因此能加速并简化支模工作，承载能力也比较大。

钢筋的应力-应变曲线有的有明显的屈服阶段，例如热轧低碳钢和普通热轧低合金钢所制成的钢筋。对有明显屈服阶段的钢筋，在计算承载力时以屈服点作为钢筋强度限值；对没有明显屈服阶段或屈服点的钢筋，一般将对应于塑性应变为0.2%时的应力定为屈服强度，并用$\sigma_{0.2}$表示。

建筑钢材的主要性能包括力学性能和工艺性能。其中力学性能是钢材最重要的使用性能，包括拉伸性能、冲击性能、疲劳性能等。工艺性能表示钢材在各种加工过程中的行为，包括弯曲性能和焊接性能。

反映建筑钢材拉伸性能的指标包括屈服强度、抗拉强度和伸长率。屈服强度是结构设计中钢材强度的取值依据。抗拉强度与屈服强度之比称为强屈比，是评价钢材使用可靠性的一个参数。强屈比越大，钢材受力超过屈服点工作时的可靠性越大，安全性越高，但强屈比过大，钢材强度利用率偏低，浪费材料。

伸长率是钢材发生断裂时所能承受永久变形的能力。伸长率越大，说明钢材的塑性越大。对常用的热轧钢筋而言，还有一个最大力总伸长率的指标要求。热轧钢筋的力学和工艺性能见表1-2。

热轧钢筋的力学和工艺性能 表1-2

牌 号	符号	公称直径 d（mm）	屈服强度标准值 f_{yk}（N/mm²）	极限强度标准值 f_{stk}（N/mm²）	抗拉强度设计值 f_y（N/mm²）	抗压强度设计值 f'_y（N/mm²）	最大力总伸长率最小值 δ_{gt}（%）
HPB300	Φ	6~22	300	420	270	270	10.0
HRB335	Φ	6~14	335	455	300	300	7.5
HRB400 HRBF400 RRB400	Φ ΦF ΦR	6~50	400	540	360	360	7.5
HRB500 HRBF500	Φ ΦF	6~50	500	630	435	435	7.5

1.4.3 水泥

水泥呈粉末状，与水混合后，经物理化学作用能由可塑性浆体变成坚硬的石状体，并能将散粒状材料胶结成为整体，所以水泥是一种良好的矿物胶凝材料。水泥浆体不但能在空气中硬化，还能更好地在水中硬化、保持并继续增长其强度，故水泥属于水硬性胶凝材料。

水泥是最重要的建筑材料之一，在建筑、道路、水利和国防等工程中应用广泛，常用来制造各种形式的混凝土、钢筋混凝土、预应力混凝土构件和建筑物，也常用于配制砂浆，以及用作灌浆材料等。

随着基本建设发展的需要，水泥品种越来越多。按化学成分，水泥可分为硅酸盐水泥、铝酸盐水泥、硫铝酸盐水泥、铁铝酸盐水泥等系列，其中以硅酸盐系列水泥应用最广。

硅酸盐系列水泥按其性能和用途不同，又可分为通用水泥、专用水泥和特性水泥三大类。

通用硅酸盐水泥是以硅酸盐水泥熟料和适量的石膏，以及规定的混合材料制成的水硬性胶凝材料。硅酸盐水泥熟料由主要含 CaO、SiO_2、Al_2O_3、Fe_2O_3 的原料，按适当比例磨成细粉烧至部分熔融所得以硅酸钙为主要矿物成分的水硬性胶凝物质。其中硅酸钙矿物不小于 66%，氧化钙和氧化硅质量比不小于 2.0。

通用硅酸盐水泥按混合材料的品种和掺量分为硅酸盐水泥、普通硅酸盐水泥、矿渣硅酸盐水泥、火山灰质硅酸盐水泥、粉煤灰硅酸盐水泥和复合硅酸盐水泥。各品种的组分和代号应符合表 1-3 的规定。

通用硅酸盐水泥各品种的组分和代号表（单位:%）　　　表 1-3

品　　种	代号	组　　分				
		熟料＋石膏	粒化高炉矿渣	火山灰质混合材料	粉煤灰	石灰石
硅酸盐水泥	P·I	100	—	—	—	—
	P·II	≥95	≤5	—	—	—
		≥95	—	—	—	≤5
普通硅酸盐水泥	P·O	≥80且<95	>5且≤20			
矿渣硅酸盐水泥	P·S·A	≥50且<80	>20且≤50	—	—	—
	P·S·B	≥30且<50	>50且≤70	—	—	—
火山灰质硅酸盐水泥	P·P	≥60且<80	—	>20且≤40	—	—
粉煤灰硅酸盐水泥	P·F	≥60且<80	—	—	>20且≤40	—
复合硅酸盐水泥	P·C	≥50且<80	>20且≤50			
本组分材料均应符合国家有关规范的要求						

通用硅酸盐水泥广泛应用于一般建筑工程，专用水泥是指专门用途的水泥，如砌筑水泥、道路水泥等。特性水泥则是指某种性能比较突出的水泥，如快硬硅酸盐水泥、白色硅酸盐水泥、抗硫酸盐硅酸盐水泥、低热硅酸盐水泥、硅酸盐膨胀水泥等。

1）硅酸盐水泥的生产及凝结硬化过程

（1）生产过程

硅酸盐水泥是通用水泥中的一个基本品种，其主要原料是石灰质原料和黏土质原料。石灰质原料主要提供 CaO，它可以采用石灰岩和贝壳等，其中多用石灰岩。黏土质原料主要提供 SiO_2、Al_2O_3 及少量 Fe_2O_3，它可以采用黏土、黄土、页岩、泥岩、粉砂岩等。其中以黏土与黄土用的最广。为满足成分的要求还常用校正原料，例如用铁矿粉等原料补充氧化铁的含量，以砂岩等硅质原料增加二氧化硅的成分等。

硅酸盐水泥的生产过程分为制备生料、煅烧熟料、粉磨水泥等三个阶段，简称两磨一烧，如图 1-3 所示。

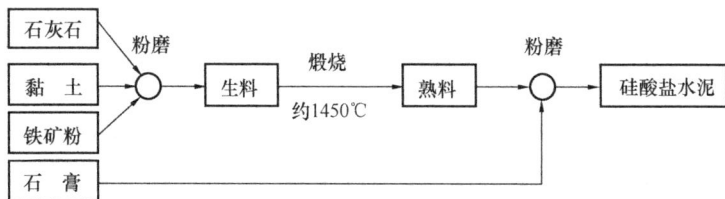

图 1-3　硅酸盐水泥主要生产流程

（2）凝结硬化过程

一般认为可分为早、中、后三个时期，如图 1-4 所示。

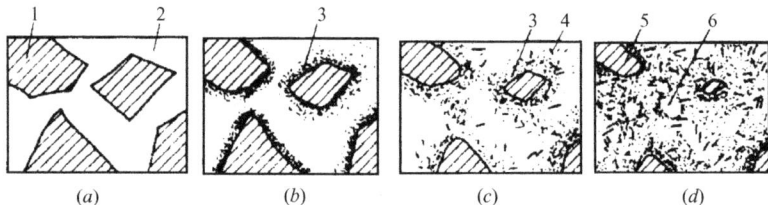

图 1-4　水泥凝结硬化过程示意图

（a）分散在水中未水化的水泥颗粒；（b）在水泥颗粒表面形成的水化物膜层；

（c）膜层长大并互相连接；（d）水化物进一步发展，填充毛细孔（硬化）

1—水泥颗粒；2—水分；3—凝胶；4—晶体；5—水泥颗粒的未水化内核；6—毛细孔

2）硅酸盐水泥与普通水泥的主要技术性质

根据国家标准《通用硅酸盐水泥》GB 175—2007，对硅酸盐水泥和普通水泥的主要技术性质要求如下：

（1）强度及强度等级

水泥的强度是评定其质量的重要指标。国家标准规定，采用《水泥胶砂强度检验方法（ISO 法）》GB/T 17671—1999 测定水泥强度，该法是将水泥和中国 ISO 标准砂按质量计以 1:3 混合，用 0.5 的水灰比按规定的方法制成 40mm×40mm×160mm 的试件，在标准温度（20±1）℃的水中养护，分别测定其 3d 和 28d 的抗折强度和抗压强度。水泥按 3d 强度又可分为普通型和早强型两种类型，其中有代号 R 者为早强型水泥。强度不符合规定者为不合格品。

不同品种不同强度等级的通用硅酸盐水泥，其不同龄期的强度应符合表 1-4 的规定。

通用硅酸盐水泥的强度要求（单位：MPa）　　　　表 1-4

品　　种	强度等级	抗压强度		抗折强度	
		3d	28d	3d	28d
硅酸盐水泥	42.5	≥17.0	≥42.5	≥3.5	≥6.5
	42.5R	≥22.0		≥4.0	
	52.5	≥23.0	≥52.5	≥4.0	≥7.0
	52.5R	≥27.0		≥5.0	
	62.5	≥28.0	≥62.5	≥5.0	≥8.0
	62.5R	≥32.0		≥5.5	
普通硅酸盐水泥	42.5	≥17.0	≥42.5	≥3.5	≥6.5
	42.5R	≥22.0		≥4.0	
	52.5	≥23.0	≥52.5	≥4.0	≥7.0
	52.5R	≥27.0		≥5.0	
矿渣硅酸盐水泥 火山灰硅酸盐水泥 粉煤灰硅酸盐水泥 复合硅酸盐水泥	32.5	≥10.0	≥32.5	≥2.5	≥5.5
	32.5R	≥15.0		≥3.5	
	42.5	≥15.0	≥42.5	≥3.5	≥6.5
	42.5R	≥19.0		≥4.0	
	52.5	≥21.0	≥52.5	≥4.0	≥7.0
	52.5R	≥23.0		≥4.5	

（2）化学指标

化学指标应符合表 1-5 的规定。化学指标不符合规定者为不合格品。

通用水泥的化学指标（单位：%）　　　　表 1-5

品　　种	代号	不溶物 （质量分数）	烧失量 （质量分数）	三氧化硫 （质量分数）	氧化镁 （质量分数）	氯离子 （质量分数）
硅酸盐水泥	P·Ⅰ	≤0.75	≤3.0	≤3.5	≤5.0a	≤0.06c
	P·Ⅱ	≤1.50	≤3.5			
普通硅酸盐水泥	P·O	—	≤5.0			
矿渣硅酸盐水泥	P·S·A	—	—	≤4.0	≤6.0b	
	P·S·B	—	—		—	
火山灰质硅酸盐水泥	P·P	—	—	≤3.5	≤6.0b	
粉煤灰硅酸盐水泥	P·F	—	—			
复合硅酸盐水泥	P·C	—	—			

a　如果水泥压蒸试验合格，则水泥中氧化镁的含量（质量分数）允许放宽至 6.0%。

b　如果水泥中氧化镁的含量（质量分数）大于 6.0% 时，需进行水泥压蒸安定性试验并合格。

c　当有更低要求时，该指标由买卖双方协商确定。

（3）凝结时间

水泥的凝结时间有初凝与终凝之分。自加水起至水泥浆开始失去塑性、流动性减小所需要的时间，称为初凝时间。自加水起至水泥浆完全失去塑性、开始有一定结构强度所需的时间，称为终凝时间。国家标准规定：硅酸盐水泥初凝不小于 45min，终凝不大于 390min；普通硅酸盐水泥、矿渣硅酸盐水泥、火山灰质硅酸盐水泥、粉煤灰硅酸盐水泥和复合硅酸盐水泥初凝不小于 45min，终凝不大于

600min。凝结时间不符合规定者为不合格品。

规定水泥的凝结时间在施工中具有重要的意义。初凝不宜过快是为了保证有足够的时间在初凝之前完成混凝土成型等各工序的操作；终凝不宜过迟是为了使混凝土在浇捣完毕后能尽早凝结硬化，产生强度，以利于下一道工序的及早进行。

（4）体积安定性

水泥的体积安定性是指水泥在凝结硬化过程中体积变化的均匀性。水泥硬化后产生不均匀的体积变化即体积安定性不良，水泥体积安定性不良会使水泥制品、混凝土构件产生膨胀性裂缝，降低建筑物质量，甚至引起严重工程事故。因此，水泥的体积安定性检验必须合格，体积安定性不合格的水泥为不合格品。

（5）细度

细度是指水泥颗粒的粗细程度。细度可鉴定水泥的品质，是选择性指标。国家标准规定，硅酸盐水泥和普通硅酸盐水泥以比表面积表示，不小于 $300m^2/kg$；矿渣硅酸盐水泥、火山灰质硅酸盐水泥、粉煤灰硅酸盐水泥和复合硅酸盐水泥以筛余表示，$80\mu m$ 方孔筛筛余不大于 10% 或 $45\mu m$ 方孔筛筛余不大于 30%。

3）常用水泥的特性及应用

六大常用水泥的主要特性见表1-6。

常用水泥的主要特性　　　　　表1-6

	硅酸盐水泥	普通水泥	矿渣水泥	火山灰水泥	粉煤灰水泥	复合水泥
主要特性	①凝结硬化快、早期强度高 ②水化热大 ③抗冻性好 ④耐热性差 ⑤耐蚀性差 ⑥干缩性较小	①凝结硬化较快、早期强度较高 ②水化热较大 ③抗冻性较好 ④耐热性较差 ⑤耐蚀性较差 ⑥干缩性较小	①凝结硬化慢、早期强度低，后期强度增长较快 ②水化热较小 ③抗冻性差 ④耐热性好 ⑤耐蚀性较好 ⑥干缩性较大 ⑦泌水性大、抗渗性差	①凝结硬化慢、早期强度低，后期强度增长较快 ②水化热较小 ③抗冻性差 ④耐热性较差 ⑤耐蚀性较好 ⑥干缩性较大 ⑦抗渗性较好	①凝结硬化慢、早期强度低，后期强度增长较快 ②水化热较小 ③抗冻性差 ④耐热性较差 ⑤耐蚀性较好 ⑥干缩性较小 ⑦抗裂性较高	①凝结硬化慢、早期强度低，后期强度增长较快 ②水化热较小 ③抗冻性差 ④耐蚀性较好 ⑤其他性能与所掺入的两种或两种以上混合材料的种类、掺量有关

混凝土工程根据使用场合、条件的不同，可选择不同种类的水泥，可参考表1-7。

常用水泥的适用范围　　　　　表1-7

混凝土工程特点及所处环境条件		优先选用	可以选用	不宜选用
普通混凝土	在一般气候环境中的混凝土	普通水泥	矿渣水泥、火山灰水泥、粉煤灰水泥、复合水泥	
	在干燥环境中的混凝土	普通水泥	矿渣水泥	火山灰水泥、粉煤灰水泥
	在高湿度环境中或长期处于水中的混凝土	矿渣水泥、火山灰水泥、粉煤灰水泥、复合水泥	普通水泥	
	厚大体积的混凝土	矿渣水泥、火山灰水泥、粉煤灰水泥、复合水泥	普通水泥	硅酸盐水泥

续表

混凝土工程特点及所处环境条件		优先选用	可以选用	不宜选用
有特殊要求的混凝土	要求快硬、高强（>C40）的混凝土	硅酸盐水泥	普通水泥	矿渣水泥、火山灰水泥、粉煤灰水泥、复合水泥
	严寒地区的露天混凝土、寒冷地区处于水位升降范围内的混凝土	普通水泥	矿渣水泥	火山灰水泥、粉煤灰水泥
	严寒地区处于水位升降范围内的混凝土	普通水泥（强度等级>42.5）		火山灰水泥、矿渣水泥、粉煤灰水泥、复合水泥
	有抗渗要求的混凝土	普通水泥、火山灰水泥		矿渣水泥
	有耐磨性要求的混凝土	硅酸盐水泥、普通水泥	矿渣水泥	火山灰水泥、粉煤灰水泥
	受侵蚀性介质作用的混凝土	矿渣水泥、火山灰水泥、粉煤灰水泥、复合水泥		硅酸盐水泥、普通水泥

1.4.4　混凝土

混凝土是由胶凝材料、粗细骨料与水按一定比例，经过搅拌、捣实、养护、硬化而成的一种人造石材。混凝土有时还掺入化学外加剂以改造混凝土的性能，如达到减水、早强、调凝、抗冻、膨胀、防锈等要求。建筑工程中使用最广泛的是用水泥做胶凝材料的混凝土。由水泥和普通砂、石配制而成的混凝土称为普通混凝土。

混凝土材料具有原料广泛、制作简单、造型方便、性能良好、耐久性强、防火性能好及造价低等优点，因此应用非常广泛。但这种材料也存在抗拉强度低、质量大等缺点，而钢筋混凝土和预应力混凝土较好地弥补了抗拉强度低的问题。

现代的混凝土正向着轻质、高强、多功能方向发展。采用轻骨料配制混凝土，表观密度仅为 $800\sim1400\text{kg/m}^3$，其强度可达 30MPa。这种混凝土既能减轻自重，又能改善热工性能。采用高强度混凝土，可以达到减小结构构件的截面、节约混凝土和降低建筑物自重以及增加建筑的净使用空间的目的。

1）混凝土组成材料

在混凝土中，砂、石起骨架作用，称为骨料。水泥与水形成水泥浆，水泥浆包裹在骨料表面并填充其空隙。在硬化前，水泥浆起润滑作用，赋予拌合物一定和易性，且便于施工。水泥浆硬化后，则将骨料胶结成一个坚实的整体。混凝土的结构如图1-5所示。

（1）水泥

配制混凝土一般可采用硅酸盐水泥、普通硅酸盐水泥、矿渣硅酸盐水泥、火山灰质硅酸盐水泥和粉煤灰硅酸盐水泥。必要时可采用快硬硅酸盐水泥或其他水泥。采用何种水泥，应根据混凝土工程特点和所处的环境条件，参照表1-6选用。

水泥强度等级的选择应与混凝土的设计强度

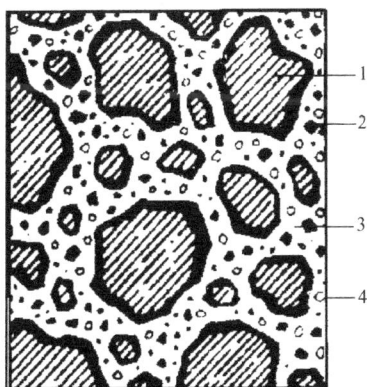

图 1-5　混凝土结构
1—石子；2—砂；3—水泥浆；4—气孔

等级相适应。原则上是配制高强度等级混凝土，选用高强度等级水泥。配制低强度等级混凝土，选用低强度等级水泥。如必须用高强度等级水泥配制低强度混凝土时，会使水泥用量偏少，影响混凝土和易性及密实度，所以应掺入一定数量的混合材料。如必须用低强度等级水泥配制高强度等级混凝土时，会使水泥用量过多，不经济，而且要影响混凝土其他性质。

（2）细骨料

粒径在0.16～5mm之间的骨料为细骨料（砂）。一般采用天然砂，它是岩石风化后所形成的大小不等、由不同矿物散粒组成的混合物，一般有河砂、海砂、山砂。普通混凝土用砂多为河砂。砂是由岩石风化后经河水冲刷而成。砂的特征是颗粒光滑、无棱角。山区所产的砂粒为山砂，是由岩石风化而成，特征是多棱角。沿海地区的砂称为海砂，海砂中含有氯盐对钢筋有锈蚀作用。

砂子的粗细颗粒要搭配合理，不同颗粒等级搭配称为级配。因此，混凝土用砂要符合理想的级配。砂子的粗细程度还可以用细度模数来表示。一般细度模数3.1～3.7称为粗砂，2.3～3.0的称为中砂，1.6～2.2的称为细砂，0.7～1.5称为特细砂。配制混凝土的细骨料要求清洁不含杂质，以保证混凝土的质量。

（3）粗骨料

粒径大于5mm的骨料，通常为石子。石子又有碎石和卵石之分。天然岩石经过人工破碎筛分而成的称为碎石，经过河水冲刷而成的为卵石。碎石的特征是多棱角，表面粗糙，与水泥粘结较好；而卵石则表面圆滑，无棱角，与水泥粘结不太好，但流动性较好，对泵送混凝土较有利。在水泥和水用量相同的情况下，用碎石拌制的混凝土强度较高，但流动性差，而卵石拌制的混凝土流动性好，但强度较低。石子中各种粒径分布的范围成为粒级。粒级又分为连续粒级和单粒级两种。建筑上常用的有5～10mm、6～15mm、5～20mm、5～30mm和6～40mm五种连续粒级。单粒级石子主要用于按比例组合组配良好的骨料。要根据结构的薄厚及钢筋疏密的程度确定粗骨料的粒级。

（4）水

混凝土拌合用水要求洁净，不含有害杂质。凡是能饮用的自来水或清洁的天然水都能拌制混凝土。酸性水、含硫酸盐或氯化物以及遭受污染的水和海水都不宜拌合混凝土。

2）混凝土的抗压强度

混凝土的强度与水泥强度等级、水灰比有很大关系，骨料的性质、级配、混凝土成型方法、硬化时的环境条件及混凝土的龄期等不同程度地影响混凝土的强度。试件的大小、形状，试验方法和加载速率也影响混凝土的强度。

混凝土的抗压强度有立方体抗压强度和轴心抗压强度两种情况，这里仅对前者进行简单介绍。

立方体试件的强度比较稳定，制作及试验比较方便，所以我国把立方体强度值作为混凝土的强度基本指标，并把立方体抗压强度作为在统一试验方法下评定混凝土强度的标准，也是衡量混凝土各种力学指标的代表值。我国国家标准《普通混凝土力学性能试验方法标准》GB/T 50081—2002规定以边长为150mm的立方体为标准试件，标准立方体试件在（20±2）℃的温度和相对湿度95％以上的潮湿空气中养护28d，试件的承压面不涂润滑剂，按照标准试验方法测得的抗压强度作为混凝土的立方体抗压强度，单位为 N/mm² （MPa）。

《混凝土结构设计规范》GB 50010—2010 规定混凝土强度等级应按立方体抗压强度标准值确定，用符号 $f_{cu,k}$ 表示，即用上述标准试验方法测得的具有95％保证率的立方体抗压强度作为混凝土的强度等级。《混凝土结构设计规范》规定的混凝土强度等级有C15、C20、C25、C30、C35、C40、C45、C50、C55、C60、C65、C70、C75 和C80，共14 个等级。例如C30 表示立方体抗压强度标准值为$30N/mm^2 \leqslant f_{cu,k} < 35N/mm^2$。其中C50～C80属高强度混凝土范畴。

《混凝土结构设计规范》规定，素混凝土结构的混凝土强度等级不应低于C15；钢筋混凝土结构的混凝土强度等级不应低于C20；采用强度级别400MPa 及以上的钢筋时，混凝土强度等级不应低于C25；承受重复荷载的钢筋混凝土构件，混凝土强度等级不应低于C30；预应力混凝土结构的混凝土强度等级不宜低于C40，且不应低于C30。

加载速度对立方体强度也有影响，加载速度越快，测得的强度越高。通常规定混凝土强度等级低于C30 时，加载速度取为每秒钟（0.3～0.5）N/mm²；混凝土强度等级高于或等于C30 时，取每秒钟(0.5～0.8)N/mm²。

混凝土的立方体强度还与成型后的龄期有关，混凝土的立方体抗压强度随着成型后混凝土的龄期逐渐增长，开始时增长速度较快，后来逐渐缓慢，强度增长过程往往要延续几年，在潮湿环境中往往延续更长。

由于试件的尺寸效应，当采用边长为 200mm×200mm×200mm 或其他尺度的立方体试件时，按《混凝土结构工程施工质量验收规范》GB 50204—2002 规定，需将试件抗压强度实测值乘以换算系数，转换成标准试件的立方体抗压强度标准值，换算系数见表1-8。

混凝土试件尺寸及强度的尺寸换算系数		表 1-8
骨料最大粒径（mm）	试件尺寸（mm×mm×mm）	强度系数
≤31.5	100×100×100	0.95
≤40	150×150×150	1.00
≤63	200×200×200	1.05

1.5 建筑构造概述

1.5.1 建筑构造组成

建筑物是由许多部分组成的，它们在不同的位置上发挥着不同的作用。民用建筑一般由基础、墙体（柱）、楼板层、地坪、屋顶、楼梯和门窗等几大部分构成，如图 1-6 所示。

（1）基础。基础是建筑物底部与地基接触的承重结构，承受着建筑物的全部载荷，并把这些载荷传递给地基。因此，地基必须固定、稳定、可靠。

（2）墙（或柱）。砌体结构的墙体既是建筑物的承重构件，也可以是建筑物的围护构件。框架结构的柱是承重结构，而墙仅是分隔空间或抵抗风、雨、雪的围

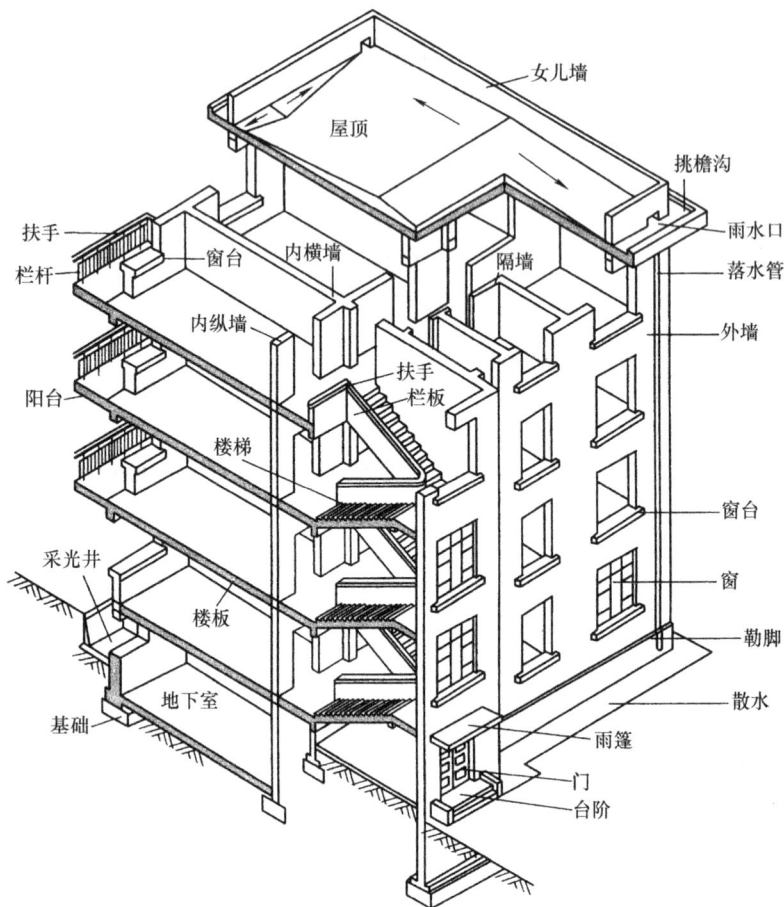

图 1-6　民用建筑的构造组成

护构件。

（3）楼板层。楼板层是楼房建筑中水平方向的承重构件。楼板将整个建筑物分成若干层，它承受着人、家具以及设备的荷载，并将这些荷载传递给墙或柱，它应该有足够的强度和刚度。对卫生间、厨房等房间还应具有防水、防潮能力。

（4）地坪。地坪是房间与土层相接触的水平部分，它承受着底层房间中人和家具等荷载，不同性质的房间应该具有不同的功能，如：防潮、防滑、耐磨、保温等。

（5）屋顶。屋顶是建筑物顶部水平的围护构件和承重构件。它抵御着自然界对建筑物的影响，承受着建筑物顶部的荷载，并将荷载传给墙体或柱。屋顶必须具有足够的强度和刚度，并具有防水、保温、隔热等性能。

（6）楼梯。建筑物中的垂直交通工具，作为人们上下楼和发生事故时的紧急疏散之用。

（7）门窗。门主要用来通行和紧急疏散，窗主要用来采光和通风。开门以沟通室内外联系，开窗以沟通人和大自然的联系。处于外墙上的门和窗属于围护构件。

（8）附属部分。民用建筑中除了上述构件外，还有一些附属部分，如阳台、雨篷、台阶、烟囱等。

民用建筑的特种构造以及工业建筑构造可参考有关书籍。

1.5.2 建筑构造的影响因素

民用建筑物从建成到使用，要受到许多因素的影响，这些因素主要有：

（1）外界环境的影响

①外界作用力的影响。主要指人、家具和设备以及建筑自身的重量，风力、地震力、雪荷载等。这些外界作用力的大小是建筑设计的主要依据，它决定着构件的尺度和用料。②气候条件的影响。对于不同的气候如风、雨、雪、日晒等的影响，建筑构造应该考虑相应的防护措施。③人为因素的影响。人所从事的生产和生活活动，如火灾、机械振动、噪声等，往往也会对建筑构造成影响。

（2）建筑技术条件的影响

建筑技术条件指建筑材料技术、结构技术和施工技术等。随着这些技术的发展和变化，建筑构造也发生了相应的变化。例如木结构的建筑和砌体结构的建筑相比，他们的施工方法和构造做法是不相同的。

（3）建筑标准的影响

不同的建筑具有不同的建筑标准。建筑标准一般包括建筑的造价标准、建筑的装修标准、建筑的设备标准。不同的建筑标准对建筑构造会产生不同的影响，如建筑材料质量的高低、构造做法是否考究、设备是否齐全等。

1.5.3 建筑构造的设计

民用建筑构造在设计中不仅要考虑到建筑分类、组成部分、模数协调等许多因素的影响外，还要根据以下原则设计：

（1）坚固实用。建筑构造应该坚固耐用，这样才能保证建筑物的整体刚度、安全可靠、经久耐用。

（2）技术先进。建筑构造设计应该从材料、结构、施工三个方面引入先进技术，但要因地制宜、不能脱离实际。

（3）经济合理。建筑构造设计处处应该考虑经济合理，在选用材料上要注意就地取材，注意节约钢材、水泥、木材三大材料，并在保证质量的前提下降低造价。

（4）美观大方。建筑构造设计是建筑设计的继续和深入，建筑要做到美观大方，构造设计是非常重要的一环。

总之，在建筑构造的设计中，必须满足以上原则，才能设计出合理、实用、经久、美观的建筑作品来。

1.6 建筑工程施工概述

1.6.1 建筑工程产品及施工特点

1）建筑工程产品的特点

（1）产品的固定性

这是建筑工程产品最显著的特点。任何建筑工程产品都是在建设单位所选定的地点上建造和使用，它与所选定地点的土地是不可分割的。因此，建筑工程产品的建造和使用在空间上是固定的。建筑工程施工的许多特点都是由此引出的。

（2）产品多样性

建筑物的使用功能是多种多样的，因此建筑工程产品种类繁多，用途各异。另外，即使是使用功能、建筑类型相同，而在不同地区、不同条件下，建筑产品要按照当地特定的社会环境、自然条件来设计和建造。产品的多样性造成安全问题的多样性。

（3）产品体形庞大

建筑工程产品比起一般的工业产品，所需消耗的物质资源更多。为了满足特定的使用功能，必然占据广阔的地面与空间，因而建筑工程产品的体形庞大。

（4）产品的综合性

建筑工程产品由各种材料、构配件和设备组装而成，形成一个庞大的实物体系。

2）建筑工程施工的特点

（1）生产的流动性

建筑工程产品的固定性，决定了产品生产的流动性。即施工所需的大量劳动力、材料、机械设备必须围绕其固定性产品开展活动，而且在完成一个固定性产品以后，又要流动到另一个固定性产品上去。因此，在进行施工前必须事先做好科学的分析和决策、合理的安排和组织。生产的流动性大，从业人员整体素质低加剧了安全管理的难度，造成安全生产的多样化。同时，产品的固定性导致作业环境局限性，必须在有限的场地和空间上集中大量的人力、物资、机具进行交叉作业，因而容易发生物体打击等伤亡事故。

（2）施工的单件性

建筑工程产品的固定性和多样性决定了产品生产的单件性。一般工业产品都是按照试制好的同一设计图纸，在一定的时期内进行批量的重复生产。每一个建筑工程产品则必须按照当地的规划和用户的需要，在选定的地点上单独设计和单独施工。这就形成了在有限的场地上集中大量的工人和建筑材料、设备、机具进行作业。作业环境和各种作业的重叠和交叉，造成现场的安全问题异常复杂。因此，必须做好施工准备，编好施工组织设计，以便工程施工能因时制宜、因地制宜地进行。

建筑产品呈多样性，施工工艺呈复杂多变性，例如一栋建筑物从基础、主体至竣工验收，每道施工工序均有其不同的特性，其不安全因素各不相同。同时随着工程建设进度，施工现场的不安全因素也随时变化，要求施工单位必须针对工程进度和施工现场实际情况及时地采取安全技术措施和安全管理措施。

（3）施工的地区性

由于建筑工程产品的固定性，从而导致生产的地区性。因为要在使用的固定地点建造，就必然受到该建设地区的自然、技术、经济和社会条件的限制。因此，就必须对该地区的建设条件进行深入的调查分析，因地制宜地做好各种施工安排。

（4）建筑生产涉及面广、综合性强

从建筑行业内部来讲，建筑生产是多工种的综合作业；从外部讲，通常需要专业化企业、材料供应、运输、公共事业、人力资源部门等方面的配合和协作。

多工种、多部门的协同作业造成了安全生产的可变因素甚多。

（5）建筑生产的条件差异大、可变因素多

建筑生产的自然条件（地形、地质、水文、气候等），技术条件（结构类型、技术要求、施工水平、材料和半成品质量等）和社会条件（物资供应、运输、专业化、协作条件等）常常有很大差别。因此生产的预见性可控性差。

（6）生产周期长、露天作业多、受自然气候条件影响大

一个建筑项目施工周期短则几个月、长则一年甚至三五年才能完工，而且大多是露天施工，酷暑严寒，风吹日晒，劳动条件差。因此，劳动保护工作是多层次的，并且随季节而变化的。露天作业导致作业条件恶劣，致使工作环境相当艰苦，容易发生伤亡事故。

（7）立体交叉施工、高空地下作业多

高层与超高层建筑工程带来了施工作业高空性，由于地下作业和高空作业都较多，施工场地与施工条件要求的矛盾日益突出，致使多工种立体交叉作业增加，组织比较复杂，施工的危险度比较大，导致机械伤害、物体打击事故增多。

（8）手工操作、劳动繁重、体力消耗大

建筑业有些操作至今仍是手工劳动，比如砌筑工、抹灰工、架子工、钢筋工、管工等都是繁重的体力劳动，例如，对一个砌筑工来说，每天砌 1000 块砖，一块按 2.5kg 计算，他一天要用两只手把近 3t 的砖一块块砌起来，弯腰要两三千次。在恶劣的作业环境下，施工工人手工操作多，体能消耗大，劳动时间和劳动强度都比其他行业要大，其职业危害严重。因此个体劳动保护非常艰巨。

（9）施工的复杂性

由于建筑工程产品的固定性、多样性和综合性以及施工的流动性、地区性、露天作业多、高空作业多等特点，再加上要在不同的时期、地点、产品上，组织多专业、多工种的人员综合作业，这使建筑工程施工变得更加复杂。

建筑施工的上述特点给施工带来了很多不安全的因素，所以要求建筑施工企业对安全生产问题要更加重视。

1.6.2 建筑工程施工依据与顺序

1）施工依据

建筑施工的目的是通过施工手段，建成能满足各种不同使用功能的建筑物。因此，施工依据就必须包括以下内容：

（1）施工图

施工图是"工程的语言"，是组织施工的主要依据。"按图施工"是施工人员必须遵守的一条准则。

（2）施工验收规范、质量检验评定标准、施工技术操作规程

施工验收规范是国家根据建筑技术政策、施工技术水平、建筑材料的发展、新施工工艺的出现等情况，统一制定的建筑施工法规。这些法规规定了建筑施工中分部分项工程施工的关键技术要求和质量标准，作为衡量建筑施工技术水平和工程质量的基本依据。

质量检验评定标准是建筑施工企业贯彻施工验收规范、评定工程质量等级标

准的依据。

施工技术操作规程是规定要达到规范和标准要求所必须遵循的具体操作方法。规程中对建筑安装工程的施工技术、质量标准、材料要求、操作方法、设备工具的使用、施工安全技术以及冬期施工技术等作了详细的规定。

（3）施工组织设计

建筑施工企业根据施工任务和施工对象，针对建筑物的性质、规模、特点和要求，结合工期的长短、工人的数量、参与施工的机械装备、材料供应情况、构件生产方式、运输条件等各种技术经济条件，从经济和技术统一的全局出发，从许多可能的方案中选定最合理的方案，对施工的各项活动做出全面的部署，编制出规划和指导施工全过程、企业管理的重要的技术经济文件，这就是施工组织设计。

（4）定额与施工图预算（或称设计预算）

定额主要包括预算定额、劳动定额和单价手册等。

2）建筑施工顺序

建筑工程施工顺序就是根据建筑工程结构特点、生产流程、施工方法以及建筑施工的特有规律，而对施工各主要环节做出的先后次序和配合衔接的安排。施工顺序应符合工程质量好、施工安全、工期短、经济效益高的目标。

建筑工程施工顺序一般如图 1-7 所示。建筑物开工与竣工的先后顺序应满足工艺流程和配套投产的要求。一般工业与民用建筑的施工顺序通常应遵守下列原则：

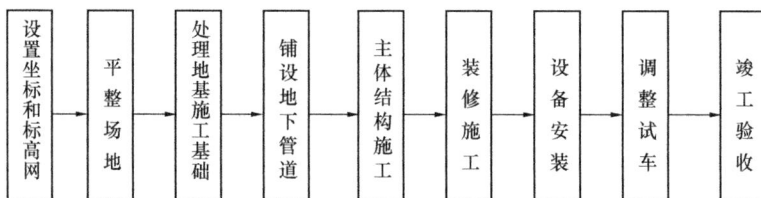

设置坐标和标高网 → 平整场地 → 处理地基施工基础 → 铺设地下管道 → 主体结构施工 → 装修施工 → 设备安装 → 调整试车 → 竣工验收

图 1-7 建筑工程施工顺序

（1）先地下，后地上

即先进行地下管网和基础施工，然后再进行地面以上工程的施工，以免土方挖了再填，填了再挖。这样才不会影响材料堆放和现场运输，也不会给安全留下隐患。尤其是在雨期施工时避免雨水流入基槽、基坑，造成基础沉陷等事故。

（2）先土建，后安装

当然，为了避免事后在建筑物上开槽凿洞，在土建施工中，安装必须紧密配合，做好预留槽、洞和预埋件，以确保结构安全。

（3）先主体，后装修

在土建施工中，一般是先主体结构后围护结构，最后进行装修。多层建筑室外采用上下立体交叉作业时，应保证已完工程和后建工程不受损坏，同时还应在有可靠遮挡的条件下进行。

（4）先屋面防水，后室内抹灰

抹灰应先顶棚、后立墙、再地坪，最后踢脚线，并在上层地面完工后方可做下层顶棚。

（5）管道、沟渠等应先下游，后上游

以便于排出沟内积水和有利于沟底找坡。

1.6.3　建筑工程施工组织设计简介

一个建设项目的施工，可以有不同的施工顺序；每一个施工过程可以采用不同的施工方案；每一种构件可以采用不同的生产方式；每一种运输工作可以采用不同的方式和工具；现场施工机械、各种堆物、临时设施和水电线路等可以有不同的布置方案；开工前的一系列施工准备工作可以用不同的方法进行。不同的施工方案，其效果是不一样的。这是施工人员开始施工之前必须解决的问题。

施工组织设计是工程施工的组织方案，是指导施工准备和组织施工的全面性技术经济文件，是指导现场施工的法规。施工组织设计应当包括下列主要内容：

（1）工程任务情况。

（2）施工总方案、主要施工方法、工程施工进度计划、主要单位工程综合进度计划和施工力量、机具及部署。

（3）施工组织技术措施，包括工程质量、安全防护以及环境污染防护等各种措施。

（4）施工总平面布置图。

（5）总包和分包的分工范围及交叉施工部署等。

建设工程必须按照批准的施工组织设计进行。施工组织设计根据设计阶段和编制对象的不同大致可分为三类，即：施工组织总设计、单位工程施工组织设计和分部分项工程施工组织设计。

建筑工程施工有效的科学组织方法包括流水作业法与网络计划技术。可参考有关施工管理书籍。

1.6.4　建筑施工技术简介

1）土方工程

土方工程是建筑工程施工中的主要工种工程之一，往往是整个建设过程全部施工过程中的第一道工序。平整场地为整个工程的后续工作提供一个平整、坚实、干燥的施工场所，并为基础工程施工做好准备。

简介参见本书第5章。

2）基础工程

一般工业与民用建筑物多采用天然浅基础，它造价低，施工简便。如果天然浅土层软弱，可采用机械压实、深层搅拌、堆载预压、砂桩挤密、化学加固等方法进行人工加固，形成人工地基浅基础。如深部土层一样软弱，建筑物上部载荷很大的工业建筑或对变形和稳定有严格要求的一些特殊建筑或高层建筑，无法采用浅基础时，经过技术经济比较后采用深基础。

深基础是指桩基础、墩基础、深井基础、沉箱基础和地下连续墙等，其中桩基础应用最广。深基础不但可用深部较好的土层来承受上部荷载，还可以用深基础周壁的摩擦阻力来共同承受上部载荷，因而其承载力高、变形小、稳定性好，但其施工技术复杂、造价高、工期长。

3）钢筋混凝土工程

钢筋混凝土是建筑工程结构中被广泛采用并占主导地位的一种复合材料，它以性能优异、材料易得、施工方便、经久耐用而显示出其巨大生命力。近年来，钢筋工程、模板工程和混凝土工程技术不断更新，钢筋混凝土结构形式在建筑工程中应用越来越广泛。

钢筋混凝土工程分为装配式钢筋混凝土工程和现浇钢筋混凝土工程。装配式钢筋混凝土工程的施工工艺是在构件预制厂或施工现场预先制作好结构构件，再在施工现场将其安装到设计位置。现浇钢筋混凝土工程则是在建筑物的设计位置现场制作结构构件的一种施工方法，由钢筋工程、模板工程及混凝土工程三部分组成，特点是结构整体性好、抗震性能好、节约钢材、不需大型起重机械。但是模板消耗量多、现场运输量大、劳动强度高、施工易受气候条件影响。

（1）钢筋工程

在钢筋混凝土结构中起着关键性的作用。由于混凝土浇筑后，其质量难于检查，因此钢筋工程属于隐蔽工程，需要在施工过程中进行严格的质量控制，并建立必要的检查和验收制度。

钢筋工程一般包括：

①钢筋的冷加工。为了提高钢筋的强度，节约钢材，满足预应力钢筋的需要，工地上常采用冷拉、冷拔的方法对钢筋进行冷加工，以获得冷拉钢筋和冷拔钢丝。

②钢筋的加工。包括除锈、调直、切断、弯曲成型等工序。单根钢筋需经过一系列的加工过程，才能成型为所需要的形式和尺寸。

③钢筋的配料。施工中根据构件配筋图计算构件的直线下料长度、总根数及钢筋总重量，然后编制钢筋配料单，作为备料加工的依据。

④钢筋的连接。方法有三种：绑扎搭接连接、焊接连接及机械连接。

⑤钢筋的安装。核对钢筋钢号、直径、形状、尺寸及数量，无误后开始现场的安装。

（2）模板工程

参见本书第 7 章。

（3）混凝土工程

①混凝土制备。应保证其硬化后能达到设计要求的强度等级；应满足施工对和易性和匀质性的要求；应符合合理使用材料和节约水泥的原则。有时，还应使混凝土满足耐腐蚀、防水、抗冻、快硬和缓凝等特殊要求。为此，在配制混凝土时，必须了解混凝土的主要性能；重视原材料的选择和使用；严格控制施工配料；正确确定搅拌机的工作参数。

②运输。在运输过程中应保持混凝土的均匀性，避免产生分层离析、泌水、砂浆流失、流动性减小等现象。为此要求选用的运输工具要不吸水、不漏浆；运输道路平坦，车辆行驶平稳以防颠簸造成混凝土离析；垂直运输的自由落差不大于 2m；溜槽运输的坡度不大于 30°，混凝土移动速度不宜大于 1m/s。常用水平运

输机具主要有搅拌运输车、自卸汽车、机动翻斗车、皮带运输机、双轮手推车。常用垂直运输机具有塔式起重机、井架运输机。

③浇筑。浇筑混凝土总的要求是能保持结构或构件的形状、位置和尺寸的准确性，并能使混凝土达到良好的密实性，要内实外光，表面平整，钢筋与预埋件的位置符合设计要求，新旧混凝土接合良好。

④养护。混凝土成型后，为保证水泥水化作用能正常进行，应及时进行养护。目的是为混凝土硬化创造必需的温度、湿度条件，使混凝土达到设计要求的强度。

温度的高低对混凝土强度增长有很大影响，在合适的湿度条件下，温度越高水泥水化作用就越迅速、完全，强度就越大；但是温度也不能过高，过高则会使水泥颗粒表面迅速水化，结成外壳，阻止内部继续水化。反之，当温度低于$-3℃$时，则混凝土中的水会结冰，混凝土的强度增长非常缓慢。

湿度的大小，对混凝土强度增长也有很大影响。合适的湿度，使混凝土在凝结硬化期间已形成凝胶体的水泥颗粒能充分水化并逐步转化为稳定的结晶，促进混凝土强度的增长。如果在较高的温度条件下，混凝土凝胶体中的水泥颗粒尚未充分水化时缺水，就会在混凝土表面出现片状或粉状剥落（即剥皮、起砂现象）的脱水现象。如果在新浇混凝土尚未达到充分强度时，湿度过低，混凝土中的水分过早蒸发，就会产生很大收缩变形，出现干缩裂纹，从而影响混凝土的整体性和耐久性。

对混凝土进行养护可以采用自然养护和蒸汽养护的方法来进行。

⑤质量检查。对水泥品种及强度等级、砂石的质量及含泥量、混凝土的配合比、配料称量、搅拌时间、坍落度、运输、振捣、养护过程等环节进行检查。并做混凝土试块，在进行标准状况下养护后，送检验机构进行强度试验。

4）砌筑工程

砌筑工程是指普通黏土砖、硅酸盐类砖、石块和各种砌块的施工。

砖石建筑在我国有悠久的历史，目前在建筑工程中仍占有一定的份额。这种结构虽然取材方便、施工简单、成本低廉，但它的施工仍以手工操作为主，劳动强度大、生产效率低，而且烧制黏土砖占用大量农田，国家已明文规定不准生产和使用烧制黏土砖。利用工业废料制作的砌块，如粉煤灰硅酸盐砌块、普通混凝土空心砌块、煤矸石硅酸盐空心砌块等越来越普及。新工艺材料如加气混凝土砌块、蒸压灰砂砖，后者从尺寸、强度各方面可以完全代替烧制黏土砖。研发新型墙体材料以及改善砌体施工工艺是砌筑工程改革的重点。

砌筑工程是一个综合的施工过程，它包括砂浆制备、材料运输、脚手架搭设和墙体砌筑等。

5）装饰工程

装饰工程包括抹灰、饰面、刷浆、油漆、裱糊、花饰、铝合金和玻璃幕墙等工程，是建筑施工的最后一个施工过程。具体内容包括：内外墙面和顶棚的抹灰，内外墙饰面和镶面，楼地面的饰面，内墙裱糊，花饰安装，门窗等木制品和金属品安装，油漆以及墙面粉刷等。其作用是保护墙面免受风雨、潮气等侵蚀，改善隔热、隔声、防潮功能，提高卫生条件以及增加建筑物美观和美化环境。

6）结构吊装工程

在现场或工厂预制的结构构件或构件组合，用起重机械在施工现场把它们吊起来并安装在设计位置上，这样形成的结构叫装配式结构。结构吊装工程就是有效地完成装配式结构构件的吊装任务。

重难点知识讲解

1. 建筑高度分类
2. 钢筋的力学性能
3. 混凝土抗压强度

复习思考题

1. 试论述我国工程建设管理体制。
2. 建筑工程钢筋的力学性能是什么？
3. 水泥的凝结时间分别是什么？
4. 现行《混凝土结构设计规范》规定的混凝土强度等级有哪些？
5. 建筑工程施工的特点是什么？
6. 建筑施工顺序是什么？

第2章 建设工程安全相关法律法规

学习要求

通过本章内容的学习，了解我国施工安全的法律法规，熟悉建设工程的主要法律制度，掌握安全生产管理的方针，掌握建设工程安全生产管理条例。

2.1 建设工程安全生产立法

2.1.1 建设工程安全法

建设工程安全法是调整建设安全监督管理机构、建设单位、工程施工企业、勘察单位、设计单位、工程监理单位以及从业人员之间在建设工程活动中形成的，以预防和减少建设工程事故，加强建设工程安全生产监督管理为宗旨，保障人民群众的生命和财产安全，促进建设行业健康有序发展的社会经济关系的法律规范的总称。

建设工程安全法主要是以预防施工安全事故为目的的立法。

建设工程安全法调整的社会关系：

（1）建设工程安全法明确工程建设各方主体的安全生产责任

工程建设涉及建设单位、勘察单位、设计单位、施工单位、工程监理单位以及设备租赁单位、拆装单位等，明确规定这些主体的安全生产责任。如建设单位在编制工程概算时，应当确定建设工程安全作业环境及安全施工措施所需费用。施工单位必须确保安全生产费用的有效使用等。

在建设活动中为了减少或不发生事故所应遵循的行为规则，违背这些规则所应承担的责任等，建设工程安全法都应当有明确、具体的规定，并且这些规定具有普遍约束力，即各方主体单位必须遵守。这就需要为建设活动中的安全制定法律，将预防和减少建筑活动中的安全事故纳入法制的轨道，才能更好地促进建筑业的健康发展。

（2）建立健全建设工程安全生产各项监督管理制度

为了安全有序地从事建设工程活动，就必须建立健全建设工程安全生产各项监督管理制度，如：安全生产责任制度、安全生产教育培训制度、安全生产检查监察制度、群防群治制度、建筑施工安全生产认证制度、安全事故报告调查处理制度、安全责任追究制度、应急救援制度等。建设工程安全生产是多管齐下，综合治理的结果，决不能仅仅停留在突击性的安全生产大检查上，而缺少日常的具体监督管理制度和措施，因此必须建立健全建设工程安全生产各项监督管理制度。

建筑工程的安全与质量息息相关，质量不合格往往引发建筑事故。人们殷切地希望在一个比较安全的环境中从事生产和进行生活；从当前情况看，人们对建筑工程的质量与安全倍加关注，这是由于近些年来连续发生多起重、特大建筑质量与安全事故，尤其是倒塌事故时有发生，多人伤亡，财产损失的惨相，惊醒了亿万人。总之，建筑工程安全必须要由法律作保障。

2.1.2　我国现行的建设工程安全生产的法律法规与标准规范

我国现行有关建设工程安全生产的法律法规与标准规范见表 2-1～表 2-4。

建设工程安全生产法律法规　　　　　　　　　　　表 2-1

颁布单位	名　　称	发布时间
全国人大	中华人民共和国建筑法	1997，2011，2019 修订
全国人大	中华人民共和国刑法	1997，2017 修订（十）
全国人大	中华人民共和国消防法	1998，2008 修订
全国人大	中华人民共和国安全生产法	2002，2014 修订
国务院	国务院关于特大安全事故行政责任追究规定（国务院令第 302 号）	2001
国务院	特种设备安全监察条例（国务院令第 594 号）	2003，2009 修订
国务院	建设工程安全生产管理条例（国务院令第 393 号）	2003
国务院	安全生产许可证条例（国务院令第 653 号）	2004，2014 修订
国务院	生产安全事故报告和调查处理条例（国务院令第 493 号）	2007
	建筑业安全卫生公约（第 167 号公约）	1988

建设工程安全生产部门规章　　　　　　　　　　　表 2-2

颁布单位	名　　称	发布时间
住建部	建筑施工企业安全生产许可证管理规定（住建部令第 23 号）	2015
建设部	工程建设重大事故报告和调查程序规定（建设部令第 3 号）（已作废）	1989
建设部	建筑安全生产监督管理规定（建设部令第 13 号）（已作废）	1991
建设部	建设工程施工现场管理规定（建设部令第 15 号）（已作废）	1991
建设部	建设行政处罚程序暂行规定（建设部令第 66 号）	1999
国家安监总局	特种作业人员安全技术培训考核管理规定（国家安监总局令第 80 号）	2015
住建部	实施工程建设强制性标准监督规定（住建部令第 23 号）	2015
住建部	建筑业企业资质管理规定（住建部令第 22 号）	2015
住建部	建筑工程施工许可管理办法（住建部令第 42 号）	2018 修订
建设部	关于加强建筑意外伤害保险工作的指导意见（建质〔2003〕107 号）	2003
住建部	建筑施工企业主要负责人、项目负责人和专职安全生产管理人员安全生产管理规定（住建部〔2014〕17 号）	2014
住建部	危险性较大的分部分项工程安全管理规定（住建部〔2018〕37 号）	2018
建设部	建筑起重机械设备安全监督管理规定	2007

建设工程安全生产规范性文件　　　　　　　　　　表 2-3

颁布单位、文号或时间	名　　称
国家建工总局 1981 年 4 月	关于加强劳动保护工作的决定
建监安（94）第 15 号	关于防止拆除工程发生伤亡事故的通知

续表

颁布单位、文号或时间	名　　称
建监〔1995〕525 号	关于开展施工多发性伤亡事故专项治理工作的通知
建监〔1997〕206 号	关于防止施工中毒事故发生的紧急通知
建监安〔1998〕12 号	关于防止发生施工火灾事故的紧急通知
建建〔1998〕164 号	施工现场安全防护用具及机械设备使用监督管理规定
建建〔1998〕176 号	关于进一步加强建筑安全生产管理工作遏制重大伤亡事故发生的紧急通知
建建〔1999〕173 号	关于防止施工坍塌事故的紧急通知
建建〔2000〕237 号	关于进一步加强塔式起重机管理预防重大事故的通知
建建〔2001〕141 号	关于加强施工现场围墙安全深入开展安全生产专项治理的通知
建建〔2002〕230 号	建筑施工附着式升降脚手架管理暂行规定
建质〔2004〕59 号	建筑施工企业主要负责人、项目负责人和专职安全生产管理人员安全生产考核管理暂行规定
建质〔2008〕75 号	建筑施工特种作业人员管理规定
建质〔2008〕91 号	建筑施工企业安全生产管理机构设置及专职安全生产管理人员配备办法

建设工程安全生产技术规程及标准规范　　　　表 2-4

名　　称	备　　注
建筑安装工人安全技术操作规程（〔80〕建工劳字第 24 号文）	
起重机械安全规程（GB 6067—2010）	代替 GB 6067—1985
液压滑动模板施工安全技术规程（JGJ 65—2013）	代替 JGJ 65—89
起重机械超载保护装置安全技术规程（GB 12602—2009）	代替 GB 12602—1990
建筑施工高处作业安全技术规范（JGJ 80—2016）	代替 JGJ 80—91
建筑卷扬机（GB/T 1955—2008）	代替 GB/T 1955—2002、GB/T 7920.2—2004
龙门架及井架物料提升机安全技术规范（JGJ 88—2010）	代替 JGJ 88—92
高处作业吊篮（GB/T 19155—2017）	代替 GB/T 19155—2003
塔式起重机安全规程（GB 5144—2006）	代替 GB 5144—1994
施工升降机安全规则（GB 10055—2007）	代替 GB 10055—1996
建筑施工安全检查标准（JGJ 59—2011）	代替 JGJ 59—99
建筑基坑支护技术规程（JGJ 120　2012）	代替 JGJ 120—1999
建筑施工门式钢管脚手架安全检查技术规范（JGJ 128—2010）	代替 JGJ 128—2000
建筑施工扣件式钢管脚手架安全技术规范（JGJ 130—2011）	代替 JGJ 130—2001
建筑机械使用安全技术规程（JGJ 33—2012）	代替 JGJ 33—2001
施工企业安全生产评价标准（JGJ/T 77—2010）	代替 JGJ/T 77—2003
建筑施工现场环境与卫生标准（JGJ 146—2013）	代替 JGJ 146—2004
建筑拆除工程安全技术规范（JGJ 147—2016）	代替 JGJ 147—2004
建筑施工临时用电安全技术规范（JGJ 46—2005）	代替 JGJ 46—1988
建筑施工现场安全与卫生标志标准（国标 GB 2893，GB 2894）	

2.1.3　我国建设工程安全立法历程

回顾我国建筑安全生产发展立法历程，自从 1949 年新中国成立以来，大致经历了五个阶段。

1）初步建立阶段（1949～1957 年）

建国初期，针对旧中国遗留的恶劣劳动条件和伤亡事故多发、职业病危害严重的状况，政务院财经委员会、劳动部等先后颁布了一些劳动保护的暂行规定，如《全国公私营厂矿职工伤亡报告办法》、《工厂卫生暂行条例》、《关于防止沥青中毒的办法》、《关于厂矿企业编制安全技术劳动保护措施计划的通知》、《职业病范围和职业病患者处理办法》等。这些法规规定使得建筑职工的生产生活条件得到一定程度的改善。

1956 年国务院颁布了三大规程，即《工厂安全卫生规程》、《建设安装工程安全技术规程》和《工人、职员伤亡事故报告规程》。上述规程尤其是《建设安装工程安全技术规程》的颁布，使得建筑施工安全技术工作开始有章可循，建筑业也由此开始由笨重的手工劳动逐步过渡到半机械化和机械化。这三个规程主要是根据三年恢复时期和"一五"期间建设的实践，同时借鉴了前苏联的一些工作经验制定的。这三大规程为维护劳动者安全和健康的权益，控制生产过程中伤亡事故的发生起到了极其重要的作用。当时，情况最好的 1957 年万人死亡率已经减少到了 1.67，每 10 万平方米房屋建筑死亡率为 0.43 人，劳动保护工作成绩显著。"三大规程"的颁布是我国建筑安全生产法规体系建设发展的一个重要里程碑。这个阶段的工作为我国建设安全生产法规体系的健全发展奠定了一定的基础。

2）停滞倒退阶段（1958～1978 年）

1958～1960 年的"大跃进"，很多劳动保护、安全生产的法规被随意废除，建设中又盲目抢工期，破坏了正常的生产秩序，安全生产状况恶化，如 1958 年万人死亡率高达 5.60。"大跃进"结束后，经过 60 年代初期三年的经济调整，国家生产技术法规有所恢复，在 1961～1966 年间，全国共编制和颁布了 16 个设计施工标准和规范。1963 年，国务院发布《关于加强企业生产中安全生产工作中的几项规定》（通常称为"五项规定"），首次提出了建立以安全生产责任制为中心的五项安全生产管理制度，明确了企业安全生产管理的主要内容和要求。"五项规定"是在三年经济调整之后，总结了新中国成立以来生产企业安全防护管理的经验教训，特别是总结了 1958 年"左倾"错误使安全防护工作受到严重冲击的教训。这几项规定自颁布以来，除个别条文作了修改和补充以外，一直指导着我国的安全管理工作。此外，国家有关部门还发布了《防暑降温措施暂行办法》、《起重机械安全管理规程》、《国营企业职工个人防护用品发放标准》等。安全生产形式又有所好转，万人死亡率 1965 年下降到 1.65。1966 年，"文化大革命"开始。劳动保护、安全生产被批判为"活命哲学"，各类法规、规程被全盘否定，建筑安全状况再度恶化，死亡 3 人以上的重大事故，死亡 10 人乃至百人以上的特大事故不断发生，伤亡人数剧增，高峰期的 1970 年万人死亡率达到 7.50。1971 年，施工中死亡人数竟达 2999 人，重伤人数达 9680 人。有些工程质量和伤亡事故的后果之严重是新中国成立以来少见的。这一阶段，建筑安全生产立法工作遭到严重破坏，大量规章制度被撤销，基本上处于全面停滞倒退的状态。

3）调整恢复阶段（1979～1992 年）

十年动乱结束后，经过拨乱反正，建筑安全生产立法逐步走上正轨。1978 年的万人死亡率高达 2.8。经过多方面的努力，1980 年降为 2.30，而 1990 年则降为 1.37。党中央、国务院发出《中共中央关于认真做好劳动保护工作的通知》，重申执行"三大规程"和"五项规定"的重要意义。原国家建筑工程总局 1980 年颁布了《建筑安装工人安全技术操作规程》，又针对高处坠落、物体打击、触电等多发事故，于 1981 年提出了防止高空坠落等事故的十项安全技术措施。建设部成立后，又相继颁布了《关于加强集体所有制建筑企业安全生产的暂行规定》、《国营建筑企业安全生产条例》等规定办法。

20 世纪 90 年代以来，建设部又颁布了《工程建设重大事故报告和调查程序规定》（建设部令第 3 号）、《建筑安全生产监督管理规定》、《建设工程施工现场管理规定》等部门规章，以及《施工现场临时用电安全技术规范》JGJ 46—88、《液压滑动模板施工安全技术规程》JGJ 65—89、《建筑施工高处作业安全技术规范》JGJ 80—91、《龙门架及井字架物料提升机安全技术规范》JGJ 88—92、《建筑施工安全检查标准》JGJ 59—99、《建筑施工门式钢管脚手架安全检查技术规范》JGJ 128—2000、《建筑施工扣件式钢管脚手架安全技术规范》JGJ 130—2001、《建筑机械使用安全技术规程》JGJ 33—2001、《施工企业安全生产评价标准》JGJ/T 77—2003 等大量的技术标准规范。这一阶段，是建筑安全生产立法在徘徊、停滞后，全面恢复、重新建章立制的重要阶段。

在 1992 年下半年，随着建设新高潮的到来，建筑安全状况再一次呈现出下滑的势头，伤亡事故迅速增多，特别是重大伤亡事故屡屡发生。仅在 1992 年下半年一次死亡 3 人以上的重大事故就发生了 18 起，比 1991 年同期增加了 10 起，施工安全状况更加严峻。

4）充实提高阶段（1993～2002 年）

这一阶段，建设行业重大伤亡事故时有发生。国家建设行政主管部门抓住深化改革的历史机遇，把建设安全行业管理工作的重点放在建立健全行政法规和技术标准体系上，加大了建筑安全生产的立法研究工作，加快了建筑安全技术标准体系的制定工作。

党的十四大明确提出了在我国建立社会主义市场经济，以此为契机，我国建筑安全生产法规体系又向前发展了一大步。国务院 1993 年 50 号文《关于加强安全生产工作的通知》中提出：努力形成国家安全生产监督管理专业部门监督管理与建设行业管理相结合的"企业负责，行业管理，国家监察，群众监督，劳动者遵章守纪"的安全生产管理体制。1994 年开始安全状况又有了好转，特别是 1995～1997 年连续三年万人死亡率小于 1。

1998 年我国《中华人民共和国建筑法》（以下简称《建筑法》）的颁布实施，奠定了建筑安全管理工作的法规体系的基础，把建筑安全生产工作真正纳入到法制化轨道。开始实现建筑安全生产监督管理工作向规范化、标准化和制度化管理的过渡。

《建筑法》不仅将"安全第一、预防为主"这个我国一贯的安全工作方针给予了肯定，而且还解决了建筑安全生产管理的体制问题。《建筑法》规定，建筑施工企业应当遵守有关环境保护和安全生产方面的法律、法规，采取措施解决处理施工现场所产生的粉尘、废气、废物和噪声问题，即"扰民"问题，同时也规定了任何单位和个人不得妨碍和阻挠施工单位依法进行的建筑活动。

《建筑法》把我国多年来行之有效的管理办法明确为五项制度：

（1）安全生产责任制度

《建筑法》在提出施工企业安全生产责任制的同时，还明确提出了建设单位、设计单位的安全生产责任制，为"标本兼治"建立安全生产责任制提供了法律依据。

（2）群防群治制度

施工企业和作业人员要遵章守纪，不得违章指挥或违章作业；作业人员有权对影响人身健康的作业程序和作业条件提出改进意见，有权获得保证安全生产所需要的防护用品；作业人员对危及生命安全和人身健康的行为有权提出批评、检举和控告。这实际上是把国务院规定的"群众监督和劳动者遵章守纪"，从法律上给予肯定和具体化。

（3）安全生产教育培训制度

建筑施工企业应当建立健全劳动安全生产教育培训制度，加强对职工的安全生产教育培训；未经安全生产教育培训的人员，不得上岗作业。这就说明安全教育培训是一种强制性的教育培训，不管你是否愿意，都必须接受一定时间和内容要求的安全教育培训，否则就不得上岗。

（4）意外伤害保险制度

建筑施工企业应当依法为职工参加工伤保险缴纳工伤保险费。鼓励企业为从事危险作业的职工办理意外伤害保险，支付保险费。

（5）伤亡事故报告制度

在施工中发生事故时，要按照国家有关规定及时向有关部门报告。使建筑安全生产工作走上了有法可依、有法必依、违法必究的法制轨道，为维护广大建筑职工的合法权益提供了重要的法律保障。

《建筑工程施工许可管理办法》（1999年）、《实施工程建设强制性标准监督规定》（2000年）、《建筑业企业资质管理规定》（2001年）等与建筑安全生产相关的部门规章相继出台。

2001年，九届全国人大常委会第24次会议还批准我国加入了国际劳工组织《建筑业安全卫生公约》（第167号公约），这标志着我国的建筑安全生产法规体系开始与国际接轨。

2002年6月29日第九届全国人民代表大会常务委员会第28次会议通过《中华人民共和国安全生产法》，2002年11月1日颁布实施。标志着我国安全生产正式纳入法制化管理轨道，也为进一步加强建筑安全生产管理，防止和减少建筑安全生产事故发生，指明了新的航向。与此同时，建筑安全生产技术标准建设步伐加快，《建筑施工安全检查标准》等重要标准出台。这一阶段，是建筑安全生产管理适应社会主义市场经济的要求，不断充实提高的阶段。

5）发展完善阶段（2003 年至今）

2003 年 1 月 2 日，建设部制定了包括城市规划、城镇建设、房屋建筑三个部分的工程建设标准体系，建筑工程施工安全专业标准包括在房屋建设部分的体系当中。

2003 年中华人民共和国国务院令第 393 号，颁布《建设工程安全生产管理条例》，并于 2004 年 2 月 1 日起正式实施，是我国第一部规范建设工程安全生产的行政法规。它确立了建设工程安全生产监督管理的基本制度，是工程建设领域贯彻落实《建筑法》和《安全生产法》的具体体现，标志着我国建筑安全生产管理进入法制化、规范化发展的新阶段。

《建设工程安全生产管理条例》的颁布实施，将进一步规范和增强建设各方主体的安全行为和安全责任意识，强化和提高政府安全监管水平，从源头上遏制建筑施工特别重大事故的发生，更好地保障从业人员和广大民众的生命财产安全，具有十分重要的意义。《建设工程安全生产管理条例》的颁布实施是中国建设工程安全生产法制化建设的里程碑。

2004 年 1 月 7 日，《安全生产许可证条例》颁布，确立了建筑施工企业的安全生产行政许可制度，建设部随后也制定了部门规章《建筑施工企业安全生产许可证管理规定》（建设部令 128 号）。

2004 年 1 月 9 日国务院颁发了《国务院关于进一步加强安全生产工作的决定》（国发〔2004〕2 号），该决定指出：要努力构建"政府统一领导、部门依法监管、企业全面负责、群众参与监督、全社会广泛支持"的安全生产工作格局。指出了今后一定时间安全生产工作的目标、方向和思路。

此外，国务院建设行政主管部门还陆续颁布了有关建设工程安全生产的重要部门规章和行政性法规文件，如《施工企业安全生产评价标准》JGJ/T 77—2003、《建筑拆除工程安全技术规范》、《建筑施工现场环境与卫生标准》、《建筑施工临时用电安全技术规范》等。2004 年 12 月 1 日又发布《建筑施工企业安全生产管理机构设置及专职安全生产管理人员配备办法》和《危险性较大工程安全专项施工方案编制及专家论证审查办法》（建质〔2004〕213 号）等，初步形成了比较完善的建筑施工安全的管理法规体系。

这一阶段，党和政府对安全生产工作给予了前所未有的关注和重视，我国建设工程安全生产法规体系也得到了前所未有的大发展。一方面建章立制，根据法律，制定行政法规和部门规章，另一方面又修改完善有关规章制度，我国建设工程安全生产法规体系的框架初步构建了起来。

2.1.4　我国建设工程安全生产管理的方针

我国建设工程安全生产管理的方针是"安全第一、预防为主、综合治理"。

"安全第一"是指我国各级政府、一切生产建设部门在生产设计过程中都要把安全第一放在第一位，坚持安全生产，生产必须安全，抓生产必须首先抓安全；真正树立人是最宝贵的财富，劳动者是发展生产力最重要的因素；在组织、指挥和进行生产活动中，坚持把安全生产作为企业生存与发展的首要问题来考虑，坚持把安全生产作为完成生产计划、工作任务的前提条件和头等大事来抓。

"预防为主"就要掌握行业伤亡事故发生和预防的规律，针对生产过程中可能出现的不安全因素，预先采取防范措施，消除和控制它们，做到防微杜渐，防患于未然。科学技术的进步，安全科学的发展，使得我们可以在事故发生之前预测事故，评价事故危险性，采取措施进行消除和控制不安全因素，实现"预防为主"。

"安全第一"与"预防为主"两者相辅相成，和"综合治理"共同构成安全生产的总方针。"安全第一"是明确认识问题，"预防为主"是明确方法问题，"综合治理"是明确手段问题。"安全第一"明确指出了安全生产的重要性，它是处理安全工作与其他工作的总原则、总要求。在组织生产活动时，必须优先考虑安全，并采取必要的安全措施；在安全与生产发生矛盾时，必须先解决安全的问题，而后生产。"预防为主"则要求一切安全工作必须立足于预防；一切生产活动必须在初级阶段就考虑安全措施，并贯穿于生产活动的始终。"综合治理"则要求多管齐下，对一切安全工作应该考虑综合的措施，并贯穿于始终。

2.2　建设工程安全的主要法律法规规定

建设工程施工安全生产管理制度是对国家建设工程安全管理机构、建筑施工单位在施工过程中的安全管理工作的责任划分和工作要求，是为保证建设工程生产安全所进行的计划、组织、教育、指挥、协调和控制等一系列管理活动而制定的法律制度，并对建设行为主体单位在安全生产过程中的行为规范和所承担的责任做了具体详细的规定。

2.2.1　安全生产责任制度

政府是安全生产的监管主体，企业是安全生产的责任主体。安全生产工作必须切实建立落实政府行政首长负责制和企业法定代表人负责制，两个主体、两个负责制相辅相成，共同构成我国安全生产工作基本责任制度。

1）强化安全生产行政首长负责制

建立责任体系，明确职责范围，强化责任考核，严肃责任追究是做好安全生产工作的最基本和最有效的方法。在落实安全生产责任制方面，一是认真理清和全面履行政府安全生产监管职责，做到既不越俎代庖，也不缺位错位，明确政府权力和责任的边界，加快政府职能转变，为企业落实主体责任提供制度和实践的空间。同时，要将工作目标和相关责任分解到各个职能部门和工作岗位，并强化监督检查，逐步建立抓安全与抓生产相协调、责任与权力相统一的体制和机制，提高政府安全监管效率。二是帮助和督促企业落实安全生产主体责任，加大《安全生产法》、《刑法修正案（六）》和《建设工程安全生产管理条例》的宣贯培训力度，促使企业建立健全以法定代表人为核心的责任体系，切实履行法定安全责任，逐步建立自我约束、自我完善、持续改进的企业安全生产工作长效机制。

各地建设主管部门主要负责人是本地区建设领域安全生产（包括建筑工程施工安全、工程全生命周期质量安全、市政公用设施运行安全）、综合防灾和应急管理工作的第一责任人，对安全生产控制指标负总责。主要负责人要亲自研究和部署重点安全工作，建立包含责任分解、责任考核和责任追究等环节的工作责任制度，定期组织分析本地区安全生产形势，及时解决安全生产工作中存在的突出问题。

2）建设工程施工安全生产责任制

安全生产责任制度是建设工程生产中最基本的安全管理制度，是所有安全规章制度的核心。安全生产责任制度是指将各种不同的安全责任落实到负责有安全管理责任的人员和具体岗位人员身上的一种制度。这一制度是"安全第一、预防为主"方针的具体体现，是建设工程安全生产的基本制度。《建筑法》规定建筑工程安全生产管理必须坚持"安全第一、预防为主"的方针，建立健全安全生产的责任制度。在建设活动中，只有明确责任，分工负责，才能形成完整有效的安全管理体系，激发每个人的安全责任感，严格执行建设工程安全的法律、法规、安全规程和技术规范，防患于未然，减少和杜绝建设工程事故，为建设工程的生产创造一个良好的环境。

安全生产责任制度的主要内容包括：

（1）从事建设工程活动主体的负责人的责任制

《建筑法》第四十四条规定："建筑施工企业必须依法加强对建筑安全生产的管理，执行安全生产责任制度，采取有效措施，防止伤亡和其他安全生产事故的发生。建筑施工企业的法定代表人对本企业的安全生产负责。"第四十五条规定："施工现场安全由建筑施工企业负责。实行施工总承包的，由总承包单位负责。分包单位向总承包单位负责，服从总承包单位对施工现场的安全生产管理。"

《建设工程安全生产管理条例》第二十一条规定："施工单位主要负责人依法对本单位的安全生产工作全面负责。施工单位应当建立健全安全生产责任制度和安全生产教育培训制度，制定安全生产规章制度和操作规程，保证本单位安全生产条件所需资金的投入，对所承担的建设工程进行定期和专项安全检查，并做好安全检查记录。施工单位的项目负责人应当由取得相应执业资格的人员担任，对建设工程项目的安全施工负责，落实安全生产责任制度、安全生产规章制度和操作规程，确保安全生产费用的有效使用，并根据工程的特点组织制定安全施工措施，消除安全事故隐患，及时、如实报告生产安全事故。"第三十一条规定："施工单位应当在施工现场建立消防安全责任制度，确定消防安全责任人，制定用火、用电、使用易燃易爆材料等各项消防安全管理制度和操作规程，设置消防通道、消防水源，配备消防设施和灭火器材，并在施工现场入口处设置明显标志。"

（2）从事建设工程活动主体的职能机构负责人及其工作人员的安全生产责任制

施工单位应当设立安全生产管理机构，配备专职安全生产管理人员。安全生产管理机构及配备的专职安全生产管理人员要对安全负责。

（3）岗位人员的安全生产责任制

岗位人员必须对安全负责。从事特种作业的安全人员必须进行培训，考试合格后方能持证上岗作业。

3）建设工程安全生产监理责任制度

《关于落实建设工程安全生产监理责任的若干意见》（建市［2006］248号）规定了健全监理单位安全监理责任制度。监理单位法定代表人应对本企业监理工程项目的安全监理全面负责。总监理工程师要对工程项目的安全监理负责，并根据工程项目特点，明确监理人员的安全监理职责。

2.2.2　安全生产教育培训制度

安全生产教育培训制度是对广大建设干部职工进行安全教育培训，增强安全意识，提高安全知识和技能的制度。安全生产，人人有责。只有对广大干部职工进行安全教育、培训，才能使广大职工掌握更多更有效的安全生产的科学技术知识，牢固树立安全第一的思想，自觉遵守各项安全生产和规章制度。分析许多建筑安全事故，一个重要的原因就是有关人员安全意识不强，安全技能不够，这些都是没有搞好安全教育培训工作的后果。

安全生产教育培训制度一般包括：新工人入厂教育、施工队教育和岗位教育；特殊工种（如电气、起重、锅炉、压力容器、焊接、爆破、车辆驾驶、打桩、脚手架等）安全教育；新技术、新结构、新工艺和新工作岗位安全教育；从事有尘、有毒危害作业工人的安全教育；各级领导干部和安全管理干部定期轮训。

《建筑法》第四十六条规定："建筑施工企业应当建立健全劳动安全生产教育培训制度，加强对职工安全生产的教育培训；未经安全生产教育培训的人员，不得上岗作业。"

《建设工程安全生产管理条例》第三十六条规定："施工单位的主要负责人、项目负责人、专职安全生产管理人员应当经建设行政主管部门或者其他有关部门考核合格后方可任职。施工单位应当对管理人员和作业人员每年至少进行一次安全生产教育培训，其教育培训情况记入个人工作档案。安全生产教育培训考核不合格的人员，不得上岗。"第三十七条规定："作业人员进入新的岗位或者新的施工现场前，应当接受安全生产教育培训。未经教育培训或者教育培训考核不合格的人员，不得上岗作业。施工单位在采用新技术、新工艺、新设备、新材料时，应当对作业人员进行相应的安全生产教育培训。"

2017年12月12日住房城乡建设部发布《建筑业企业职工安全培训教育暂行规定》（建教［1997］83号）失效，不再作为行政管理的依据。

《生产经营单位安全培训规定（2015修正）》（国家安全生产监管总局令第80号），实施日期2015年7月1日。其主要内容有：

生产经营单位主要负责人安全培训应当包括下列内容：

①国家安全生产方针、政策和有关安全生产的法律、法规、规章及标准；②安全生产管理基本知识、安全生产技术、安全生产专业知识；③重大危险源管理、重大事故防范、应急管理和救援组织以及事故调查处理的有关规定；④职业危害及其预防措施；⑤国内外先进的安全生产管理经验；⑥典型事故和应急救援案例分析；⑦其他需要培训的内容。

生产经营单位安全生产管理人员安全培训应当包括下列内容：

（1）国家安全生产方针、政策和有关安全生产的法律、法规、规章及标准；（2）安全生产管理、安全生产技术、职业卫生等知识；（3）伤亡事故统计、报告及职业危害的调查处理方法；（4）应急管理、应急预案编制以及应急处置的内容和要求；（5）国内外先进的安全生产管理经验；（6）典型事故和应急救援案例分析；（7）其他需要培训的内容。

生产经营单位主要负责人和安全生产管理人员初次安全培训时间不得少于 32 学时。每年再培训时间不得少于 12 学时。生产经营单位新上岗的从业人员，岗前安全培训时间不得少于 24 学时。

《国务院关于解决农民工问题的若干意见》（国发［2006］5 号）和国家安全生产监督管理总局等七部门联合下发的《关于加强农民工安全生产培训工作的意见》（安监总培训［2006］228 号）要求各地采取措施，进一步加强对建筑业农民工安全教育培训工作。要充分发挥各地建筑工地农民工夜校的作用，重点加强对项目工长、施工队长、班组长等农民工骨干人员的培训，发挥他们的"传帮带"作用，帮助广大农民工提高安全意识和安全知识技能。各地可借鉴广东省等地区采取的"平安卡"制度管理模式，积极探索进一步加强从业人员特别是农民工安全管理和安全培训教育工作的有效途径。

目前我国建设行业工人绝大多数是农民工，文化基础差，安全意识弱。建设行政主管部门应对建筑工人的安全培训工作给予充分的重视，督促建筑施工企业建立健全安全生产教育培训制度，切实对建筑工人进行安全培训，使广大建筑工人都能按规定定期接受安全培训，提高安全意识，掌握必要的岗位安全技能。未经安全生产教育培训的人员，不得上岗作业。特殊工种应另外接受专门培训和体检，做到持证上岗。

此外，《关于落实建设工程安全生产监理责任的若干意见》（建市［2006］248 号）规定了建立监理人员安全生产教育培训制度。监理单位的总监理工程师和安全监理人员需经安全生产教育培训后方可上岗，其教育培训情况记入个人继续教育档案。

2.2.3 安全生产检查监察制度

1）安全生产检查制度

安全生产检查制度是工程监理机构或施工单位自身对安全生产状况进行定期或不定期检查的制度。通过检查可以发现问题，查出隐患，从而采取有效措施，消除施工过程中不安全的因素，把事故消灭在萌芽状态，做到防患于未然，是"预防为主"的主要体现。通过检查，还可以总结出好的经验加以推广，为进一步搞好安全工作打下基础。安全检查制度是安全生产的保障。

《建设工程安全生产管理条例》第二十三条规定："施工单位专职安全生产管理人员负责对安全生产进行现场监督检查。发现安全事故隐患，应当及时向项目负责人和安全生产管理机构报告；对违章指挥、违章操作的，应当立即制止。"

安全生产事故隐患，是指生产经营单位违反安全生产法律、法规、标准、规范的规定，或者因其他因素在生产经营活动中存在可能导致事故发生的物的危险状态、人的不安全行为和管理上的缺陷。事故隐患分为一般事故隐患和重大事故隐患。一般事故隐患是指危害和整改难度较小，发现后能够立即整改排除的隐患。重大事故隐患是指危害和整改难度较大，应当全部或部分停产，并经过一定时间整改治理方能排除的隐患，或者因外部因素影响导致生产经营单位自身难以排除的隐患。

安全生产的检查不仅包括施工单位的自检，而且有代表建设单位的监理单位进行的监督检查。《关于落实建设工程安全生产监理责任的若干意见》（建市 [2006] 248 号）规定了施工准备阶段与施工阶段安全监理的主要工作内容，见 3.3 节。

2）安全生产监督检查制度

建设工程施工安全生产监督检查制度，是指国家建设行政部门和其他有关部门对建筑施工安全生产进行检查监督，并对违法行为进行制止和处罚的制度。《建筑法》第四十三条规定："建设行政主管部门负责建筑安全生产的管理，并依法接受劳动行政主管部门（现已改为安全生产监督管理部门——编者注）对建筑安全生产的指导和监督"。县级以上人民政府负有建设工程安全生产监督管理职责的部门在各自的职责内履行安全监督检查职责时，有权纠正施工中违反安全生产要求的行为，责令立即排除检查中发现的安全事故隐患，对重大安全事故隐患可以责令暂时停止施工。

建筑施工安全生产的监督检查，是建筑施工安全生产法律制度中的一个非常重要的环节。通过对建筑施工安全生产的检查与监察，保证其他制度的作用得以发挥。同时，安全生产检查制度的检查与监察相互之间又密切配合，既通过检查制度贯彻了"预防为主"的指导思想，又通过监察对违纪行为和违法事件的处理，实现了教育与处罚相结合的目的。

2.2.4　群防群治制度

《建筑法》规定建筑工程安全生产管理必须建立健全群防群治制度。群防群治制度是在建设工程安全生产中，充分发挥广大职工的积极性，加强群众性的监督检查，发挥工会组织对安全宣传教育、安全检查的监督作用，以预防和治理施工生产中的伤亡事故的一种制度。

群防群治制度是"安全第一，预防为主"的具体体现，同时也是群众路线在安全工作中的具体体现，是生产经营单位进行民主管理的重要内容。这一制度要求施工单位职工在施工中应当遵守有关生产的法律、法规和建设行业安全规章、规程，不得违章作业，对于危及生命安全和身体健康的行为有权提出批评、检举和控告。从实践中看，建立建筑安全生产管理的群防群治制度应当做到：

（1）企业制定的有关安全生产管理的重要制度和制定的有关重大技术组织措施计划应提交职工代表大会讨论，在充分听取职工代表大会意见的基础上做出决策，发挥职工群众在安全生产方面的民主管理作用。

（2）要把专业管理同群众管理结合起来，充分发挥职工安全员网络的作用。

（3）发挥工会在安全生产管理中的作用，利用工会发动群众，教育群众，动员群众的力量预防安全事故的发生。

（4）对新职工要加强安全教育，对特种作业岗位的工人要进行专业安全教育，不经训练，不能上岗操作。

（5）发动群众开展技术革新、技术改造，采用有利于保证生产安全的新技术、新工艺，积极改善劳动条件，努力使不安全的、有害健康的作业变为无害作业。

（6）组织开展遵章守纪和预防事故的群众性监督检查，职工对于违反有关安全生产的法律、法规和建筑行业安全规章、规程的行为有权提出批评、检举和控告。

《建筑法》第四十七条规定："建筑施工企业和作业人员在施工过程中，应当遵守有关安全生产的法律、法规和建筑行业安全规章、规程，不得违章指挥或者违章作业。作业人员有权对影响人身健康的作业程序和作业条件提出改进意见，有权获得安全生产所需的防护用品。作业人员对危及生命安全和人身健康的行为有权提出批评、检举和控告。"

《建设工程安全生产管理条例》第三十二条规定："施工单位应当向作业人员提供安全防护用具和安全防护服装，并书面告知危险岗位的操作规程和违章操作的危害。作业人员有权对施工现场的作业条件、作业程序和作业方式中存在的安全问题提出批评、检举和控告，有权拒绝违章指挥和强令冒险作业。在施工中发生危及人身安全的紧急情况时，作业人员有权立即停止作业或者在采取必要的应急措施后撤离危险区域。"

2.2.5　建筑施工安全生产许可制度

安全生产许可包括施工企业的安全生产许可证（见本书的3.1.3）和建筑工程项目的施工许可证（由建设单位申领）两类。

建筑施工安全生产许可制度，是指在建筑施工过程开始之前，依法对参与建筑施工活动的主体能力、资格以及其他安全生产因素进行审查、评价并确认资格或条件的制度。安全生产许可制度，是一项预防事故，防止职业伤害的重要制度，也是我国以预防为主的安全生产制度指导思想的具体反映。

2.2.6　生产安全事故报告调查处理制度

《建设工程安全生产管理条例》第五十条规定："施工单位发生生产安全事故，应当按照国家有关伤亡事故报告和调查处理的规定，及时、如实地向负责安全生产监督管理的部门、建设行政主管部门或者其他有关部门报告；特种设备发生事故的，还应当同时向特种设备安全监督管理部门报告。接到报告的部门应当按照国家有关规定，如实上报。"

发生生产安全事故后，施工单位应当采取紧急措施防止事故扩大，减少人员伤亡和事故损失，保护事故现场。需要移动现场物品时，应当做出标记和书面记录，妥善保管有关证物。事故调查处理必须遵循一定的程序，按照"四不放过"的原则，查明原因，严肃处理。通过对事故的严格处理，可以总结出教训，为制定规程、规章提供第一手素材，做到亡羊补牢。

《建设工程安全生产管理条例》第五十二条规定："建设工程生产安全事故的调查、对事故责任单位和责任人的处罚与处理，按照有关法律、法规的规定执行。"

《生产安全事故报告和调查处理条例》规定：事故发生后，事故现场有关人员应当立即向本单位负责人报告；单位负责人接到报告后，应当于1小时内向事故发生地县级以上人民政府安全生产监督管理部门和负有安全生产监督管理职责的有关部门报告。情况紧急时，事故现场有关人员可以直接向事故发生地县级以上人民政府安全生产监督管理部门和负有安全生产监督管理职责的有关部门报告。

安全生产监督管理部门和负有安全生产监督管理职责的有关部门接到事故报告后，应当依照下列规定上报事故情况，并通知公安机关、劳动保障行政部门、工会和人民检察院：

（1）特别重大事故、重大事故逐级上报至国务院安全生产监督管理部门和负有安全生产监督管理职责的有关部门；

（2）较大事故逐级上报至省、自治区、直辖市人民政府安全生产监督管理部门和负有安全生产监督管理职责的有关部门；

（3）一般事故上报至设区的市级人民政府安全生产监督管理部门和负有安全生产监督管理职责的有关部门。

安全生产监督管理部门和负有安全生产监督管理职责的有关部门依照规定上报事故情况，应当同时报告本级人民政府。国务院安全生产监督管理部门和负有安全生产监督管理职责的有关部门，以及省级人民政府接到发生特别重大事故、重大事故的报告后，应当立即报告国务院。必要时，安全生产监督管理部门和负有安全生产监督管理职责的有关部门可以越级上报事故情况。

安全生产监督管理部门和负有安全生产监督管理职责的有关部门逐级上报事故情况，每级上报的时间不得超过 2 小时。

《生产安全事故报告和调查处理条例》规定：重大事故书面报告应当包括以下内容：

（1）事故发生单位概况。

（2）事故发生的时间、地点以及事故现场情况。

（3）事故的简要经过。

（4）事故已经造成或者可能造成的伤亡人数（包括下落不明的人数）和初步估计的直接经济损失。

（5）已经采取的措施。

（6）其他应当报告的情况。

建立安全事故快报责任制度。各地要根据国家总体预案要求，在国家和建设部规定的时限内，及时、详实地上报有关事故情况。对在事故报告工作中失职、渎职的有关人员，会被追究法律责任。

事故发生后，事故发生单位和事故发生地的建设行政主管部门，应当严格保护事故现场，采取有效措施抢救人员和财产，防止事故扩大。因抢救人员、疏导交通等原因，需要移动现场物件时，应当做出标志，绘制现场简图并做出书面记录，妥善保存现场重要痕迹、物证，有条件的可以拍照或录像。

《生产安全事故报告和调查处理条例》规定：特别重大事故由国务院或者国务院授权有关部门组织事故调查组进行调查。重大事故、较大事故、一般事故分别由事故发生地省级人民政府、设区的市级人民政府、县级人民政府负责调查。省级人民政府、设区的市级人民政府、县级人民政府可以直接组织事故调查组进行调查，也可以授权或者委托有关部门组织事故调查组进行调查。未造成人员伤亡的一般事故，县级人民政府也可以委托事故发生单位组织事故调查组进行调查。

事故处理完毕后，事故发生单位应当尽快写出详细的事故处理报告，按程序逐级上报。

2.2.7 施工企业资质管理制度

《建筑法》规定了施工企业资质管理制度，《建设工程安全生产管理条例》进一步明确规定安全生产条件作为施工企业资质必要条件，把住安全的准入关，还规定了县级以上人民政府建设行政部门或其他有关行政部门的工作人员，对不具备安全生产条件的施工单位颁发资质证书的，给予降级或撤职的行政处分；构成犯罪的，依照刑法有关规定追究刑事责任。

2.2.8 意外伤害保险制度

《建筑法》明确了意外伤害保险制度。建筑工程意外伤害保险指的是：凡在建筑工程施工现场从事施工作业与工程管理、并与施工企业建立劳动关系的人员均需按照国家建筑法要求，由所在施工企业对该类劳动团体购买保险，享受工伤保险待遇。

建筑工程意外伤害保险曾经是法定的强制性保险，由施工单位支付保险费。为了让施工企业减少负担，2011年改为非强制性，自2011年7月1日起施行。

2011年4月22日第十一届全国人民代表大会常务委员会第二十次会议通过，对《中华人民共和国建筑法》作出修改，第四十八条修改为：

"建筑施工企业应当依法为职工参加工伤保险缴纳工伤保险费。鼓励企业为从事危险作业的职工办理意外伤害保险，支付保险费。"

2.2.9 建筑起重机械安全监管制度

《建筑起重机械安全监督管理规定》（建设部令第166号）自2008年6月1日起施行。本规定所称建筑起重机械，是指纳入特种设备目录，在房屋建筑工地和市政工程工地安装、拆卸、使用的起重机械。国务院各级建设主管部门对全国建筑起重机械的租赁、安装、拆卸、使用实施监督管理。

出租单位、自购建筑起重机械的使用单位，应当建立建筑起重机械安全技术档案。该档案应当包括以下资料：①购销合同、制造许可证、产品合格证、制造监督检验证明、安装使用说明书、备案证明等原始资料；②定期检验报告、定期自行检查记录、定期维护保养记录、维修和技术改造记录、运行故障和生产安全事故记录、累计运转记录等运行资料；③历次安装验收资料。

出租单位出租的建筑起重机械和使用单位购置、租赁、使用的建筑起重机械应当具有特种设备制造许可证、产品合格证、制造监督检验证明。出租单位在建筑起重机械首次出租前，自购建筑起重机械的使用单位在建筑起重机械首次安装前，应当持建筑起重机械特种设备制造许可证、产品合格证和制造监督检验证明到本单位工商注册所在地县级以上地方人民政府建设主管部门办理备案。租赁合同应当明确租赁双方的安全责任，并出具起重机械特种设备制造许可证、产品合格证、制造监督检验证明、备案证明和自检合格证明，提交安装使用说明书。

从事建筑起重机械安装、拆卸活动的单位应当依法取得建设主管部门颁发的相应资质和建筑施工企业安全生产许可证，并在其资质许可范围内承揽建筑起重机械安装、拆卸工程。

使用单位应当自建筑起重机械安装验收合格之日起30日内，将建筑起重机械安装验收资料、建筑起重机械安全管理制度、特种作业人员名单等，向工程所在地县级以上地方人民政府建设主管部门办理建筑起重机械使用登记。登记标志置于或者附着于该设备的显著位置。

2.2.10　危及施工安全工艺、设备、材料淘汰制度

严重危及施工安全的工艺、设备、材料是指不符合生产安全要求，极有可能导致生产安全事故发生，致使人们生命和财产遭受重大损失的工艺、设备、材料。国家对严重危及施工安全的工艺、设备、材料实行淘汰制度。具体目录由建设行政主管部门会同国务院其他有关部门制定并公布。

对于已经公布的严重危及施工安全的工艺、设备、材料，建设单位、设计单位以及施工单位应当严格遵守和执行，不得继续使用此类工艺、设备、材料，不得转让他人使用。

2.2.11　安全责任追究制度

建设单位、勘察单位、设计单位、施工单位、监理单位，由于没有履行职责造成人员伤亡和事故损失的，视情节给予相应处理；情节严重的，责令停业整顿，降低资质或吊销资质证书；构成犯罪的，要追究刑事责任。

注册执业人员未执行法律、法规和工程建设强制性标准的，责令停止执业3个月以上1年以下；情节严重的，吊销执业资格证书，5年内不予注册；造成重大安全事故的，终身不予注册；构成犯罪的，依照刑法有关规定追究刑事责任等处罚。

违反《建设工程安全生产管理条例》的规定，建设单位对勘察、设计、施工、工程监理等单位提出不符合安全生产法律、法规和强制性标准规定的要求的；要求施工单位压缩合同约定的工期的；将拆除工程发包给不具有相应资质等级的施工单位的，责令限期改正，处20万元以上50万元以下的罚款；造成重大安全事故，构成犯罪的，对直接责任人员，依照刑法有关规定追究刑事责任；造成损失的，依法承担赔偿责任等处罚。

违反《建设工程安全生产管理条例》的规定，勘察单位、设计单位未按照法律、法规和工程建设强制性标准进行勘察、设计的；采用新结构、新材料、新工艺的建设工程和特殊结构的建设工程，设计单位未在设计中提出保障施工作业人员安全和预防生产安全事故的措施建议的，责令限期改正，处10万元以上30万元以下的罚款；情节严重的，责令停业整顿，降低资质等级，直至吊销资质证书；造成重大安全事故，构成犯罪的，对直接责任人员，依照刑法有关规定追究刑事责任；造成损失的，依法承担赔偿责任等处罚。

工程监理单位未对施工组织设计中的安全技术措施或者专项施工方案进行审查的；发现安全事故隐患未及时要求施工单位整改或者暂时停止施工的；施工单位拒不整改或者不停止施工，未及时向有关主管部门报告的；未依照法律、法规和工程建设强制性标准实施监理的，责令限期改正；逾期未改正的，责令停业整顿，并处10万元以上30万元以下的罚款；情节严重的，降低资质等级，直至吊销资质证书；造成重大安全事故，构成犯罪的，对直接责任人员，依照刑法有关规定追究刑事责任；造成损失的，依法承担赔偿责任等。

违反《建设工程安全生产管理条例》的规定，施工单位未设立安全生产管理

机构、配备专职安全生产管理人员或者分部分项工程施工时无专职安全生产管理人员现场监督的；施工单位的主要负责人、项目负责人、专职安全生产管理人员、作业人员或者特种作业人员，未经安全教育培训或者经考核不合格即从事相关工作的；未在施工现场的危险部位设置明显的安全警示标志，或者未按照国家有关规定在施工现场设置消防通道、消防水源、配备消防设施和灭火器材的；未向作业人员提供安全防护用具和安全防护服装的；未按照规定在施工起重机械和整体提升脚手架、模板等自升式架设设施验收合格后登记的；使用国家明令淘汰、禁止使用的危及施工安全的工艺、设备、材料的，责令限期改正；逾期未改正的，责令停业整顿，依照《中华人民共和国安全生产法》的有关规定处以罚款；造成重大安全事故，构成犯罪的，对直接责任人员，依照刑法有关规定追究刑事责任等处罚。

违反《建设工程安全生产管理条例》的规定，施工单位的主要负责人、项目负责人未履行安全生产管理职责的，责令限期改正；逾期未改正的，责令施工单位停业整顿；造成重大安全事故、重大伤亡事故或者其他严重后果，构成犯罪的，依照刑法有关规定追究刑事责任。

作业人员不服管理、违反规章制度和操作规程冒险作业造成重大伤亡事故或者其他严重后果，构成犯罪的，依照刑法有关规定追究刑事责任。

重难点知识讲解

1. 《建筑法》规定的五项制度。

2. 安全生产责任制的主要内容。

3. 依据《生产安全事故报告和调查处理条例》，建设工程事故报告的程序。

复习思考题

1. 《建筑法》明确规定的五项制度是什么？

2. 试论述我国建设工程安全生产管理的方针。

3. 依据《生产安全事故报告和调查处理条例》，建设工程发生事故后，事故报告的程序是什么？

第3章　建筑施工安全管理

学习要求

通过本章内容的学习，了解我国施工安全管理体制，了解监理单位、建设单位安全管理的职责，掌握建筑施工安全生产许可证，掌握建筑业"三类人"的安全培训，掌握施工机构、现场专职安全管理人员的配备。

国务院1993年50号文《关于加强安全生产工作的通知》中提出：努力形成国家安全生产监督管理综合部门监督管理与建设行业管理相结合的"企业负责，行业管理，国家监察，群众监督，劳动者遵章守纪"的安全生产管理体制。2004年1月9日国务院颁发了《国务院关于进一步加强安全生产工作的决定》（国发［2004］2号），该决定指出：要努力构建"政府统一领导、部门依法监管、企业全面负责、群众参与监督、全社会广泛支持"的安全生产工作格局。我国目前基本形成了"政府统一领导、部门依法监管、企业全面负责、群众参与监督、全社会广泛支持"的管理体制。

政府是安全生产监管的主体，建筑施工企业是安全生产的责任主体。在群众参与监督、全社会广泛支持方面目前只有新闻媒体的舆论监督发挥了积极作用，从业人员与社会公众的监督效果受个人安全素质与经济体制等诸多因素限制，目前还不显著。

3.1　国家对建筑施工安全的监督管理

国家对建筑施工安全的管理表现为宏观管理，分别是法律法规、经济、文化与科技四个方面。法律法规与经济支撑安全管理，文化与科技促进安全管理。本节主要探讨前两者。

法制管理是安全监督管理的基础与必要保证。对施工企业主要是准入制度管理，包括对建筑施工企业主要负责人、项目负责人和专职安全生产管理人员，简称"三类人"的安全生产考核，持证上岗，以及安全生产许可证的管理。

3.1.1　国家监管机构

安全生产的国家监督，是指政府及其有关部门的监督，政府是安全生产监管的主体。安全生产事关人民群众生命、财产安全和国民经济持续健康发展以及社会稳定的大局，各级政府（主要指县级以上）都要对本地的安全生产负责，同时为了督促负有安全生产监督管理职责的部门及其工作人员依法履行安全生产监督管理职责，监察机关依照行政监察法的规定，有权对负有安全生产监督管理的部门及其工作人员履行其职责实施监察。

负有安全生产监督管理职责的部门，必须依法对涉及安全生产的事项进行审批并加强监督管理。

1）安全生产委员会

旨在加强对全国安全生产工作的统一领导，促进安全生产形势的稳定好转，保护国家财产和人民生命安全，经国务院同意，于 2003 年 10 月成立国务院安全生产委员会（简称安委会）。安委会属于国务院议事协调机构。

设立国务院安全生产委员会办公室（简称安委会办公室），作为安委会的办事机构。安委会办公室设在应急部，办公室主任由应急部部长兼任，副主任由应急部副部长担任。

安委会办公室主要职责是：研究提出安全生产重大方针政策和重要措施的建议；监督检查、指导协调国务院有关部门和各省、自治区、直辖市人民政府的安全生产工作；组织国务院安全生产大检查和专项督查；参与研究有关部门在产业政策、资金投入、科技发展等工作中涉及安全生产的相关工作；负责组织国务院特别重大事故调查处理和办理结案工作；组织协调特别重大事故应急救援工作；指导协调全国安全生产行政执法工作；承办安委会召开的会议和重要活动，督促、检查安委会会议决定事项的贯彻落实情况；承办安委会交办的其他事项。

安委会主要职责：

（1）在国务院领导下，负责研究部署、指导协调全国安全生产工作。

（2）研究提出全国安全生产工作的重大方针政策。

（3）分析全国安全生产形势，研究解决安全生产工作中的重大问题。

（4）必要时，协调总参谋部和武警总部调集部队参加特大生产安全事故应急救援工作。

（5）完成国务院交办的其他安全生产工作。

安委会组成人员，主任由国务院副总理兼任，副主任由应急部部长、公安部部长、国务院副秘书长担任，成员由发展改革委副主任、教育部副部长等各部、委、总局、局、办副职、总参谋部应急办主任以及武警部队副司令员等组成。

相应地，一些部委与各省、自治区、直辖市会设安全生产委员会。

住建部也成立了安全生产管理委员会，并且明确了住建部各司的安全生产工作职责。委员会由住建部长和各司司长组成，通过每季度一次的建设系统安全生产工作会议，或根据其他具体情况召开的临时会议进行运作。委员会主要有以下几方面的职责：

（1）负责研究确定建设系统安全生产中长期规划及年度安全重点。

（2）研究并确定建设系统安全生产法规的制定和协调工作。

（3）研究和部署督促重大安全事故隐患的预防、整改及事故查处工作。

（4）研究和决定由建设部进行查处的建设系统重大安全事故行政处罚。

（5）研究和部署建设系统贯彻执行国务院关于安全生产的工作和活动安排。

2）行业监督管理部门

按照"管生产必须管安全"的原则，房屋与市政工程由建设行政主管部门负责；公路、水运工程由交通运输主管部门负责；水利工程由水利主管部门负责；铁道工程由交通运输部铁路局负责等。

（1）住房和城乡建设部

目前，建设行政主管部门是住房和城乡建设部。根据国务院的职责规定，住房和城乡建设部关于安全管理的职责主要是承担房屋建筑和市政基础设施工程建筑安全生产备案的政策、规章制度制定并监督实施；负责建筑施工企业安全生产管理；参与重大勘察设计质量事故调查并监督处理；组织或参与建筑工程重大质量、安全事故的调查处理；事故的统计与发布。

住房和城乡建设部下设工程质量安全监管司，司下设安全处，负责制定房屋工程和市政工程安全生产的法规、规章和标准，并负责建筑安全生产监督管理及指导重大事故隐患的预防和事故的查处。

各省、自治区、直辖市设住房和城乡建设厅，负责其行政区域内拟订建筑工程、市政工程安全生产、竣工验收备案的政策、规章制度并监督执行；负责建筑施工企业的安全生产许可管理；组织或参与工程重大质量、安全事故的调查处理；事故的统计与上报等。厅下一般设建筑安全监督总站，负责建筑安全生产的监督检查工作和日常管理工作。

地级市、市辖区设市、区建筑安全监督管理站。市级建筑安全监督管理站的职责一般包括：监督管理建筑行业贯彻执行国家、省市有关建筑施工安全生产法律、法规、规章、规定和标准；制定相关的安全生产管理文件；负责对所辖区建设施工现场安全生产监督、检查工作，对施工现场安全投诉进行调查和处理工作；对建设系统安全监督管理部门、建筑施工企业、监理企业年度安全监理考核工作；安全措施费拨付的资料及现场审核工作，建筑施工企业《安全生产许可证》及建筑企业的主要负责人、项目负责人、专职安全生产管理人员三类人员安全培训、考核的动态管理工作；对从业人员的安全培训、考核工作；建筑工程安全监督手续的网上审批工作；建筑工程开工安全条件日常巡查工作；房屋建筑工地起重机械安装、使用的监督管理；负责审查建设工程安全施工措施；建筑事故应急抢险组织工作；负责建筑工程安全质量标准化示范工地评审及观摩会组织工作；负责监督施工单位为施工现场从事危险作业的人员办理意外伤害保险；参与或对建筑行业发生的伤亡事故进行调查；事故的统计与上报等。

（2）交通运输部

目前，交通行政主管部门是交通运输部。根据国务院的职责规定，交通运输部关于安全管理的职责主要是组织落实安全生产和应急工作方针、政策，并监督检查相关工作的执行情况；组织拟订公路、水路安全生产政策，拟订综合性安全生产政策和有关规章制度，指导公路、水路应急预案的拟订，并监督实施；指导公路、水路行业安全生产监督管理工作和应急管理工作，指导相关安全生产和应急处置的宣传教育和培训工作；参与或组织协调有关事故调查处理工作；承担安全、应急信息统计汇总、分析等工作；指导公路、水路行业中央企业的安全生产监督管理工作等。

交通运输部下设安全监督司，部内的安全管理工作主要由安全监督司承担。交通运输部下还设直属的工程质量监督局（以前是交通部质监总站），负责公路水运基础设施建筑安全生产监督管理。工程质量监督局设综合处、公路处、水运处、安全处，组织实施国家重点公路（含公路沿线的桥梁、隧道工程）及其他公路及其设施的建设、维护工作，负责统计与管理公路工程施工过程中发生的安全生产事故。

各省、自治区、直辖市设交通厅，负责其行政区域内的相应的行业安全管理工作。

地级市一般设市交通工程质量与安全监督站，负责组织实施全市公路工程建设质量与安全监督管理工作。

（3）国家铁路局

国家铁路局隶属于交通运输部管理的副部级国家局。国家铁路局管理铁路工程（含铁路沿线的桥梁、隧道工程）建设、安全生产的监督管理工作。

国家铁路局下设工程监督管理司，该司组织拟订规范铁路工程建设市场秩序政策措施并监督实施，组织监督铁路工程质量安全和工程建设招标投标工作。该司下设质量安全监管处等处。

中国铁路总公司下设直属机构——中国铁路总公司质量安全监督总站，总站在全国各地又设有直属、广州、南昌、成都等监督站。

（4）水利部

水利部关于安全生产的主要职责是：指导水利行业安全生产工作，负责水利安全生产综合监督管理，组织或参与重大水利生产安全事故的调查处理，负责水利行业生产安全事故统计、报告等。

水利部下设安全监督司，司内设综合处、安全生产处、稽查处。

各省、自治区、直辖市设水利厅，负责其行政区域内相应的行业安全管理工作。水利厅内设安监处。

地级市一般设市水务局，负责水务行业安全生产工作；承担协调水务突发公共事件的应急工作。

（5）国家能源局

国家能源局（副部级），为国家发展和改革委员会管理的国家局。下设电力安全监管司，该司的具体职责：组织拟订除核安全外的电力运行安全、电力建设工程施工安全、工程质量安全监督管理办法的政策措施并监督实施，承担电力安全生产监督管理、可靠性管理和电力应急工作，负责水电站大坝的安全监督管理，依法组织或参与电力生产安全事故调查处理。

3）综合管理部门

实施建筑施工安全综合管理的部门是应急管理部。

应急管理部关于施工安全事故方面的职责主要是：承担国家安全生产综合监督管理责任，依法行使综合监督管理职权，指导协调、监督检查国务院有关部门和各省、自治区、直辖市人民政府安全生产工作，监督考核并通报安全生产控制指标执行情况，监督事故查处和责任追究落实情况。

应急管理部下设安全监督管理二司，主要职责是：指导、协调和监督有专门安全生产主管部门的行业和领域安全监督管理工作；参与相关行业和领域特别重大事故的调查处理和应急救援工作；指导、协调相关部门安全生产专项督查和专项整治工作。

各省、自治区、直辖市设安全生产监督管理局，下设安全监督管理二处；地级市、市辖区设市、区安全生产监督管理局，下设安全监督管理二科与上级部门对应。行使管辖区域内的综合监督管理责任。

3.1.2　法律手段促进安全管理

在中国，与建筑安全相关的法律法规主要包括《劳动法》《建筑法》《刑法》《安全生产法》《建设工程安全生产管理条例》以及《生产安全事故报告和调查处理条例》。这些法律法规共同组成对建筑业安全进行监督和管理的最基本的法律依据。它们分别从对工人的劳动保护、对各行业的安全生产监督管理、对建筑业的安全生产管理和事故的报告与调查处理等不同的侧重点保障建筑业的安全生产。他们自实施以来，在改善建筑业的安全状况方面取得了一定的效果，发挥了积极的作用。

1)《劳动法》

《劳动法》从 1995 年 1 月 1 日开始实施。它是为了保护劳动者的合法权益，调整劳动关系，建立和维护适应社会主义市场经济的劳动制度，促进经济发展和社会进步，根据宪法制定的一部重要法律。

《劳动法》全面规定了劳动者的基本劳动权利与义务，制定了用人单位应当遵守的劳动标准和行为规范，对全面建立并实施劳动合同、社会保险、最低工资、工作时间、休息休假、劳动争议处理和劳动监察等重要制度作出了规定，并明确了违反劳动法应承担的法律责任。

《劳动法》第六章"劳动安全卫生"对劳动过程中的安全与卫生做了专门的规定，包括用人单位维护劳动卫生的职责、特种劳动的用人资质、劳动者维护自己安全卫生工资条件的权利等。

2)《建筑法》

《建筑法》从 1998 年 3 月 1 日起实施，它规定了国务院建设行政主管部门对全国的建筑活动实施统一监督管理，以规范整个建筑行业的市场行为。

《建筑法》第五章"建筑安全生产管理"从行业管理的角度，对建筑安全管理作出了详细规定。首先，它明确指出"建筑工程安全生产管理必须坚持安全第一、预防为主的方针，建立健全安全生产的责任制度和群防群治制度。"它还对建筑业的设计、施工、拆除等过程中的安全问题都作出了明确的要求。《建筑法》把多年来行之有效的安全管理办法确立为法律制度，使建筑安全生产工作可以真正做到有法可依，为维护广大建筑职工的合法权益提供了重要的法律保障。

3)《安全生产法》

《安全生产法》从 2002 年 11 月 1 日起实施，是我国第一部全面规范安全生产的专门法律，在安全生产法律法规体系中占有极其重要的地位。它是中国安全生产法律体系的主体法，是各类生产经营单位及其从业人员实现安全生产所必须遵循的行为准则，是各级人民政府及其有关部门进行监督管理和行政执法的法律依据。本法于 2014 年 8 月 31 日通过修订，自 2014 年 12 月 1 日起施行。

4)《建设工程安全生产管理条例》与《生产安全事故报告和调查处理条例》

《建设工程安全生产管理条例》（国务院令第 393 号）从 2004 年 2 月 1 日

起实施，是建设工程领域关于施工安全的里程碑事件，由建设部负责起草，是《建筑法》和《安全生产法》颁布实施后制定的一部在建设工程安全生产方面的配套性行政法规。《建设工程安全生产管理条例》在《建筑法》和《安全生产法》的基础上明确提出了包括业主在内的有关各方都应在建设工程的全过程对建筑安全负责的思想，是建筑安全管理方面的重大进步；并且将安全措施费列入工程造价，但不进入竞价项目。《建设工程安全生产管理条例》还将以前各种法律法规的要求和多年积累的经验较系统地进行了归纳，并且提出了一些能够改善建筑业安全水平的具体规定，确立了普遍适用的多项基本制度和措施。原文见附录。

《生产安全事故报告和调查处理条例》确立了事故报告与调查处理的基本方法。原文见附录。

5）《刑法》

2006年6月29日，十届全国人大常委会第二十二次会议通过了《中华人民共和国刑法修正案（六）》，进一步明确规定了有关安全生产的犯罪行为，加大了对重大事故责任人员的刑事处罚力度，体现了国家惩治安全生产领域违法犯罪的坚定决心。是贯彻"安全第一、预防为主、综合治理"的方针，运用法律手段严惩安全生产领域犯罪行为的重大举措。下面几个是与建筑施工安全生产相关的条文。

第一百三十四条【重大责任事故罪；强令违章冒险作业罪】在生产、作业中违反有关安全管理的规定，因而发生重大伤亡事故或者造成其他严重后果的，处三年以下有期徒刑或者拘役；情节特别恶劣的，处三年以上七年以下有期徒刑。

强令他人违章冒险作业，因而发生重大伤亡事故或者造成其他严重后果的，处五年以下有期徒刑或者拘役；情节特别恶劣的，处五年以上有期徒刑。

第一百三十五条【重大劳动安全事故罪】安全生产设施或者安全生产条件不符合国家规定，因而发生重大伤亡事故或者造成其他严重后果的，对直接负责的主管人员和其他直接责任人员，处三年以下有期徒刑或者拘役；情节特别恶劣的，处三年以上七年以下有期徒刑。

第一百三十七条【工程重大安全事故罪】建设单位、设计单位、施工单位、工程监理单位违反国家规定，降低工程质量标准，造成重大安全事故的，对直接责任人员，处五年以下有期徒刑或者拘役，并处罚金；后果特别严重的，处五年以上十年以下有期徒刑，并处罚金。

第一百三十九条【消防责任事故罪；不报、谎报安全事故罪】违反消防管理法规，经消防监督机构通知采取改正措施而拒绝执行，造成严重后果的，对直接责任人员，处三年以下有期徒刑或者拘役；后果特别严重的，处三年以上七年以下有期徒刑。

在安全事故发生后，负有报告职责的人员不报或者谎报事故情况，贻误事故抢救，情节严重的，处三年以下有期徒刑或者拘役；情节特别严重的，处三年以上七年以下有期徒刑。

6）其他部门规章、规范、标准与地方法规

部门规章是各部委颁布的规章，主要由住建部和其他部委颁布的部门规章；

规范一般是国家标准，也有地方标准。条文的法律效力可以分为强制性标准与推荐性标准。地方法规是地方相关部门发布的地方性规章。

我国的法律法规、部门规章、规范标准与地方法规共同构成了国家法制监督管理的综合屏障。

3.1.3　建筑施工安全生产许可证

建筑施工安全生产许可制度，是指在建筑施工过程开始之前，依法对参与建筑施工活动的主体能力、资格以及其他安全生产因素进行审查、评价并确认资格或条件的制度。安全生产许可制度，是一项预防事故，防止职业伤害的重要制度，也是我国以预防为主的安全生产制度指导思想的具体反映。

我国现行的建筑施工安全生产许可证，主要包括对施工企业安全资格的许可证、对有关人员资格的认证和对特殊设施、设备的认证。

1）对建筑施工企业管理人员安全生产考核

《建筑施工企业主要负责人、项目负责人和专职安全生产管理人员安全生产考核管理暂行规定》（建质 [2004] 59 号）对建筑施工企业管理人员安全生产考核进行了规定。三类人必须经建设行政主管部门或者其他有关部门安全生产考核，考核合格取得安全生产考核合格证书后，方可担任相应职务。考核内容包括安全生产知识和管理能力，对不具备安全生产知识和管理能力的管理者取消其任职资格。

建筑施工企业主要负责人，是指对本企业日常生产经营活动和安全生产工作全面负责、有生产经营决策权的人员，包括企业法定代表人、经理、企业分管安全生产工作的副经理等。建筑施工企业项目负责人，是指由企业法定代表人授权，负责建设工程项目管理的负责人等。建筑施工企业专职安全生产管理人员，是指在企业专职从事安全生产管理工作的人员，包括企业安全生产管理机构的负责人及其工作人员和施工现场专职安全生产管理人员。

国务院建设行政主管部门负责全国建筑施工企业管理人员安全生产的考核工作，并负责中央管理的建筑施工企业管理人员安全生产考核和发证工作。省、自治区、直辖市人民政府建设行政主管部门负责本行政区域内中央管理以外的建筑施工企业管理人员安全生产考核和发证工作。

2）建筑企业安全许可制度

《安全生产许可证条例》（国务院令第 397 号）第二条规定："国家对矿山企业、建筑施工企业和危险化学品、烟花爆竹、民用爆破器材生产企业实行安全生产许可制度。企业未取得安全生产许可证的，不得从事生产活动。"

依据《安全生产许可证条例》，建设部于 2004 年 7 月 5 日发布施行了《建筑施工企业安全生产许可证管理规定》（建设部令第 128 号）。其适用范围是建筑施工企业。

安全生产许可证是建筑业施工企业进行生产、施工等必须具备的一个证件，是一个资格的象征。而且是和资质联系在一块的，取得施工资质证书的企业，必须申请安全生产许可证，方可进行招投标工作来接相应工程。

未取得安全生产许可证的建筑施工企业，市场活动受到以下制约：不得从事建筑活动；已经承建开工项目的，必须立即停工整改，依法申领安全生产许可证后方可进行施工；不得参加各类建设工程招投标活动；建设行政主管部门不得受理其申报安全监理；建设行政主管部门在办理施工许可时，应审查施工企业的安全生产许可证，凡未取得安全生产许可证的，不得颁发施工许可证。

依据《安全生产许可证条例》第六条规定，企业取得安全生产许可证，应当具备一系列安全生产条件。在此基础上，结合建筑施工企业的自身特点，《建筑施工企业安全生产许可证管理规定》第四条，将建筑施工企业取得安全生产许可证的安全生产条件具体规定为：

（1）建立、健全安全生产责任制，制定完备的安全生产规章制度和操作规程。

（2）保证本单位安全生产条件所需资金的投入。

（3）设置安全生产管理机构，按照国家有关规定配备专职安全生产管理人员。

（4）主要负责人、项目负责人、专职安全生产管理人员经建设主管部门或者其他有关部门考核合格。

（5）特种作业人员经有关业务主管部门考核合格，取得特种作业操作资格证书。

（6）管理人员和作业人员每年至少进行一次安全生产教育培训并考核合格。

（7）依法参加工伤保险，依法为施工现场从事危险作业的人员办理意外伤害保险，为从业人员交纳保险费。

（8）施工现场的办公、生活区及作业场所和安全防护用具、机械设备、施工机具及配件符合有关安全生产法律、法规、标准和规程的要求。

（9）有职业危害防治措施，并为作业人员配备符合国家标准或者行业标准的安全防护用具和安全防护服装。

（10）有对危险性较大的分部分项工程及施工现场易发生重大事故的部位、环节的预防、监控措施和应急预案。

（11）有生产安全事故应急救援预案、应急救援组织或者应急救援人员，配备必要的应急救援器材、设备。

（12）法律、法规规定的其他条件。

安全生产许可证有效期为3年。安全生产许可证有效期满需要延期的，企业应当于期满前3个月向原安全生产许可证颁发管理机关提出延期申请，并提交上述规定的文件、资料以及原安全生产许可证。建筑施工企业在安全生产许可证有效期内，严格遵守有关安全生产法律、法规和规章，未发生死亡事故的，安全生产许可证有效期届满时，经原安全生产许可证颁发管理机关同意，不再审查，直接办理延期手续，有效期延期3年。

安全生产许可证实行动态监管，对建筑施工企业的监督管理，监督分为行为监督与实体监督。行为监督主要指建设行政主管部门对建筑施工企业安全生产的基础工作进行审查，主要包括企业的安全生产条件、安全生产管理体制、安全生产保证体系以及执行国家法律法规、标准规范和有关要求的落实情况。实体监督主要指建设行政主管部门或者安全监督部门对建筑施工现场安全生产、文明施工进行检查和巡查，并对施工现场存在的安全隐患提出处理意见。行为监督与实体监督实行联动，有效解决企业安全生产管理与施工现场安全生产管理脱节问题。

安全生产许可证的监督实行分级、属地管理原则。市级负责全市安全生产许可证的日常管理，区级负责本辖区内已取得安全生产许可证的建筑施工企业的日常监督管理工作。区建设行政主管部门在监督检查过程中发现企业有违反规定行为的，应及时报告市建管局。市建管局将根据报告的违法事实、处理建议，提出对企业的处罚建议报省建设厅。

发现取得安全生产许可证的建筑施工企业不再具备法定安全生产条件的，责令限期改正；经整改仍未达到规定安全生产条件的，建议省总站处以暂扣安全生产许可证 7 日至 30 日的处罚；安全生产许可证暂扣期间，拒不整改或经整改仍未达到规定安全生产条件的，建议省安全监督管理总站处以延长暂扣期 7 至 15 天直至吊销安全生产许可证的处罚。

企业发生死亡事故的，市级站立即对企业安全生产条件进行复查，发现企业不再具备法定安全生产条件的，建议省总站处以暂扣安全生产许可证 30 日至 90 日的处罚；安全生产许可证暂扣期间，拒不整改或经整改仍未达到规定安全生产条件的，建议省总站处以延长暂扣期 30 日至 60 日直至吊销安全生产许可证的处罚。

企业安全生产许可证被暂扣期间，不得承揽新的工程项目，发生问题的在建项目停工整改，整改合格后方可继续施工；企业安全生产许可证被吊销后，该企业不得进行任何施工活动，且一年之内不得重新申请安全生产许可证。

3）对特种作业人员的安全资格认证

特种作业是容易发生人员伤亡事故，对操作者本人、他人及周围设施的安全有重大危害的作业。为了加强对特种作业人员安全技术管理工作，防止危险岗位事故的发生，国家专门建立了特种作业人员的安全资格认证制度。2011 年 5 月 3 日颁布修订的《特种设备作业人员监督管理办法》（国家质量监督检验检疫总局令第 140 号）第十条规定："申请《特种设备作业人员证》的人员应当符合下列条件：年龄在 18 周岁以上；身体健康并满足申请从事的作业种类对身体的特殊要求；有与申请作业种类相适应的文化程度；有与申请作业种类相适应的工作经历；具有相应的安全技术知识与技能；符合安全技术规范规定的其他要求。"特种作业人员的培训和考核，应当根据《特种作业人员安全技术培训考核管理规定》（国家安全监管总局令第 80 号修订）进行，该规定自 2015 年 5 月 29 日实施。

建筑起重机械设备作业人员（包括起重工、信号工、机械操作工等），应当经建设行政主管部门考核合格后，取得国家统一格式的建筑起重机械设备作业人员岗位证书，方可从事相应的作业。

4）对特殊设备和产品的安全认证

为了加强对具有特殊性危害的设备或产品的安全质量管理，我国专门建立了对这类设备或产品的安全认证制度。凡规定必须经过安全质量认证的设备或产品，都必须依法进行认证，取得合格证。否则，禁止生产、销售和使用。目前，国家实行安全认证的设备或产品主要有："压力容器安全认证"、"漏电保护器安全认证"、"劳动防护用品安全质量认证"等。

3.1.4　经济的手段促进安全管理

经济的手段主要体现在建筑安全文明施工措施费及工伤保险费。按照《社会保险法》、《建筑法》的规定，《建筑安装工程费用项目组成》（建标〔2013〕44 号）

2013 年 7 月将工伤保险费列为规费，对工伤的医治和赔付将起到积极的作用。这里主要探讨建筑安全文明施工措施费。

1) 安全费用提取标准

为了建立企业安全生产投入长效机制，加强安全生产费用管理，保障企业安全生产资金投入，维护企业、职工以及社会公共利益，依据《中华人民共和国安全生产法》等有关法律法规和《国务院关于加强安全生产工作的决定》（国发 [2004] 2 号）和《国务院关于进一步加强企业安全生产工作的通知》（国发 [2010] 23 号），制定《企业安全生产费用提取和使用管理办法》（财企 [2012] 16 号）。住建部以建质 [2012] 32 号文全文转发。

财企 [2012] 16 号规定建设工程施工企业以建筑安装工程造价为计提依据。各建设工程类别安全费用提取标准如下：

（1）矿山工程为 2.5%；

（2）房屋建筑工程、水利水电工程、电力工程、铁路工程、城市轨道交通工程为 2.0%；

（3）市政公用工程、冶炼工程、机电安装工程、化工石油工程、港口与航道工程、公路工程、通信工程为 1.5%。

建设工程施工企业提取的安全费用列入工程造价，在竞标时，不得删减，列入标外管理。总包单位应当将安全费用按比例直接支付分包单位并监督使用，分包单位不再重复提取。

财企 [2012] 16 号规定建设工程施工企业安全费用应当按照以下范围使用：

（1）完善、改造和维护安全防护设施设备支出（不含"三同时"要求初期投入的安全设施），包括施工现场临时用电系统、洞口、临边、机械设备、高处作业防护、交叉作业防护、防火、防爆、防尘、防毒、防雷、防台风、防地质灾害、地下工程有害气体监测、通风、临时安全防护等设施设备支出；

（2）配备、维护、保养应急救援器材、设备支出和应急演练支出；

（3）开展重大危险源和事故隐患评估、监控和整改支出；

（4）安全生产检查、评价（不包括新建、改建、扩建项目安全评价）、咨询和标准化建设支出；

（5）配备和更新现场作业人员安全防护用品支出；

（6）安全生产宣传、教育、培训支出；

（7）安全生产适用的新技术、新标准、新工艺、新装备的推广应用支出；

（8）安全设施及特种设备检测检验支出；

（9）其他与安全生产直接相关的支出。

2) 安全文明施工措施费

建筑工程造价＝分部分项工程费用＋措施项目费＋其他项目费＋规费＋税金。

措施项目费是指计价定额中规定的措施项目中不包括的且不可计量的，为完成工程项目施工，发生于该工程施工前和施工过程中非工程实体项目的费用。内容包括：安全文明施工措施费和其他措施费，其他措施费如：夜间施工增加费；二次搬运费；临时设施费；脚手架工程费；冬雨季施工增加费；已完工程及设备保护费；工程定位复测费；特殊地区施工增加费；大型机械设备进出场及安拆费；脚手架工程费。可参见建标〔2013〕44 号文。

安全文明施工措施费包括：安全、文明施工、环保、临时措施费，详见表 3-1。

① 环境保护费：是指施工现场为达到环保部门要求所需要的各项费用。

② 文明施工费：是指施工现场文明施工所需要的各项费用。

③ 安全施工费：是指施工现场安全施工所需要的各项费用。

④ 临时设施费：是指施工企业为进行建设工程施工所必须搭设的生活和生产用的临时建筑物、构筑物和其他临时设施费用。包括临时设施的搭设、维修、拆除、清理费或摊销费等。

建设单位对建筑工程安全、文明施工措施有其他要求的，所发生费用一并计入安全文明施工措施费。

建设工程安全文明施工措施项目清单 表 3-1

类别			项 目 名 称	具 体 要 求
文明施工与环境保护			安全警示标志牌	在易发伤亡事故（或危险）处设置明显的、符合国家标准要求的安全警示标志牌
			现场围挡	（1）现场采用封闭围挡，高度不小于 1.8m； （2）围挡材料可采用彩色、定型钢板、砖、混凝土砌块等墙体
			五牌一图	在进门处悬挂工程概况、管理人员名单及监督电话、安全生产、文明施工、消防保卫五牌；施工现场总平面图
			企业标志	现场出入的大门应设有本企业标识或企业标识
			场容场貌	（1）道路畅通；（2）排水沟、排水设施通畅；（3）工地地面硬化处理；（4）绿化
			材料堆放	（1）材料、构件、料具等堆放时，悬挂有名称、品种、规格等标牌； （2）水泥和其他易飞扬细颗粒建筑材料应密闭存放或采取覆盖等措施； （3）易燃、易爆和有毒有害物品分类存放
			现场防火	消防器材配置合理，符合消防要求
			垃圾清运	施工现场应设置密闭式垃圾站，施工垃圾、生活垃圾应分类存放。施工垃圾必须采用相应容器或管道运输
临时设施	施工现场临时用电		现场办公生活设施	（1）施工现场办公、生活区与作业区分开设置，保持安全距离。（2）工地办公室、现场宿舍、食堂、厕所、饮水、休息场所符合卫生和安全要求
			配电线路	（1）按照 TN-S 系统要求配备五芯电缆、四芯电缆和三芯电缆；（2）按要求架设临时用电线路的电杆、横担、瓷夹、瓷瓶等，或电缆埋地的地沟；（3）对靠近施工现场的外电线路，设置木质、塑料等绝缘体的防护设施
			配电箱开关箱	（1）按三级配电要求，配备总配电箱、分配电箱、开关箱三类标准电箱。开关箱应符合一机、一箱、一闸、一漏。三类电箱中的各类电器应是合格品。（2）按两级保护的要求，选取符合容量要求和质量合格的总配电箱和开关箱中的漏电保护器
			接地保护装置	施工现场保护零钱的重复接地应不少于三处

续表

类别		项 目 名 称	具 体 要 求
安全施工	临边洞口交叉高处作业防护	楼板、屋面、阳台等临边防护	用密目式安全立网全封闭，作业层另加两边防护栏杆和18cm高的踢脚板
		通道口防护	设防护棚，防护棚应为不小于5cm厚的木板或两道相距50cm的竹笆。两侧应沿栏杆架用密目式安全网封闭
		预留洞口防护	用木板全封闭；短边超过1.5m长的洞口，除封闭外四周还应设有防护栏杆
		电梯井口防护	设置定型化、工具化、标准化的防护门；在电梯井内每隔两层（不大于10m）设置一道安全平网
		楼梯边防护	设1.2m高的定型化、工具化、标准化的防护栏杆，18cm高的踢脚板
		垂直方向交叉作业防护	设置防护隔离棚或其他设施
		高空作业防护	有悬挂安全带的悬索或其他设施；有操作平台；有上下的梯子或其他形式的通道
	其他（由各地自定）		

建设单位、设计单位在编制工程概（预）算时，应当依据工程所在地工程造价管理机构测定的相应费率，合理确定工程安全文明施工措施费。

依法进行工程招投标的项目，招标方或具有资质的中介机构编制招标文件时，应当按照有关规定并结合工程实际单独列出安全文明施工措施项目清单。

投标方应当根据现行标准规范，结合工程特点、工期进度和作业环境要求，在施工组织设计文件中制定相应的安全文明施工措施，并按照招标文件要求结合自身的施工技术水平、管理水平对工程安全文明施工措施项目单独报价。安全文明施工措施费为不可竞争性费用，施工单位投标时不可让利。

建设单位与施工单位应当在施工合同中明确安全文明施工措施项目总费用，以及费用预付、支付计划、使用要求、调整方式等条款。

建设单位与施工单位在施工合同中对安全文明施工措施费用预付、支付计划未作约定或约定不明的，合同工期在一年以内的，建设单位预付安全文明施工措施项目费用不得低于该费用总额的50%；合同工期在一年以上的（含一年），预付安全文明施工措施费不得低于该费用总额的30%，其余费用应当按照施工进度支付。

实行工程总承包的，总承包单位依法将建筑工程分包给其他单位的，总承包单位与分包单位应当在分包合同中明确安全文明施工措施费用由总承包单位统一管理。安全文明施工措施由分包单位实施的，由分包单位提出专项安全防护措施及施工方案，经总承包单位批准后及时支付所需费用。

建设单位申请领取建筑工程施工许可证时，应当将施工合同中约定的安全文明施工措施费用支付计划作为保证工程安全的具体措施提交建设行政主管部门。未提交的，建设行政主管部门不予核发施工许可证。

建设单位应当按照本规定及合同约定及时向施工单位支付安全文明施工措施费，并督促施工企业落实安全文明施工措施。

施工单位应当确保安全文明施工措施费专款专用，在财务管理中单独列出安全文明施工措施项目费用清单备查。施工单位安全生产管理机构和专职安全生产管理人员负责对建筑工程安全文明施工措施的组织实施进行现场监督检查，并有权向建设主管部门反映情况。

工程总承包单位对建筑工程安全文明施工措施费用的使用负总责。总承包单位应当按照本规定及合同约定及时向分包单位支付安全文明施工措施费用。总承包单位不按本规定和合同约定支付费用，造成分包单位不能及时落实安全防护措施导致发生事故的，由总承包单位负主要责任。

建设行政主管部门应当按照现行标准规范对施工现场安全文明施工措施落实情况进行监督检查，并对建设单位支付及施工单位使用安全文明施工措施费用情况进行监督。

3）安全文明施工措施费的计算与使用

安全文明施工措施费的计算方法与费率，各地可能不完全一致。如辽宁省2008 建设工程计价定额取费标准（辽建发 ［2012］4 号）见表3-2，安全文明施工措施费＝（人工费＋机械费）×费率。对于劳务分包工程：安全文明施工措施费＝劳务分包工程人工费×4％。

安全文明施工措施费费率（单位：％） 表 3-2

工程类别 工程项目	总承包工程		专业承包工程	
	建筑工程、市政工程	机电设备安装工程	建筑工程类、市政园林工程	装饰装修工程、机电设备安装工程
一	12.50	11.90	10.50	9.90
二	13.50	12.90	11.50	10.70
三	14.70	14.10	12.50	11.90
四	15.90	15.10	13.30	12.50

上表中工程类别划分标准，见（辽建发 ［2007］87 号）第三部分，工程类别划分。如单体民用建筑 $S>25000m^2$ 为一类；$18000<S\leqslant25000$ 为二类；$10000<S\leqslant18000$ 为三类；$S\leqslant10000$ 为四类。

市区级建筑安全监督管理站具体实行对安全文明措施费进行管理。以大连市为例，《关于印发大连市建筑工程安全防护文明施工措施费用管理办法的通知》（大建安发 ［2006］238 号）具体规定了管理的方法。

建设单位应将建筑工程安全文明施工措施费用资金，在办理建筑工程安全监督备案手续之前一次性存入到统一设在某银行的建筑工程安措费专用账户。

建设单位在向建设行政主管部门办理安全监督备案时，应当将建筑工程安全文明施工措施费用专项存款凭证一并提供。凡未提供专项存款凭证的，建设行政主管部门不予办理安全监督备案。

建设单位在存入专项资金后，应将加盖建设单位公章的存款凭证复印件交给施工单位，作为施工单位向市、区建设安全监督管理机构领取建筑工程安全文明施工措施费用的有效凭证之一。

施工单位应按《建筑施工现场环境与卫生标准》JGJ 146—2004、《建筑施工安全检查标准》JGJ 59—2011 和地方规定如《大连市建设工程文明施工管理规定》（大建安发〔2003〕50 号），保证每项工程安全文明施工所需资金的有效投入，确保安全文明施工措施费用的专项使用。施工现场必须达到安全质量标准化合格工地标准。

各区、市、县建设行政主管部门所属建筑安全监督管理机构应按照属地化管理的原则，加强施工现场建筑安全文明施工监督检查，严格按强制性标准对单位工程的安全文明施工状况进行综合评定，记入安全监督档案。对达到安全质量标准化合格的现场，应以书面形式告知该现场为安全质量标准化合格工地。

建筑工程安全文明施工措施费用专项管理采用定量预付、竣工结算的方式划拨。

（1）工程开工时，经安全前提条件审查合格，先预付安全文明施工措施费用总额的 50%。

（2）当工程主体结构施工（包括装饰装修、机电设备安装等施工工程）完成其工程量的 50% 时，经检查达到安全质量标准化合格标准的，再拨付安全文明施工措施费总额的 40%，未达到的不予拨付。

（3）工程竣工后，经检查核实一直保持安全文明施工水平的，再拨付安全文明施工措施费用总额的 10%，未达标的不予拨付。

施工单位在向市建筑安全监督管理机构和区、县建筑安全监督管理机构申请领取建筑工程安全文明施工措施费用时应分别提供以下资料：

（1）工程开工领取时，出示加盖建设单位公章的安全文明施工措施费专项存款凭证复印件；施工单位工程项目安全文明施工措施计划。

（2）第二次领取时，提供施工单位已购买安全文明施工措施项目费用清单及凭证；项目监理部总监理工程师审查并签字确认所发生的费用审查意见；建筑安全监督管理机构对工程项目的安全质量标准化合格工地书面告知书。

（3）第三次领取时，提供建筑安全监督管理机构对工程项目的安全生产评价意见且达到合格标准的证明。

办理安全文明施工措施费用，以大连市为例，域内需按下列程序进行：

（1）施工单位在申请领取安全文明施工措施费用时，应于当月 10 日至 15 日向区、市、县建筑安全监督机构递交《大连市建筑工程安全文明施工措施费支付申请表》（以下简称申请表）和相关资料。

（2）区、市、县建筑安全监督机构在接到施工单位《申请表》后，应在 3 个工作日审核完，并在当月 20 日前经签字盖章报市建筑安全监督管理站。

（3）市建筑安全监督管理站经审查合格，当月 25 日前签字盖章将《申请表》转送中国工商银行股份有限公司大连市分行。

（4）银行在接到市建筑安全监督管理站转送的《申请表》后，经审查合格，应在当月 30 日前将本期应付款打入施工单位开户银行的银行账号。

凡经检查核实未达到安全质量标准化合格工地的，结余的安全文明施工措施费用款项不予划拨。工程竣工后由市建筑安全监督管理机构通知中国工商银行股份有限公司大连市分行将余款退还建设单位。

3.1.5 安全培训

县级以上地方人民政府建设行政主管部门制订本行政区域内建筑业企业职工安全培训教育规划和年度计划，并组织实施。省、自治区、直辖市的建筑业企业职工安全培训教育规划和年度计划，应当报建设部建设教育主管部门和建筑安全主管部门备案。

国务院有关专业部门负责组织制订所属建筑业企业职工安全培训教育规划和年度计划，并组织实施。

1) 建筑业"三类人员"的安全培训

建筑业"三类人员"的安全培训工作，由企业所在地的建设行政主管部门或者建筑安全监督管理机构负责组织。

《建筑施工企业主要负责人、项目负责人和专职安全生产管理人员安全生产考核管理暂行规定》(建质〔2004〕59 号)规定了建筑业"三类人员"安全培训的部门、培训内容、知识要点及发证的样式，合格证书有效期为三年。有效期满需要延期的，应当于期满前 3 个月内向原发证机关申请办理延期手续。

安全员 A 证对应的是施工企业主要负责人。安全员 B 证对应的是施工企业项目负责人。安全员 C 证对应的是施工企业专职安全生产管理人员，是指在企业专职从事安全生产管理工作的人员，包括企业安全生产管理机构的负责人及其工作人员和施工现场专职安全生产管理人员。兼任岗位时，必须取得另一岗位的安全生产考核合格证书后，方可上岗。交通部、水利部安全员证的种类同建设部。

2) 建筑施工特种作业人员安全培训与管理

《建筑施工特种作业人员管理规定》(建质〔2008〕75 号)规定了建筑施工特种作业人员的考核、发证、从业和监督管理。

建筑施工特种作业包括：①建筑电工；②建筑架子工；③建筑起重信号工、司索工；④建筑起重机械司机；⑤建筑起重机械安装拆卸工；⑥高处作业吊篮安装拆卸工；⑦经省级以上人民政府建设主管部门认定的其他特种作业。

从事建筑施工特种作业的人员，应当具备下列基本条件：①年满 18 周岁且符合相关工种规定的年龄要求；②经医院体检合格且无妨碍从事相应特种作业的疾病和生理缺陷；③初中及以上学历；④符合相应特种作业需要的其他条件。

建筑施工特种作业人员必须经建设主管部门考核合格，取得建筑施工特种作业人员操作资格证书(以下简称"资格证书")，方可上岗从事相应作业。

持有资格证书的人员，应当受聘于建筑施工企业或者建筑起重机械出租单位(以下简称用人单位)，方可从事相应的特种作业。

建筑施工特种作业人员应当参加年度安全教育培训或者继续教育，每年不得少于 24 小时。

资格证书有效期为两年。有效期满需要延期的，建筑施工特种作业人员应当于期满前 3 个月内向原考核发证机关申请办理延期复核手续。延期复核合格的，资格证书有效期延期 2 年。

3.2　建筑企业安全生产管理

3.2.1　安全生产管理机构及人员配置

施工企业安全生产管理机构一般是按分级管理的原则进行设置的。大中型建筑企业通常是分三级管理制。

建筑工程总公司设安全处，负责本公司范围内的安全检查、监督和管理的工作。建筑工程分公司设安全科（或安技科），负责本分公司范围内的安全检查和管理等各项工作，受上级机关安全处的技术领导及监督。项目部设专职安全员，受公司安全科的技术领导，负责本项目的安全管理、安全检查工作。

为规范建筑施工企业安全生产管理机构的设置，明确建筑施工企业和项目专职安全生产管理人员的配备标准，住建部发布了《建筑施工企业安全生产管理机构设置及专职安全生产管理人员配备办法》（建质〔2008〕91号）。

1）建筑施工企业安全生产管理机构专职安全生产管理人员的配备

建筑施工企业安全生产管理机构专职安全生产管理人员的配备应满足下列要求，并应根据企业经营规模、设备管理和生产需要予以增加：

（1）建筑施工总承包资质序列企业：特级资质不少于6人；一级资质不少于4人；二级和二级以下资质企业不少于3人。

（2）建筑施工专业承包资质序列企业：一级资质不少于3人；二级和二级以下资质企业不少于2人。

（3）建筑施工劳务分包资质序列企业：不少于2人。

（4）建筑施工企业的分公司、区域公司等较大的分支机构（以下简称分支机构）应依据实际生产情况配备不少于2人的专职安全生产管理人员。

2）总承包单位项目专职安全生产管理人员的配备

总承包单位配备项目专职安全生产管理人员应当满足下列要求：

（1）建筑工程、装修工程按照建筑面积配备

①1万平方米以下的工程不少于1人；②1万～5万平方米的工程不少于2人；③5万平方米及以上的工程不少于3人，且按专业配备专职安全生产管理人员。

（2）土木工程、线路管道、设备安装工程按照工程合同价配备

①5000万元以下的工程不少于1人；②5000万～1亿元的工程不少于2人；③1亿元及以上的工程不少于3人，且按专业配备专职安全生产管理人员。

3）分包单位项目专职安全生产管理人员的配备

分包单位配备项目专职安全生产管理人员应当满足下列要求：

（1）专业承包单位应当配置至少1人，并根据所承担的分部分项工程的工程量和施工危险程度增加。

（2）劳务分包单位施工人员在50人以下的，应当配备1名专职安全生产管理人员；50～200人的，应当配备2名专职安全生产管理人员；200人及以上的，应当配备3名及以上专职安全生产管理人员，并根据所承担的分部分项工程施工危险实际情况增加，不得少于工程施工人员总人数的5‰。

3.2.2　安全生产机构及人员职责

1）建筑施工企业安全生产管理机构

建筑施工企业安全生产管理机构具有以下职责：

（1）宣传和贯彻国家有关安全生产法律法规和标准；

（2）编制并适时更新安全生产管理制度并监督实施；

（3）组织或参与企业生产安全事故应急救援预案的编制及演练；

（4）组织开展安全教育培训与交流；

（5）协调配备项目专职安全生产管理人员；

（6）制订企业安全生产检查计划并组织实施；

（7）监督在建项目安全生产费用的使用；

（8）参与危险性较大工程安全专项施工方案专家论证会；

（9）通报在建项目违规违章查处情况；

（10）组织开展安全生产评优评先表彰工作；

（11）建立企业在建项目安全生产管理档案；

（12）考核评价分包企业安全生产业绩及项目安全生产管理情况；

（13）参加生产安全事故的调查和处理工作等。

2）建筑施工企业安全生产管理机构专职安全生产管理人员

建筑施工企业安全生产管理机构专职安全生产管理人员在施工现场检查过程中具有以下职责：

（1）查阅在建项目安全生产有关资料、核实有关情况；

（2）检查危险性较大工程安全专项施工方案落实情况；

（3）监督项目专职安全生产管理人员履责情况；

（4）监督作业人员安全防护用品的配备及使用情况；

（5）对发现的安全生产违章违规行为或安全隐患，有权当场予以纠正或做出处理决定；

（6）对不符合安全生产条件的设施、设备、器材，有权当场做出查封的处理决定；

（7）对施工现场存在的重大安全隐患有权越级报告或直接向建设主管部门报告；

（8）企业明确的其他安全生产管理职责。

建筑施工企业应当实行建设工程项目专职安全生产管理人员委派制度。建设工程项目的专职安全生产管理人员应当定期将项目安全生产管理情况报告企业安全生产管理机构。项目专职安全生产管理人员具有以下主要职责：

（1）负责施工现场安全生产日常检查并做好检查记录；

（2）现场监督危险性较大工程安全专项施工方案实施情况；

（3）对作业人员违规违章行为有权予以纠正或查处；

（4）对施工现场存在的安全隐患有权责令立即整改；

（5）对于发现的重大安全隐患，有权向企业安全生产管理机构报告；

（6）依法报告生产安全事故情况。

3.2.3 建筑施工企业安全生产机构主要技术管理

1）危大工程的范围

危险性较大的分部分项工程，简称危大工程，是指建筑工程在施工过程中存在的、可能导致作业人员群死群伤或造成重大不良社会影响的分部分项工程。危大工程的范围见附录《危险性较大的分部分项工程安全管理规定》（建办质〔2018〕31号）。该文件是建设、施工、监理单位以及安监部门进行施工现场安全管理的切入点。

2）安全专项施工方案的编制

施工安全技术措施是针对每项工程在施工过程中可能发生的隐患和可能发生的安全问题的环节进行预测，从而在技术上管理上采取措施，消除或控制施工过程中的危险因素，防范安全事故的发生。施工安全技术措施是工程施工安全生产的指令性文件，是现场安全管理和监理的重要依据。施工安全技术措施包括：针对高处坠落、物体打击、坍塌、机械伤害、触电、起重伤害、车辆伤害、火灾爆炸、中毒、雷击、职业病、环境污染等方面的预防措施。

危大工程安全专项施工方案（简称"专项方案"），是指施工单位在编制施工组织（总）设计的基础上，针对危险性较大的分部分项工程单独编制的安全技术措施文件。

施工安全技术措施与安全专项方案应具有针对性、可操作性和经济合理性。

建筑工程实行施工总承包的，专项方案应当由施工总承包单位组织编制。危大工程实行分包的，专项施工方案可以由相关专业分包单位组织编制。

施工单位应当在危大工程施工前编制专项方案，专项方案编制应当包括的内容见附录6。

专项施工方案应当由施工单位技术负责人审核签字、加盖单位公章，并由总监理工程师审查签字、加盖执业印章后方可实施。危大工程实行分包并由分包单位编制专项施工方案的，专项施工方案应当由总承包单位技术负责人及分包单位技术负责人共同审核签字并加盖单位公章。

进行第三方监测的危大工程监测方案的主要内容应当包括工程概况、监测依据、监测内容、监测方法、人员及设备、测点布置与保护、监测频次、预警标准及监测成果报送等。

危大工程验收人员应当包括：

（1）总承包单位和分包单位技术负责人或授权委派的专业技术人员、项目负责人、项目技术负责人、专项施工方案编制人员、项目专职安全生产管理人员及相关人员；

（2）监理单位项目总监理工程师及专业监理工程师；

（3）有关勘察、设计和监测单位项目技术负责人。

3）超大工程的范围

对于超过一定规模的危险性较大的分部分项工程，简称超大工程，施工单位应当组织专家对专项方案进行论证。超大工程的范围见附录《危险性较大的分部分项工程安全管理规定》（建办质〔2018〕31号）。

4）超大工程的安全专项施工方案的论证要求和程序

（1）施工单位应当组织不少于5人的专家组，对已编制的专项安全施工方案进行论证审查。

超大工程专项方案应当由施工单位组织召开专家论证会。实行施工总承包的，由施工总承包单位组织召开专家论证会。专家论证前专项施工方案应当通过施工单位审核和总监理工程师审查。本项目参建各方的人员不得以专家身份参加专家论证会。

超大工程专项施工方案专家论证会的参会人员应当包括：

①专家；

②建设单位项目负责人；

③有关勘察、设计单位项目技术负责人及相关人员；

④总承包单位和分包单位技术负责人或授权委派的专业技术人员、项目负责人、项目技术负责、专项施工方案编制人员、项目专职安全生产管理人员及相关人员；

⑤监理单位项目总监理工程师及专业监理工程师。

设区的市级以上地方人民政府住房城乡建设主管部门建立的专家库专家应当具备以下基本条件：

①诚实守信、作风正派、学术严谨；

②从事相关专业工作15年以上或具有丰富的专业经验；

③具有高级专业技术职称。

专家论证的主要内容：

①专项施工方案内容是否完整、可行；

②专项施工方案计算书和验算依据是否符合有关标准规范；

③专项施工方案是否满足现场实际情况，并能够确保施工安全。

（2）关于专项施工方案修改

专家论证会后，应当形成论证报告，对专项施工方案提出通过、修改后通过或者不通过的一致意见。专家对论证报告负责并签字确认。

超大工程专项施工方案经专家论证后结论为"通过"的，施工单位可参考专家意见自行修改完善；结论为"修改后通过"的，专家意见要明确具体修改内容，施工单位应当按照专家意见进行修改，并履行有关审核和审查手续后方可实施，修改情况应及时告知专家。

（3）超大工程的施工实施

专项施工方案实施前，编制人员或者项目技术负责人应当向施工现场管理人员进行方案交底。施工现场管理人员应当向作业人员进行安全技术交底，并由双方和项目专职安全生产管理人员共同签字确认。

施工单位应当严格按照专项施工方案组织施工，不得擅自修改专项施工方案。因规划调整、设计变更等原因确需调整的，修改后的专项施工方案应当按照本规定重新审核和论证。涉及资金或者工期调整的，建设单位应当按照约定予以调整。

施工单位应当对危大工程施工作业人员进行登记，项目负责人应当在施工现场履职。项目专职安全生产管理人员应当对专项施工方案实施情况进行现场监督，对未按照专项施工方案施工的，应当要求立即整改，并及时报告项目负责人，项目负责人应当及时组织限期整改。

施工单位应当按照规定对危大工程进行施工监测和安全巡视，发现危及人身安全的紧急情况，应当立即组织作业人员撤离危险区域。

对于按照规定需要验收的危大工程，施工单位、监理单位应当组织相关人员进行验收。验收合格的，经施工单位项目技术负责人及总监理工程师签字确认后，方可进入下一道工序。

危大工程验收合格后，施工单位应当在施工现场明显位置设置验收标识牌，公示验收时间及责任人员。

5）安全培训

按规定组织特种作业人员参加年度安全教育培训或者继续教育，培训时间不少于 24 小时。公司、项目部与班组的三级安全教育的主要内容及学时见 2.2.2。

3.2.4 建筑施工企业应建立健全的安全制度

（1）安全生产责任制。

（2）教育培训制度。

（3）专项施工方案专家论证审查制度。

（4）施工现场消防安全责任制度。

（5）意外伤害保险制度。

（6）生产安全事故应急救援制度。

3.3 监理企业对建筑施工安全的管理

3.3.1 工程安全监理的概念

建设工程安全监理是指工程监理单位受建设单位（或业主）的委托，依据国家有关的法律、法规和工程建设强制性标准及合同文件，对建设工程安全生产实施的监督检查。

建设工程安全监理是建设工程监理的重要组成部分，也是建设工程安全生产管理的重要保障。建设工程安全监理的实施，是提高施工现场安全管理水平的方法，也是建设管理体制改革中加强安全管理、控制重大伤亡事故的一种新模式。

《建筑法》规定："实行监理的建筑工程，由建设单位委托具有相应资质条件的工程监理单位监理。"这是我国建设工程监理制度的一项重要规定。建设工程安全监理是建设工程监理的重要组成部分。

监理人员是建设单位委托的监督管理人员，而不是生产管理人员，当监理人员在审查方案或现场检查发现隐患时，只能够向施工单位的项目经理部发出监理指令或通知，要求施工单位进行处理，也就是说监理人员只能通过施工单位才能做到消除隐患，预防安全事故，而不能直接做到消除隐患。

监理工作是一个整体，不可将安全工作与其他监理工作隔离开来。比如在审查施工方案或专项施工技术措施中的技术可行性、可靠性等方面的同时，对其安全验算进行审查，在进行旁站、巡视或平行检验时，均可进行安全方面的查看，以发现可能存在的安全隐患，并进行处理。

3.3.2　安全监理人员与职责

监理企业法人代表，应对本企业监理工程项目的安全监理全面负责。

建设工程项目总监理工程师（简称项目总监），要对工程项目的安全监理负责，并根据工程项目特点，明确监理人员的安全监理职责。

专业监理工程师（安全监理工程师），对所负责的专业进行安全生产监督管理工作。

监理员，在专业监理工程师指导下实施所承担监理工作项目（内容）的安全生产监督工作。

项目总监是指由监理企业法定代表人任命并对建设项目监理工作全面负责的管理者，是监理企业法定代表人在该建设项目上的代表人。项目总监必须由取得国家监理工程师资格证书并注册在监理企业，且与该企业有合法的劳动合同、工资以及社会保险关系的在职监理人员担任。建设工程项目监理实行总监负责制。项目总监全面履行受委托的监理合同，主持项目监理部的工作，对项目监理部其他监理人员的现场监理行为承担管理责任。

注册监理工程师，是指经考试取得中华人民共和国监理工程师资格证书，并按照《注册监理工程师管理规定》（建设部令 147 号）注册，取得中华人民共和国注册监理工程师注册执业证书和执业印章，从事工程监理及相关业务活动的专业技术人员。

3.3.3　建设工程安全监理工作程序

（1）组建监理项目部。

（2）监理单位按照《建设工程监理规范》和相关行业监理规范要求，编制含有安全监理内容的监理规划和监理实施细则。

（3）在施工准备阶段，监理单位审查核验施工单位提交的有关技术文件及资料，并由项目总监在有关技术文件审报表上签署意见；审查未通过的，安全技术措施及专项施工方案不得实施。

（4）在施工阶段，监理单位应对施工现场安全生产情况进行巡视、旁站、平行检验等监理工作。检查、整改、复查、报告等情况应记载在监理日志、监理月报中。

监理单位应核查施工单位提交的施工起重机械、整体提升脚手架、模板等自升式架设施和安全设施等验收记录，并由安全监理人员签收备案。

（5）工程竣工后，监理单位应将有关安全生产的技术文件、验收记录、监理规划、监理实施细则、监理月报、监理会议纪要及相关书面通知等按规定立卷归档。

3.3.4　施工准备阶段安全监理的主要工作内容

监理单位应根据《建设工程安全生产管理条例》的规定，按照工程建设强制性标准、《建设工程监理规范》GB 50319 和相关行业监理规范的要求，编制包括安全监理内容的项目监理规划，明确安全监理的范围、内容、工作程序和制度措施，以及人员配备计划和职责等。

（1）审查工程开工申请报告。工程开工前，施工单位要提出书面开工申请，然后由专业监理工程师审查现场准备情况，如各项安全工作审批手续是否完善；现场技术、管理、施工作业等人员是否到位；机械设备及安全设施等是否已到达现场，并处于安全状态。符合开工条件时，监理工程师批准开工申请，并报建设单位备案。

（2）审查施工单位资质和安全生产许可证是否合法有效。

（3）审查项目经理和专职安全生产管理人员是否具备合法资格，是否与投标文件相一致。审查施工单位在工程项目上的安全生产规章制度和安全监管机构的建立、健全及专职安全生产管理人员配备情况。

（4）审查分包单位安全生产资质。分包工程开工前，安全监理人员应审查施工单位报送的分包单位安全生产许可证、三类人员的安全资格证书及特殊作业人员上岗资格证书。督促施工单位检查各分包单位的安全生产规章制度的建立情况。

（5）核查进场机械设备及安全设施。核查施工单位进场设备、安全设施的验收（检测）合格证及操作人员的上岗证，要求施工单位进行自检验收，自检合格后，报请安全监理核查，安全监理核查同意后，方可投入现场使用。

（6）审查专项施工方案。对中型及以上项目和《危险性较大的分部分项工程安全管理规定》（建办质〔2018〕31号）规定的危大工程与超大工程，监理单位应当编制监理实施细则。实施细则应当明确安全监理的方法、措施和控制要点，以及对施工单位安全技术措施的检查方案。

审查施工单位编制的施工组织设计中的安全技术措施和危险性较大的分部分项工程安全专项施工方案是否符合工程建设强制性标准要求。

专项施工方案由施工单位专业技术人员编制，项目经理审核，并经施工单位技术负责人审批（对需要专家论证的，需附专家论证意见）。在项目开工前，施工单位应当分别编写各危险性较大的分部分项工程的专项安全施工方案，并在施工前办理监理报审。由专业监理工程师核查，然后由总监理工程师（或驻地监理工程师）审核签字。

监理工程师对专项施工方案应按下列方法主持审查。

程序性审查——专项安全施工方案按规定须经专家论证、审查的，是否执行；专项安全施工方案是否经施工单位技术负责人签认，不符合程序的应退回。

符合性审查——专项安全施工方案必须符合强制性标准的规定，并附有安全验算的结果。须经专家论证、审查的项目应附有专家审查的书面报告，专项安全施工方案应有紧急救护措施等应急救援预案。

针对性审查——专项安全施工方案应针对本工程特点以及所处环境、管理模式，具有可操作性。

专项安全施工方案经专业监理工程师进行审查后，应在报审表上填写监理意见，并由监理工程师签认。特别复杂的专项安全施工方案，项目监理机构应报请工程监理单位技术负责人主持审查。

（7）审核特种作业人员的特种作业操作资格证书是否合法有效。

（8）审核施工单位应急救援预案和安全防护措施费用使用计划。

3.3.5　施工阶段安全监理的主要工作内容与方法

监督施工单位按照施工组织设计中的安全技术措施和专项施工方案组织施工，及时制止违规施工作业。

不需专家论证的专项方案，经施工单位审核合格后报监理单位，由项目总监理工程师审核签字。

监理单位项目总监理工程师及相关人员应当参加专家论证会但不得作为专家组的成员。监理施工单位应当根据论证报告修改完善专项方案，并经施工单位技术负责人、项目总监理工程师、建设单位项目负责人签字后，方可组织实施。

定期巡视检查施工过程中的危险性较大工程作业情况。监理单位应当将危险性较大的分部分项工程列入监理规划和监理实施细则，应当针对工程特点、周边环境和施工工艺等，制定安全监理工作流程、方法和措施。

监理单位应当对专项方案实施情况进行现场监理；对不按专项方案实施的，应当责令整改，施工单位拒不整改的，应当及时向建设单位报告；建设单位接到监理单位报告后，应当立即责令施工单位停工整改；施工单位仍不停工整改的，建设单位应当及时向住房城乡建设主管部门报告。

对于按规定需要验收的危险性较大的分部分项工程，监理单位应当组织或参与施工单位组织的验收。验收合格的，经施工单位项目技术负责人及项目总监理工程师签字后，方可进入下一道工序。

核查施工现场施工起重机械、整体提升脚手架、模板等自升式架设设施和安全设施的验收手续。

检查施工现场各种安全标志和安全防护措施是否符合强制性标准要求，并检查安全文明措施费的使用情况。工程监理单位应当对施工单位落实安全防护、文明施工措施情况进行现场监理。对施工单位已经落实的安全防护、文明施工措施，总监理工程师或者造价工程师应当及时审查并签认所发生的费用。监理单位发现施工单位未落实施工组织设计及专项施工方案中安全防护和文明施工措施的，有权责令其立即整改；对施工单位拒不整改或未按期限要求完成整改的，工程监理单位应当及时向建设单位和建设行政主管部门报告，必要时责令其暂停施工。

督促施工单位进行安全自查工作，并对施工单位自查情况进行抽查，参加建设单位组织的安全生产专项检查。

监理单位应对施工现场安全生产情况进行巡视检查，对发现的各类安全事故隐患，应书面通知施工单位，并督促其立即整改；情况严重的，监理单位应及时下达工程暂停令，要求施工单位停工整改，并同时报告建设单位。施工单位应立即进行调查严重安全事故隐患，分析原因，制定纠正和预防措施，形成处理方案，并报监理工程师审批。项目经理应组织有关技术与管理人员对处理方案进行认真深入的分析，特别是对安全事故隐患原因分析，找出起源点。必要时，项目经理可请工程监理单位、设计单位、分包单位、供应单位和建设各方共同参加分析。

安全事故隐患消除后，监理单位应检查整改结果，签署复查或复工意见。施工单位拒不整改或不停工整改的，监理单位应当及时向负责该工程监管的建设行政主管部门报告，以电话形式报告的，应当有通话记录，并及时补充书面报告。

检查、整改、复查、报告等情况应记载在监理日志、监理月报中。

监理单位应将有关安全生产的技术文件、验收记录、监理规划、监理实施细则、监理月报、监理会议纪要及相关书面通知等按相关规定立卷归档。

工程监理单位和监理工程师应当按照法律、法规和工程建设强制性标准实施监理，并对建设工程安全生产承担监理责任。

3.3.6　落实安全生产监理责任的主要工作

健全监理单位安全监理责任制。监理单位法定代表人应对本企业监理工程项目的安全监理全面负责。总监理工程师要对工程项目的安全监理负责，并根据工程项目特点，明确监理人员的安全监理职责。

完善监理单位安全生产管理制度。在健全审查核验制度、检查验收制度和督促整改制度基础上，完善工地例会制度及资料归档制度。定期召开工地例会，针对薄弱环节提出整改意见，并督促落实；指定专人负责监理内业资料的整理、分类及立卷归档。

建立监理人员安全生产教育培训制度。监理单位的总监理工程师和安全监理人员需经安全生产教育培训后方可上岗，其教育培训情况记入个人继续教育档案。

各级建设主管部门和有关主管部门应当加强建设工程安全生产管理工作的监督检查，督促监理单位落实安全生产监理责任，对监理单位实施安全监理给予支持和指导，共同督促施工单位加强安全生产管理，防止安全事故的发生。

3.3.7　监理企业应建立的制度

（1）施工组织设计（方案）审查制度。

（2）对施工现场安全生产进行巡视、检查的制度。

（3）对安全隐患处理的制度（整改、暂停工、报告）。

（4）安全监理资料管理制度。

3.4　建设单位对施工安全的责任

建设单位在工程建设中居于主导地位。它负责建设工程的整体工作，并选择勘察、设计、施工、工程监理等单位，对建设工程的安全生产必须承担相应责任。建设单位对施工安全的责任主要是向设计单位、施工单位提供正确的基础资料、办理施工许可证与向施工单位提供足够的施工费用，包括安全文明施工措施费等。

3.4.1　提供正确的基础资料

建设单位应当向施工单位提供施工现场及毗邻区域内供水、排水、供电、供气、供热、通信、广播电视等地下管线资料，气象和水文观测资料，相邻建筑物和构筑物、地下工程的有关资料，并保证资料的真实、准确、完整。

建设单位因建设工程需要，向有关部门或者单位查询前款规定的资料时，有关部门或者单位应当及时提供。

3.4.2　办理施工许可证

建设单位在申请领取施工许可证时，应当提供建设工程有关安全施工措施的资料。

依法批准开工报告的建设工程，建设单位应当自开工报告批准之日起 15 日内，将保证安全施工的措施报送建设工程所在地的县级以上地方人民政府建设行政主管部门或者其他有关部门备案。

1）申请领取施工许可证的有关规定

（1）在中华人民共和国境内从事各类房屋建筑及其附属设施的建造、装饰装修和与其配套的线路、管道、设备等的安装以及城镇市政基础设施工程的施工，建设单位在开工前应当按照《建筑法》第七条、第八条和《建筑工程施工许可管理办法》（建设部令 91 号）的规定，向工程所在地的县级以上人民政府建设行政主管部门申请领取施工许可证。

（2）工程投资额在 30 万元以上或者建筑面积在 300 平方米以上的建筑工程必须申请领取施工许可证。

（3）新建、扩建、改建的建筑工程开工前，建设单位向建设行政主管部门或者其授权的部门申请领取施工许可证。

（4）按照国务院规定的权限和程序批准开工报告的建筑工程，不再领取施工许可证。

2）申请领取施工许可证应当提交的材料

2019 年 4 月 23 日第十三届全国人民代表大会常务委员会第十次会议通过，对《中华人民共和国建筑法》作出修改，第八条修改为：

申请领取施工许可证，应当具备下列条件：

（1）已经办理该建筑工程用地批准手续；

（2）依法应当办理建设工程规划许可证的，已经取得建设工程规划许可证；

（3）需要拆迁的，其拆迁进度符合施工要求；

（4）已经确定建筑施工企业；

（5）有满足施工需要的资金安排、施工图纸及技术资料；

（6）有保证工程质量和安全的具体措施。

建设行政主管部门应当自收到申请之日起七日内，对符合条件的工程项目申请颁发施工许可证。

3）申请领取施工许可证的程序

以北京市为例，应当按照下列程序进行：

（1）建设单位向发证机关（政务中心建委窗口）领取《建设工程施工许可证申请表》；

（2）建设单位持加盖单位及法定代表人印签的《建筑工程施工许可证申请表》，并附规定的全部材料，向发证机关提出申请；

（3）发证机关在收到建设单位报送的《建设工程许可证申请表》和所附材

料后，对于符合条件的，在收到申请之日起五日内颁发施工许可证，建筑工程在施工过程中，建设单位或者施工单位发生变更的，应当重新申请领取施工许可证。

4）开工有效期及延期

建设单位应当自领取施工许可证之日起三个月内开工。因故不能按时开工的，应当向发证机关申请延期，延期以两次为限，每次不超过三个月。建设单位既不按时开工，又不申请延期的，自期限届满之日起施工许可证自行废止。

必须申请领取施工许可证的建筑工程未取得施工许可证的，一律不得开工。对于未取得施工许可证或者为规避办理施工许可证将工程项目分解后擅自施工的，由有管辖权的发证机关责令改正，对于不符合开工条件的责令停止施工，并对建设单位和施工单位分别处以罚款。

3.4.3　及时提供足够的施工费用

建设单位在编制工程概算时，应当确定建设工程安全作业环境及安全施工措施所需费用。

建设单位开户银行依法出具的资金证明（工期一年内为投资额的50%，工期一年以上为投资额的30%），该证明为工程项目所需要的资金（北京市的规定）。

领取施工许可证前，建设单位应将工程安全文明施工措施费，依据中标的额度，存到各地建筑安全监督管理站指定的银行账户内。

3.4.4　其他责任和义务

依法委托勘察、设计、施工、监理的责任，并不得非法干预勘察、设计、施工、监理活动的责任。

应按合同约定履行安全职责，授权监理方按合同约定的安全工作内容监督、检查承包人安全工作的实施，组织承包人和有关单位进行安全检查。

建设单位不得对勘察、设计、施工、工程监理等单位提出不符合建设工程安全生产法律、法规和强制性标准规定的要求，不得压缩合同约定的工期。

建设单位不得明示或者暗示施工单位购买、租赁、使用不符合安全施工要求的安全防护用具、机械设备、施工机具及配件、消防设施和器材。

建设单位应对其现场机构雇佣的全部人员的工伤事故承担责任，但由于承包人原因造成发包人人员工伤的，应由承包人承担责任。

建设单位应负责赔偿以下各种情况造成的第三者人身伤亡和财产损失：工程或工程的任何部位对土地的占用所造成的第三者财产损失；由于发包人原因在施工场地及其毗邻地带造成的第三者人身伤亡和财产损失。

对拆除工程安全管理的责任见本书12.3.2。

重难点知识讲解

1. 建筑企业三类人及证书等级。
2. 建筑施工企业申领安全生产许可证应当具备的条件。
3. 什么是危大工程？什么是超大工程？在施工前如何管理？
4. 企业安全生产机构与项目的安全管理人员配置。

5. 安全专项方案编制的主要内容。

复习思考题

1. 建筑企业三类人分别是哪些人，其安全证书分别是哪一级？

2. 建筑施工企业取得安全生产许可证的安全生产条件有哪些？

3. 安全文明施工措施费包括哪些费用？房屋建筑工程、公路工程安全费用以建筑安装工程造价为计提依据，提取标准分别是多少？

4. 总承包单位项目专职安全生产管理人员的配备标准是什么？

5. 安全专项方案专家论证的主要内容有什么？

6. 简述建设单位对施工安全应承担的责任。

第4章　施工现场安全管理

学习要求

通过本章内容的学习，了解安全员的职责与权利，了解施工单位应急预案，了解"建筑企业实名制管理卡"，熟悉施工现场安全警示标志，熟悉施工现场的环保、防疫要求，掌握危险性较大的分部分项工程安全管理办法，掌握施工现场安全检查的方法。

施工现场安全管理属于微观的建筑安全管理，是施工活动的基本保证，是施工现场综合管理的一个重要组成部分。施工现场安全管理的内容较多，也比较复杂。施工现场的安全管理可以按危险源辨识—控制—安全检查—整改的程序进行，其中也包含了职业病防治，文明施工与环境保护等。对现场务工人员的安全管理也是至关重要的，因为他们往往是事故的肇事者与受害者。施工现场防火防爆也属于现场的安全管理，由于内容较多，单独成为一章，见第11章。

4.1　建筑施工现场安全员

施工现场的安全员，对安全生产肩负安全管理和检查监督的双重责任，是各项安全生产责任制度、措施的具体执行者和落实者，对现场的安全工作有十分重要的作用。

4.1.1　对建筑施工安全员的要求

1）强烈的事业心与高度的责任感和吃苦耐劳的精神

这是从事建筑施工安全工作者应具有的品质。每个成员应认识到我们所从事的事业，将造福于人民群众，有利于安定团结，保障国家经济建设的发展，是一项伟大而崇高的事业。同时，把保护工人的安全健康作为己任，是光荣而艰巨的。由于建筑施工的特点，还要求安全工作者必须具有不辞辛劳、艰苦奋斗的精神。

2）客观公正、秉公办事

在事故调查和处理时，经常会遇到这样一些是甲的责任还是乙的责任；是领导者的责任还是工人的问题。在这些情况下，安全工作者必须实事求是、客观公正地处理问题，这是安全工作者职业道德的具体体现。

3）熟练掌握安全生产的方针、政策和法规

安全工作者应熟练掌握国家和地方政府以及行业、企业的安全生产政策、法规、标准和规章制度，并且能够正确灵活运用。

4）熟练掌握施工和安全技术知识

安全工作者应对建筑施工管理与施工技术以及安全技术有足够的了解，以便能及时发现事故隐患与潜在的危险，且能随时参加技术分析讨论和有能力与各种管理人员、技术人员、工人进行目的性很强的交谈。要具备的主要知识有：

（1）了解建筑施工企业的机构与管理制度。

（2）了解施工方法。掌握各种施工的危险因素，了解事故和职业病的预防知识。

（3）在施工现场检查时，善于发现危险因素。既能做定性分析，也能做定量分析。

（4）能用系统工程分析的方法去分析处理事故。

5）好的身体条件作保证

建筑施工离不开各种高处作业，每个安全工作者要适应工作需要，起码应达到高处作业人员的身体条件和要求。

4.1.2　安全员的职责、任务与权利

1）安全员职责

（1）认真贯彻执行国家及上级主管部门有关安全生产的法规和规定，协助领导做好安全生产管理工作。向主管领导提出有关工人安全和卫生方面的意见和建议。

（2）严格按安全操作规程办事。要根据安全生产规章制度、操作规程的要求，采取各种行之有效的方法，做好宣传、教育工作，协助有关人员对各专业工种进行技术培训。与施工人员共同商讨安全生产大计，将安全工作落到实处，最大限度地减少事故发生。

（3）帮助工人掌握正确的操作方法和安全防患措施。

（4）做好施工现场的巡视工作，纠正一切违章指挥、违章作业，保证施工区域整洁、卫生、环境保护符合上级的有关规定。纠正工人错误的作业习惯，保证所采取的安全措施得以实施。

（5）做好安全技术交底工作，并随时检查、监督执行。认真做好安全检查表中各项目的检查、评分、分析工作，认真做好安全生产中规定资料的记录、收集、整理和保管。

（6）发现事故隐患除口头通知有关人员外，必须发书面整改通知，重大事故隐患要立即上报上级领导和有关部门。

（7）发生工伤事故，应协助领导组织抢救，保护现场，同管理人员一道调查事故，以确定事故的原因并提出改正措施。对无权处理的事故及时上报。

2）安全员任务

（1）参加编制年度安全措施计划和安全操作规程、制度的制定工作。

（2）指导生产班组兼职安全员开展工作。

（3）会同有关部门做好安全生产宣传教育和培训，总结和推广安全生产的先进经验。

（4）参加安全事故的调查和处理，做好工伤事故的统计、分析和报告，协助有关部门人员提出防止事故的措施并督促他们按期实现。

（5）经常对施工现场进行安全检查，及时发现各种不安全问题。

（6）督促有关部门人员做好防尘、防毒、防暑降温和女工保护工作。

3）安全员的权利

（1）遇到严重隐患或违反规章制度的行为，有可能立即造成重大伤亡事故危险等，特别紧急的不安全情况时，有权指令先行停止生产，并立即报告领导研究处理。

（2）有权检查所在单位对安全生产方针或上级指示贯彻执行的情况。

（3）对不认真执行指示的单位或个人，有权越级向上汇报。

4.2 施工现场危险源辨识

危险源是可能造成人员伤害或疾病、财产损失、工作环境破坏或这些情况组合的根源或状态。

4.2.1 两类危险源

引发事故的不安全因素种类繁多、非常复杂，它们在导致事故发生、造成人员伤害和财物损失方面所起的作用很不相同，它们的识别、控制方法也很不相同。根据危险源在事故发生、发展中的作用，把危险源划分为两大类，即第一类危险源和第二类危险源。

（1）第一类危险源

根据能量意外释放论，事故是能量或危险物质的意外释放，作用于人体的过量的能量或干扰人体与外界能量交换的危险物质是造成人员伤害的直接原因。于是，把系统中存在的、可能发生意外释放的能量或危险物质称作第一类危险源。

一般地，能量被解释为物体做功的本领。做功的本领是无形的，只是在做功时才显示出来。因此，实际工作中往往把产生能量的能量源或拥有能量的能量载体作为第一类危险源来处理。

第一类危险源具有的能量越多，一旦发生事故其后果越严重；相反，第一类危险源处于低能量状态时比较安全。同样，第一类危险源包含的危险物质的量越多，干扰人的新陈代谢越严重，其危险性越大。

（2）第二类危险源

在生产、生活中，为了利用能量，让能量按照人们的意图在系统中流动、转换和做功，必须采取措施约束、限制能量，即必须控制危险源。约束、限制能量的屏蔽应该可靠地控制能量，防止能量意外释放。实际上，绝对可靠的控制措施并不存在，在许多因素的复杂作用下约束、限制能量的控制措施可能失效，能量屏蔽可能被破坏而发生事故。导致约束、限制能量措施失效或破坏的各种不安全因素称作第二类危险源。

任何事故的发生都是两类危险源共同作用的结果。第一类危险源是事故发生的前提，没有第一类危险源就谈不上能量或危险物质的意外释放，也就无所谓事故；第二类危险源是事故发生的必要条件，没有第二类危险源对控制和约束的破坏，也不会发生能量或危险物质的意外释放。

4.2.2 施工场所重大危险源

建设工程就是指"危险性较大的分部分项工程"及其他危险情况。危险源具体指一个部位、作业面、工序等。如：挖孔桩、吊装工程、模板工程、脚手架工程、特种设备、危险品库房等。危险源是安全管理的主要对象。

重大危险源是可能导致重大事故发生的危险源。重大危险源就是指"超过一定规模的危险性较大的分部分项工程"及其他危险情况。

　　由于各地地质、气象等情况差别较大，因此各地都会出台关于施工现场重大危险源的地方标准。如：《关于加强建筑工程和市政工程重大危险源管理的通知》（渝建安发［2008］20号）、《黑龙江省建筑工程重大危险源安全监控管理暂行办法》（黑建安［2006］25号）等。对于一个具体的单项工程的施工，可参考工程所在地的危险源辨识标准。同时，还要对具体工程具体分析其特殊的危险源，危大工程与超大工程是危险源辨识的主线。

　　建筑工程和市政工程施工场所重大危险源与潜在事故见表4-1，但不仅限于这些内容。

建筑工程和市政工程施工场所重大危险源与潜在事故　　　　表4-1

序号	重大危险源	潜在事故
一	深基坑工程	
	开挖深度超过5m（含5m）的基坑（槽）的土方开挖、支护、降水工程	地下管网损坏、坍塌、中毒和窒息、触电、火灾、起重伤害、高处坠落、物体打击、机械伤害、职业危害10种
二	模板工程及支撑体系	
1	工具式模板工程：包括滑模、爬模、飞模工程	
2	混凝土模板支撑工程	
1)	搭设高度8m及以上	
2)	搭设跨度18m及以上	坍塌、触电、机械伤害、起重伤害、高处坠落、物体打击、气瓶爆炸7种
3)	施工总荷载15kN/m² 及以上	
4)	集中线荷载20kN/m 及以上	
3	承重支撑体系：用于钢结构安装等满堂支撑体系，承受单点集中荷载700kg以上	
三	起重吊装及安装拆卸工程	
1	采用非常规起重设备、方法，且单件起吊重量在100kN及以上的起重吊装工程	机械伤害、高处坠落、物体打击、起重伤害、触电、起重机体毁坏6种
2	起重量300kN及以上的起重设备安装工程；高度200m及以上内爬升起重设备的拆除工程	
四	脚手架工程	
1	搭设高度50m及以上落地式钢管脚手架工程	
2	提升高度150m及以上附着式整体和分片提升脚手架工程	坍塌、触电、机械伤害、起重伤害、高处坠落、物体打击6种
3	架体高度20m及以上悬挑式脚手架工程	
4	栈桥设施	坍塌、触电、机械伤害、起重伤害、高处坠落、物体打击、淹溺7种
5	水上作业平台	
五	其他	
1	跨度大于36m及以上的钢结构安装工程	坍塌、触电、机械伤害、起重伤害、起重机体毁坏、高处坠落、物体打击7种
2	开挖深度超过16m的人工挖孔桩工程	地下管网损坏、坍塌、中毒和窒息、触电、火灾、起重伤害、高处坠落、物体打击、机械伤害、职业危害10种
3	采用新技术、新工艺、新材料、新设备及尚无相关技术标准的危险性较大的分部分项工程	相应的事故
4	易燃易爆危险品库房	爆炸、设施损坏

4.2.3 施工场所周边地段重大危险源

施工场所周边地段重大危险源，可能造成周边建筑物、构筑物和设施设备的损坏以及人员伤亡，识别见表4-2，但不仅限于这些内容。

施工场所周边地段重大危险源与潜在事故 表4-2

序号	重大危险源	潜 在 事 故
1	高边坡、深基坑、隧道、地铁、竖井、大型管沟等施工	地下管网损坏、坍塌、中毒和窒息、触电、火灾、起重伤害、高处坠落、物体打击、机械伤害、职业危害10种
2	开挖深度虽未超过5m，但地质条件、周围环境和地下管线复杂，或影响毗邻建筑（构）物安全的基坑（槽）的土方开挖、支护、降水工程	
3	大体量土石方爆破施工	爆炸、坍塌、物体打击、高处坠落、机械伤害、职业危害等
4	办公区、生活区临建房屋设置在高压线下、沟边、崖边、高墙下、边坡地段	因高压放电、崩（坍）塌、滑坡、泥石流等造成房屋倒塌和人员伤亡

4.2.4 重大危险源的控制与管理

（1）施工总承包单位应制定重大危险源的管理制度，建立安全管理体系，明确具体责任，制定消除或减少危险性的安全技术方案、措施，认真组织方案、措施的实施，并对其进行严格的监控、检查和验收。

（2）列为重大危险源的分部分项工程施工前，必须编制专项施工方案。专项施工方案除应包括相应的安全技术措施外，还应当包括监控措施、应急方案以及紧急救护措施等内容。

（3）专项施工方案应由施工企业技术部门的专业技术人员及监理单位专业监理工程师进行审核，审核合格，由施工企业技术负责人、监理单位总监理工程师签字。对建设部《危险性较大的分部分项工程安全管理办法》（建质〔2009〕87号）中规定的深基坑等达到一定规模的危险性较大工程，建筑施工企业应当组织专家组进行论证审查。经审批的专项施工方案确需修改时，应按原审批程序重新审批。

（4）列为重大危险源的分部分项工程施工前，施工单位应按专项施工方案严格进行技术交底，并有书面记录和签字，确保作业人员清楚掌握施工方案的技术要领。

（5）监理单位应切实履行有关专项施工方案的审核程序，对重大危险源的有关作业进行旁站监理，发现安全隐患及时开具监理通知单要求整改，隐患严重的，及时通知建设单位，并要求停止施工。对不整改、不停止施工的，应及时将有关情况报当地建设安全监督站（科）。

4.2.5 重大危险源的检查

（1）施工总承包单位应建立重大危险源分部分项工程施工台账，对重大危险源的施工组织进行安全检查，并做好有关施工安全检查记录。

（2）监理单位应组织或参与总包单位组织的重大危险源分部分项工程的施工检查，并对总包单位开具的隐患整改单及整改情况予以确认。

（3）各地建设安全监管机构应建立本地区在建工程重大危险源台账，对列入监控范围的重大危险源，应重点管理，进行定期专项检查。重点检查重大危险工程管理制度的建立和实施；专项施工方案的编制、审批、交底和过程控制；现场施工实际与相关内业资料的相符性；监理单位旁站制度的落实情况。

4.2.6　施工现场安全警示牌

1）类型

安全标志分为禁止标志、警告标志、指令标志和提示标志四大类型。

2）作用和基本形式

（1）禁止标志是用来禁止人们不安全行为的图形标志。基本形式是红色带斜杠的圆边框，图形是黑色，背景为白色。

（2）警告标志是用来提醒人们对周围环境引起注意，以避免发生危险的图形标志。基本形式是黑色正三角形边框，图形是黑色，背景为黄色。

（3）指令标志是用来强制人们必须做出某种动作或必须采取一定防范措施的图形标志。基本形式是黑色圆形边框，图形是白色，背景为蓝色。

（4）提示标志是用来向人们提供目标所在位置与方向性信息的图形标志。基本形式是矩形边框，图形文字是白色，背景是所提供的标志，为绿色；消防设施提示标志用红色。

3）设置原则

施工现场安全警示牌的设置应遵循"标准、安全、醒目、便利、协调、合理"的原则。

（1）"标准"是指图形、尺寸、色彩、材质应符合标准。

（2）"安全"是指设置后其本身不能存在潜在危险，应保证安全。

（3）"醒目"是指设置的位置应醒目。

（4）"便利"是指设置的位置和角度应便于人们观察和捕获信息。

（5）"协调"是指同一场所设置的各种标志牌之间应尽量保持其高度、尺寸及与周围环境的协调统一。

（6）"合理"是指尽量用适量的安全标志反映出必要的安全信息，避免漏设和滥设。

4）使用基本要求

（1）现场存在安全风险的重要部位和关键岗位必须设置能提供相应安全信息的安全警示牌。根据有关规定，现场出入口、施工起重机械、临时用电设施、脚手架、通道口、楼梯口、电梯井口、孔洞、基坑边沿、爆炸物及有毒有害物质存放处等属于存在安全风险的重要部位，应当设置明显的安全警示标牌。例如，在爆炸物及有毒有害物质存放处设"禁止烟火"等禁止标志；在木工圆锯旁设置"当心伤手"等警告标志；在通道口处设置"安全通道"等提示标志等。

（2）安全警示牌应设置在所涉及的相应危险地点或设备附近最容易被观察到的地方。

（3）安全警示牌应设置在明亮的、光线充分的环境中，如在应设置标志牌的位置附近光线较暗，则应考虑增加辅助光源。

（4）安全警示牌应牢固地固定在依托物上，不能产生倾斜、卷翘、摆动等现象，高度应尽量与人眼的视线高度相一致。

（5）安全警示牌不得设置在门、窗、架体等可移动的物体上，警示牌的正面或其邻近不得有妨碍人们视读的固定障碍物，并尽量避免经常被其他临时性物体所遮挡。

（6）多个安全警示牌在一起布置时，应按警告、禁止、指令、提示类型的顺序，先左后右、先上后下进行排列。标志牌之间的距离至少应为标志牌尺寸的0.2倍。

（7）有触电危险的场所，应选用由绝缘材料制成的安全警示牌。

（8）室外露天场所设置的消防安全标志宜选用由反光材料或自发光材料制成的警示牌。

（9）对有防火要求的场所，应选用由不燃材料制成的安全警示牌。

（10）现场布置的安全警示牌应进行登记造册，并绘制安全警示牌总平面布置图，按图进行布置，如布置的点位发生变化，应及时保持更新。

（11）现场布置的安全警示牌未经允许，任何人不得私自进行挪动、移位、拆除或拆换。

（12）施工现场应加强对安全警示牌布置情况的检查，发现有破损、变形、褪色等情况时，应及时进行修整或更换。

【例题 4-1】

1. 背景

某建筑公司承建某小区工程的 3 号、4 号两栋高层住宅，均为地下 1 层，地上 18 层，总建筑面积 30000m²，框架剪力墙结构，2017 年 8 月 1 日工程正式开工。2018 年 4 月 9 日晚 20：00 左右，现场夜班塔吊司机王某在穿越 4 号楼裙房的上岗途中，因现场光线较暗，不慎从通道附近⑧～⑨轴间的 1.5m 长、0.38m 宽且没有加设防护盖板和安全警示的洞口坠落至 4.1m 深的地下室地面，后虽经医院全力抢救，王某还是在次日早 9：00 左右不治身亡。

2. 问题

（1）导致这起事故发生的直接原因是什么？

（2）安全警示标牌的设置原则是什么？

（3）对施工现场通道附近的各类洞口与坑槽等处的安全警示和防护有何具体要求？

（4）警告标志的作用和基本形式是什么？

3. 分析与答案

（1）导致这起事故发生的直接原因是：事发地点的光线较暗，洞口没有加设防护盖冠，邻近处也没有设置相应的安全警示标志。

（2）安全警示标牌的设置原则是："标准""安全""醒目""便利""协调""合理"。

（3）施工现场通道附近的各类洞口与坑槽等处，除设置防护设施与安全标志外，夜间还应设红灯示警。

（4）警告标志的作用是用来提醒人们对周围环境引起注意，以避免发生危险。基本形式是黑色正三角形边框，图形是黑色，背景为黄色。

4.3　施工现场安全检查

为科学评价建筑施工现场安全生产，预防生产安全事故的发生，保障施工人员的安全和健康，提高施工管理水平，实现安全检查工作的标准化，住建部发布了《建筑施工安全检查标准》JGJ 59—2011。该标准适用于房屋建筑工程施工现场安全生产的检查评定。

4.3.1　安全检查的内容

建筑工程施工安全检查主要是以查安全思想、查安全责任、查安全制度、查安全措施、查安全防护、查设备设施、查教育培训、查操作行为、查劳动防护用品使用和查伤亡事故处理等为主要内容。

安全检查要根据施工生产特点，具体确定检查的项目和检查的标准。

（1）查安全思想主要是检查以项目经理为首的项目全体员工（包括分包作业人员）的安全生产意识和对安全生产工作的重视程度。

（2）查安全责任主要是检查现场安全生产责任制度的建立；安全生产责任目标的分解与考核情况；安全生产责任制与责任目标是否已落实到了每一个岗位和每一个人员，并得到了确认。

（3）查安全制度主要是检查现场各项安全生产规章制度和安全技术操作规程的建立和执行情况。

（4）查安全措施主要是检查现场安全措施计划及各项安全专项施工方案的编制、审核、审批及实施情况；重点检查方案的内容是否全面、措施是否具体并有针对性，现场的实施运行是否与方案规定的内容相符。

（5）查安全防护主要是检查现场临边、洞口等各项安全防护设施是否到位，有无安全隐患。

（6）查设备设施主要是检查现场投入使用的设备设施的购置、租赁、安装、验收、使用、过程维护保养等各个环节是否符合要求；设备设施的安全装置是否齐全、灵敏、可靠，有无安全隐患。

（7）查教育培训主要是检查现场教育培训岗位、教育培训人员、教育培训内容是否明确、具体、有针对性；三级安全教育制度和特种作业人员持证上岗制度的落实情况是否到位；教育培训档案资料是否真实、齐全。

（8）查操作行为主要是检查现场施工作业过程中有无违章指挥、违章作业、违反劳动纪律的行为发生。

（9）查劳动防护用品的使用主要是检查现场劳动防护用品、用具的购置、产品质量、配备数量和使用情况是否符合安全与职业卫生的要求。

（10）查伤亡事故处理主要是检查现场是否发生伤亡事故，对发生的伤亡事故是否已按照"四不放过"的原则进行调查处理，是否已针对性地制定了纠正与预防措施；制定的纠正与预防措施是否已得到落实并取得实效。

4.3.2 安全检查的主要形式

建筑工程施工安全检查的主要形式一般可分为日常巡查、专项检查、定期安全检查、经常性安全检查、季节性安全检查、节假日安全检查、开工、复工安全检查、专业性安全检查和设备设施安全验收检查等。

安全检查的组织形式应根据检查的目的、内容而定，因此参加检查的组成人员也就不完全相同。

（1）定期安全检查。建筑施工企业应建立定期分级安全检查制度，定期安全检查属全面性和考核性的检查，建筑工程施工现场应至少每旬开展一次安全检查工作，施工现场的定期安全检查应由项目经理亲自组织。

（2）经常性安全检查。建筑工程施工应经常开展预防性的安全检查工作，以便于及时发现并消除事故隐患，保证施工生产正常进行。施工现场经常性的安全检查方式主要有：

①现场专职安全生产管理人员及安全值班人员每天例行开展的安全巡视、巡查。

②现场项目经理、责任工程师及相关专业技术管理人员在检查生产工作的同时进行的安全检查。

③作业班组在班前、班中、班后进行的安全检查。

（3）季节性安全检查。季节性安全检查主要是针对气候特点（如：暑季、雨季、风季、冬季等）可能给安全生产造成的不利影响或带来的危害而组织的安全检查。

（4）节假日安全检查。在节假日、特别是重大或传统节假日（如"五一""十一"、元旦、春节等）前后和节日期间，为防止现场管理人员和作业人员思想麻痹、纪律松懈等进行的安全检查。节假日加班，更要认真检查各项安全防范措施的落实情况。

（5）开工、复工安全检查。针对工程项目开工、复工之前进行的安全检查，主要是检查现场是否具备保障安全生产的条件。

（6）专业性安全检查。由有关专业人员对现场某项专业安全问题或在施工生产过程中存在的比较系统性的安全问题进行的单项检查。这类检查专业性强，主要应由专业工程技术人员、专业安全管理人员参加。

（7）设备设施安全验收检查。针对现场塔吊等起重设备、外用施工电梯、龙门架及井架物料提升机、电气设备、脚手架、现浇混凝土模板支撑系统等设备设施在安装、搭设过程中或完成后进行的安全验收、检查。

4.3.3 安全检查的要求

根据检查内容配备力量，抽调专业人员，确定检查负责人，明确分工。

应有明确的检查目的和检查项目、内容及检查标准、重点、关键部位。对大面积或数量多的项目可采取系统的观感和一定数量的测点相结合的检查方法。检查时尽量采用检测工具，用数据说话。

对现场管理人员和操作工人不仅要检查是否有违章指挥和违章作业行为，还应进行"应知应会"的抽查，以便了解管理人员及操作工人的安全素质。对于违章指挥、违章作业行为，检查人员可以当场指出、进行纠正。

认真、详细进行检查记录，特别是对隐患的记录必须具体，如隐患的部位、危险性程度及处理意见等。采用安全检查评分表的，应记录每项扣分的原因。

检查中发现的隐患应该进行登记，并发出隐患整改通知书，引起整改单位的重视，并作为整改的备查依据。对凡是有即发型事故危险的隐患，检查人员应责令其停工、被查单位必须立即整改。

尽可能系统、定量地做出检查结论，进行安全评价。以利受检单位根据安全评价研究对策、进行整改、加强管理。

检查后应对隐患整改情况进行跟踪复查，查被检单位是否按"三定"原则（定人、定期限、定措施）落实整改，经复查整改合格后，进行销案。

4.3.4　安全检查的方法

建筑工程安全检查在正确使用安全检查表的基础上，可以采用"听""问""看""量""测""运转试验"等方法进行。

"听"。听取基层管理人员或施工现场安全员汇报安全生产情况，介绍现场安全工作经验、存在的问题、今后的发展方向。

"问"。主要是指通过询问、提问，对以项目经理为首的现场管理人员和操作工人进行的应知应会抽查，以便了解现场管理人员和操作工人的安全意识和安全素质。

"看"。主要是指查看施工现场安全管理资料和对施工现场进行巡视。例如：查看项目负责人、专职安全管理人员、特种作业人员等的持证上岗情况；现场安全标志设置情况；劳动防护用品使用情况；现场安全防护情况；现场安全设施及机械设备安全装置配置情况等。现场查看，下述四句话往往能解决较多安全问题。

（1）有洞必有盖。有孔洞的地方必须设有安全盖板或其他防护设施，以保护作业人员安全。

（2）有轴必有套。有轴承处必须按要求装设轴套，以保护机械的运行安全。

（3）有轮必有罩。转动轮必须设有防护罩进行隔离，以保护人员的安全。

（4）有台必有栏。工地的施工操作平台，只要与坠落基准面高差在 2m 以上，就必须安装防护栏杆，以免发生高处坠落伤害事故。

"量"。主要是指使用测量工具对施工现场的一些设施、装置进行实测实量。例如：对脚手架各种杆件间距的测量；对现场安全防护栏杆高度的测量；对电气开关箱安装高度的测量；对在建工程与外电边线安全距离的测量等。

"测"。主要是指使用专用仪器、仪表等监测器具对特定对象关键特性技术参数的测试。例如：使用漏电保护器测试仪对漏电保护器漏电动作电流、漏电动作时间的测试；使用地阻仪对现场各种接地装置接地电阻的测试；使用兆欧表对电机绝缘电阻的测试；使用经纬仪对塔吊、外用电梯安装垂直度的测试等。

"运转试验"。主要是指由具有专业资格的人员对机械设备进行实际操作、试验，检验其运转的可靠性或安全限位装置的灵敏性。例如：对塔吊力矩限制器、变幅限位器、起重限位器等安全装置的试验；对施工电梯制动器、限速器、上下极限限位器、门连锁装置等安全装置的试验；对龙门架超高限位器、断绳保护器等安全装置的试验等。

4.3.5 建筑工程安全检查标准

为了预防生产安全事故的发生，保障施工人员的安全和健康，提高施工管理水平，使建筑施工现场安全检查由传统的定性评价上升到定量评价，实现安全检查进一步规范化、标准化，建设部发布了《建筑施工安全检查标准》JGJ 59—1999，2011 年进行了修订。该标准适用于房屋建筑工程施工现场安全生产的检查评定。

《建筑施工安全检查标准》JGJ 59—2011，19 张检查评分表，190 项安全检查内容。安全检查内容包括保证项目 96 项和一般项目 94 项。保证项目为一票否决项目，在实施安全检查评分时，当一张检查表的保证项目中有一项未得分或保证项目小计得分不足 40 分时，此分项检查评分表不得分。

1)《建筑工程安全检查标准》中各检查表项目的构成

（1）《建筑施工安全检查评分汇总表》主要内容包括：安全管理、文明施工、脚手架、基坑工程、模板支架、高处作业、施工用电、物料提升机与施工升降机、塔式起重机与起重吊装、施工机具 10 项，所示得分作为一个施工现场安全生产情况的综合评价依据，如表 4-3 所示。

建筑施工安全检查评分汇总表　　　　　　　　　　　　表 4-3

企业名称：　　　　　　　　　资质等级：　　　　　　　年　月　日

单位工程（施工现场）名称	建筑面积（m²）	结构类型	总计得分（满分值100分）	项目名称及分值									
				安全管理（满分10分）	文明施工（满分15分）	脚手架（满分10分）	基坑工程（满分10分）	模板支架（满分10分）	高处作业（满分10分）	施工用电（满分10分）	物料提升机与施工升降机（满分10分）	塔式起重机与起重吊装（满分10分）	施工机具（满分5分）
评语：													
检查单位			负责人		受检项目						项目经理		

（2）《安全管理检查评分表》主要内容包括：安全生产责任制、施工组织设计、安全技术交底、安全检查、安全教育、应急预案、分包单位安全管理、特种作业持证上岗、生产安全事故处理、安全标志 10 项内容，其中前 6 项为保证性项目，后 4 项为一般性项目，如表 4-4 所示，其余检查评分表不再列出。

（3）《文明施工检查评分表》主要内容包括：现场围挡、封闭管理、施工场地、现场材料、现场住宿、现场防火、治安综合治理、施工现场标牌、生活设施、保健急救、社区服务 11 项内容，其中前 6 项为保证性项目，后 5 项为一般性项目。

（4）《扣件式钢管脚手架检查评分表》主要内容包括：施工方案、立杆基础、架体与建筑结构拉结、杆件间距与剪刀撑、脚手板与防护栏杆、交底与验收、横向水平杆设置、杆件搭接、架体防护、脚手架材质、通道11项内容，其中前6项为保证性项目，后5项为一般性项目。

安全管理检查评分表　　　　　　　　　　　表 4-4

序号	检查项目		扣 分 标 准	应得分数	扣减分数	实得分数
1	保证项目	安全生产责任制	未建立安全生产责任制扣10分 安全生产责任制未经责任人签字确认扣3分 未制定各工种安全技术操作规程扣10分 未按规定配备专职安全员扣10分 工程项目部承包合同中未明确安全生产考核指标扣8分 未制定安全资金保障制度扣5分 未编制安全资金使用计划及实施扣2~5分 未制定安全生产管理目标(伤亡控制、安全达标、文明施工)扣5分 未进行安全责任目标分解扣5分 未建立安全生产责任制、责任目标考核制度扣5分 未按考核制度对管理人员定期考核扣2~5分	10		
2		施工组织设计	施工组织设计中未制定安全措施扣10分 危险性较大的分部分项工程未编制安全专项施工方案，扣3~8分 未按规定对专项方案进行专家论证扣10分 施工组织设计、专项方案未经审批扣10分 安全措施、专项方案无针对性或缺少设计计算扣6~8分 未按方案组织实施扣5~10分	10		
3		安全技术交底	未采取书面安全技术交底扣10分 交底未做到分部分项扣5分 交底内容针对性不强扣3~5分 交底内容不全面扣4分 交底未履行签字手续扣2~4分	10		
4		安全检查	未建立安全检查(定期、季节性)制度扣5分 未留有定期、季节性安全检查记录扣5分 事故隐患的整改未做到定人、定时间、定措施扣2~6分 对重大事故隐患改通知书所列项目未按期整改和复查扣8分	10		
5		安全教育	未建立安全培训、教育制度扣10分 新入场工人未进行三级安全教育和考核扣10分 未明确具体安全教育内容扣6~8分 变换工种时未进行安全教育扣10分 施工管理人员、专职安全员未按规定进行年度培训考核扣5分	10		
6		应急预案	未制定安全生产应急预案扣10分 未建立应急救援组织、配备救援人员扣3~6分 未配置应急救援器材扣5分 未进行应急救援演练扣5分	10		
		小 计		60		

续表

序号	检查项目		扣 分 标 准	应得分数	扣减分数	实得分数
7	一般项目	分包单位安全管理	分包单位资质、资格、分包手续不全或失效扣10分 未签订安全生产协议书扣5分 分包合同、安全协议书,签字盖章手续不全扣2～6分 分包单位未按规定建立安全组织、配备安全员扣3分	10		
8		特种作业持证上岗	一人未经培训从事特种作业扣4分 一人特种作业人员资格证书未延期复核扣4分 一人未持操作证上岗扣2分	10		
9		生产安全事故处理	生产安全事故未按规定报告扣3～5分 生产安全事故未按规定进行调查分析处理,制定防范措施扣10分 未办理工伤保险扣5分	10		
10		安全标志	主要施工区域、危险部位、设施未按规定悬挂安全标志扣5分 未绘制现场安全标志布置总平面图扣5分 未按部位和现场设施的改变调整安全标志设置扣5分	10		
		小 计		40		
检查项目合计				100		

(5)《悬挑式脚手架检查评分表》主要内容包括:施工方案、悬挑钢梁、架体稳定、脚手板、荷载、交底与验收、杆件间距、架体防护、层间防护、脚手架材质10项内容,其中前6项为保证性项目,后4项为一般性项目。

(6)《门式钢管脚手架检查评分表》主要内容包括:施工方案、架体基础、架体稳定、杆件锁件、脚手板、交底与验收、架体防护、材质、荷载、通道10项内容,其中前6项为保证性项目,后4项为一般性项目。

(7)《碗扣式钢管脚手架检查评分表》同《门式钢管脚手架检查评分表》。

(8)《附着式升降脚手架检查评分表》主要内容包括:施工方案、安全装置、架体构造、附着支座、架体安装、架体升降、检查验收、脚手板、防护、操作10项内容,其中前6项为保证性项目,后4项为一般性项目。

(9)《承插型盘扣式钢管支架检查评分表》主要内容包括:施工方案、架体基础、架体稳定、杆件脚手板、交底与验收、架体防护、杆件接长、架体内封闭、材质、通道11项内容,其中前6项为保证性项目,后5项为一般性项目。

(10)《高处作业吊篮检查评分表》主要内容包括:施工方案、安全装置、悬挂机构、钢丝绳、安装、升降操作、交底与验收、防护、吊篮稳定、荷载10项内容,其中前6项为保证性项目,后4项为一般性项目。

(11)《满堂式脚手架检查评分表》同《门式钢管脚手架检查评分表》。

(12)《基坑支护、土方作业检查评分表》主要内容包括:施工方案、临边防护、基坑支护及支撑拆除、基坑降排水、坑边荷载、上下通道、土方开挖、基坑支护变形监测、作业环境 9 项内容，其中前 5 项为保证性项目，后 4 项为一般性项目。

（13）《模板支架检查评分表》主要内容包括：施工方案、立杆基础、支架稳定、施工荷载、交底与验收、立杆设置、水平杆设置、支架拆除、支架材质 9 项内容，其中前 5 项为保证性项目，后 4 项为一般性项目。

（14）《"三宝、四口"及临边防护检查评分表》主要内容包括：安全帽、安全网、安全带、临边防护、洞口防护、通道口防护、攀登作业、悬空作业、移动式操作平台、物料平台、悬挑式钢平台 11 项内容，该检查表中没有保证性项目。

（15）《施工用电检查评分表》主要内容包括：外电防护、接地与接零保护系统、配电线路、配电箱与开关箱、配电室与配电装置、现场照明、用电档案 7 项内容，其中前 4 项为保证性项目，后 3 项为一般性项目。

（16）《物料提升机检查评分表》主要内容包括：安全装置、防护设施、附墙架与缆风绳、钢丝绳、安装与验收、导轨架、动力与传动、通信装置、卷扬机操作棚、避雷装置 10 项内容，其中前 5 项为保证性项目，后 5 项为一般性项目。

（17）《施工升降机检查评分表》主要内容包括：安全装置、限位装置、防护设施、附着、钢丝绳、滑轮与对重、安装、拆卸与验收、导轨架、基础、电气安全、通信装置 10 项内容，其中前 6 项为保证性项目，后 4 项为一般性项目。

（18）《塔式起重机检查评分表》主要内容包括：载荷限制装置、行程限位装置、保护装置、吊钩、滑轮、卷筒与钢丝绳、多塔作业、安装、拆卸与验收、附着、基础与轨道、结构设施、电气安全 10 项内容，其中前 6 项为保证性项目，后 4 项为一般性项目。

（19）《起重吊装检查评分表》主要内容包括：施工方案、起重机/起重拔杆、钢丝绳与地锚、作业环境、作业人员、高处作业、构件码放、信号指挥、警戒监护 9 项内容，其中前 5 项为保证性项目，后 4 项为一般性项目。

（20）《施工机具检查评分表》主要内容包括：平刨、圆盘锯、手持电动工具、钢筋机械、电焊机、搅拌机、气瓶、翻斗车、潜水泵、振捣器具、桩工机械、泵送机械 12 项内容，该检查表中没有保证性项目。

2）检查评分方法

建筑施工安全检查评定中，保证项目应全数检查。

建筑施工安全检查评定应符合本标准第 3 章中各检查评定项目的有关规定，并应按本标准附录 A、B 的评分表进行评分。检查评分表应分为安全管理、文明施工、脚手架、基坑工程、模板支架、高处作业、施工用电、物料提升机与施工升降机、塔式起重机与起重吊装、施工机具分项检查评分表和检查评分汇总表。

各评分表的评分应符合下列规定：

（1）分项检查评分表和检查评分汇总表的满分分值均应为 100 分，评分表的实得分值应为各检查项目所得分值之和；

（2）评分应采用扣减分值的方法，扣减分值总和不得超过该检查项目的应得分值；

（3）当按分项检查评分表评分时，保证项目中有一项未得分或保证项目小计得分不足 40 分，此分项检查评分表不应得分；

（4）检查评分汇总表中各分项项目实得分值应按下式计算：

$$A_1 = \frac{B \times C}{100} \tag{4-1}$$

式中　A_1——汇总表各分项项目实得分值；

　　　B——汇总表中该项应得满分值；

　　　C——该项检查评分表实得分值。

（5）当评分遇有缺项时，分项检查评分表或检查评分汇总表的总得分值应按下式计算：

$$A_2 = \frac{D}{E} \times 100 \tag{4-2}$$

式中　A_2——遇有缺项时总得分值；

　　　D——实查项目在该表的实得分值之和；

　　　E——实查项目在该表的应得满分值之和。

（6）脚手架、物料提升机与施工升降机、塔式起重机与起重吊装项目的实得分值，应为所对应专业的分项检查评分表实得分值的算术平均值。

3）检查评定等级

应按汇总表的总得分和分项检查评分表的得分，对建筑施工安全检查评定划分为优良、合格、不合格三个等级。建筑施工安全检查评定的等级划分应符合下列规定：

（1）优良：分项检查评分表无零分，汇总表得分值应在 80 分及以上。

（2）合格：分项检查评分表无零分，汇总表得分值应在 80 分以下，70 分及以上。

（3）不合格：①当汇总表得分值不足 70 分时；②当有一分项检查评分表得零分时。当建筑施工安全检查评定的等级为不合格时，必须限期整改达到合格。

4.4　施工安全应急预案

建设工程生产经营单位安全生产事故应急预案是国家建设工程安全生产应急预案体系的重要组成部分。制定建设工程生产经营单位安全生产事故应急预案是贯彻落实"安全第一、预防为主、综合治理"方针，规范建设工程生产经营单位应急管理工作，提高建设行业快速反应能力，及时、有效地应对重大安全生产事故，保证职工安全健康和公众生命安全，最大限度地减少财产损失、环境损害和社会影响的重要措施。

应急管理是一项系统工程，建设工程生产经营单位的组织体系、管理模式、风险大小以及生产规模不同，应急预案体系构成不完全一样。建设工程生产经营单位应结合本单位的实际情况，分别制定相应的应急预案，形成体系，互相衔接，并按照统一领导、分级负责、条块结合、属地为主的原则，同地方人民政府和相关部门应急预案相衔接。

应急处置方案是应急预案体系的基础，应做到事故类型和危害程度清楚，应急管理责任明确，应对措施正确有效，应急响应及时迅速，应急资源准备充分，立足自救。

应急预案是指针对可能发生的事故，为迅速、有序地开展应急行动而预先制定的行动方案；应急准备是指针对可能发生的事故，为迅速、有序地开展应急行动而预先进行的组织准备和应急保障；应急响应是指事故发生后，有关组织或人员采取的应急行动；应急救援是指在应急响应过程中，为消除、减少事故危害，防止事故扩大或恶化，最大限度地降低事故造成的损失或危害而采取的救援措施或行动。

应急预案制度建设的目的是为了能够及时组织有效的应急救援行动、降低危害后果。因此，施工单位必须依法对此项制度的建设引起高度的重视并满足相关要求。

4.4.1　应急预案的编制程序

1）编制准备

编制应急预案应做好以下准备工作：

（1）全面分析本单位危险因素、可能发生的事故类型及事故的危害程度。

（2）排查事故隐患的种类、数量和分布情况，并在隐患治理的基础上，预测可能发生的事故类型及其危害程度。

（3）确定事故危险源，进行风险评估。

（4）针对事故危险源和存在的问题，确定相应的防范措施。

（5）客观评价本单位应急能力。

（6）充分借鉴国内外同行业事故教训及应急工作经验。

2）编制程序

（1）编制依据

①法律法规和有关规定；

②相关的应急预案。

（2）应急预案编制工作组

结合本单位部门职能分工，成立以单位主要负责人为领导的应急预案编制工作组，明确编制任务、职责分工，制订工作计划。

（3）资料收集

收集应急预案编制所需的各种资料（相关法律法规、应急预案、技术标准、国内外同行业事故案例分析、本单位技术资料等）。

（4）危险源与风险分析

在危险因素分析及事故隐患排查、治理的基础上，确定本单位的危险源、可能发生事故的类型和后果，进行事故风险分析，并指出事故可能产生的次生、衍生事故，形成分析报告，分析结果作为应急预案的编制依据。

（5）应急能力评估

对本单位应急装备、应急队伍等应急能力进行评估，并结合本单位实际，加强应急能力建设。

（6）应急预案编制

针对可能发生的事故，按照有关规定和要求编制应急预案。应急预案编制过程中，应注重全体人员的参与和培训，使所有与事故有关人员均掌握危险源的危险性、应急处置方案和技能。应急预案应充分利用社会应急资源，与地方政府预案、上级主管单位以及相关部门的预案相衔接。

（7）应急预案评审与发布

应急预案编制完成后，应进行评审。内部评审由本单位主要负责人组织有关部门和人员进行；外部评审由上级主管部门或地方政府负责安全管理的部门组织审查。评审后，按规定报有关部门备案，并经生产经营单位主要负责人签署发布。

3）应急预案体系的构成

应急预案应形成体系，针对各级各类可能发生的事故和所有危险源制订专项应急预案和现场应急处置方案，并明确事前、事发、事中、事后的各个过程中相关部门和有关人员的职责。生产规模小、危险因素少的生产经营单位，综合应急预案和专项应急预案可以合并编写。

（1）综合应急预案

综合应急预案是从总体上阐述处理事故的应急方针、政策，应急组织结构及相关应急职责，应急行动、措施和保障等基本要求和程序，是应对各类事故的综合性文件。

（2）专项应急预案

专项应急预案是针对具体的事故类别、危险源和应急保障而制定的计划或方案，是综合应急预案的组成部分，应按照综合应急预案的程序和要求组织制定，并作为综合应急预案的附件。专项应急预案应制定明确的救援程序和具体的应急救援措施。

（3）现场处置方案

现场处置方案是针对具体的装置、场所或设施、岗位所制订的应急处置措施。现场处置方案应具体、简单、针对性强。现场处置方案应根据风险评估及危险性控制措施逐一编制，做到事故相关人员应知应会，熟练掌握，并通过应急演练，做到迅速反应、正确处置。

4.4.2　应急预案的主要内容

1）综合应急预案的主要内容

（1）总则

① 编制目的：简述应急预案编制的目的、作用等。

② 编制依据：简述应急预案编制所依据的法律法规、规章，以及有关行业管理规定、技术规范和标准等。

③ 适用范围：说明应急预案适用的区域范围，以及事故的类型、级别。

④ 应急预案体系：说明本单位应急预案体系的构成情况。

⑤ 应急工作原则：说明本单位应急工作的原则，内容应简明扼要、明确具体。

（2）生产经营单位的危险性分析

① 生产经营单位概况，主要包括单位地址、从业人数、隶属关系、主要原材料、主要产品、产量等内容，以及周边重大危险源、重要设施、目标、场所和周

边布局情况。必要时，可附平面图进行说明。

② 危险源与风险分析，主要阐述本单位存在的危险源及风险分析结果。

（3）组织机构及职责

① 应急组织体系，明确应急组织形式、构成单位或人员，并尽可能以结构图的形式表示出来。

② 指挥机构及职责，明确应急救援指挥机构总指挥、副总指挥、各成员单位及其相应职责。应急救援指挥机构根据事故类型和应急工作需要，可以设置相应的应急救援工作小组，并明确各小组的工作任务及职责。

（4）预防与预警

① 危险源监控。明确本单位对危险源监测监控的方式、方法，以及采取的预防措施。

② 预警行动。明确事故预警的条件、方式、方法和信息的发布程序。

③ 信息报告与处置。按照有关规定，明确事故及未遂伤亡事故信息报告与处置办法。

a. 信息报告与通知。明确 24 小时应急值守电话、事故信息接收和通报程序。

b. 信息上报。明确事故发生后向上级主管部门和地方人民政府报告事故信息的流程、内容和时限。

c. 信息传递。明确事故发生后向有关部门或单位通报事故信息的方法和程序。

（5）应急响应

① 响应分级。针对事故危害程度、影响范围和单位控制事态的能力，将事故分为不同的等级，按照分级负责的原则，明确应急响应级别。

② 响应程序。根据事故的大小和发展态势，明确应急指挥、应急行动、资源调配、应急避险、扩大应急等响应程序。

③ 应急结束。明确应急终止的条件。事故现场得以控制，环境符合有关标准，导致次生、衍生事故隐患消除后，经事故现场应急指挥机构批准后，现场应急结束。应急结束后，应明确：

a. 事故情况上报事项。

b. 需向事故调查处理小组移交的相关事项。

c. 事故应急救援工作总结报告。

（6）信息发布

明确事故信息发布的部门，发布原则。事故信息应由事故现场指挥部及时准确向新闻媒体通报事故信息。

（7）后期处置

主要包括污染物处理、事故后果影响消除、生产秩序恢复、善后赔偿、抢险过程和应急救援能力评估及应急预案的修订等内容。

（8）保障措施

① 通信与信息保障。明确与应急工作相关联的单位或人员通信联系方式和方

法，并提供备用方案。建立信息通信系统及维护方案，确保应急期间信息通畅。

② 应急队伍保障。明确各类应急响应的人力资源，包括专业应急队伍、兼职应急队伍的组织与保障方案。

③ 应急物资装备保障。明确应急救援需要使用的应急物资和装备的类型、数量、性能、存放位置、管理责任人及其联系方式等内容。

④ 经费保障。明确应急专项经费来源、使用范围、数量和监督管理措施，保障应急状态时生产经营单位应急经费的及时到位。

⑤ 其他保障。根据本单位应急工作需求而确定的其他相关保障措施（如：交通运输保障、治安保障、技术保障、医疗保障、后勤保障等）。

（9）培训与演练

① 培训。明确对本单位人员开展的应急培训计划、方式和要求。如果预案涉及社区和居民，要做好宣传教育和告知等工作。

② 演练。明确应急演练的规模、方式、频次、范围、内容、组织、评估、总结等内容。

（10）奖惩

明确事故应急救援工作中奖励和处罚的条件和内容。

（11）附则

① 术语和定义，对应急预案涉及的一些术语进行定义。

② 应急预案备案，明确本应急预案的报备部门。

③ 维护和更新，明确应急预案维护和更新的基本要求，定期进行评审，实现可持续改进。

④ 制订与解释，明确应急预案负责制订与解释的部门。

⑤ 应急预案实施，明确应急预案实施的具体时间。

2）专项应急预案的主要内容

（1）事故类型和危害程度分析

在危险源评估的基础上，对其可能发生的事故类型和可能发生的季节及其严重程度进行确定。

（2）应急处置基本原则

明确处置安全生产事故应当遵循的基本原则。

（3）组织机构及职责

① 应急组织体系。明确应急组织形式，构成单位或人员，并尽可能以结构图的形式表示出来。

② 指挥机构及职责。根据事故类型，明确应急救援指挥机构总指挥、副总指挥以及各成员单位或人员的具体职责。应急救援指挥机构可以设置相应的应急救援工作小组，明确各小组的工作任务及主要负责人职责。

（4）预防与预警

① 危险源监控。明确本单位对危险源监测监控的方式、方法，以及采取的预防措施。

② 预警行动。明确具体事故预警的条件、方式、方法和信息的发布程序。

（5）信息报告程序

① 确定报警系统及程序。

② 确定现场报警方式，如电话、警报器等。

③ 确定 24 小时与相关部门的通信、联络方式。

④ 明确相互认可的通告、报警形式和内容。

⑤ 明确应急反应人员向外求援的方式。

（6）应急处置

① 响应分级。针对事故危害程度、影响范围和单位控制事态的能力，将事故分为不同的等级。按照分级负责的原则，明确应急响应级别。

② 响应程序。根据事故的大小和发展态势，明确应急指挥、应急行动、资源调配、应急避险、扩大应急等响应程序。

③ 处置措施。针对本单位事故类别和可能发生的事故特点、危险性，制订的应急处置措施。

（7）应急物资与装备保障

明确应急处置所需的物资与装备数量、管理和维护、正确使用等。

3）现场处置方案的主要内容

（1）事故特征

① 危险性分析，可能发生的事故类型。

② 事故发生的区域、地点或装置的名称。

③ 事故可能发生的季节和造成的危害程度。

④ 事故发生前可能出现的征兆。

（2）应急组织与职责

① 基层单位应急自救组织形式及人员构成情况。

② 应急自救组织机构、人员的具体职责，应同单位或项目部、班组人员工作职责紧密结合，明确相关岗位和人员的应急工作职责。

（3）应急处置

① 事故应急处置程序。根据可能发生的事故类别及现场情况，明确事故报警、各项应急措施启动、应急救护人员的引导、事故扩大及同企业应急预案的衔接的程序。

② 现场应急处置措施。针对可能发生的高处坠落、物体打击、坍塌、触电、火灾等，从事故控制、人员救护、现场处置、消防、现场恢复等方面制定明确的应急处置措施。

③ 报警电话及上级管理部门、相关应急救援单位联络方式和联系人员，事故报告的基本要求和内容。

（4）注意事项

① 佩戴个人防护器具方面的注意事项。

② 使用抢险救援器材方面的注意事项。

③ 采取救援对策或措施方面的注意事项。

④ 现场自救和互救注意事项。

⑤ 现场应急处置能力确认和人员安全防护等事项。

⑥ 应急救援结束后的注意事项。

⑦ 其他需要特别警示的事项。

4.4.3 项目建设、施工、监理单位应急管理职责

(1) 建设单位

根据法律法规和当地建设主管部门制订的应急预案，编制本单位应急预案，并定期组织演练；组织开展事故应急知识培训和宣传工作；编制本单位年度应急工作资金预算草案；负责联络气象、水利、地质等相关部门，为项目施工单位提供预测信息；对项目施工单位的应急工作进行日常监督检查；及时向当地建设主管部门、地方安全监管部门报告事故情况。

(2) 施工单位

根据法律法规和当地建设主管部门制订的应急预案，认真分析施工作业环境危害因素，充分考虑各类自然灾害影响，因地制宜地制定有针对性和时效性的应急预案；建立本项目部应急救援组织，配备应急救援器材、设备，并定期组织演练；编制本项目年度应急工作资金预算草案；对本项目部人员进行安全生产培训、教育；对施工过程中重大安全技术问题组织专家进行专项研究，必要时可向当地建设主管部门申请帮助；及时向建设单位、建设主管部门、地方安全监管部门报告事故情况。

(3) 监理单位

核查施工单位的应急预案，监督安全专项施工方案或安全技术措施的实施；对危险性较大的分部分项工程进行重点巡查，对发现的安全事故隐患及时责令改正；严格安全防护措施和应急措施的月度计量支付管理；及时向建设单位、建设主管部门、地方安全监管部门报告事故情况，配合事故调查、分析和处理工作；对现场监理人员进行安全教育，配备必要的安全防护用品。

4.4.4 应急预案培训与演练

要以加强基础、突出重点、边练边战、逐步提高为原则作为应急救援培训与演练的指导思想，以锻炼和提高应急队伍在突发事故情况下快速封闭事故现场、及时营救伤员、正确指导和帮助人员防护或撤离为目的，有效消除危害后果，开展现场急救和伤员转送等应急救援技能练习，有效提高应急反应综合素质，有效降低事故危害，减少事故损失。

1) 应急培训主要包括内容

基本应急培训是指对参与应急行动所有相关人员进行的最大限度的应急培训，要求应急人员了解和掌握如何识别危险、如何采取必要的应急措施、如何启动紧急警报系统、如何安全疏散人群等基本操作，尤其是火灾应急培训。因此，培训中要加强与灭火操作有关的训练，强调注意事项等内容。

(1) 报警

① 使应急人员了解并掌握如何利用身边的工具最快最有效地报警，比如使用移动电话（手机）、固定电话、寻呼机、无线电、网络或其他方式报警。

② 使应急人员熟悉发布紧急情况通告的方法，如使用警笛、警钟、电话或广

播等。

③ 当事故发生后，为及时疏散事故现场的所有人员，应急队员应掌握如何在现场贴发警示标志。

（2）疏散

为避免事故中不必要的人员伤亡，应培训足够的应急队员在事故现场安全、有序地疏散被困人员或周围人员。对人员疏散的培训主要在应急演练中进行，通过演练还可以测试应急人员的疏散能力。

（3）火灾应急培训

如上所述，由于火灾的易发性和多发性，对火灾应急的培训显得尤为重要。要求应急队员必须掌握必要的灭火技术，以便在着火的初期迅速灭火，降低或减小导致灾难性事故的危险，掌握灭火装置的识别、使用、保养、维修等基本技术。由于灭火主要是消防队员的职责，因此，火灾应急培训主要也是针对消防队员开展的。

2）预案训练和演练类型

（1）可根据演练规模进行桌面演练、功能演练和全面演练。

（2）可根据演练内容进行基础训练、专业训练、战术训练和自选科目训练。

救援队伍的训练可采取自训与互训相结合；岗位训练与脱产训练相结合，分散训练与集中训练相结合的方法。在时间安排上应有明确的要求和规定。在训练前应制订训练计划，训练中应组织考核，演练完毕后应总结经验，编写演练评估报告，对发现的问题和不足予以改进并跟踪。

4.5　施工现场文明施工环保卫生与防疫

建筑工程施工现场是企业对外的"窗口"，直接关系到企业和城市的文明与形象。施工现场应当实现科学管理，安全生产，文明有序施工。施工企业应提高环境保护意识，加强现场环境保护，做到和谐健康发展。施工企业应加强现场的卫生与防疫工作，改善作业人员的工作环境与生活条件，防止施工过程中各类疾病的发生，保障作业人员的身体健康和生命安全。

4.5.1　文明施工

1）现场文明施工管理的主要内容

（1）抓好项目文化建设。

（2）规范场容，保持作业环境整洁卫生。

（3）创造文明有序安全生产的条件。

（4）减少对居民和环境的不利影响。

2）现场文明施工管理的基本要求

建筑工程施工现场应当做到围挡、大门、标牌标准化、材料码放整齐化（按照平面布置图确定的位置集中码放）、安全设施规范化、生活设施整洁化、职工行为文明化、工作生活秩序化。

建筑工程施工要做到工完场清、施工不扰民、现场不扬尘、运输无遗洒、垃圾不乱弃，努力营造良好的施工作业环境。

3）现场文明施工管理的控制要点

（1）施工现场出入口应标有企业名称或企业标识，主要出入口明显处应设置"五牌一图"，即现场入口处的醒目位置，应公示下列内容：工程概况牌、管理人员名单及监督电话牌、消防保卫牌、文明施工牌及施工现场总平面图等❶。

施工现场的孔、洞、口、沟、坎、井以及建筑物临边，应当设置围挡、盖板和警示标志，夜间应当设置警示灯。

（2）施工现场必须实施封闭管理，现场出入口应设门卫室，场地四周必须采用封闭围挡，围挡要坚固、整洁、美观，并沿场地四周连续设置。一般路段的围挡高度不得低于1.8m，市区主要路段的围挡高度不得低于2.5m。

（3）施工现场的场容管理应建立在施工平面图设计的合理安排和物料器具定位管理标准化的基础上，项目经理部应根据施工条件，按照施工总平面图、施工方案和施工进度计划的要求，进行所负责区域的施工平面图的规划、设计、布置、使用和管理。

（4）施工现场的主要机械设备、脚手架、密目式安全网与围挡、模具、施工临时道路、各种管线、施工材料制品堆场及仓库、土方及建筑垃圾堆放区、变配电间、消火栓、警卫室、现场的办公、生产和临时设施等的布置，均应符合施工平面图的要求。

（5）施工现场的施工区域应与办公、生活区划分清晰，并应采取相应的隔离防护措施。施工现场的临时用房应选址合理，并应符合安全、消防要求和国家有关规定。在建工程内严禁住人。

（6）施工现场应设置办公室、宿舍、食堂、厕所、淋浴间、开水房、文体活动室、密闭式垃圾站（或容器）及盥洗设施等临时设施，临时设施所用建筑材料应符合环保、消防要求。

（7）施工现场应设置畅通的排水沟渠系统，保持场地道路的干燥坚实，泥浆和污水未经处理不得直接排放。施工场地应硬化处理，有条件时，可对施工现场进行绿化布置。

（8）施工现场应建立现场防火制度和火灾应急响应机制，落实防火措施，配备防火器材。明火作业应严格执行动火审批手续和动火监护制度。高层建筑要设置专用的消防水源和消防立管，每层留设消防水源接口。

（9）施工现场应设宣传栏、报刊栏，悬挂安全标语，在场区有高处坠落、触电、物体打击等危险部位应悬挂安全警示标志牌，加强安全文明施工宣传。

（10）施工现场应加强治安综合治理和社区服务工作，建立现场治安保卫制度，落实好治安防范措施，避免失盗事件和扰民事件的发生。

4.5.2 环境保护

施工企业应提高环境保护意识，加强现场环境保护，做到和谐健康发展。

---

❶ 《建设工程项目管理规范》JGJ 59—2011 术语。

1）建筑工程施工环境影响因素的识别与评价

建筑工程施工应从噪声排放、粉尘排放、有毒有害物质排放、废水排放、固体废弃物处置、潜在的油品化学品泄漏、潜在的火灾爆炸和能源浪费等方面着手进行环境影响因素的识别。

建筑工程施工应根据环境影响的规模、严重程度、发生的频率、持续的时间、社区关注程度和法规限定等情况对识别出的环境影响因素进行分析和评价，找出对环境有重大影响或潜在重大影响的重要环境影响因素，采取切实可行的措施进行控制，减少有害的环境影响，降低工程建造成本，提高环保效益。

2）建筑工程施工对环境的常见影响

（1）施工机械作业，模板支拆、清理与修复作业，脚手架安装与拆除作业等产生的噪声排放。

（2）施工场地平整作业，土、灰、砂、石搬运及存放，混凝土搅拌作业等产生的粉尘排放。

（3）现场渣土、商品混凝土、生活垃圾、建筑垃圾、原材料运输等过程中产生的遗洒。

（4）现场油品、化学品库房、作业点产生的油品、化学品泄漏。

（5）现场废弃的涂料桶、油桶、油手套、机械维修保养废液废渣等产生的有毒有害废弃物排放。

（6）城区施工现场夜间照明造成的光污染。

（7）现场生活区、库房、作业点等处发生的火灾、爆炸。

（8）现场食堂、厕所、搅拌站、洗车点等处产生的生活、生产污水排放。

（9）现场钢材、木材等主要建筑材料的消耗。

（10）现场用水、用电等的消耗。

3）建筑工程施工现场环境保护要点

施工现场必须建立环境保护、环境卫生管理和检查制度，并应做好检查记录。对施工现场作业人员的教育培训、考核应包括环境保护、环境卫生等有关法律、法规的内容。

在城市市区范围内从事建筑工程施工，项目必须在工程开工 15 日以前向工程所在地县级以上地方人民政府环境保护管理部门申报登记。

工程施工期间应遵照《建筑施工场界环境噪声排放标准》GB 12523—2011 制定降噪措施。确需夜间施工的，应办理夜间施工许可证明，并公告附近社区居民。建筑施工过程中场界环境噪声不得超过表 4-5 规定的排放限值。

建筑施工场界环境噪声排放限值　单位：dB（A）

表 4-5

昼　间	夜　间
70	55

"昼间"是指 6：00 至 22：00 之间的时段；"夜间"是指 22：00 至次日 6：00 之间的时段。县级以上人民政府为环境噪声污染防治的需要（如考虑时差、作息习惯差异等）而对昼间、夜间的划分另有规定的，应按其规定执行。

夜间噪声最大声级超过限值的幅度不得高于 15 dB（A）。当场界距噪声敏感建筑物较近，其室外不满足测量条件时，可在噪声敏感建筑物（指医院、学校、机关、科研单位、住宅等需要保持安静的建筑物）室内测量，并将表 4-5 中相应的限值减 10dB（A）作为评价依据。

尽量避免或减少施工过程中的光污染。夜间室外照明灯应加设灯罩，透光方向集中在施工范围。电焊作业采取遮挡措施，避免电焊弧光外泄。

施工现场污水排放要与所在地县级以上人民政府市政管理部门签署污水排放许可协议，申领《临时排水许可证》。雨水排入市政雨水管网，污水经沉淀处理后二次使用或排入市政污水管网。施工现场泥浆、污水未经处理不得直接排入城市排水设施和河流、湖泊、池塘。

施工现场存放化学品等有毒材料、油料，必须对库房进行防渗漏处理，储存和使用都要采取措施，防止渗漏、污染土壤水体。施工现场设置的食堂，用餐人数在 100 人以上的，应设置简易有效的隔油池，加强管理，专人负责定期掏油。

施工现场产生的固体废弃物应在所在地县级以上地方人民政府环卫部门申报登记，分类存放。建筑垃圾和生活垃圾应与所在地垃圾消纳中心签署环保协议，及时清运处置。有毒有害废弃物应运送到专门的有毒有害废弃物中心消纳。

施工现场的主要道路必须进行硬化处理，土方应集中堆放。裸露的场地和集中堆放的土方应采取覆盖、固化或绿化等措施。施工现场土方作业应采取防止扬尘措施。

拆除建筑物、构筑物时，应采用隔离、洒水等措施，并应在规定期限内将废弃物清理完毕。建筑物内施工垃圾的清运，必须采用相应的容器或管道运输，严禁凌空抛掷。

施工现场使用的水泥和其他易飞扬的细颗粒建筑材料应密闭存放或采取覆盖等措施。混凝土搅拌场所应采取封闭、降尘措施。

除有符合规定的装置外，施工现场内严禁焚烧各类废弃物，禁止将有毒有害废弃物作土方回填。

在居民和单位密集区域进行爆破、打桩等施工作业前，项目经理部除按规定报告申请批准外，还应将作业计划、影响范围、程度及有关措施等情况，向有关的居民和单位通报说明，取得协作和配合；对施工机械的噪声与振动扰民，应有相应的措施予以控制。

经过施工现场的地下管线，应由发包人在施工前通知承包人，标出位置，加以保护。

施工时发现文物、古迹、爆炸物、电缆等，应当停止施工，保护好现场，及时向有关部门报告，按照有关规定处理后方可继续施工。

施工中需要停水、停电、封路而影响环境时，必须经有关部门批准，事先告示，并设有标志。

在道路工程、铁路工程、桥梁工程等施工时，如果处理不善，往往会对环境带来更大的破坏，因此这些工程施工时，废水排放、大气污染、固体废物处理等应格外注意。

4.5.3 卫生防疫

施工企业应加强现场的卫生与防疫工作，改善作业人员的工作环境与生活条件，防止施工过程中各类疾病的发生，保障作业人员的身体健康和生命安全，做到和谐健康发展。

1）施工现场卫生与防疫的基本要求

（1）施工企业应根据法律、法规的规定，制定施工现场的公共卫生突发事件应急预案。

（2）施工现场应配备常用药品及绷带、止血带、颈托、担架等急救器材。

（3）现场应结合季节特点，做好作业人员的饮食卫生和防暑降温、防寒取暖、防煤气中毒、防疫等各项工作。

（4）施工现场应设专职或兼职保洁员，负责现场日常的卫生清扫和保洁工作。现场办公区和生活区应采取灭鼠、灭蚊、灭蝇、灭蟑螂等措施，并应定期投放和喷洒灭虫、消毒药物。

（5）施工现场办公室内布局应合理，文件资料宜归类存放，并应保持室内清洁卫生。

（6）施工现场生活区内应设置开水炉、电热水器或饮用水保温桶，施工区应配备流动保温水桶，水质应符合饮用水安全卫生要求。

2）现场宿舍的管理

（1）现场宿舍必须设置可开启式窗户，宿舍内的床铺不得超过 2 层，严禁使用通铺。

（2）现场宿舍内应保证有充足的空间，室内净高不得小于 2.5m，通道宽度不得小于 0.9m，每间宿舍居住人员不得超过 16 人。

（3）现场宿舍内应设置生活用品专柜，门口应设置垃圾桶。

（4）现场生活区内应提供为作业人员晾晒衣物的场地。

3）现场食堂的管理

（1）现场食堂应设置在远离厕所、垃圾站、有毒有害场所等污染源的地方。

（2）现场食堂应设置独立的制作间、储藏间，门扇下方应设不低于 0.2m 的防鼠挡板，配备必要的排风设施和冷藏设施，燃气罐应单独设置存放间，存放间应通风良好并严禁存放其他物品。

（3）现场食堂的制作间灶台及其周边应铺贴瓷砖，所贴瓷砖高度不宜小于 1.5m，地面应作硬化和防滑处理，炊具宜存放在封闭的橱柜内，刀、盆、案板等炊具应生熟分开，炊具、餐具和公用饮水器具必须清洗消毒。

（4）现场食堂储藏室的粮食存放台距墙和地面应大于 0.2m，食品应有遮盖，遮盖物品应有正反面标识，各种作料和副食应存放在密闭器皿内，并应有标识。

（5）现场食堂外应设置密闭式泔水桶，并应及时清运。

（6）现场食堂必须办理卫生许可证，炊事人员必须持身体健康证上岗，上岗应穿戴洁净的工作服、工作帽和口罩，应保持个人卫生，不得穿工作服出食堂，非炊事人员不得随意进入制作间。

4）现场厕所的管理

（1）现场应设置水冲式或移动式厕所，厕所大小应根据作业人员的数量设置。

（2）现场厕所地面应硬化，门窗应齐全。

（3）现场厕所应设专人负责清扫、消毒，化粪池应及时清掏。

5）现场淋浴间的管理

淋浴间内应设置满足需要的淋浴喷头，盥洗设施应设置满足作业人员使用的盥洗池，并应使用节水器具。

6）现场文体活动室的管理

文体活动室应配备电视机、书报、杂志等文体活动设施、用品。

7）现场食品卫生与防疫

（1）施工现场应加强食品、原料的进货管理，食堂严禁购买和出售变质食品。

（2）施工作业人员如发生法定传染病、食物中毒或急性职业中毒时，必须要在2小时内向施工现场所在地建设行政主管部门和卫生防疫等部门进行报告，并应积极配合调查处理。

（3）施工作业人员如患有法定传染病时，应及时进行隔离，并由卫生防疫部门进行处置。

4.6 施工现场劳务工人的管理

劳务工人实名制管理是推进劳务合同制、解决拖欠劳务工人工资、加强安全教育培训、准确进行生产事故死亡失踪人员统计、提高安全管理水平的有效举措。

4.6.1 劳务工人实名制

劳务工人实名制管理是在贯彻实施国务院《关于切实解决建设领域拖欠工程款问题的通知》（国办发［2003］94号）的过程中，由各地方工程建设行政主管部门和建筑企业提出的，是为了规范建筑市场的正常秩序、加强建筑企业用工合法性管理的一项重要举措。

1）劳务工人实名制管理的作用

通过实名制管理，对规范总分包单位双方的用工行为，杜绝非法用工，通过实名制数据公示，公开劳务分包单位企业人员考勤状况，公开每一个农民工的出勤状况，避免或减少因劳务费的支付而引发的纠纷隐患或恶意讨薪事件的发生。

通过实名制数据采集，能及时掌握了解施工现场的人员状况，有利于工程项目施工现场劳动力的管理和调剂。为项目经理部施工现场劳务作业的安全管理、治安保卫管理提供第一手资料。

通过实名制管理卡金融功能的使用，可以简化企业工资发放程序，避免农民工因携带现金而产生的不安全，为农民工提供了极大的便利。

2）劳务实名制管理的主要措施

（1）总承包企业、项目经理部和劳务分包单位必须按规定分别设置劳务管理机构和劳务管理员（简称劳务员），制定劳务管理制度。劳务员应持有岗位证书，切实履行管理的职责。

（2）劳务分包单位的劳务员在进场施工前，应按实名制管理要求，将进场施工人员花名册、身份证、劳动合同文本、岗位技能证书复印件及时报送总承包商备案。总承包方劳务员根据劳务分包单位提供的劳务人员信息资料，逐一核对是否有身份证、劳动合同和岗位技能证书，不具备以上条件的不得使用，总承包商不允许其进入施工现场。

（3）劳务员要做好劳务管理工作内业资料的收集、整理、归档，包括：企业法人营业执照、资质证书、建筑企业档案管理手册、安全生产许可证、项目施工劳务人员动态统计表、劳务分包合同、交易备案登记证书、劳务人员备案通知书、劳动合同书、身份证、岗位技能证书、月度考勤表、月度工资发放表等。

（4）项目经理部劳务员负责项目日常劳务管理和相关数据的收集统计工作，建立劳务费、农民工工资结算兑付情况统计台账，检查监督劳务分包单位对农民工资的支付情况，对劳务分包单位在支付农民工工资存在的问题，并要求其限期整改。

（5）项目经理部劳务员要严格按照劳务管理的相关规定，加强对现场的监控，规范分包单位的用工行为，保证其合法用工，依据实名制要求，监督劳务分包做好劳务人员的劳动合同签订、人员增减变动台账。

3）劳务实名制管理的技术手段

实名制采用"建筑企业实名制管理卡"，该卡具有多项功能。

（1）工资管理：劳务分包单位按月将劳务人员的工资通过邮政储蓄所存入个人管理卡，劳务人员使用管理卡可支取现金，查询余额，消费等。

（2）考勤管理：在施工现场进出口通道安装打卡机，工人进出施工现场进行打卡，打卡机记录工人出勤状况，项目劳务员通过采集卡对打卡机的考勤记录进行采集并打印，作为工人考勤的原始资料存档备查，并作为公示资料进行公示，让每一个劳务人员知道自己在本期内的出勤情况。

（3）门禁管理：门禁管理劳务人员出入项目施工区、生活区的通行许可证。

（4）售饭管理：劳务分包单位按月将每个劳务人员的本月饭费存入卡中，工人用餐时在售饭机上划卡付费即可。

4.6.2　提高建筑施工劳务人员的自我安全防护能力

1）建筑施工人员自我安全防护的重要性

要做到安全生产，一方面要抓安全生产的管理和施工安全防护，另一方面还要不断提高操作人员的自我防护能力，两方面一起抓，才能实现安全生产。

自我防护能力就是职工在生产中对出现不安全行为、状态时的敏感、预见、控制和排除的能力。职工的自我防护能力提高后，在施工时就会增加一道无形的防线，安全生产就有了保障。施工人员的自我防护能力是内因，比较完善的规章制度，佩戴安全防护用品与安全操作是外因，外因通过内因而起作用，所以提升施工人员的自我防护能力非常重要。

改变施工人员冒险蛮干，对未遂事故不加重视，对生产事故麻木不仁的状况，提高施工人员的自我安全防护能力，必须着力提高施工人员的安全知识与安全素质。这是各级政府主管部门、科研部门以及生产企业管理人员着力思考，并努力解决的问题。

2）影响自我安全防护能力的因素

（1）对安全生产的认识和重视

安全意识淡薄，冒险蛮干，麻痹大意的思想普遍存在，不断提高职工对安全生产的认识，是一项艰巨的任务。认识提高了，才会从行动上重视安全生产，就能主动地学习安全知识，自觉地遵守规章制度，主观能动地控制不安全因素，达到自我保护的目的。

（2）安全操作规程的掌握程度

施工现场人员必须熟悉本工种的安全操作规程，并具有丰富的安全知识。在工伤事故中，青年工人比老工人多，其原因是老工人积累了丰富的实践经验，具有多方面的安全知识，作业前先查看周围的环境是否安全，作业中按操作规程作业，从不越轨。因此老工人多的班组，发生工伤事故就少。努力提高安全技能，掌握本工种的安全操作规程，能大大增加职工的自我防护能力。

（3）其他因素

心理因素就是心理状态和思想情绪。作业前如果自身思想情绪不正常，受到某种刺激，思想不集中，精力分散，产生自满、逞能、粗心、心急、烦躁、忧愁等情绪，造成操作中动作不协调和失误，导致事故发生。

工人在生产劳动中，如果时间过长，任务过重，会使人感到精神和身体上的疲劳。人体疲劳感所呈现的心理和生理的反应都会使人处于不稳定的状态，容易出现不安全行为，发生伤亡事故。

建筑施工现场环境恶劣，作业场所狭小、噪声、混乱、立体交叉等，往往会使操作人员分散精力，导致事故。因此，施工现场要尽量做到合理布置，科学组织，严格管理，使工人的操作场所保持清洁不乱的安全状态，这也是搞好安全生产的一个重要措施。

3）提高劳动务工人员的自我防护能力的措施

（1）加强劳动务工人员培训。对操作人员进行培训，要强化"三级"培训教育制度，以提高队伍安全素质。

（2）加强施工现场的安全管理。安全生产是个系统工程，涉及施工、材料、机械、电气、技术、劳动等各个方面，没有一套严格的管理制度和安全纪律是不行的，用严格的安全纪律约束那些不遵守操作规程、违章作业、违章指挥的人员，达到安全生产的目的。

（3）提高特种作业人员的自我安全防护能力。对特种作业人员必须坚持：一是要进行专门培训；二是考核合格后，持证上岗，没有上岗证的一律不准独立操作；三是要定期进行复审和继续教育，不合格者要收回操作证。

4）劳务人员应有的自我防护能力权限

要达到安全生产，提高工人的自我防护能力，就要赋予劳务人员一定的权利。这些权利主要有：

（1）工程作业前没有安全技术交底，班会前施工管理人员不讲安全，有权拒绝上岗。

（2）有权拒绝一切违章生产指令，并可越级报告。

（3）上岗前在作业场所发现有安全隐患，如果施工方不积极组织排除，有权拒绝上岗。

（4）操作人员使用的机械、电器设备、安全装置，如果不齐全、不可靠，有权拒绝使用。

（5）在操作区内，安全防护设施不完善，有严重人身危险时，有权拒绝施工。

（6）调换工作岗位，新人员到岗，不进行安全培训，有权拒绝上岗。

（7）应发放的个人使用的防护用品不发放，或者以次充好，有权拒绝作业。

提高工人的自我防护能力，保证党和国家的安全生产方针、政策、规定能够得到贯彻执行，企业的安全生产规章制度得到落实，安全技术操作规程得到贯彻。赋予劳务工人上述权利，并在实践中贯彻实施，可以大大减少生产安全事故。

重难点知识讲解

1. 如何理解施工现场危险源与安全隐患的关系？

2. 依据安全检查表进行检查，安全等级如何评定？

3. 简述农民工安全培训的意义，从国家层面如何做好这项工作。

4. 什么时间是夜间施工？夜间施工如何减弱光污染？

复习思考题

1. 如何做一名称职的安全员？

2. 什么是两类危险源？二者是什么关系？

3. 安全检查的方法有哪些？

4. 依据安全检查表进行检查，安全等级如何评定？

5. 施工现场出入口附近的"五牌一图"是什么？

6. 什么时间是夜间施工？夜间施工如何减弱光污染？

第5章 土方工程

学习要求

通过本章内容的学习，了解基坑的分级、支护结构的类型与适用条件，熟悉基坑支护监测的内容，熟悉土方施工的安全技术要求。

5.1 土方工程概述

在土方工程施工过程中，首先遇到的就是场地平整和基坑开挖，因此将一切土的开挖、填筑、运输等称为土方工程。它包括开挖过程中的基坑降水、排水、土壁支护等辅助工程。本书仅对土方施工安全有关的事项进行讲述。

5.1.1 土的工程分类

土的分类方法很多，不同的分类目的和依据会得出不同的类别名称。

（1）土根据其颗粒级配或塑性指数，可以分为碎石类土、砂土和黏性土。碎石类土根据颗粒形状和级配又分为漂石土、块石土、卵石土、碎石土、圆砾土、角砾土；砂土根据颗粒级配又分为砾砂、粗砂、中砂、细砂、粉砂；黏性土根据塑性指数 I_P 又分为黏土、粉质土、粉质黏土。

（2）《建筑地基基础设计规范》GB 50007—2011，将地基土分为岩石、碎石土、砂土、粉土、黏性土和人工填土。

在土方工程中为了施工需要，根据土开挖的难易程度从一类到八类依次分为松软土、普通土、坚土、砂砾坚土、软石、次坚石、坚石、特坚石，前四类是一般土，后四类是岩石。

5.1.2 土的工程性质

（1）土的休止角

土的休止角是指天然状态下的土体可以稳定的坡度，一般土的坡度值如表5-1所示。

在基坑工程的土方开挖工程中，应该考虑土体的稳定坡角，根据现场施工情况制定合理的开挖方案，在满足施工安全及其他技术经济要求的前提下，减少不必要的支撑，节约资金。

（2）土的含水量

土的含水量（w）是指土中所含水的质量与固体颗粒质量之比，以百分率表示。土的含水量随气候条件、雨雪和地下水的影响而变化，它对土方边坡的稳定性有重要的影响。当含水量增大时，容易导致滑坡，有"十滑九水"的说法。

（3）土的可松性、渗透性

土的可松性是指自然状态下的土，经过开挖以后，结构联结遭受破坏，其体积因松散而增大，以后虽经回填压实，仍不能恢复到原来的体积的性质。土方回填时，应考虑土的可松性，否则回填后会有余土。土的渗透性是指土被水透过的性质。土的渗透系数是选择人工降水方法的依据，也是分层填土时，确定相邻两层结合面形式的依据。

土的休止角　　　　　　　　　　　　　表 5-1

土的名称	干土		湿润土		潮湿土	
	角度(°)	高度与底宽比	角度(°)	高度与底宽比	角度(°)	高度与底宽比
砾石	40	1∶1.25	40	1∶1.25	35	1∶1.50
卵石	35	1∶1.50	45	1∶1.00	25	1∶2.75
粗砂	30	1∶1.75	35	1∶1.50	27	1∶2.00
中砂	28	1∶2.00	35	1∶1.50	25	1∶2.25
细砂	25	1∶2.25	30	1∶1.75	20	1∶2.75
重黏土	45	1∶1.00	35	1∶1.50	15	1∶3.75
粉质黏土、轻黏土	50	1∶1.75	40	1∶1.25	30	1∶1.75
粉土	40	1∶1.25	30	1∶1.75	20	1∶2.75
腐殖土	40	1∶1.25	35	1∶1.50	25	1∶2.25
填方的土	35	1∶1.50	45	1∶1.00	27	1∶2.00

5.1.3　基坑的分级

（1）一级基坑

符合下列情况之一：①重要工程或支护结构做主体结构的一部分；②开挖深度大于10m；③与邻近建筑物、重要设施的距离在开挖深度以内的基坑；④基坑范围内有历史文物、近代优秀建筑、重要管线等需严加保护的基坑。

（2）三级基坑为开挖深度小于7m，且周围环境无特别要求时的基坑。

（3）除一级和三级外的基坑属二级基坑。

5.1.4　土方坍塌及其原因

土方施工的危险性主要是坍塌，还有触电、物体打击、高处坠落、车辆伤害等。

土方坍塌将使施工人员部分或全部埋入土中，造成窒息死亡的重大事故。而抢救被埋的人员又比较困难，用工具挖土怕伤人，用手扒土速度又太慢。因此，一旦发生此类事故其危害性较严重。

土方边坡的稳定主要是土体内土颗粒间存在的摩擦力和黏结力，使土体具有一定的抗剪强度。黏性土既有摩擦力，又有黏结力，抗剪强度较高，土体不易失稳，土体若失稳是沿着滑动面整体滑动（滑坡）；砂性土只有摩擦力，无黏结力，抗剪强度较差。所以黏性土的放坡可陡些，砂性土的放坡应缓些。

当外界因素发生变化，使土体的抗剪强度降低或土体所受剪应力增加时，就破坏了土体的自然平衡状态，边坡就失去稳定而塌方。造成土体内抗剪强度降低的主要原因是水（雨水、施工用水）使土的含水量增加，土颗粒之间摩擦力和黏结力降低（水起润滑作用）；造成土体所受剪应力增加的原因主要是坡顶上部的荷载增加和土体自重的增大（含水量增加），及地下水渗流中的动水压力的作用；此外地面水浸入土体的裂缝之中产生静水压力也会使土体内的剪应力增加。其他原因还有沟沿超载而坍塌，如：沿沟边堆放大量堆土、停放机具、物料；车辆靠近沟边行驶；振动也易使土坡失稳，如在土坡附近有打夯机等重型机械装置作业，或邻近铁路线上火车频繁通过也容易使土方失稳；解冻的影响，使土的自由水增加，降低土的内聚力，而造成边坡塌方；不按土的特性放坡或不加支撑，或采用的支撑措施不正确等。

5.1.5 土方工程安全的技术管理

1）属于危大工程的土方工程

《危险性较大的分部分项工程安全管理规定》（建办质〔2018〕31 号）规定的危大工程范围如下：

（1）基坑工程的开挖深度超过 3m（含 3m）的基坑（槽）的土方开挖、支护、降水工程。

（2）基坑工程的开挖深度虽未超过 3m，但地质条件、周围环境和地下管线复杂，或影响毗邻建、构筑物安全的基坑（槽）的土方开挖、支护、降水工程。

（3）人工挖孔桩工程。

2）属于超大工程的土方工程

（1）深基坑工程的开挖深度超过 5m（含 5m）的基坑（槽）的土方开挖、支护、降水工程。

（2）开挖深度 16m 及以上的人工挖孔桩工程。

为保证土方工程的安全，按建办质〔2018〕31 号文件规定，属于危大工程的，项目技术人员编制施工专项方案后，报施工单位技术负责人与总监理工程师批准后实施，属于超大工程的，由施工单位技术部编制施工专项方案后，组织专家论证，根据专家的书面审核意见，修改完成后，施工单位技术负责人与总监理工程师批准后实施。

基坑支护的计算依据，一般有《建筑基坑支护技术规程》JGJ 120—2012；《建筑边坡工程技术规范》GB 50330—2002；《建筑地基基础设计规范》GB 50007—2011；《土层锚杆设计与施工规范》CECS20：90；《混凝土结构设计规范》GB 50010—2010；《锚杆喷射混凝土支护技术规范》GB 50086—2001；各地还有地方标准，如《深基坑工程技术规定》湖北省地方标准 DB42/159—2004 等。较多地综合了岩土力学、钢筋混凝土结构工程等学科，是比较复杂的，一般应由专业技术人员进行计算。

5.1.6 基坑放坡与支护的适用条件

（1）支护结构的安全等级

基坑支护设计时，应综合考虑基坑周边环境和地质条件的复杂程度、基坑深度等因素。基坑支护破坏后果主要是支护结构失效、土体过大变形对基坑周边环境或主体结构施工安全的影响，后果很严重对应的支护结构的安全等级是一级；后果严重对应的是二级；后果不严重对应的是三级。同一基坑的不同部位，可采用不同的安全等级。

（2）各类支护结构的适用条件

支护结构应按表 5-2 选择其形式。

基坑开挖采用放坡或支护结构上部采用放坡时，应按《建筑基坑支护技术规程》JGJ 120—2012 的规定验算边坡的滑动稳定性。

各类支护结构的适用条件　　　　　　　　　　　　　　表 5-2

结构类型		适用条件	
	安全等级	基坑深度、环境条件、土类和地下水条件	
放坡	三级	1. 施工场地应满足放坡条件 2. 可与下述支护结构形式结合	
重力式水泥土墙	二、三级	适用于淤泥质土、淤泥基坑，且基坑深度不宜大于7m	
支挡式结构	锚拉式结构	适用于较深的基坑	1. 排桩适用于可采用降水或截水帷幕的基坑 2. 地下连续墙宜同时用作主体地下结构外墙，可同时用于截水 3. 锚杆不宜用在软土层和高水位的碎石土、砂土层中 4. 当邻近基坑有建筑物地下室、地下构筑物等，锚杆的有效锚固长度不足时，不应采用锚杆 5. 当锚杆施工会造成基坑周边建（构）筑物的损害或违反城市地下空间规划等规定时，不应采用锚杆
	支撑式结构	适用于较深的基坑	
	悬臂式结构	适用于较浅的基坑	
	双排桩	当锚拉式、支撑式和悬臂式结构不适用时，可考虑采用双排桩	
	支护结构与主体结构结合的逆作法	适用于基坑周边环境条件很复杂的深基坑	
土钉墙	单一土钉墙	适用于地下水位以上或经降水的非软土基坑，且基坑深度不宜大于12m	当基坑潜在滑动面内有建筑物、重要地下管线时，不宜采用土钉墙
	预应力锚杆复合土钉墙	适用于地下水位以上或经降水的非软土基坑，且基坑深度不宜大于15m	
	水泥土桩垂直复合土钉墙	用于非软土基坑时，基坑深度不宜大于12m；用于淤泥质土基坑时，基坑深度不宜大于6m；不宜用在高水位的碎石土、砂土、粉土层中	
	微型桩垂直复合土钉墙	适用于地下水位以上或经降水的基坑，用于非软土基坑时，基坑深度不宜大于12m；用于淤泥质土基坑时，基坑深度不宜大于6m	

安全等级栏：支挡式结构为一级、二级、三级；土钉墙为二级、三级。

注：1. 当基坑不同部位的周边环境条件、土层性状、基坑深度等不同时，可在不同部位分别采用不同的支护形式；
　　2. 支护结构可采用上、下部以不同结构类型组合的形式。

5.2　土方边坡

在土方开挖之前，在编制土方工程的施工组织设计时，应确定出基坑（槽）及管沟的边坡形式及开挖方法，确保土方开挖过程中和基础施工阶段土体的稳定。永久性挖方或填方边坡，均应按设计要求施工。

5.2.1　土方边坡表示方法

边坡的表示方法如图 5-1（a）所示，为 $1 : m$，即：

$$土方边坡坡度 = \frac{h}{b} = \frac{1}{b/h} = 1 : m \qquad (5-1)$$

式中 $m=b/h$，称坡度系数。其意义是当边坡高度已知为 h 时，其边坡宽度 $b=mh$。

边坡坡度应根据不同的挖填高度、土的性质及工程的特点而定，首先要保证土体稳定和施工安全，其次要节省土方。

5.2.2 放坡的形式

放坡的形式由场地土、开挖深度、周围环境、技术经济的合理性等因素决定，常用的放坡形式有：直线形、折线形、阶梯形和分级形（图 5-1）。

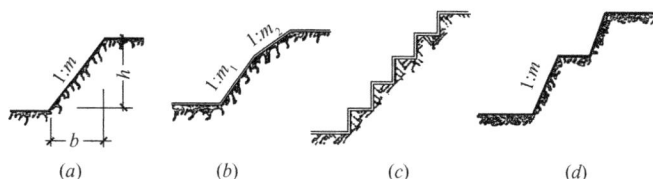

图 5-1 放坡形式

(a) 直线形；(b) 折线形；(c) 阶梯形；(d) 分级形

当场地为一般黏性土或粉土，基坑（槽）及管沟周围具有堆放土料和机具的条件，地下水位较低，或降水、放坡开挖不会对相邻建筑物产生不利影响，具有放坡开挖条件时，可采用局部或全深度的放坡开挖方法。如开挖土质均匀可放成直线形；如开挖土质为多层不均匀且差异较大，可按各层土的土质放坡成折线形或阶梯形。

5.2.3 放坡坡度

开挖基坑（槽）时，如地质条件及周围环境许可，采用放坡开挖是较经济的。

（1）根据土方工程相关规范的规定：对于土质均匀且地下水位低于基坑（槽）底或管沟底面标高，开挖土层湿度适宜且敞露时间不长时，其挖方边坡可做成直壁，不加支撑，但挖方深度不宜超过下列规定：

密实、中密的砂土和碎石土（充填物为砂土）	1.0（m）
硬塑、可塑的粉质黏土及粉土	1.25（m）
硬塑、可塑的黏土和碎石类土（充填物为黏性土）	1.50（m）
坚硬的黏土	2.0（m）

（2）临时性挖方的边坡，应符合表 5-3 的规定，坡顶有荷载时，宽度取大值；坡顶有动荷载时，应采取支护的形式。

（3）岩石边坡，应符合表 5-4 的要求。

（4）路堑边坡。路堑的边坡为永久性，所受荷载为动荷载，对于在地质条件良好、土质较均匀的高地中修筑 18m 以内的路堑，边坡坡度可按表 5-5 采用。

临时性挖方边坡值 表 5-3

土的类别		边坡值（高：宽）
砂土（不包括细砂、粉砂）		1：1.25～1：1.50
一般性黏土	硬	1：0.75～1：1.00
	硬、塑	1：1.00～1：1.25
	软	1：1.50 或更缓

续表

土的类别		边坡值（高：宽）
碎石类土	充填坚硬、硬塑黏性土	1：0.50～1：1.00
	充填砂土	1：1.00～1：1.50

注：1. 设计有要求时，应符合设计标准。
　　2. 如采用降水或其他加固措施，可不受本表限制，但应计算复核。
　　3. 开挖深度，对软土不应超过4m，对硬土不超过8m。

岩 石 边 坡　　　　　　　　　　表5-4

岩石类别	风化程度	坡度容许值（高：宽）	
		坡高在8m以内	坡高8～10m
硬质岩石	微风化	1：0.10～1：0.20	1：0.20～1：0.35
	中等风化	1：0.20～1：0.35	1：0.35～1：0.50
	强风化	1：0.35～1：0.50	1：0.50～1：0.75
软质岩石	微风化	1：0.35～1：0.50	1：0.50～1：0.75
	中等风化	1：0.50～1：0.75	1：0.75～1：1.00
	强风化	1：0.75～1：1.00	1：1.00～1：1.25

注：表中碎石土充填物为坚硬或硬塑状态的黏性土。

路堑边坡坡度　　　　　　　　　　表5-5

项目	土或岩石种类	边坡最大高度（m）	路堑边坡坡度（高：宽）
1	一般土	18	1：0.5～1：1.5
2	黄土或类似黄土	18	1：0.1～1：1.25
3	砾碎岩石	18	1：0.5～1：1.5
4	风化岩石	18	1：0.5～1：1.5
5	一般岩石	—	1：0.1～1：0.5
6	坚石	—	1：0.1～直立

注：资料来源于《公路工程技术标准》。

（5）分级放坡开挖的要求。分级放坡开挖时，应设置分级过渡平台。对深度大于5m的土质边坡，各级过渡平台的宽度为1.0～1.5m，必要时可选0.6～1.0m，小于5m的土质边坡可不设过渡平台。岩石边坡过渡平台的宽度不小于0.5m，施工时应按上陡下缓原则开挖，坡度不宜超过1：0.75。对于砂土和用砂填充的碎石土，分级坡高H≤5m，坡度按自然休止角确定；人工填土放坡坡度按当地经验确定。

5.2.4　放坡保证措施

土质边坡放坡开挖如遇边坡高度大于5m、具有与边坡开挖方向一致的斜向界面、有可能发生土体滑移的软淤泥或含水量丰富夹层、堆物有可能超载时以及各种易使边坡失稳的不利情况，应对边坡整体稳定性进行验算，必要时进行有效加固及支护处理。具体保证措施有：

（1）对于土质边坡或易于软化的岩质边坡，在开挖时应采取相应的排水和坡角、坡面保护措施，基坑（槽）及管沟周围地面采取水泥砂浆抹面、设排水沟等防止雨水渗入的措施，保证边坡稳定范围内无积水。

（2）对坡面进行保护处理，以防止渗水风化碎石土的剥落。保护处理的方法有水泥砂浆抹面（3~5cm厚），也可先在坡面挂铁丝网再抹水泥砂浆。

（3）对各种土质或岩石边坡，可用砂浆砌片石护坡或护坡脚，但护坡脚的砌筑高度要满足挡土的强度、刚度的要求。

（4）对已发生或将要发生滑坍失稳或变形较大的边坡，用砂土袋堆于坡脚或坡面，阻挡失稳。

（5）土质坡面加固。加固方法有螺旋锚预压坡面和砖石砌体护面等。螺旋锚由螺旋形的锚杆及锚杆头部的垫板和锁紧螺母构成，将螺旋锚旋入土坡中，拧紧锚杆头的螺母即可。砖石砌体护面根据砌体受力情况和砌体高度，按砖石砌体设计施工，保证安全。

（6）当放坡不能满足要求的坡度时（场地受限），可采用土钉和水泥砂浆抹面加固方法，但要保证土钉的锚固力，对于砂性土、淤泥土禁用。

5.3 基坑支护

基坑（槽）、管沟开挖前，应根据支护结构形式、挖深、地质条件、施工方法、周围环境、工期、气候和地面载荷等资料制定施工方案、环境保护措施、监测方案，经审批后方可施工。土方开挖的顺序、方法必须与设计工况相一致，并遵循"开槽支撑，先撑后挖，分层开挖，严禁超挖"的原则。

支护结构施工完成后，经质量验收合格后方可进行下一步土方开挖。基坑（槽）、管沟的挖土应分层进行。在施工过程中基坑（槽）、管沟边堆置土方不应超过设计荷载，挖方时不应碰撞或损伤支护结构、降水设施。

5.3.1 一般沟槽的支撑方法

开挖较窄的沟槽，多用横撑式土壁支撑。一般沟槽的支撑方法参见表5-6。

5.3.2 一般基坑的支撑方法

一般基坑的支撑方法参见表5-7。

一般沟槽的支撑方法 　　　　　　　　　　表 5-6

支撑方式	简　图	支撑方法及使用条件
间断式水平支撑	木楔 横撑 水平挡土板	两侧挡土板水平放置，用工具式或木横撑借木楔顶紧，挖一层土，支撑一层。 适用于能保持直立壁的干土或天然湿度的黏土，地下水很少，深度在2m以内
断续式水平支撑	立楞木 横撑 水平挡土板 木楔	挡土板水平放置，中间留出间隔，并在两侧同时对称立竖枋木，再用工具式或木横撑上下顶紧。 适用于能保持直立壁的干土或天然湿度的黏土，地下水很少，深度在3m以内

续表

支撑方式	简　图	支撑方法及使用条件
连续式水平支撑		挡土板水平连续放置，不留间隙，然后两侧同时对称立竖枋木，上下各顶一根撑木，端头加木楔顶紧。 适用于较松散的干土或天然湿度的黏性土，地下水很少，深度3～5m
连续或间歇式垂直支撑		挡土板垂直放置，连续或留适当间隙，然后每侧上下各水平顶一根枋木，再用横撑顶紧。 适用于土质较松散或湿度很高的土，地下水较少，深度不限
水平垂直混合支撑		沟槽上部设连续或水平支撑，下部设连续或垂直支撑。 适用于沟槽深度较大，下部有含水土层的情况

一般基坑的支撑方法　　　　　　　　　　　　　表 5-7

支撑方法	简图	支撑方法及适用条件
斜柱支撑		水平挡土板钉在柱桩内侧，柱桩外侧用斜撑支顶，斜撑底端支在木桩上，在挡土板内侧回填土。 适用于开挖面积较大、深度不大的基坑或使用机械挖土
锚拉支撑		水平挡土板支撑在柱桩的内侧，柱桩一端钉入土中，另一端用拉杆与锚桩拉紧，在挡土板内侧回填土。 适用于开挖面积较大、深度不大的基坑或使用机械挖土
短柱横隔支撑		打入小短木桩，部分打入土中，部分露出地面，钉上水平挡土板，在背面填土。 适用于开挖宽度大的基坑，当部分地段下部放坡不够时使用

续表

支撑方法	简图	支撑方法及适用条件
临时挡土墙支撑	 装上砂草袋或 干砌、浆砌毛石	沿坡脚用砖、石叠砌或用草袋装土砂堆砌，使坡脚保持稳定。 适用于开挖宽度大的基坑，当部分地段下部放坡不够时使用

5.3.3　深基坑的支护方法

1）深基坑的板式结构支护方法

板式支护结构由挡墙系统与支撑系统或拉锚系统组成。挡墙系统常用的材料有槽钢、钢板桩、钢筋混凝土板桩、灌注桩及地下连续墙等。钢板桩有平板形和波浪形两种。钢板桩之间通过锁口互相连接，形成一道连续的挡墙。由于锁口的连接，使钢板桩连接牢固，形成整体。同时也具有较好的隔水能力。钢板桩截面积小，易于打入，U形、Z形等波浪式钢板桩截面抗弯能力较好。钢板桩在基础施工完毕后还可拔出重复使用。支撑系统一般采用大型钢管、H型钢或格构式钢支撑，现浇钢筋混凝土支撑。拉锚系统材料一般用钢筋、钢索、型钢或土锚杆。深基坑的板式结构支护方法参见表5-8。

2）喷锚支护

喷锚支护的思路是被动支护，把所有土体当作负荷。喷锚支护可分为两大部分，一部分是喷混凝土，一部分是设置锚杆。在基础开挖后，将岩石表面清洗，然后立刻喷上一层厚3～8cm的混凝土，防止围岩过分松动。如果这部分混凝土不足以支护围岩，则根据情况，及时加设锚杆，或再加厚混凝土的喷层。

（1）喷混凝土的施工工艺

喷混凝土的工艺过程一般由供料、供风和供水三个系统组成。

深基坑的板式结构支护方法　　　　　　　　表5-8

支护方法	简图	支护方法及使用条件
型钢桩横挡板支撑	 型钢桩　　挡土板 楔子　型钢桩　挡土板	沿挡土位置预先打入钢轨、工字钢或H型钢桩，间隔1～1.5m，然后边挖方，边将3～6cm厚的挡土板塞进钢柱之间挡土，并在横向挡板与型钢柱之间打入楔子，使模板与土体紧密接触。 适于地下水较低，深度不很大的一般黏性或砂土层中应用

续表

支护方法	简　图	支护方法及使用条件
钢板桩支撑		在开挖的基坑周围打钢板桩或钢筋混凝土挡板桩，板桩入土深度及悬臂长度应经计算确定，如基坑宽度很大，可加水平支撑。 适于一般地下水、深度和宽度不很大的黏性或砂土层中应用
钢板桩与钢构架结合支撑		在开挖的基坑周围打钢板桩，在柱位置上打入暂设的钢柱，在基坑中挖土，每下挖 3～4m 装上一层构架支撑体系，挖土在钢构架网格中进行，亦可不预先打入钢柱，随挖随接长支柱。 适于在饱和软弱土层中开挖较大、较深基坑，钢板桩刚度不够时采用
挡土灌注桩支撑		在开挖的基坑周围，用钻机钻孔，现场灌注钢筋混凝土桩，达到强度后，在基坑中间用机械或人工挖土，下挖 1m 左右装上横撑，在桩背面装上拉杆与已设锚桩拉紧，然后继续挖土至要求深度。在桩间土方成外拱形，使之起土拱作用。如基坑深度小于 6m，或邻近有建筑物，亦可不设锚拉杆，采取加密桩距或加大桩径处理。 适于开挖较大、较深（>6m）基坑，邻近有建筑物、不允许支护，背面地基有下沉、位移时采用
挡土灌注桩与土层锚杆结合支撑		同挡土灌注桩支撑，但桩顶不设锚桩锚杆，而是挖至一定深度，每隔一定距离向桩背面斜下方用锚杆钻机打孔，安放钢筋锚杆，用水泥压力灌浆，达到强度后，安上横撑，拉紧固定，在桩中间进行挖土，直至设计深度，如设 2～3 层锚杆，可挖一层土，装设一次锚杆。 适于大型较深基坑，施工期较长，邻近有高层建筑，不允许支护，邻近地基不允许有任何下沉位移时采用
地下连续墙支护		在待开挖的基坑周围，先建造混凝土或钢筋混凝土地下连续墙，达到强度后，在墙中间用机械或人工挖土，直至要求深度。当跨度、深度很大时，可在内部加设水平支撑及支柱。用于逆作法施工、每下挖一层，把下一层梁、板、柱浇筑完成，以此作为地下连续墙的水平框架支撑，如此循环作业，直到地下室的底层全部挖完土，浇筑完成。 适于开挖较大、较深（>10m）、有地下水、周围有建筑物、公路的基坑，作为地下结构的外墙一部分，或用于高层建筑的逆作法施工，作为地下室结构的部分外墙

支护方法	简　　图	支护方法及使用条件
地下连续墙与土层锚杆结合支护		在待开挖的基坑周围先建造地下连续墙支护，在墙中部机械配合人工开挖土方至锚杆部位，用锚杆钻机在要求位置钻孔，放入锚杆进行灌浆，待达到强度，装上锚杆横梁，或锚头垫座，然后继续下挖至要求深度，如设 2～3 层锚杆，每挖一层装一层，采用快凝砂浆灌浆。 适于开挖较大、较深（>10m）、有地下水的大型基坑，周围有高层建筑，不允许支护有变形，采用机械挖方，要求有较大空间，不允许内部设支撑时采用

喷混凝土的施工工序是：

① 首先撬除危石，清洗岩面，喷完底层后，即可分层喷混凝土，每层厚度约 3～8cm。每层喷完之后 7 天之内应进行喷水养护。第一层喷完之后，常加设锚杆，必要时再挂钢筋网，然后再喷第二层，以至第三层。

② 喷混凝土的方法有"干喷"、"湿喷"两种。干喷是将水泥、砂、小石等干料拌合好，装入喷射机中，用压缩空气通过输料管，把拌合物送到喷嘴处加上溶有速凝剂的水，喷射出去；湿喷是将水泥、砂、小石及水等拌合好，装入喷射机中，送到喷嘴处，在喷嘴处再加上溶入水的速凝剂喷射出去。目前我国多数工地仍然采用干喷。

混凝土配合比的水∶水泥∶砂∶石∶速凝剂一般为(0.35～0.5)∶1∶2∶2∶0.03。正确选用配合比和正确操作养护是提高混凝土强度的基本方法。此外，还可以在喷射混凝土中加入钢筋网或钢纤维，这样将大大改变喷射混凝土层的韧性及抗拉强度，使之能够承担较大的荷载。

（2）锚杆与锚索

① 锚杆与锚索的类型多样，主要有楔缝式锚杆、涨壳式锚杆、倒楔式锚杆、开缝管式锚杆、树脂锚杆、砂浆锚杆、预应力锚索等。

② 锚杆与锚索各有不同，锚杆一般都较短，不超过 10m，一般受力小，每根锚杆几 kN 至百余 kN。锚索则可以较长，如有的长达 30～40m，一般受力较大，一组锚索受力可达几百 kN 甚至上千 kN。

所有各种锚杆锚索均要求先钻孔，然后才能安设。锚杆的孔径较小，钻孔的费用较小，一般间距较小；锚索要求的孔径较大，可大到 150mm，钻孔费用较大，一般间距较大。

3）土钉支护

土钉支护工艺，可以先锚后喷，也可以先喷后锚。喷射混凝土在高压空气作用下，高速喷向喷面，在喷层与土层间产生嵌固效应，从而改善了边坡的受力条件，有效地保证边坡稳定；土钉深固于土体内部，主动支护土体，并与土体共同作用，有效地提高周围土的强度，使土体加固变为支护结构的一部分，从而使原来的被动支护变为主动支护；钢筋网能调整喷层与锚杆应力分布，增大支护体系的柔性与整体性。

施工工艺流程是：按设计要求开挖工作面，修正边坡；喷射第一层混凝土；安设土钉（包括钻孔、插筋、注浆、垫板等）；绑扎钢筋网、留搭接筋、喷射第二层混凝土；开挖第二层土方，按此循环，直到坑底标高。工艺如图 5-2、图 5-3 所示。

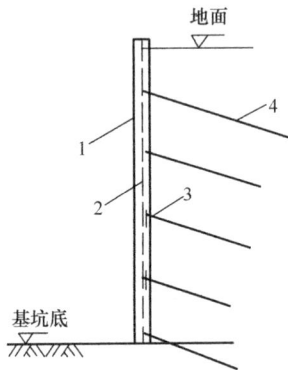

图 5-2　先锚后喷土钉支护工艺
1—喷射混凝土；2—钢筋网；
3—土钉锚头；4—土钉

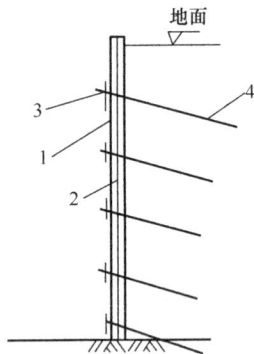

图 5-3　先喷后锚土钉支护工艺
1—喷射混凝土；2—钢筋网；
3—土钉锚头；4—土钉

土钉施工机具可采用螺旋钻、冲击钻、地质钻、洛阳铲等。为保证注浆饱满，在孔口设止浆塞；土钉应设定位器，以保证钢筋的保护层厚度。

土钉支护适用于水位低的地区，或能保证降水到基坑面以下；土层为黏土、砂土和粉土；基坑深度一般在 15m 左右。

5.4　土方工程施工的安全管理

5.4.1　做好调查研究，掌握准确资料

土方工程施工之前必须掌握下列资料：

（1）水文、地质、气象资料。

（2）施工场地地下设施资料。如：天然气、煤气、电缆、通信、上下水及城市供热等各管线的分布位置和深度。

（3）周围建筑物基础的埋深。

（4）施工场地的大小与工程设计要求。

5.4.2　制定正确的土方工程安全措施方案

工程技术人员在掌握上述资料后，结合本施工单位技术水平和机械水平，制定出既确保安全，又能保证工程质量和工期的施工方案。主要有以下几个方面的内容：

（1）正确的选择施工顺序。如：一个施工现场要进行多个基坑的开挖，且相临深度不同，则应选择先深后浅的施工顺序。这就可避免浅基础对深基础的影响，

（2）选择合适的施工方法。开挖方法一般分为人工开挖和机械开挖。

在开挖深度不大、工程量较小的工程中，采用人工开挖，经济效果较好。在受到机械设备供应的限制而工期要求限制不大时，也可采用人工开挖。凡是有条件采用机械开挖土方的工程，应采用机械设备开挖基坑、基槽，以提高工效，降低劳动强度，缩短工期。

机械开挖土方工程，应拟定几个施工方案进行经济分析，选最优方案。施工方案中要制定安全技术措施。

对于特殊的基坑施工，要考虑特殊的施工方法。如针对有流砂危害的基坑施工，应采用沉井或人工降低地下水的施工方法。

（3）采用新技术。如近年来施工中采用挖孔桩的方法，它是利用混凝土逐渐施工形成的圆壳体来做挡土墙，以提供人员操作和结构成型的有效空间。这种施工的土方量小，速度快，又有利于安全。但采用此种方法必须与设计单位配合。

（4）正确选择放坡或支撑方案。工程技术人员应根据现场条件、经验和必要的计算来正确确定边坡坡度、支撑方式和所需材料的规格。

（5）对施工管理人员和作业人员进行认真的技术与安全方面的交底，同时还要针对工程情况定期或随时对工人进行安全教育。

5.4.3 基坑发生坍塌以前的主要迹象

（1）周围地面出现裂缝，并不断扩展。

（2）支撑系统发出挤压等异常响声。

（3）环梁或排桩、挡墙的水平位移较大，并持续发展。

（4）支护系统出现局部失稳。

（5）大量水土不断涌入基坑。

（6）相当数量的锚杆螺母松动，甚至有的槽钢松脱等。

5.4.4 基坑工程监测

《建筑基坑工程监测技术规范》GB 50497—2009 与《建筑基坑支护技术规程》JGJ 120—2012 均有阐述。基坑支护设计应根据支护结构类型和地下水控制方法，按表 5-9 选择基坑监测项目，并应根据支护结构构件、基坑周边环境的重要性及地质条件的复杂性确定监测点部位及数量。选用的监测项目及其监测部位应能够反映支护结构的安全状态和基坑周边环境受影响的程度。

基坑监测项目选择 表 5-9

监测项目	支护结构的安全等级		
	一级	二级	三级
支护结构顶部水平位移	应测	应测	应测
基坑周边建（构）筑物、地下管线、道路沉降	应测	应测	应测
坑边地面沉降	应测	应测	宜测
支护结构深部水平位移	应测	应测	选测
锚杆拉力	应测	应测	选测
支撑轴力	应测	宜测	选测
挡土构件内力	应测	宜测	选测
支撑立柱沉降	应测	宜测	选测
支护结构沉降	应测	宜测	选测
地下水位	应测	应测	选测
土压力	宜测	选测	选测
孔隙水压力	宜测	选测	选测

注：表内各监测项目中，仅选择实际基坑支护形式所含有的内容。

安全等级为一级、二级的支护结构，在基坑开挖过程与支护结构使用期内，必须进行支护结构顶部的水平位移监测和基坑开挖影响范围内建（构）筑物、地面的沉降监测。

基坑工程监测包括支护结构监测和周围环境监测。

1）支护结构监测内容

（1）对围护墙侧压力、弯曲应力和变形的监测。

（2）对支撑（锚杆）轴力、弯曲应力的监测。

（3）对腰梁（围檩）轴力、弯曲应力的监测。

（4）对立柱沉降、抬起的监测等。

2）周围环境监测内容

（1）坑外地形的变形监测。

（2）邻近建筑物的沉降和倾斜监测。

（3）地下管线的沉降和位移监测等。

3）基坑支护破坏的主要形式

（1）由支护的强度、刚度和稳定性不足引起的破坏。

（2）由支护埋置深度不足，导致基坑隆起引起的破坏。

（3）由止水帷幕处理不好，导致管涌、流沙等引起的破坏。

（4）由人工降水处理不好引起的破坏。

基坑（槽）、管沟土方施工中应对支护结构、周围环境进行观察和监测，如出现异常情况应及时处理，待恢复正常后方可继续施工。

基坑（槽）、管沟土方工程验收必须确保支护结构安全和周围环境安全为前提。当设计有指标时，以设计要求为依据，如无设计指标时应按表5-10的规定执行。

基坑变形的监控值（cm）

表 5-10

基坑类别	围护结构墙顶位移监控值	围护结构墙体最大位移监控值	地面最大沉降监控值
一级基坑	3	5	3
二级基坑	6	8	6
三级基坑	8	10	10

5.4.5　基坑支护安全控制要点

（1）基坑支护与降水、土方开挖必须编制专项施工方案，并出具安全验算结果，经施工单位技术负责人、监理单位总监理工程师签字后实施。满足论证要求的应组织专家进行方案论证。

（2）基坑支护结构必须具有足够的强度、刚度和稳定性。

（3）基坑支护结构（包括支撑等）的实际水平位移和竖向位移，必须控制在设计允许范围内。

（4）控制好基坑支护与降水、止水帷幕等施工质量，并确保位置正确和实施效果。

（5）控制好基坑支护（含锚杆施工）、降水与开挖的顺序和时间间隙。

（6）控制好管涌、流沙、坑底隆起、坑外地下水位变化和地表的沉陷等。

（7）控制好坑外建筑物、道路和管线等的沉降、位移。

5.4.6 基坑施工应急处理措施

基坑工程施工前，应对施工过程中可能出现的支护变形、漏水等影响基坑安全的不利因素制定应急预案。

（1）在基坑开挖过程中，一旦出现渗水或漏水，应根据水量大小，采用坑底设沟排水、引流修补、密实混凝土封堵、压密注浆、高压喷射注浆等方法及时处理。

（2）水泥土墙等重力式支护结构如果位移超过设计估计值应予以高度重视，做好位移监测，掌握发展趋势。如位移持续发展，超过设计值较多，则应采用水泥土墙背后卸载、加快垫层施工及垫层加厚和加设支撑等方法及时处理。

（3）悬臂式支护结构发生位移时，应采取加设支撑或锚杆、支护墙背卸土等方法及时处理。悬臂式支护结构发生深层滑动应及时浇筑垫层，必要时也可加厚垫层，以形成下部水平支撑。

（4）支撑式支护结构如发生墙背土体沉陷，应采取增设坑内降水设备降低地下水、进行坑底加固、垫层随挖随浇、加厚垫层或采用配筋垫层、设置坑底支撑等方法及时处理。

（5）对轻微的流沙现象，在基坑开挖后可采用加快垫层浇筑或加厚垫层的方法"压住"流沙。对较严重的流沙，应增加坑内降水措施。

（6）如发生管涌，可在支护墙前再打设一排钢板桩，在钢板桩与支护墙间进行注浆。

（7）对邻近建筑物沉降的控制一般可采用跟踪注浆的方法。对沉降很大，而压密注浆不能控制的建筑，如果基础是钢筋混凝土的，则可考虑静力锚杆压桩的方法。

（8）对基坑周围管线保护的应急措施一般包括打设封闭桩或开挖隔离沟、管线架空两种方法。

5.4.7 人工开挖安全

（1）土方工程的开挖（与填筑）必须按照经批准的施工组织设计或专项施工方案组织实施，并采取安全技术措施。

（2）人工开挖基坑、基槽，应结合周围条件、开挖范围适当安排工人的人数，保证每人的必要工作面，避免由于工作面狭窄造成相互干扰，影响工效和发生伤害事故。人工挖土两人操作间距横向不得小于 2m，纵向不得小于 3m。

土方开挖，宜从上至下分层依次连续进行，尽快完成。禁止采用底脚挖空的操作法。距坑边 1m 处设截水沟，以防止地面水流入坑、沟槽内，避免边坡塌方或基土遭到破坏，影响工程的顺利进行。

（3）明挖放坡宽度必须大于土质自然破裂线宽度；开挖深度 1.5m 以上，且无条件放坡时，必须设置支撑。

（4）挖掘土方有地下水时，应采取降水措施，以保障施工安全（在施工方案已确定采用水下作业方法除外）。

（5）人工挖槽沟，应先沿灰线直边切出槽边轮廓线，然后分步分层向下开挖，每步土层厚度 300～350mm，每层厚度 600～700mm。所挖土方，可抛槽边两侧。

（6）深度超过 1.5m 的基坑周边须安装防护栏杆。

（7）夜间施工必须有充足的灯光照明。在深坑（井）内作业时，应采取通风和测毒措施。发现可疑现象应立即停止工作并报有关部门处理。

（8）每天开挖前及开挖过程中，应检查基槽或管沟的支撑及边坡稳定情况。如发现异常（裂缝、疏松，支撑产生折断及走动等）应立即采取防范、补救、加固措施。

（9）挖大孔径桩及扩底桩施工前，必须按规定制定防人员坠落、防落物、防坍塌、防人员窒息等安全防护措施。

5.4.8　其他安全技术要求

（1）在沟、槽、坑边堆放土方、材料时，应与坑上部边缘至少保留 2m 的安全距离，且堆置高度不大于 1.5m，应随时对边坡和支撑进行检查。

（2）在挖基坑、槽时，发现不能辨认的物品、管道和线路，应立即报告上级处理。

（3）作业人员上下基坑时应有安全可靠的扶梯和跨越基坑的桥板。

（4）施工穿越道路的基坑时必须挂放警告标志，夜间应设红灯示警。

（5）当基坑深于相邻原有建筑物基础又无法使其保持一定的净距时，应采取分段施工、设临时支撑和打板桩等施工措施。

（6）施工地下室采用砖砌墙做挡土和模板时，应注意其抵抗能力，且土方的分层回填应与混凝土的浇筑同时进行。

（7）采用爆破方法施工时应按爆破工程的安全管理与技术要求执行。

（8）机械开挖应设专人指挥。机械放置平台应保持稳定，挖掘前要发出信号。严禁人员进入机械旋转范围。多台机械开挖，挖土间距应大于 10m 以上。多台阶开挖应验算边坡稳定，确定挖土机离台阶边坡底脚安全距离。

（9）解冻期施工时，应考虑土体解冻后边坡的稳定。

（10）在沟槽内的作业人员必须佩戴安全帽。

（11）用潜水泵抽水时，应认真检查设备是否完好，线路有无破损，且必须安装漏电保护器，以免发生触电事故。

重难点知识讲解

1. 土方工程施工时，哪些工程属于危大工程？

2. 土方工程施工时，哪些工程属于超大工程？

3. 连续式水平支撑的支撑方法及使用条件是什么？

4. 断续式水平支撑的支撑方法及使用条件是什么？

5. 如果设计无要求，基坑变形的监控值分别是什么？

复习思考题

1. 连续式水平支撑的支撑方法及使用条件是什么？

2. 断续式水平支撑的支撑方法及使用条件是什么？

3. 基坑是如何分级的？

4. 基坑发生坍塌以前的主要迹象是什么？

5. 如果设计无要求，基坑变形的监控值分别是什么？

6. 基坑工程监测的内容有哪些？

第6章 脚手架工程

学习要求

通过本章内容的学习，了解脚手架的分类与要求，熟悉多立杆双排脚手架的组成、安全检查，熟悉脚手架的安全管理要求。

6.1 脚手架概述

6.1.1 脚手架的作用

脚手架又称架子，是建筑施工中的重要设施，是保证高处作业安全、顺利进行施工而搭设的工作平台或作业通道。在结构施工、装修施工和设备管道的安装中，都需要按照要求搭设脚手架。

工人进行砌筑操作中，脚手架是运送及堆积材料的一种临时设施。砌筑施工时工人的劳动生产率受砌体的砌筑高度影响，在距地面 0.6m 左右时生产率最高；砌筑高度高于或低于 0.6m 时，生产率相对降低，且工人劳动强度增加；砌筑高度达到一定高度时，则必须搭设脚手架。考虑到砌墙工作效率及施工组织等因素，每次搭设脚手架的高度一般确定为 1.2m 左右，称为"一步架高度"，也叫墙体的可砌高度。砌筑时，当砌到 1.2m 左右即应停止砌筑，搭设脚手架后再继续砌筑。

6.1.2 对脚手架的基本要求

（1）有适当的宽度、一步架高度、离墙距离能够满足工人操作、材料堆放及运输的需要。

（2）装拆简单，能多次周转使用。

（3）坚固稳定。应有足够的强度、刚度及稳定性，保证在施工期间在可能出现的使用荷载（规定限值）的作用下，不变形、不倾斜、不摇晃。

6.1.3 脚手架的分类

（1）按用途分

脚手架按其用途可分为砌筑用脚手架、装修用脚手架、混凝土工程用脚手架（包括模板支撑架）等。

（2）按材料分

脚手架按其使用材料可分为木脚手架、竹脚手架、金属脚手架等。

（3）按搭设位置分

脚手架按其搭设位置可分为外脚手架、里脚手架。

（4）按构造形式分

脚手架按其构造形式可分为多力杆式（分单排、双排和满堂脚手架）、碗扣式、悬挑式、框式、桥式、悬吊式、塔式、工具式脚手架等。

6.1.4 悬挑脚手架简述

1）悬挑脚手架适用范围

（1）±0.000 以下结构工程回填土不能及时回填，而主体结构工程必须立即进行，否则影响工期。

（2）高层建筑主体结构四周为裙房，脚手架不能直接支撑在地面上。

（3）超高建筑施工，脚手架搭设高度超过了允许搭设的高度，因此将整个脚手架分成了若干段，每段支撑在沿外墙结构挑出的结构上。

2）悬挑脚手架与落地式脚手架的对比

悬挑脚手架与落地式脚手架的对比见表 6-1。

悬挑脚手架与落地式脚手架的对比   表 6-1

悬挑脚手架	落地式脚手架
构造简单，操作方便，减少钢管的投入量	材料使用量大，周转慢，搭设高度受到限制
节约人工费	较费人工，成本高
计算较为复杂、搭拆繁琐、施工难度较大	结构简单，架设快捷、安全，维修方便

落地双排扣件式脚手架与悬挑式双排扣件式脚手架被工地现场广泛使用。在条件许可时，推荐下部使用落地脚手架，上部采用悬挑脚手架。

3）悬挑脚手架的构造措施

（1）一次悬挑脚手架高度不宜超过 20m。

（2）型钢悬挑梁宜采用双轴对称截面的型钢。悬挑钢梁型号及锚固件应按设计确定，钢梁截面高度不应小于 160mm。悬挑梁尾端应在两处及以上固定于钢筋混凝土梁板结构上。锚固型钢悬挑梁的 U 形钢筋拉环或锚固螺栓直径不宜小于 16mm，如图 6-1 所示。

（3）悬挑梁悬挑长度按设计确定。固定段长度不应小于悬挑段长度的 1.25 倍。

（4）型钢悬挑梁悬挑端应设置能使脚手架立杆与钢梁可靠固定的定位点，定位点离悬挑梁端部不应小于 100mm。

（5）锚固位置设置在楼板上时，楼板的厚度不宜小于 120mm。

（6）悬挑梁间距应按悬挑架架体立杆纵距设置，每一纵距设置一根。

（7）悬挑架的外立面剪刀撑应自下而上连续设置。

6.1.5 脚手架常易发生的事故

主要是坍塌。主要原因有：

（1）落地式脚手架基础处理不当，发生不均匀沉降。

（2）用料选材不符合规范。

（3）脚手架与永久结构拉结不牢。

（4）脚手架未按规定搭设剪刀撑、抛撑，或是设置但不合格，失稳而坍塌。

（5）拆架操作不符合安全规定导致坍塌。

6.1.6 脚手架的技术管理

1）属于危大工程的脚手架工程

（1）搭设高度 24m 及以上的落地式钢管脚手架工程（包括采光井、电梯井脚手架）。

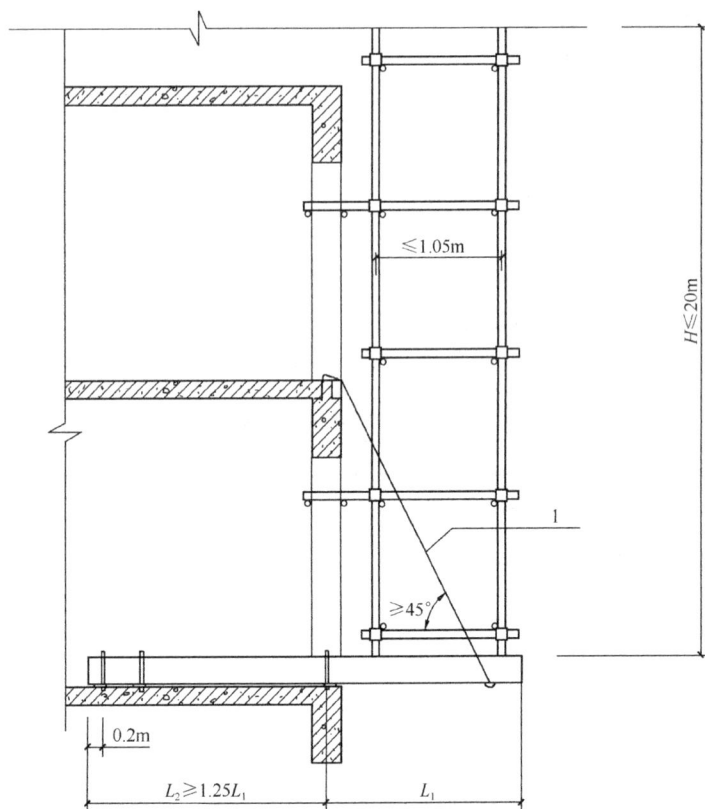

图 6-1 型钢脚手架构造

1—钢丝绳或钢拉杆

（2）附着式升降脚手架工程。

（3）悬挑式脚手架工程。

（4）高处作业吊篮。

（5）卸料平台、操作平台工程。

（6）异型脚手架工程。

2）属于超大工程的脚手架工程

（1）搭设高度 50m 及以上落地式钢管脚手架工程。

（2）提升高度在 150m 及以上的附着式升降脚手架工程或附着式升降操作平台工程。

（3）架体高度 20m 及以上悬挑式脚手架工程。

脚手架属于危大工程或超大工程，为保证脚手架的使用安全，要按危大工程或超大工程进行安全管理。扣件式钢管脚手架的计算主要是应用土木工程学科的知识，依据《建筑施工扣件式钢管脚手架安全技术规范》JGJ 130—2011（本章所指规范均为本规范）的规定进行。脚手架搭设在特定的阶段要进行验收，合格后才可以使用或进行下一步工作。其他形式的脚手架请参照相应的规范进行设计计算、施工与验收。

6.2 多立杆式双排外脚手架

外脚手架是在建筑物外侧搭设的脚手架,既可用于外墙砌筑,又可用于外墙装修。多立杆式外脚手架按其立杆布置方式分为单排和双排两种。目前,多立杆式脚手架常用扣件钢管搭设。

6.2.1 组成

扣件钢管多立杆式外脚手架主要由立杆、大横杆、小横杆、剪刀撑、连墙件、脚手板等组成,如图 6-2 所示。术语解析见附录。

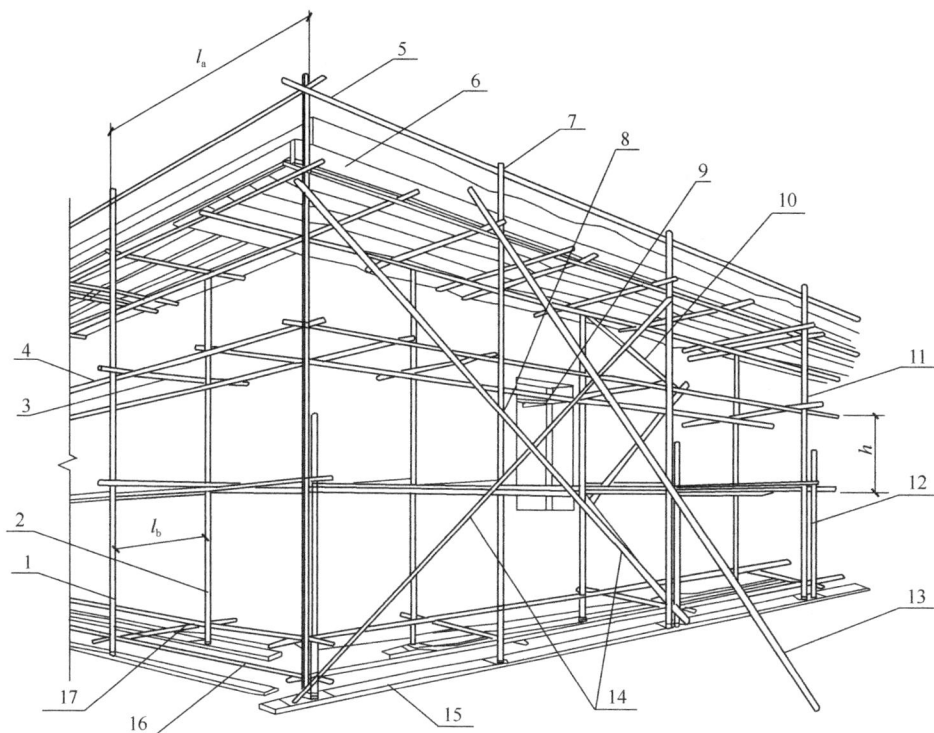

图 6-2 双排扣件式钢管脚手架各杆件位置

1—外立杆;2—内立杆;3—横向水平杆;4—纵向水平杆;5—栏杆;6—挡脚板;7—直角扣件;8—旋转扣件;9—连墙件;10—横向斜撑;11—主立杆;12—副立杆;13—抛撑;14—剪刀撑;15—垫板;16—纵向扫地杆;17—横向扫地杆;l_a—纵向立杆间距(简称纵距);l_b—横向立杆间距(简称横距);h—步架高(简称步距)

根据使用要求不同,它们的主要作用为:

(1)立杆(也称立柱、站柱、冲天柱、竖杆等)

它与地面垂直,是脚手架主要受力杆件。作用是将脚手架上所堆放的物料和操作人员的全部荷载,通过底座(或垫板)传到地基上。

(2)大横杆(也称纵向水平杆、顺水杆等)

它与墙面平行,作用是与立杆连成整体,将脚手板上堆放物料和操作人员的全部荷载传到立杆上。

（3）小横杆（也称横向水平杆、横楞、横担、六尺杠等）

它与墙面垂直，作用是直接承受脚手板上的荷载，并传到大横杆上。

（4）斜撑

它是紧贴脚手架外排立杆，与立杆斜交并与地面约成 45°～60°角，上下连续设置，形成"之"字形，主要是在脚手架拐角处设置。作用是防止架子沿纵长方向倾斜。

（5）剪刀撑（也称十字撑、十字盖）

它是在脚手架外侧交叉成十字形的双支斜杆，双杆互相交叉，并都与地面成 45°～60°夹角。作用是把脚手架连成整体，增强脚手架的整体稳定。

（6）抛撑（支撑、压栏子等）

它是设置在脚手架周围支撑架子的斜杆。一般与地面成 60°夹角，并与墙面斜交。作用是增加脚手架横向稳定，防止脚手架向外倾斜或倾倒。

（7）连墙件

它是沿立杆的竖向不大于 4m，水平方向不大于 3 跨，设置的能承受拉和压而与主体结构相连的水平杆件。作用主要是承受脚手架的全部风荷载和脚手架里、外排立杆不均匀下沉所产生的荷载。

（8）脚手板

也称跳板、架板，是直接承受施工荷载的承力构件。作用是为操作工人提供安全、方便的一个操作行走的工作场所。

6.2.2　构配件

（1）钢管

扣件式钢管脚手架应采用外径 48mm，壁厚 3.6mm 的焊接钢管。用于立杆、大横杆和斜撑的钢管长度以 4～6.5m 为好，这样的长度一般在 25kg 以内，适合人工操作。用于小横杆的钢管长度以 2.1～2.3m 为宜，以适应脚手架的宽度。

（2）扣件

扣件常用的形式有直角扣件、旋转扣件和对接扣件，如图 6-3 所示。直角扣件用于两根垂直交叉钢管的连接；对接扣件用于两根钢管对接连接；旋转扣件用于两根任意角度交叉钢管的连接。

（3）脚手板

脚手板可用钢、木、竹等材料制作，每块质量不宜大于 30kg。冲压钢脚手板是常用的一种脚手板，一般用厚 2mm 的钢板压制而成，长度 2～4m，宽度 250mm，表面应有防滑措施。木脚手板可采用厚度不小于 50mm 的杉木板或松木制作，长度 3～4m，宽度 200～250mm，两端均设镀锌钢丝箍两道，以防止木脚手板端部破坏。竹脚手板，应用毛竹或楠竹制成竹串片板及竹笆板。

6.2.3　构造要求

1）常用单、双排脚手架设计尺寸

（1）常用密目式安全立网全封闭单、双排脚手架结构的设计尺寸，可按表 6-2、表 6-3 采用。

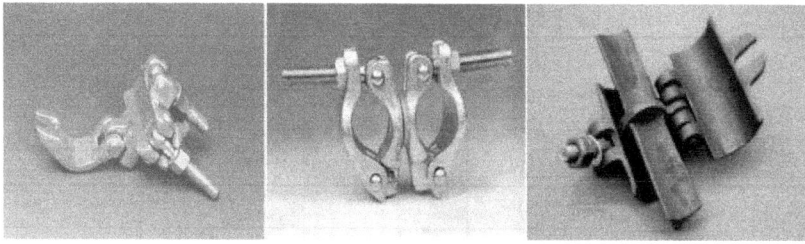

直角扣件（照片）	旋转扣件（照片）	对接扣件（照片）
直角扣件	旋转扣件	对接扣件

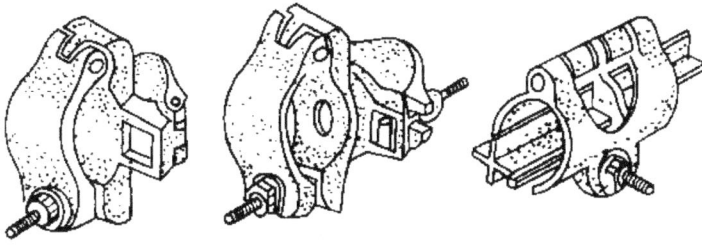

图 6-3 扣件形式

常用敞开式双排脚手架的设计尺寸（m） 表 6-2

连墙件设置	立杆横距 l_b	步距 h	下列荷载时的立杆纵距 l_a				脚手架允许搭设高度 $[H]$
			$2+0.35$ (kN/m^2)	$2+2+$ 2×0.35 (kN/m^2)	$3+0.35$ (kN/m^2)	$3+2+$ 2×0.35 (kN/m^2)	
二步三跨	1.05	1.50	2.0	1.5	1.5	1.5	50
		1.80	1.8	1.5	1.5	1.5	32
	1.30	1.50	1.8	1.5	1.5	1.5	50
		1.80	1.8	1.2	1.5	1.2	30
	1.55	1.50	1.8	1.5	1.5	1.5	38
		1.80	1.8	1.2	1.5	1.2	22
三步三跨	1.05	1.50	2.0	1.5	1.5	1.5	43
		1.80	1.8	1.2	1.5	1.2	24
	1.30	1.50	1.8	1.5	1.5	1.2	30
		1.80	1.8	1.2	1.5	1.2	17

注：1. 表中所示 $2+2+2 \times 0.35$（kN/m^2），包括下列荷载：$2+2$（kN/m^2）为二层装修作业层施工荷载标准值；2×0.35（kN/m^2）为二层作业层脚手板自重荷载标准值。
　　2. 作业层横向水平杆间距，应按不大于 $l_a/2$ 设置。
　　3. 地面粗糙度为 B 类，基本风压 $\omega_0 = 0.4 kN/m^2$。

常用密目式安全立网全封闭式单排脚手架的设计尺寸（m） 表 6-3

连墙件设置	立杆横距 l_b	步距 h	下列荷载时的立杆纵距 l_a		脚手架允许搭设高度 $[H]$
			$2+0.35$ (kN/m^2)	$3+0.35$ (kN/m^2)	
二步三跨	1.20	1.50	2.0	1.8	24
		1.80	1.5	1.2	24
	1.40	1.50	1.8	1.5	24
		1.80	1.5	1.2	24

连墙件设置	立杆横距 l_b	步距 h	下列荷载时的立杆纵距 l_a		脚手架允许搭设高度 $[H]$
			2+0.35 (kN/m²)	3+0.35 (kN/m²)	
三步三跨	1.20	1.50	2.0	1.8	24
		1.80	1.2	1.2	24
	1.40	1.50	1.8	1.5	24
		1.80	1.2	1.2	24

注：同表6-2。

（2）单排脚手架搭设高度不应超过24m；双排脚手架搭设高度不宜超过50m，高度超过50m的双排脚手架应采用分段搭设措施。

2）纵向水平杆、横向水平杆、脚手板

（1）纵向水平杆的构造应符合下列规定：

① 纵向水平杆应设置在立杆内侧，单根杆长度不应小于3跨；

② 纵向水平杆接长应采用对接扣件连接或搭接。并应符合下列规定：

a. 两根相邻纵向水平杆的接头不应设置在同步或同跨内；不同步或不同跨两个相邻接头在水平方向错开的距离不应小于500mm；各接头中心至最近主节点的距离不应大于纵距的1/3（见图6-4）。

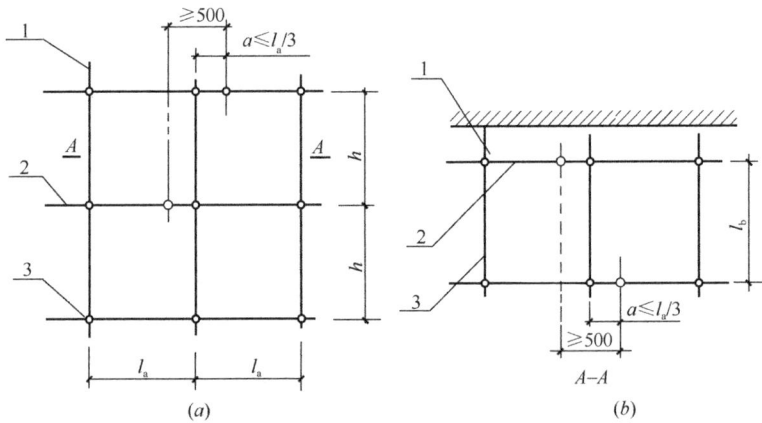

图6-4　纵向水平杆对接接头布置
（a）接头不在同步内（立面）；（b）接头不在同跨内（平面）
1—立杆；2—纵向水平杆；3—横向水平杆

b. 搭接长度不应小于1m，应等间距设置3个旋转扣件固定，端部扣件盖板边缘至搭接纵向水平杆杆端的距离不应小于100mm。

c. 当使用冲压钢脚手板、木脚手板、竹串片脚手板时，纵向水平杆应作为横向水平杆的支座，用直角扣件固定在立杆上；当使用竹笆脚手板时，纵向水平杆应采用直角扣件固定在横向水平杆上，并应等间距设置，间距不应大于400mm（见图6-5）。

（2）横向水平杆的构造应符合下列规定：

① 作业层上非主节点处的横向水平杆，宜根据支承脚手板的需要等间距设置，最大间距不应大于纵距的1/2。

② 当使用冲压钢脚手板、木脚手板、竹串片脚手板时，双排脚手架的横向水平杆两端均应采用直角扣件固定在纵向水平杆上；单排脚手架的横向水平杆的一端应用直角扣件固定在纵向水平杆上，另一端应插入墙内，插入长度不应小于180mm。

③ 当使用竹笆脚手板时，双排脚手架的横向水平杆两端，应用直角扣件固定在立杆上；单排脚手架的横向水平杆的一端，应用直角扣件固定在立杆上，另一端应插入墙内，插入长度亦不应小于180mm。

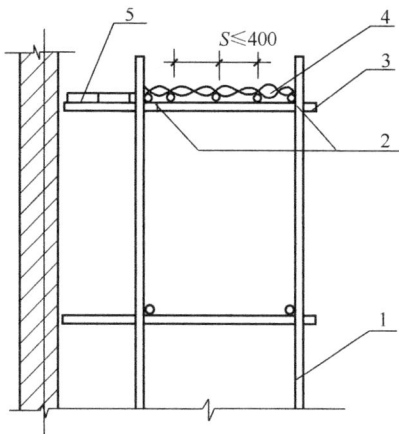

图 6-5 铺竹笆脚手板时纵向水平杆的构造

1—立杆；2—纵向水平杆；3—横向水平杆；
4—竹笆脚手板；5—其他脚手板

（3）主节点处必须设置一根横向水平杆，用直角扣件扣接且严禁拆除。

（4）脚手板的设置应符合下列规定：

① 作业层脚手板应铺满、铺稳、铺实。

② 冲压钢脚手板、木脚手板、竹串片脚手板等，应设置在三根横向水平杆上。当脚手板长度小于2m时，可采用两根横向水平杆支承，但应将脚手板两端与其可靠固定，严防倾翻。脚手板的铺设应采用对接平铺或搭接铺设。脚手板对接平铺时，接头处必须设两根横向水平杆，脚手板外伸长应取130～150mm，两块脚手板外伸长度的和不应大于300mm（见图6-6a）；脚手板搭接铺设时，接头必须支在横向水平杆上，搭接长度不应小于200mm，其伸出横向水平杆的长度不应小于100mm（见图6-6b）。

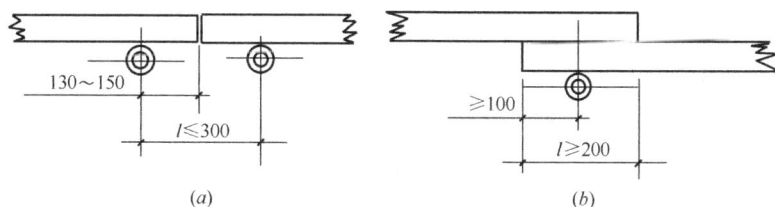

图 6-6 脚手板对接、搭接构造
（a）脚手板对接；（b）脚手板搭接

③ 竹笆脚手板应按其主竹筋垂直于纵向水平杆方向铺设，且采用对接平铺，四个角应用直径不小于1.2mm的镀锌钢丝固定在纵向水平杆上。

④ 作业层端部脚手板探头长度应取150mm，其板的两端均应固定于支承杆件上。

3）立杆

（1）每根立杆底部应设置底座或垫板。

（2）脚手架必须设置纵、横向扫地杆。纵向扫地杆应采用直角扣件固定在距底座上皮不大于 200mm 处的立杆上。横向扫地杆应采用直角扣件固定在紧靠纵向扫地杆下方的立杆上。

（3）脚手架立杆基础不在同一高度上时，必须将高处的纵向扫地杆向低处延长两跨与立杆固定，高低差不应大于 1m。靠边坡上方的立杆轴线到边坡的距离不应小于 500mm（见图 6-7）。

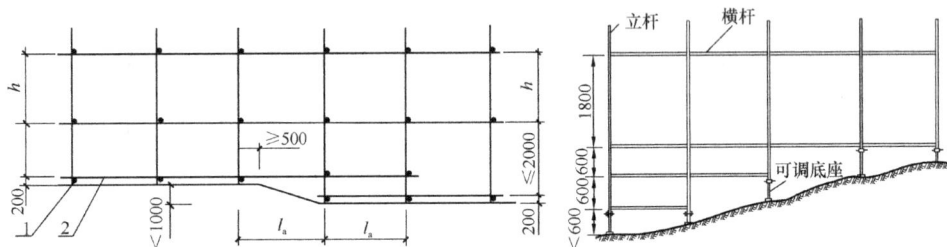

图 6-7　纵、横向扫地杆构造
1—横向扫地杆；2—纵向扫地杆

（4）单、双排脚手架底层步距均不应大于 2m。

（5）单排、双排与满堂脚手架立杆接长除顶层顶步外，其余各层各步接头必须采用对接扣件连接。

（6）脚手架立杆对接、搭接应符合下列规定：

① 当立杆采用对接接长时，立杆的对接扣件应交错布置，两根相邻立杆的接头不应设置在同步内，同步内隔一根立杆的两个相隔接头在高度方向错开的距离不宜小于 500mm；各接头中心至主节点的距离不宜大于步距的 1/3。

② 当立杆采用搭接接长时，搭接长度不应小于 1m，并应采用不少于 2 个旋转扣件固定。端部扣件盖板的边缘至杆端距离不应小于 100mm。

（7）脚手架立杆顶端栏杆宜高出女儿墙上端 1m，宜高出檐口上端 1.5m。

4）连墙件

（1）连墙件设置的位置、数量应按专项施工方案确定。

（2）脚手架连墙件数量的设置除应满足规范的计算要求外，还应符合表 6-4 的规定，≤50m 脚手架连墙件应按 3 步 3 跨布置，50m 以上的脚手架按 2 步 3 跨布置。

连墙件布置最大间距　　　　　　　　　　　　　　　　　　　表 6-4

搭设方法	高度	竖向间距 (h)	水平间距 (l_a)	每根连墙件覆盖面积（m²）
双排落地	≤50m	$3h$	$3l_a$	≤40
双排悬挑	>50m	$2h$	$3l_a$	≤27
单排	≤24m	$3h$	$3l_a$	≤40

注：h—步距；l_a—纵距。

（3）连墙件的布置应符合下列规定：

①应靠近主节点设置，偏离主节点的距离不应大于 300mm；

②应从底层第一步纵向水平杆处开始设置，当该处设置有困难时，应采用其他可靠措施固定；

③应优先采用菱形布置，或采用方形、矩形布置。

（4）开口型脚手架的两端必须设置连墙件，连墙件的垂直间距不应大于建筑物的层高，并不应大于4m。

（5）连墙件中的连墙杆应呈水平设置，当不能水平设置时，应向脚手架一端下斜连接。

（6）连墙件必须采用可承受拉力和压力的构造。对高度24m以上的双排脚手架，应采用刚性连墙件与建筑物连接。

（7）当脚手架下部暂不能设连墙件时应采取防倾覆措施。当搭设抛撑时，抛撑应采用通长杆件，并用旋转扣件固定在脚手架上，与地面的倾角应在45°～60°之间；连接点中心至主节点的距离不应大于300mm。抛撑应在连墙件搭设后方可拆除。

（8）架高超过40m且有风涡流作用时，应采取抗上升翻流作用的连墙措施。

5）剪刀撑与横向斜撑

（1）双排脚手架应设剪刀撑与横向斜撑，单排脚手架应设剪刀撑。

（2）单、双排脚手架剪刀撑的设置应符合下列规定：

①每道剪刀撑跨越立杆的根数宜按表6-5的规定确定。每道剪刀撑宽度不应小于4跨，且不应小于6m，斜杆与地面的倾角宜在45°～60°之间。

剪刀撑跨越立杆的最多根数   表6-5

剪刀撑斜杆与地面的倾角 α	45°	50°	60°
剪刀撑跨越立杆的最多根数 n	7	6	5

②剪刀撑斜杆的接长应采用搭接或对接，搭接应符合本节3）立杆（6）中的规定。

③剪刀撑斜杆应用旋转扣件固定在与之相交的横向水平杆的伸出端或立杆上，旋转扣件中心线至主节点的距离不宜大于150mm。

（3）高度在24m及以上的双排脚手架应在外侧立面连续设置剪刀撑；高度在24m以下的单、双排脚手架，均必须在外侧立面两端、转角及中间间隔不超过15m的立面上，各设置一道剪刀撑，并应由底至顶连续设置，如图6-8所示。

（4）双排脚手架横向斜撑的设置应符合下列规定：

①横向斜撑应在同一节间，由底至顶层呈之字形连续布置，斜撑的固定应符合规定。

②高度在24m以下的封闭型双排脚手架可不设横向斜撑，高度在24m以上的封闭型脚手架，除拐角应设置横向斜撑外，中间应每隔6跨设置一道。

（5）开口型双排脚手架的两端均必须设置横向斜撑，如图6-8所示。

6）斜道

（1）人行并兼作材料运输的斜道的形式宜按下列要求确定：

① 高度不大于6m的脚手架，宜采用一字形斜道；

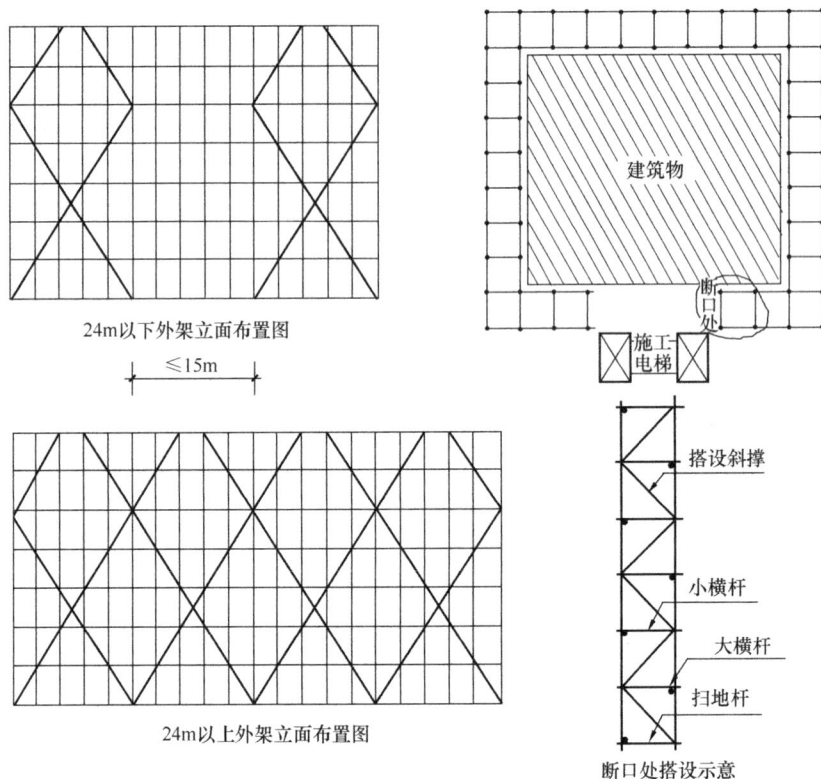

24m以下外架立面布置图

≤15m

24m以上外架立面布置图

建筑物

断口处

施工电梯

搭设斜撑

小横杆

大横杆

扫地杆

断口处搭设示意

图 6-8　剪刀撑布置

② 高度大于 6m 的脚手架，宜采用之字形斜道。

（2）斜道的构造应符合下列规定：

① 斜道应附着外脚手架或建筑物设置；

② 运料斜道宽度不应小于 1.5m，坡度不应大于 1：6，人行斜道宽度不应小于 1m，坡度不应大于 1：3；

③ 拐弯处应设置平台，其宽度不应小于斜道宽度；

④ 斜道两侧及平台外围均应设置栏杆及挡脚板。栏杆高度应为 1.2m，挡脚板高度不应小于 180mm；

⑤ 运料斜道两端、平台外围和端部均应按本节 4）连墙件（1）～（6）的规定设置连墙件；每两步应加设水平斜杆；应按本节 5）剪刀撑与横向斜撑（2）～（5）的规定设置剪刀撑和横向斜撑。

（3）斜道脚手板构造应符合下列规定：

① 脚手板横铺时，应在横向水平杆下增设纵向支托杆，纵向支托杆间距不应大于 500mm。

② 脚手板顺铺时，接头宜采用搭接；下面的板头应压住上面的板头，板头的凸棱外应采用三角木填顺。

③ 人行斜道和运料斜道的脚手板上应每隔 250～300mm 设置一根防滑木条，木条厚度应为 20～30mm。

6.2.4 脚手架地基承载力计算

（1）立杆基础底面的平均压力应满足下式的要求：

$$p_k = N_k/A \leqslant f_g \tag{6-1}$$

式中　p_k——立杆基础底面处的平均压力标准值（kPa）；

N_k——上部结构传至立杆基础顶面的轴向力标准值（kN）；

A——基础底面面积（m²）；

f_g——地基承载力特征值（kPa）。

（2）地基承载力特征值的取值应符合下列规定：

① 当为天然地基时，应按地质勘探报告选用；当为回填土地基时，应对地质勘探报告提供的回填土地基承载力特征值乘以折减系数 0.4。

② 由载荷试验或工程经验确定。

（3）对搭设在楼面等建筑结构上的脚手架，应对支撑架体的建筑结构进行承载力验算，当不能满足承载力要求时应采取可靠的加固措施。

6.3　脚手架的检查验收、使用与拆除

6.3.1　脚手架检查与验收

1）脚手架及其地基基础进行检查与验收的时机

（1）基础完工后及脚手架搭设前；

（2）作业层上施加荷载前；

（3）每搭设完 6～8m 高度后；

（4）达到设计高度后；

（5）遇有六级强风及以上风或大雨后；冻结地区解冻后；

（6）停用超过一个月。

2）脚手架使用中，应定期检查的内容

（1）杆件的设置和连接，连墙件、支撑、门洞桁架等的构造应符合规范和专项施工方案要求；

（2）地基应无积水，底座应无松动，立杆应无悬空；

（3）扣件螺栓应无松动；

（4）高度在 24m 以上的双排、满堂脚手架，其立杆的沉降与垂直度的偏差应符合表 6-6 项次 1、2 的规定；

（5）安全防护措施应符合规范要求；

（6）应无超载使用。

3）脚手架搭设的技术要求、允许偏差与检验方法，应符合表 6-6 的规定。

4）安装后的扣件螺栓拧紧扭力矩应采用扭力扳手检查，抽样方法应按随机分布原则进行。抽样检查数目与质量判定标准，应按表 6-7 的规定确定。不合格的必须重新拧紧至合格。

脚手架搭设的技术要求、允许偏差与检验方法　　表 6-6

项次	项目		技术要求	允许偏差 Δ（mm）	示意图	检查方法与工具
1	地基基础	表面	坚实平整	—	—	观察
		排水	不积水			
		垫板	不晃动			
		底座	不滑动			
			不沉降	—10		
2	单、双排与满堂脚手架立杆垂直度	最后验收立杆垂直度(20～50)m	—	±100		用经纬仪或吊线和卷尺

下列脚手架允许水平偏差（mm）

搭设中检查偏差的高度（m）	总　高　度		
	50m	40m	20m
H＝2	±7	±7	±7
H＝10	±20	±25	±50
H＝20	±40	±50	±100
H＝30	±60	±75	
H＝40	±80	±100	
H＝50	±100		

中间档次用插入法

项次	项目	技术要求	允许偏差 Δ（mm）	示意图	检查方法与工具
3	单双排、满堂脚手架间距	步距 纵距 横距	±20 ±50 ±20	—	钢板尺
4	纵向水平杆高差	一根杆的两端	—	±20		水平仪或水平尺
		同跨内两根纵向水平杆高差	—	±10		

注：1—立杆，2—纵向水平杆。

扣件拧紧抽样检查数目及质量判定标准　　　　表 6-7

项次	检查项目	安装扣件数量 （个）	抽查数量 （个）	允许的不合格数量 （个）
1	连接立杆与纵（横）向水平杆或剪刀撑的扣件；接长立杆、纵向水平杆或剪刀撑的扣件	51～90	5	0
		91～150	8	1
		151～280	13	1
		281～500	20	2
		501～1200	32	3
		1201～3200	50	5
2	连接横向水平杆与纵向水平杆的扣件（非主节点处）	51～90	5	1
		91～150	8	2
		151～280	13	3
		281～500	20	5
		501～1200	32	7
		1201～3200	50	10

5）脚手架检查、验收的技术文件

（1）对上述 2）、3）、4）项的内容检查、验收后形成的技术文件；

（2）专项施工方案及变更文件；

（3）技术交底文件；

（4）构配件质量检查表，见表 6-8。

构配件质量检查表　　　　表 6-8

项目	要　　求	抽检数量	检查方法
钢管	应有产品质量合格证、质量检验报告	750 根为一批，每批抽取 1 根	检查资料
	钢管表面应平整光滑，不应有裂缝、结疤、分层、错位、硬弯、毛刺、压痕、深的划道及严重锈蚀等缺陷，严禁打孔；钢管使用前必须涂刷防锈漆	全数	目测
钢管外径及壁厚	外径 48.3mm，允许偏差±0.5mm；壁厚 3.6mm，允许偏差±0.36，最小壁厚 3.24mm	3%	游标卡尺测量
扣件	应有生产许可证、质量检验报告、产品质量合格证、复试报告	《钢管脚手架扣件》GB 15831—2006 规定	检查资料
	不允许有裂缝、变形、螺栓滑丝；扣件与钢管接触部位不应有氧化皮；活动部位应能灵活转动，旋转扣件两旋转面间隙应小于 1mm；扣件表面应进行防锈处理	全数	目测
扣件螺栓拧紧扭力矩	扣件螺栓拧紧扭力矩值不应小于 40N·m，且不应大于 65 N·m	按表 6-7	扭力扳手

项目	要 求	抽检数量	检查方法
可调托撑	可调托撑受压承载力设计值不应小于40kN，应有产品质量合格证、质量检验报告	3%	检查资料
	可调托撑螺杆外径不应小于36mm，可调托撑螺杆与螺母旋合长度不得少于5扣，螺母厚度不小于30mm，插入立杆内的长度不得小于150mm，支托板厚不小于5mm，变形不大于1mm，螺杆与支托板焊接要牢固，焊缝高度不小于6mm	3%	游标卡尺钢板尺测量
	支托板、螺母有裂缝的严禁使用	全数	目测
脚手板	新冲压钢脚手板应有产品质量合格证		检查资料
	冲压钢脚手板板面挠曲≤12mm（l≤4m）或≤16mm（l>4m）；板面扭曲≤5mm（任一角翘起）	3%	钢板尺
	不得有裂纹、开焊与硬弯；新、旧脚手板均应涂防锈漆	全数	目测
	木脚手板材质应符合《木结构设计规范》GB50005中Ⅱ$_a$级材质的规定，扭曲变形、劈裂、腐朽的脚手板不得使用	全数	目测
	木脚手板的宽度不宜小于200mm，厚度不应小于50mm；板厚允许偏差－2mm	3%	钢板尺
	竹脚手板宜采用由毛竹或材楠竹制作的竹串片板、竹笆板	全数	目测
	竹串片脚手板宜采用螺栓将并列的竹片串连而成。螺栓直径宜为3～10mm，螺栓间距宜为500～600mm，螺栓离板端宜为200～250mm，板宽250mm，板长2000mm、2500mm、3000mm	3%	钢板尺

6.3.2　脚手架的使用

脚手架都是一根根杆件连接而成的，而且搭拆频繁，为使脚手架在整个施工过程中处于完好状态，不发生倒塌事故，必须正确使用和经常维护。

（1）脚手架上堆放的材料必须整齐、平稳，不能过载。

（2）不得在脚手架上使用梯子或其他类似的工具来增加高度，并不得随便锯断脚手杆来缩短宽度；不准随意拆除各种杆件做他用，也不准解开脚手架的绑扣做他用。

（3）不准在脚手架上用气、电焊割焊构件，也不准直接在脚手架上钻孔以及利用脚手架作电焊二次接地线。

（4）上下脚手架时应从规定的扶梯或斜道上走，不准利用脚手架或绳索上下攀登；不准在脚手架上跑、跳或从高处往脚手架上投扔物体。

（5）雪后作业时，要将脚手板上和爬梯蹬上的冰雪处理干净，必要时要在脚手板上垫上防滑物。

6.3.3 脚手架的拆除

（1）脚手架拆除应按专项方案施工，拆除前应做好下列准备工作：

① 应全面检查脚手架的扣件连接、连墙件、支撑体系等是否符合构造要求；

② 应根据检查结果补充完善施工脚手架专项方案中的拆除顺序和措施，经审批后方可实施；

③ 拆除前应对施工人员进行交底；

④ 应清除脚手架上杂物及地面障碍物。

（2）单、双排脚手架拆除作业必须由上而下逐层进行，严禁上下同时作业；连墙件必须随脚手架逐层拆除，严禁先将连墙件整层或数层拆除后再拆脚手架；分段拆除高差大于两步时，应增设连墙件加固。

（3）当脚手架拆至下部最后一根长立杆的高度（约 6.5m）时，应先在适当位置搭设临时抛撑加固后，再拆除连墙件。当单、双排脚手架采取分段、分立面拆除时，对不拆除的脚手架两端，应先按《建筑施工扣件式钢管脚手架安全技术规范》JGJ 130—2011 的有关规定设置连墙件和横向斜撑加固。

（4）架体拆除作业应设专人指挥，当有多人同时操作时，应明确分工、统一行动，且应具有足够的操作面。

（5）卸料时各构配件严禁抛掷至地面。

6.4 脚手架作业事故预防

脚手架是高处作业设施，在搭设、使用和拆除过程中，为确保作业人员的安全，重点应落实好预防脚手架垮塌、防电防雷击、预防人员坠落的措施。其中预防人员坠落措施参见本书第 8.2 节。

6.4.1 预防脚手架垮塌措施

脚手架经常搭设、拆除，变化较大。如果搭设质量不好，随时都有可能发生垮塌，造成人身伤害事故。防止脚手架垮塌，重点是"架子把好七道关"。

（1）材质关

严格按规定的质量、规格选择材料。

（2）尺寸关

必须按规定的间距尺寸搭设立杆、横杆、剪刀撑、栏杆等。

（3）铺板关

架板必须满铺，不得有空隙和探头板、飞跳板，并经常清除板上杂物，保持清洁、平整。木板的厚度必须在 5cm 以上。

（4）连接关

脚手架必须按规定设置剪刀撑和横向斜撑，设置要求见本章 6.2.3 的 5）。

（5）承重关

作业人员不准在脚手板上跑、跳、挤。堆料不能过于集中，堆砖只允许单行侧摆 3 层，混凝土结构、砌筑结构脚手架施工均布荷载标准值均不大于 $3kN/m^2$，装修脚手架施工均布荷载标准值不大于 $2kN/m^2$。其他架子（桥架、吊篮、挂架等）必须经过计算和试验来确定其承重荷载；如必须超载，应采取加固措施。

（6）挑梁关

悬挑式脚手架，除吊篮按规定加工、设栏杆防护和立网外，挑梁架设要平坦和牢固。

（7）检验与维护关

验收合格后，方准上架作业。要建立安全责任制，按责任制对脚手架进行定期和不定期的检查和维护。使用过程中也要经常对架子进行检查，检查要仔细周密，对各种杆件、连接件、跳板、安全设施以及斜道上的防滑条要全面检查，不符合安全要求的要及时处理。要坚持雨、雪、风天之后和停工复工之后的及时检查，对有缺陷的杆、板要及时更换，松动的要及时固定牢，发现问题及时加固，确保使用安全。

6.4.2　防电防雷击措施

1）脚手架作业安全用电

（1）脚手架周边与外电架空线路的边线之间的最小安全操作距离应满足表6-9的要求。

钢管脚手架与外电架空线路的安全距离　　　　　　　　　　　　表 6-9

外电线路电压（kV）	最小距离（m）	外电线路电压（kV）	最小距离（m）
<1	4.0	220	10.0
1～10	6.0	330～500	15.0
35～110	8.0		

注：当达不到表6-9的规定时，必须采取绝缘隔离防护措施，并应悬挂醒目的警告标志。

（2）一般电线不得直接捆在金属架杆上，必须捆扎时应加垫木隔离。

（3）脚手架需要穿越或靠近380V以内的电力线路时，距离应在2m以上；如距离在2m以内时，在架设和使用期间，应采取可靠的绝缘措施：

① 对电线和脚手架进行包扎隔离，可用橡胶布等绝缘性能好的材料由电工包扎。包扎好的电线，应用麻绳扎牢，用瓷瓶固定，与脚手架保持一定距离。

② 脚手架采取接地处理。如电力线路垂直穿过或靠近钢管脚手架时，应将电力线路至少2m以内的钢管脚手架水平连接，并将线路下方的脚手架垂直连接进行接地。如电力线路和钢管脚手架平行靠近时，应将靠近电力线路的一段钢管脚手架在水平方向连接，并在靠墙的一侧每隔25m设一接地极，接地极入土深度为2～2.5m。

2）脚手架设施防雷

目前，脚手架多数使用易导电钢质材料，而且搭设又往往高于附近的建筑物，易遭雷击。为避免作业人员遭到雷击，脚手架必须采取防雷击措施。一般都采取安装避雷装置的方法，避雷装置由接闪器、引下线、接地极三部分组成。

（1）接闪器

接闪器即避雷针。可用直径25～32mm，壁厚不小于3mm的镀锌钢管或直径不小于12mm的镀锌钢筋制作。避雷针设在房屋四角的脚手架立杆上，架间每隔

24m 设一个避雷针，避雷针针端要高出最高架杆 3.5m。并将所有最上层的脚手架全部连通，形成避雷网路。

（2）引下线

引下线也叫接地线，可采用截面不小于 16mm² 的铝导线，或截面不小于 12mm² 的铜导线，或直径不小于 8mm 的圆钢或厚度不小于 4mm 的扁钢。引下线的连接要保证接触可靠。引下线与接地极的连接最好用焊接，焊接点长度应为接地线直径的 6 倍以上或扁钢宽度的 2 倍以上。如用螺栓连接，接触面不得小于接地线截面积的 4 倍，接地螺栓直径应不小于 9mm。

（3）接地极

垂直接地极可用长度 1.5～2.5m，直径不小于 20mm 的圆钢或 50×5 角钢；或壁厚不小于 2.5mm，直径为 25～50mm 的钢管。水平接地极可用长度不小于 3m，厚度不小于 4mm，宽 25～40mm 的扁钢或直径 10～16mm 的圆钢。另外也可利用埋在地下的金属管道（可燃或有爆炸介质的管道除外），金属桩、吸水井管以及与大地有可靠连接的结构作为接地极。接地极应符合下列要求：

① 可按脚手架的连续长度不超过 50m 设置一个接地极，但应满足离接地极最远点内脚手架上的过渡电阻不超过 10Ω 的要求，如不能满足此要求时，应缩小接地间距。

② 接地电阻（包括接地导线电阻加散流电阻）不得超过 10Ω。如果一个接地极的接地电阻不能满足 10Ω 的限值时，对于水平接地极应增加长度，对于垂直接地极则应增加个数。其相互间距离不应小于 3m，并用直径不小于 8mm 的圆钢或厚度不小于 4mm 的扁钢加以连接。

③ 接地极埋入地下的最高点，应在地面以下 50cm。埋设接地极时，应将新土夯实。

④ 接地极不得设置在干燥的土层内（例如蒸汽管道或烟囱风道附近经常受热的土层内），位于地下水以上的砖石、焦渣或砂子内均不得埋设接地极。

⑤ 接地极的位置，应选择人们不易走到的地方，以避免和减少跨步电压的危害和防止接地线遭受机械损伤。同时应注意与其他金属物体或电缆之间保持一定的距离（一般不小于 3m），以免发生击穿造成危害。

⑥ 接地装置的使用期在六个月以上时，不宜在地下利用裸铝导体作为接地极或接地线，在有强烈腐蚀性的土中，应使用镀铜或镀锌的接地极。

⑦ 其他有关注意事项：

接地装置在设置前要根据接地电阻限值、土的湿度和导电特性等进行设计，对接地方式和位置选择、接地极和接地线的布置、材料选用、连接方式、制作和安装要求等做出具体规定。装设完成后要进行检验和验收。

在施工期间遇有雷击或阴云密布将有雷雨时，脚手架上的操作人员应立即离开。

工期超过一年以上的施工设施，其避雷装置须每年测定 1～2 次接地电阻值，不符合规定时应重新埋设。

施工作业中不得随意切断或损坏避雷装置的任何部分，如不慎损坏时应立即修复。

6.4.3 架子把好十道关

防止脚手架垮塌，重点是"架子把好七道关"，加上上述"雷电关"，以及下文的上下关、栏杆关，脚手架要预防事故一共是"架子把好十道关"。

（1）上下架通道关

要为作业人员上下脚手架设置斜道、阶梯或正式爬梯。不得攀登脚手架上下，也不准乘坐非乘人的升降设备上下。

（2）防护栏杆关

任何结构形式的脚手架都要搭设防护栏杆。防护栏杆固定在脚手架外侧立杆上，高出脚手板平面 1～1.5m，并扎双道栏杆。钢管或钢筋栏杆要用扣件或焊接固定牢。因作业需要临时拆掉的栏杆，当作业完成时要及时恢复。斜道上必须设 1.2m 高的栏杆和立网。

脚手架作业的同时要设置挡脚板，挡脚板固定在脚手板上面的立杆里侧，高出脚手板平面 180mm 以上。挡脚板可用脚手板来设置。

6.5 脚手架的安全管理

（1）扣件钢管脚手架安装与拆除人员必须是经考核合格的专业架子工。架子工应持证上岗。

（2）搭拆脚手架人员必须戴安全帽、系安全带、穿防滑鞋。

（3）脚手架的构配件质量与搭设质量，应按规定进行检查验收，并在确认合格后使用。

（4）钢管上严禁打孔。

（5）作业层上的施工荷载应符合设计要求，不得超载。不得将模板支架、缆风绳、泵送混凝土和砂浆的输送管等固定在架体上；严禁悬挂起重设备，严禁拆除或移动架体上安全防护设施。

（6）满堂支撑架在使用过程中，应设有专人监护施工，当出现异常情况时，应停止施工，并应迅速撤离作业面上人员。应在采取确保安全的措施后，查明原因，做出判断和处理。

（7）满堂支撑架顶部的实际荷载不得超过设计规定。

（8）当有六级强风及以上风、浓雾、雨或雪天气时，应停止脚手架搭设与拆除作业。雨、雪后上架作业应有防滑措施，并应扫除积雪。

（9）夜间不宜进行脚手架搭设与拆除作业。

（10）脚手架的安全检查与维护，应按本书第 6.3 节的内容进行。

（11）脚手板应铺设牢靠、严实，并应用安全网双层兜底。施工层以下每隔 10m 应用安全网封闭。

（12）单、双排脚手架、悬挑式脚手架沿墙体外围应用密目式安全网全封闭，密目式安全网宜设置在脚手架外立杆的内侧，并应与架体绑扎牢固。

（13）在脚手架使用期间，严禁拆除下列杆件：

① 主节点处的纵、横向水平杆，纵、横向扫地杆；②连墙件。

（14）当在脚手架使用过程中开挖脚手架基础下的设备或管沟时，必须对脚手架采取加固措施。

（15）满堂脚手架与满堂支撑架在安装过程中，应采取防倾覆的临时固定措施。

（16）临街搭设脚手架时，外侧应有防止坠物伤人的防护措施。

（17）在脚手架上进行电、气焊作业时，应有防火措施和专人看守。

（18）搭拆脚手架时，地面应设围栏和警戒标志，并应派专人看守，严禁非操作人员入内。

重难点知识讲解

1. 脚手架工程施工时，哪些工程属于危大工程？

2. 脚手架工程施工时，哪些工程属于超大工程？

3. 双排扣件式脚手架的构造是什么？

4. 24m 以上的双排脚手架的剪刀撑有何技术要求？

复习思考题

1. 脚手架及其地基基础进行检查与验收的时机有哪些？至少列出五项。

2. 脚手架在使用过程中，应定期检查的内容是什么？

3. 双排扣件式脚手架的钢管尺寸的要求是什么？

4. 24m 以上的双排脚手架的剪刀撑有何技术要求？

第 7 章　模板工程

学习要求

通过本章内容的学习，了解模板的分类、组成，了解模板工程的设计，熟悉模板工程的安装技术要求，掌握模板工程拆除的技术要求。

钢筋混凝土结构具有强度较高，钢筋和混凝土两种材料的强度都能充分利用；可模性好，适用面广；耐久性和耐火性较好，维护费用低；现浇混凝土结构的整体性好，延性好，适用于抗震抗爆结构，同时防震性和防辐射性能较好，适用于防护结构；易于就地取材等很多优点，在房屋建筑中得到广泛应用。钢筋混凝土结构的缺点：自重大，抗裂性较差，施工复杂，工期较长。

模板工程是混凝土浇筑成型用的模板及其支架的设计、安装、拆除等一系列技术工作的总称。模板在现浇混凝土结构施工中使用量大、面广，每 $1m^3$ 混凝土工程模板用量高达 $4\sim5m^2$，其工程费用占现浇混凝土结构造价的 $30\%\sim35\%$，劳动用量占 $40\%\sim50\%$。模板工程在混凝土工程中占有举足轻重的地位，对施工质量、安全和工程成本有着重要的影响。

模板系统由模板和支撑两部分组成。模板是指与混凝土直接接触，使新浇筑混凝土成型，并使硬化后的混凝土具有设计所要求的形状和尺寸。支撑是保证模板形状、尺寸及其空间位置的支撑体系，它既要保证模板形状、尺寸和空间位置正确，又要承受模板传来的全部荷载。模板质量的好坏，直接影响到混凝土成型的质量；支架系统的好坏，直接影响到其他施工的安全。

7.1　模板的分类与构造

7.1.1　按材料分类

模板按所用的材料不同，分为木模板、胶合板模板、竹胶板模板、钢模板、钢框木胶模板、塑料模板、玻璃钢模板、铝合金模板等。

（1）木模板

木模板的树种可按各地区实际情况选用，一般多为松木和杉木。由于木模板木材消耗量大，重复使用率低，为了节约木材，在现浇混凝土结构施工中应尽量少用或不用木模板。优点是较适用于外形复杂或异形混凝土构件及冬期施工的混凝土工程；缺点是制作量大，木材资源浪费大等。

（2）胶合板模板

胶合板模板是由木材为基本材料压制而成，表面经酚醛薄膜处理，或经过塑料浸渍饰面或高密度塑料涂层处理的建筑用胶合板。优点是自重轻、板幅大、板面平整、施工安装方便简单，模板的承载力、刚度较好，能多次重复使用；模板的耐磨性强，防水性好；是一种较理想的模板材料，目前应用较多，但它需要消耗较多的木材资源。

（3）竹胶板模板

竹胶板模板以竹篾纵横交错编织热压而成。其纵横向的力学性能差异很小，强度、刚度和硬度比木材高；收缩率、膨胀率、吸水率比木材低，耐水性能好，受潮后不会变形；不仅富有弹性，而且耐磨、耐冲击，使用寿命长，能多次使用；重量较轻，可加工成大面模板；原材料丰富，价格较低，是一种理想的模板材料，应用越来越多，但施工安装不如胶合板模板方便。

（4）组合钢模板

组合钢模板一般做成定型模板，用连接构件拼装成各种形状和尺寸，适用于多种结构形式，在现浇混凝土结构施工中应用广泛。优点是轻便灵活、拆装方便、通用性强、周转率高等；缺点是接缝多且严密性差，导致混凝土成型后外观质量差。在使用过程中应注意保管和维护，防止生锈以延长使用寿命。

组合钢模板是一种工具式模板，由具有一定模数和类型的平面模板、角模、连接件和支承件组成。面板厚有 2.3mm，2.5mm，2.8mm 三种。钢模板的类型主要有平面模板（代号 P）、阴角模板（代号 E）、阳角模板（代号 Y）、连接角模（代号 J）等，如图 7-1 所示。钢模板的规格见表 7-1。

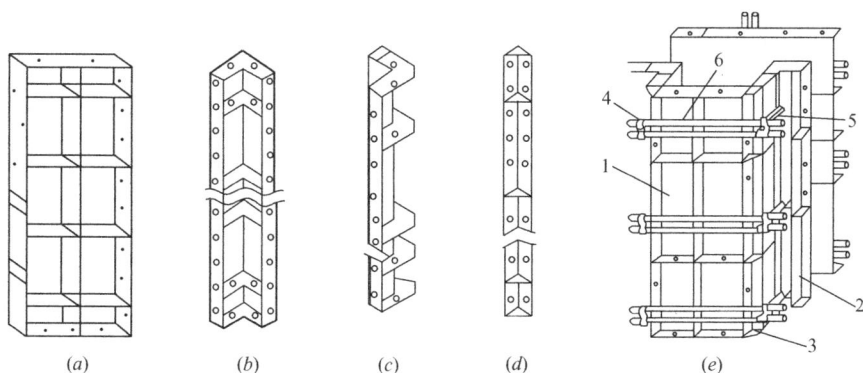

图 7-1 组合钢模板

（a）平面模板；（b）阴角模板；（c）阳角模板；（d）连接角模；（e）拼装成的附壁柱模板
1—平面模板；2—阴角模板；3—连接角模；4—3 形扣件；5—对拉螺栓；6—钢楞

钢模板的规格 表 7-1

规格	平面模板	阴角模板	阳角模板	连接角模
宽度（mm）	300，250，200，150，100	150×150，50×50	100×100，50×50	50×50
长度（mm）	1500，1200，900，750，600，450			
肋高（mm）	55			

组合钢模板的连接件主要有 U 形卡、L 形插销、钩头螺栓、紧固螺栓、对拉螺栓和扣件等，如图 7-2 所示。模板拼接均用 U 形卡，相邻模板的 U 形卡安装距离一般不大于 300mm，即每隔一孔卡插一个。L 形插销插入钢模板端部横肋的插销孔内，以增强两相邻模板接头处的刚度和保证接头处板面平整。钩头螺栓用于钢模板与内外钢楞的连固。紧固螺栓用于紧固内外钢楞。对拉螺栓用于连接墙壁

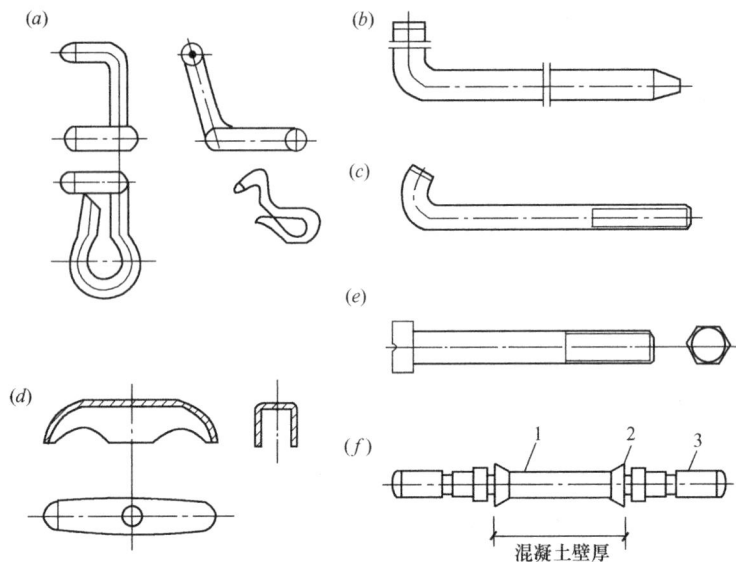

图 7-2 钢模板的连接件

(a) U形卡;(b) L形插销;(c) 钩头螺栓;(d) 3形扣件;(e) 紧固螺栓;(f) 对拉螺栓

1—内拉杆;2—顶帽;3—外拉杆

两侧模板。

　　组合钢模板的支承件包括卡具、柱箍、钢托架等。如图 7-3 所示的梁钢管卡具可用于把梁侧模固定在底模上,此时卡具安装在梁下部;也可以用于梁侧模上口的卡固定位,此时卡具安装在梁上方。

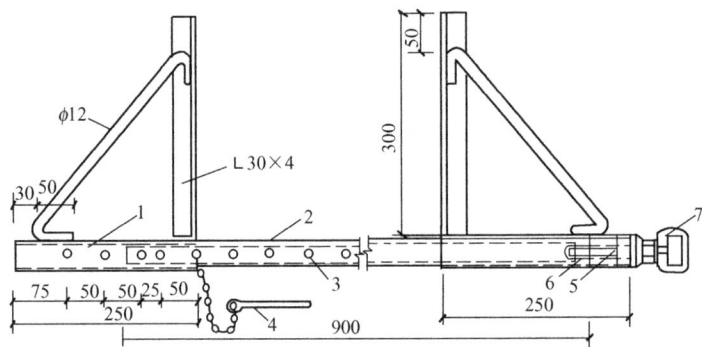

图 7-3 梁钢管卡具

1—φ32 钢管;2—φ25 钢管;3—φ10 圆孔;4—φ9 钢销;5—螺栓;6—螺母;7—钢筋环

　　支撑桁架、钢支柱和钢托架,如图 7-4 所示。钢桁架作为梁模板的支撑工具可不用钢支柱。钢支柱采用不同直径的钢套管,通过套管的抽拉可以调整高度,具有通用性。

　　其他模板不再介绍,有兴趣的读者可参考有关书籍。

7.1.2　按结构类型分类

　　各种现浇混凝土结构构件,由于其形状、尺寸、构造不同,模板的构造及组装方法也不同。模板按结构的类型不同,分为基础模板、柱模板、梁模板、楼板模板、墙模板、壳模板、烟囱模板、桥梁墩台模板等。

7.1.3 按施工方法分类

模板按结构或构件的施工方法不同，分为现场装拆式模板、固定式模板和移动式模板。现场装拆式模板是在施工现场按照设计要求的结构构件形状、尺寸及空间位置，现场组装的模板。当混凝土达到拆模强度后将其拆除。多用定型模板和工具式支撑。

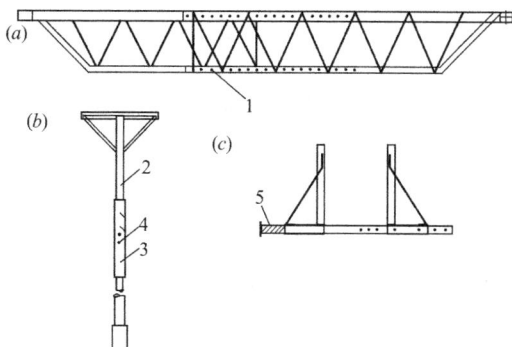

图 7-4 定型组合模板的支撑

(a) 支撑桁架；(b) 钢支柱；(c) 钢托架

1—桁架伸缩销孔；2—内套钢管；3—外套钢管；
4—插销孔；5—调节螺栓

固定式模板用于制作混凝土预制构件，它按照构件的形状、尺寸在现场或预制厂制作。如各种胎模（土胎模、砖胎模、混凝土砖模）即属固定式模板。

其他还有滑升模板、爬升模板、飞模、模壳模板及永久性压型钢板模板和各种配筋的混凝土薄板模板等。

7.1.4 典型模板的构造

（1）柱模板

如图 7-5 所示为方形柱子模板的构造。柱模板主要由四块拼板构成，在拼板外面应加柱箍或对拉螺栓，柱箍应上疏下密，间距由计算确定。两块内拼板宽度与柱截面相同，两块外拼板宽度应比柱截面宽度大两个拼板的厚度。拼板长度等于基础面（或楼面）至上一层楼板底面的距离。若与梁相接，尚应留出梁的缺口。柱模板底部四周有钉在基础面或楼面上的木框，用以固定柱模板的位置。柱模板底部应留有清理孔，待垃圾清理完毕后再钉牢。沿柱模板高度每 2m 设浇筑孔，以便浇筑混凝土。对于独立柱模，其四周应加支撑，以免浇筑混凝土时产生倾斜。

（2）梁及楼板模板

肋形楼盖的梁及楼板模板通常整体支设，构造如图 7-6 所示。梁模板由一块底

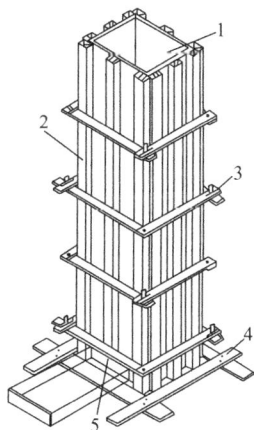

图 7-5 柱模板图

1—内拼板；2—外拼板；3—柱箍；
4—底部木框；5—清理孔

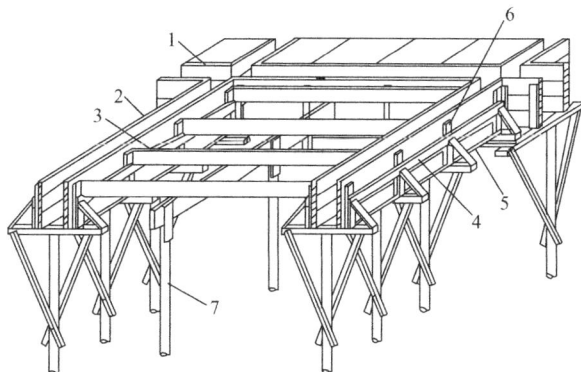

图 7-6 梁及楼板模板

1—楼板模板；2—梁侧模板；3—搁栅；4—横楞；
5—夹条；6—次肋；7—支撑

模板、两块侧模板构成，它们的长度均为梁长减去两块柱模板的厚度。底模板的宽度同梁宽。侧模板若为边梁外侧板，其宽度为梁高加梁底模板厚度；若为一般梁侧模板，其宽度为梁高加梁底模板厚度再减去混凝土板厚度。

在梁底模板下每隔一定间距支设支柱（又称顶撑）或桁架承托，两侧模板下方设夹条将侧模板与底模板夹紧，并钉牢在支柱的顶板（帽木）上。次梁模板还应根据搁栅标高，在两侧模板外面钉上横档（托木）。在主梁与次梁交接处，应于主梁侧模板上留缺口，并钉上衬口档，次梁的侧模板和底模板钉在衬口档上。

支柱有木支柱和钢管支柱。为了调整梁模板的标高，在木支柱底部要垫木楔。钢管支柱宜用伸缩式的，可以调整高度。沿梁纵向在支柱底部应铺设垫板。支柱的间距根据梁的断面大小而定，一般为 800～1200mm。

当梁的高度较大时，应在梁侧模板外加斜撑，其两端分别钉在横档和支柱顶板上。

楼板模板可由拼板组成，但一般宜用定型板拼成，铺设在搁栅上，其不足部分另加异形板补齐。搁栅两头搁置在横档上，间距为 400～500mm。当搁栅跨度较大时，应在搁栅中部设立支撑，并铺设通长的龙骨。木牵杠撑的断面要求与木支柱的立柱一样，底部也需垫木楔和垫板。楼板平模应垂直于搁栅方向铺钉。

（3）大模板

大模板一般由面板、加劲肋、竖楞、支撑桁架、稳定机构和操作平台、穿墙螺栓等组成，是一种现浇钢筋混凝土墙体、壁结构施工的大型工具式模板，如图 7-7 所示。

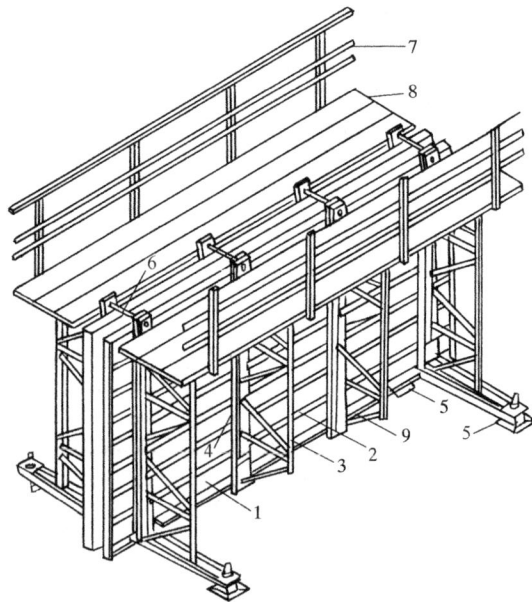

图 7-7　大模板构造

1—面板；2—次肋；3—支撑桁架；4—主肋；5—调整螺旋；
6—卡具；7—栏杆；8—脚手板；9—对拉螺栓

① 面板

面板是直接与混凝土接触的部分，可采用胶合板、钢框木（竹）模板、木模板、钢模板等制作。

② 加劲肋

加劲肋的作用是固定面板，可做成水平肋或垂直肋，其作用是把混凝土传给面板的侧压力传递给竖楞。加劲肋与金属面板用断续焊焊接固定，与胶合板、木模板则用螺栓固定。它一般用 [65 或 L65 制作，间距由面板的大小、厚度及墙体厚度确定，一般为 300~500mm。

③ 竖楞

竖楞的作用是加强大模板的整体刚度，承受模板传来的混凝土侧压力和垂直力。通常用 [65 或 [80 成对放置，两槽钢间留有空隙，以通过穿墙螺栓，间距一般为 1000~1200mm。

④ 支撑桁架和稳定机构

支撑桁架用螺栓或焊接与竖楞固连，其作用是承受风荷载等水平力，防止大模板倾覆。桁架上部可搭设操作平台。

稳定机构为大模板两端的桁架底部伸出支腿上设置的可调整螺旋千斤顶。在模板使用阶段，用以调整模板的垂直度，并把作用力传递到地面或楼面上；在模板堆放时，用来调整模板的倾斜度，以保证模板稳定。

⑤ 操作平台

操作平台是施工人员操作的场所，有两种做法：一是将脚手板直接铺在桁架的水平弦杆上，外侧设栏杆。特点是工作面少，但投资少，装拆方便。二是在两道横墙之间的大模板的边框上用角钢连接成为搁栅，再在其上铺满脚手板。特点是施工安全，但耗钢量大。

大模板的特点是以建筑物的开间、进深和层高为大模板尺寸，由于面板为钢板组成，其优点是模板整体性好、抗震性强、无拼缝等；缺点是模板重量大，移动安装需起重机械吊运。

7.2 模板的安装要求与危险性分析

7.2.1 模板工程及支撑体系典型案例

模板工程及支撑体系的危险性为坍塌。近年来，国内发生了一些模板工程及支撑体系的较大事故或重大事故。

（1）某工程 10.8 模板坍塌事故

2011 年 10 月 8 日 13 时 50 分左右，某市一个在建的住宅楼地下车库在浇筑混凝土施工过程中，发生模板坍塌事故，造成 13 人死亡、4 人重伤、1 人轻伤，直接经济损失 1237.72 万元的重大生产安全事故。

（2）某工程 5.19 模板坍塌事故

2006 年 5 月 19 日 22 时 25 分左右，某建设工程施工现场发生模板坍塌事故。在建的教学楼中厅距地面约 16m 左右的模板突然坍塌，造成施工单位的 24 名混凝土浇筑作业人员随模板塌落。造成 6 人死亡、2 人重伤、16 人轻伤，直接经济损失 357 万元的较大生产安全事故。

7.2.2　模板工程及支撑体系根据危险性分类与管理

1）模板工程及支撑体系属于危险性较大的分部分项工程范围

（1）各类工具式模板工程：包括滑模、爬模、飞模、隧道模等工程。

（2）混凝土模板支撑工程：搭设高度 5m 及以上，或搭设跨度 10m 及以上，或施工总荷载（荷载效应基本组合的设计值，以下简称设计值）10kN/m² 及以上，或集中线荷载（设计值）15kN/m 及以上，或高度大于支撑水平投影宽度且相对独立无联系构件的混凝土模板支撑工程。

（3）承重支撑体系：用于钢结构安装等满堂支撑体系。

2）模板工程及支撑体系属于超过一定规模的危险性较大的分部分项工程

（1）各类工具式模板工程：包括滑模、爬模、飞模、隧道模等工程。

（2）混凝土模板支撑工程：搭设高度 8m 及以上，或搭设跨度 18m 及以上，或施工总荷载（设计值）15kN/m² 及以上，或集中线荷载（设计值）20kN/m 及以上。

（3）承重支撑体系：用于钢结构安装等满堂支撑体系，承受单点集中荷载 7kN 及以上。

3）模板工程及支撑体系安全管理

应按照建办质〔2018〕31 号文件的规定，对危大工程和超大工程进行安全管理。设计计算的主要依据是《建筑施工模板安全技术规范》JGJ 162—2008 与《混凝土结构工程施工规范》GB 506666—2011。

7.3　模板的设计

除了简单的工程不做施工结构计算也能根据经验确定模板及其支架的材料、规格和构造尺寸以外，模板及其支架的设计应根据工程结构形式、荷载大小、地基土类别、施工设备和材料等条件进行。模板及其支架的设计应符合下列规定：

（1）应具有足够的承载能力、刚度和稳定性，应能可靠地承受新浇混凝土的自重、侧压力和施工过程中所产生的荷载及风荷载。

（2）构造应简单，装拆方便，便于钢筋的绑扎、安装和混凝土的浇筑、养护等要求。

（3）混凝土梁的施工应采用从跨中向两端对称进行分层浇筑，每层厚度不得大于 400mm。

（4）当验算模板及其支架在自重和风荷载作用下的抗倾覆稳定性时，应符合相应材质结构设计规范的规定。

模板设计应包括下列内容：

（1）根据混凝土的施工工艺和季节性施工措施，确定其构造和所承受的荷载。

（2）绘制配板设计图、支撑设计布置图、细部构造和异形模板大样图。

（3）按模板承受荷载的最不利组合对模板进行验算。

（4）制定模板安装及拆除的程序和方法。

（5）编制模板及配件的规格、数量汇总表和周转使用计划。

（6）编制模板施工安全、防火技术措施及设计、施工说明书。

7.3.1 模板的选材选型

模板形式主要根据混凝土结构的特点和施工方法选择。如对高层或多层建筑现浇楼板，宜采用大幅面的胶合板或纤维板；对墙、柱宜推广钢框胶合板为面板的工具式模板；对井字和密肋楼盖用塑料模板或永久性砂浆模板可加快施工进度，减少工程费用等。

7.3.2 模板系统的荷载计算

作用在模板系统上的荷载分为永久荷载和可变荷载。

（1）永久荷载。永久荷载有：模板及支架自重（G_1）、新浇筑混凝土自重（G_2）、钢筋自重（G_3）、新浇筑混凝土对模板侧面的压力（G_4）。

① 模板及支架自重标准值 G_{1k}。模板及支架自重标准值应根据模板施工图确定。对有梁楼板及无梁楼板的模板及支架的自重标准值 G_{1k} 可按表 7-2 采用。

模板及支架的自重标准值 G_{1k}（kN/m^2）　　　　表 7-2

项 目 名 称	木模板	定型组合钢模板
无梁楼板的模板及小楞	0.30	0.50
有梁楼板模板（包含梁模板）	0.50	0.75
楼板模板及支架（楼层高度为 4m 以下）	0.75	1.10

② 新浇筑混凝土自重标准值 G_{2k}。可根据混凝土实际重力密度确定，对普通混凝土，重力密度可取 24kN/m³。

③ 钢筋自重标准值 G_{3k}。钢筋自重标准值应根据施工图确定，对一般梁板结构，楼板的钢筋自重可取 1.1kN/m³，梁的钢筋自重可取 1.5kN/m³。

④ 新浇混凝土对模板侧面的压力 G_4。采用内部振捣器，当混凝土浇筑速度在 6m³/h 以下时，新浇筑的普通混凝土作用于模板的最大侧压力，可按下列两式计算，并取两者中的较小值。

$$F = 0.22\gamma_c t_0 \beta_1 \beta_2 \sqrt{V} \tag{7-1}$$

$$F = \gamma_c H \tag{7-2}$$

式中　F——新浇混凝土对模板的侧压力（kN/m^2）；

　　　γ_c——混凝土的重力密度（kN/m^3）；

　　　V——混凝土的浇筑速度（m^3/h）；

　　　t_0——新浇混凝土的初凝时间（h），可按试验确定，当缺乏试验资料时，可采用 $t_0 = 200/(15+T)$ 计算，T 为混凝土的温度℃；

　　　β_1——外加剂影响修正系数，不掺外加剂时取 1.0，掺具有缓凝作用的外加剂时取 1.2；

　　　β_2——混凝土坍落度影响修正系数。当坍落度小于 30mm 时，取 0.85；坍落度为 50～90mm 时，取 1.0；坍落度为 110～150mm 时，取 1.15；

　　　H——混凝土侧压力计算位置处至新浇混凝土顶

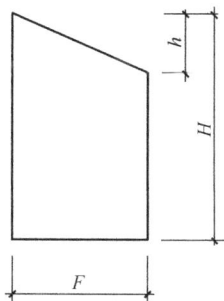

图 7-8　混凝土侧压力分布
h—有效压头高度；H—模板内混凝土总高度；F—最大侧压力

面的总高度（m）；混凝土侧压力的计算分布图形如图 7-8 所示，图中 $h = F/\gamma_c$，h 为有效压头高度。

（2）可变荷载。包括：施工人员及施工设备荷载（Q_1）、泵送混凝土及倾倒混凝土等因素产生的荷载（Q_2）、风荷载（Q_3）等。

① Q_{1k}：作用在模板及支架上的施工人员及施工设备荷载标准值 Q_{1k}，均布荷载可取 2.5kN/m²，再用集中荷载 2.5kN 进行验算，比较两者所得的弯矩值取其大值。

② Q_{2k}：施工中的泵送混凝土、倾倒混凝土等未预见因素产生的水平荷载标准值，可取模板上混凝土和钢筋重量的 2% 作为标准值，并应以线荷载形式作用在模板支架上端水平方向。

③ 风荷载标准 Q_{3k} 可按现行国家标准《建筑结构荷载规范》GB 50009 的有关规定计算。

7.3.3　模板结构设计计算要点

（1）适当简化。为了便于计算且有一定的精确性，模板结构设计计算应做适当简化。

所有荷载可假定为均布荷载。作用在支承模板的内楞或小楞上的荷载无疑是均布荷载；作用在外楞或大楞及桁架上的荷载，尽管实际上是集中荷载，若必要也可等效为均布荷载。

单元宽度面板、内楞和外楞、小楞和大楞或桁架（除对拉螺栓及竖向支撑外）均可视为梁，支承跨度等于或多于两跨的可视为连续梁。对于这些梁进行力学计算时，可根据实际情况，分别简化成简支梁，悬臂梁，两跨连续梁或三跨连续梁。

（2）模板及支架结构构件设计。模板及支架结构构件应按短暂设计状况下的承载能力极限状态进行设计，并应符合下式要求：

$$\gamma_0 S \leqslant \gamma_R R \tag{7-3}$$

式中　γ_0——结构重要性系数，对重要的模板及支架宜取 $\gamma_0 \geqslant 1.0$；对于一般的模板及支架应取 $\gamma_0 \geqslant 0.9$；

　　　S——荷载基本组合的效应设计值，可按本章公式（7-4）的规定进行计算；

　　　R——模板及支架结构构件的承载力设计值，应按国家现行有关标准计算；

　　　γ_R——承载力设计值调整系数，应根据模板及支架重复使用情况取用，不应大于 1.0。

模板及支架的荷载基本组合的效应设计值，可按下式计算：

$$S_d = 1.35 \sum_{i \geqslant 1} S_{G_{ik}} + 1.4 \psi_{cj} \sum_{j \geqslant 1} S_{Q_{jk}} \tag{7-4}$$

式中　$S_{G_{ik}}$——第 i 个永久荷载标准值产生的荷载效应值；

　　　$S_{Q_{jk}}$——第 j 个可变荷载标准值产生的荷载效应值；

　　　ψ_{cj}——第 j 个可变荷载的组合值系数，宜取 $\psi_{cj} \geqslant 0.9$。

（3）变形验算。模板及支架的变形验算应符合下列要求：

$$a_{fk} \leqslant a_{f,lim} \tag{7-5}$$

式中　a_{fk}——采用荷载标准组合计算的构件变形值；

　　　$a_{f,lim}$——变形限值，应按本节下文内容进行确定。

（4）荷载取值。混凝土水平构件的底模板及支架、高大模板支架、混凝土竖向构件和水平构件的侧面模板及支架，宜按表 7-3 的规定确定最不利的作用效应组合。承载力验算应采用荷载基本组合，变形验算应采用荷载标准组合。

最不利的作用效应组合　　　　　　　　　　　　　　　表 7-3

模板结构类别	最不利的作用效应组合	
	计算承载力	变形验算
混凝土水平构件的底模板及支架	$G_1+G_2+G_3+Q_1$	$G_1+G_2+G_3$
高大模板支架	$G_1+G_2+G_3+Q_1$	$G_1+G_2+G_3$
	$G_1+G_2+G_3+Q_2$	
混凝土竖向构件或水平构件的侧面模板及支架	G_4+Q_3	G_4

注：1. 对于高大模板支架，表中（$G_1+G_2+G_3+Q_2$）的组合用于模板支架的抗倾覆验算。

　　2. 混凝土竖向构件或水平构件的侧面模板及支架的承载力计算效应组合中的风荷载 Q_3 只用于模板位于风速大和离地高度大的场合。

　　3. 表中的"＋"仅表示各项荷载参与组合，而不表示代数相加。

【例 7-1】 钢面板计算举例：组合钢模板块 P3012，宽 300mm，长 1200mm，钢板厚 2.5mm，净截面抵抗矩 $W_n=8210\ mm^3$，$E=2.06\times10^5 N/mm^2$，净截面惯性矩 $I_x=269700mm^4$，容许挠度 1.5mm，钢模板支撑在钢楞上，用作浇筑 200mm 的钢筋混凝土楼板，施工活荷载标准值 2.5kN/m² 及集中荷载 2.5kN。试验算钢模板的强度与挠度。

【解】 1. 强度计算

（1）计算时两端简支板考虑，其计算宽度 l 取 1.2m。

（2）荷载取均布荷载或集中荷载两种作用效应考虑，计算结果取其大值：

钢模板自重标准值 500N/m²；

200mm 厚新浇筑混凝土板自重标准值 $24000\times0.2=4800N/m^2$；

钢筋自重标准值 $1100\times0.20=220N/m^2$；

施工活荷载标准值 2500N/m² 及跨中集中荷载 2500N 考虑两种情况分别作用。

均布线荷载设计值为：

　　$q_1=[1.2\times(500+4800+220)+1.4\times2500]\times0.3=3037.2N/m$

模板、混凝土、钢筋线荷载设计值 $q_2=0.3\times1.2\times(500+4800+220)=1987.2N/m$

跨中集中荷载设计值 $P=1.4\times2500=3500N$

（3）强度验算

施工荷载为均布线荷载：$M_1=\dfrac{q_1l^2}{8}=\dfrac{3037.2\times1.2^2}{8}=546.7N\cdot m$

施工荷载为集中荷载：$M_2=\dfrac{q_2l^2}{8}+\dfrac{Pl}{4}=\dfrac{1987.2\times1.2^2}{8}+\dfrac{3500\times1.2}{4}$

　　　　　　　　　　$=1407.7N\cdot m$

由于 $M_2>M_1$，故应采用 M_2 验算强度。

则 $\sigma=\dfrac{M_2}{W_n}=\dfrac{1407700}{8210}=171<205N/mm^2$

强度满足要求。

2. 挠度验算

验算挠度时不考虑可变荷载值，仅考虑永久荷载值，故其作用效应的线荷载设计值如下：

$$q = 0.3 \times (500 + 4800 + 220) = 1656\text{N/m} = 1.656\text{N/mm}$$

故实际设计挠度值为：

$$\upsilon = \frac{5ql^4}{384EI_x} = \frac{5 \times 1.656 \times 1200^4}{384 \times 2.06 \times 10^5 \times 269700} = 0.805\text{mm}$$

故挠度满足要求。

【例 7-2】　某高层混凝土剪力墙墙厚 200mm，采用大模板施工，模板高为 2.6m，已知现场施工条件为混凝土温度 20℃，混凝土浇筑速度为 1.4m³/h，混凝土坍落度为 6cm，不掺外加剂向模板倾倒混凝土产生的水平荷载为 6.0kN/m²，振捣混凝土产生的水平荷载为 4.0kN/m²，试确定该模板设计的荷载及荷载组合。

【解】　该模板属于墙厚大于 100mm 的墙体的侧面模板，计算承载力时要考虑的荷载为倾倒混凝土时产生的荷载和新浇筑混凝土对模板侧面的压力两项；验算刚度时要考虑的荷载为新浇筑混凝土对模板侧面的压力。

荷载大小计算为：

1. 新浇筑混凝土对模板侧面的压力

$$t_0 = 200/(15 + T) = 5.714\text{h}$$

没有外加剂，$\beta_1 = 1.0$；坍落度在 50～90mm 内，$\beta_2 = 1.0$

$$F_1 = 0.22\gamma_c t_0 \beta_1 \beta_2 \sqrt{V} = 0.22 \times 24 \times 5.714 \times 1.0 \times 1.0 \times \sqrt{1.4} = 35.7\text{kN/m}^2$$
$$F_2 = \gamma_c H = 24 \times 2.6 = 62.4\text{kN/m}^2$$

取以上两式小值，$F = \min\{F_1, F_2\} = 35.7\text{kN/m}^2$

2. 振捣混凝土产生的水平荷载为 4.0kN/m²，小于倾倒混凝土产生的水平荷载 6.0kN/m²，取大值。

3. 荷载组合：计算强度时：$S_d = 1.2 \times 35.7 + 1.4 \times 6.0 = 51.24\text{kN/m}^2$

验算变形时：$S_d = 35.7\text{kN/m}^2$

(5) 模板及支架的变形限值应符合下列规定

① 对结构表面外露的模板，挠度不得大于模板构件计算跨度的 1/400；

② 对结构表面隐蔽的模板，挠度不得大于模板构件计算跨度的 1/250；

③ 清水混凝土模板，挠度应满足设计要求；

④ 支架的轴向压缩变形值或侧向弹性挠度值不得大于计算高度或计算跨度的 1/1000。

(6) 抗倾覆验算。模板支架的高宽比不宜大于 3；当高宽比大于 3 时，应增设稳定性措施，并应进行支架的抗倾覆验算。抗倾覆验算时应符合下列规定：

$$\gamma_0 k M_{sk} \leqslant M_{RK} \tag{7-6}$$

式中　γ_0——结构重要性系数；

k——模板及支架的抗倾覆安全系数，不应小于 1.4；

M_{sk}——按最不利工况下倾覆荷载标准组合计算的倾覆力矩标准值；

M_{RK}——按最不利工况下抗倾覆荷载标准组合计算的抗倾覆力矩标准值，其中永久荷载标准值和可变荷载标准值的组合系数取 1.0。

(7) 长细比。模板支架结构钢构件的长细比不应超过表 7-4 规定的容许值。

模板支架结构钢构件容许长细比　　　　　　表 7-4

构 件 类 别	容许长细比
受压构件的支架立柱及桁架	180
受压构件的斜撑、剪刀撑	200
受拉构件的钢杆件	350

(8) 扣件式钢管立柱计算

室外露天支模组合风荷载时，立柱计算应符合下式要求：

$$\frac{N_w}{\varphi A} + \frac{M_w}{W} \leqslant f \tag{7-7}$$

其中

$$N_w = 1.2 \sum_{i=1}^{n} N_{Gik} + 0.9 \times 1.4 \sum_{i=1}^{n} N_{Qik} \tag{7-8}$$

$$M_w = \frac{0.9 \times 1.4 w_k l_a h^2}{10} \tag{7-9}$$

式中　$\sum\limits_{i=1}^{n} N_{Gik}$——各恒载标准值对立杆产生的轴向力之和；

$\sum\limits_{i=1}^{n} N_{Qik}$——各活荷载标准值对立杆产生的轴向力之和，另加 $\dfrac{M_w}{l_b}$ 的值；

w_k——风荷载标准值；

h——纵横水平拉杆的计算步距；

l_a——立柱迎风面的间距；

l_b——与迎风面垂直方向的立柱间距。

(9) 立柱底地基承载力应按下列公式计算：

$$p = \frac{N}{A} \leqslant m_f f_{ak} \tag{7-10}$$

式中　p——立柱底垫木的底面平均压力；

N——上部立柱传至垫木顶面的轴向力设计值；

A——垫木底面面积；

f_{ak}——地基土承载力设计值，应按现行国家标准《建筑地基基础设计规范》GBJ 50007 的规定或工程地质报告提供的数据采用；

m_f——立柱垫木地基土承载力折减系数，应按表 7-5 采用。

地基土承载力折减系数（m_f）　　　　　　表 7-5

地基土类别	折减系数	
	支承在原土上时	支承在回填土上时
碎石土、砂土、多年填积土	0.8	0.4
粉土、黏土	0.9	0.5
岩石、混凝土	1.0	—

注：1. 立柱基础应有良好的排水措施，支安垫木前应适当洒水将原土表面夯实夯平。

　　2. 回填土应分层夯实，其各类回填土的干重度应达到所要求的密实度。

(10) 其他方面。对于多层楼板连续支模情况，应计入荷载在多层楼板间传递的效应，宜分别验算最不利工况下的支架和楼板结构的承载力。

采用扣件钢管搭设的模板支架设计时应符合下列规定：

① 扣件钢管模板支架宜采用中心传力方式；

② 当采用顶部水平杆将垂直荷载传递给立杆的传力方式时，顶层立杆应按偏心受压杆件验算承载力，且应计入搭设的垂直偏差影响；

③ 支承模板荷载的顶部水平杆可按受弯构件进行验算；

④ 构造要求以及扣件抗滑移承载力验算，可按现行行业标准《建筑施工扣件式钢管脚手架安全技术规范》JGJ 130 的有关规定执行。

7.4 模板的安装与拆除

7.4.1 模板系统安装应满足的基本要求

（1）实用性：模板要保证构件形状尺寸和相互位置的正确，且构造简单，支拆方便、表面平整、接缝严密不漏浆等。

（2）安全性：要具有足够的强度、刚度和稳定性，保证施工中不变形、不破坏、不倒塌，能可靠地承受新浇筑混凝土的自重和侧压力，以及施工过程中所产生的其他荷载。

（3）经济性：在确保工程质量、安全和工期的前提下，尽量减少一次性投入，增加模板周转，减少支拆用工，实现文明施工。选用要因地制宜，就地取材，技术先进。

7.4.2 模板系统的安装要点

（1）模板及支撑应按模板设计施工图、施工技术方案进行安装。支架必须有足够的支承面积，底座必须有足够的承载力。

（2）模板的接缝不应漏浆，在浇筑混凝土前，木模板应浇水润湿，但模板内不应有积水。模板与混凝土的接触面应清理干净并涂刷隔离剂，但不得采用影响结构性能或妨碍装饰工程的隔离剂。浇筑混凝土前，模板内的杂物应清理干净。对清水混凝土工程及装饰混凝土工程，应使用能达到设计效果的模板。用作模板的地坪、胎模等应平整、光洁，不得产生影响构件质量的下沉、裂缝、起砂或起鼓。

（3）竖向构件的模板在安装前根据楼面、地面上的轴线控制网，分别用墨线弹出竖向构件的中线及边线，依据边线安装模板。安装后的模板要保证垂直，斜撑牢靠，以防在混凝土侧压力作用下发生"胀模"。

（4）水平构件的模板在安装前定出构件的轴线位置及模板的安装高度，依据模板下支撑顶面高度安装模板。当梁的跨度≥4m 时，梁底模应考虑起拱，如设计无要求时，起拱高度宜为结构跨度的 1/1000～3/1000。

（5）在多层或高层建筑施工中，安装上、下层的竖向支撑时，应注意保证在相同的垂直线位置上，以确保支撑间力的竖向传递。支撑间用斜撑或水平撑拉牢，以增加整体稳定性。

（6）当采用扣件式钢管做立柱支撑时，其安装构造应符合下列规定：

① 钢管规格、间距、扣件应符合设计要求。每根立柱底部应设置底座及垫板，

垫板厚度不得小于 50mm。

②钢管支架立柱间距、扫地杆、水平拉杆、剪刀撑的设置应符合规范第 6.1.9 条的规定。当立柱底部不在同一高度时，高处的纵向扫地杆应向低处延长不少于两跨，高低差不得大于 1m，立柱距边坡上方边缘不得小于 0.5m。

③立柱接长严禁搭接，必须采用对接扣件连接，相邻两立柱的对接接头不得在同步内，且对接接头沿竖向错开的距离不宜小于 500mm，各接头中心距主节点不宜大于步距的 1/3。

④严禁将上段的钢管立柱与下段钢管立柱错开固定于水平拉杆上。

⑤满堂模板和共享空间模板支架立柱，在外侧周圈应设由下至上的竖向连续式剪刀撑；中间在纵横向应每隔 10m 左右设由下至上的竖向连续式的剪刀撑，其宽度宜为 4～6m，并在剪刀撑部位的顶部、扫地杆处设置水平剪刀撑（见图 7-9）。剪刀撑杆件的底端应与地面顶紧，夹角宜为 45°～60°。当建筑层高在 8～20m 时，除应满足上述规定外，还应在纵横向相邻的两竖向连续式剪刀撑之间增加之字斜撑，在有水平剪刀撑的部位，应在每个剪刀撑中间处增加一道水平剪刀撑（见图 7-10）。当建筑层高超过 20m 时，在满足以上规定的基础上，应将所有之字斜撑全部改为连续式剪刀撑（见图 7-11）。

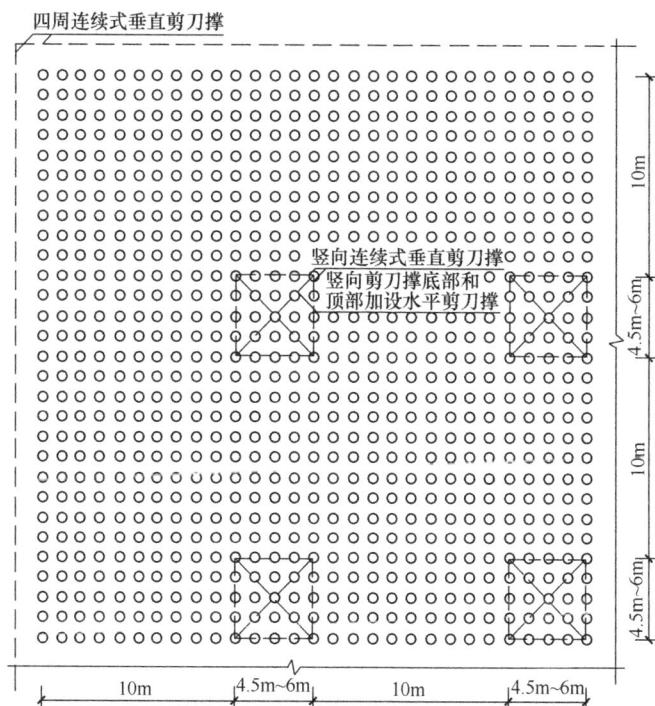

图 7-9　剪刀撑布置图一

⑥当支架立柱高度超过 5m 时，应在立柱周圈外侧和中间有结构柱的部位，按水平间距 6～9m，竖向间距 2～3m 与建筑结构设置一个固结点。

7.4.3　拆模一般规定

（1）拆模强度要求

四周连续式垂直剪刀撑

竖向连续式垂直剪刀撑

竖向剪刀撑底部和顶部加设水平剪刀撑

之字撑

剪刀撑之间加设之字撑

10m

4.5m~6m

10m

4.5m~6m

10m 4.5m~6m 10m 4.5m~6m

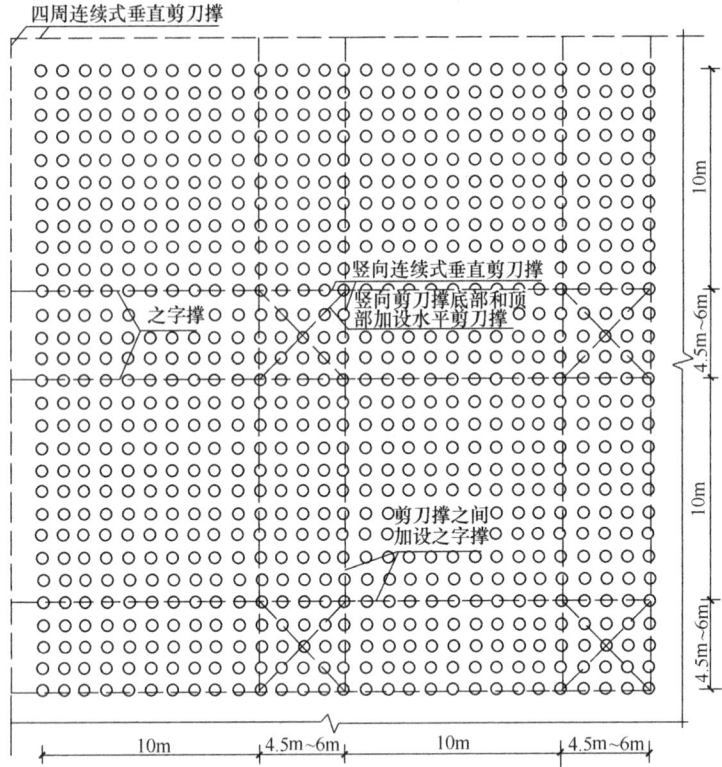

图 7-10 剪刀撑布置图二

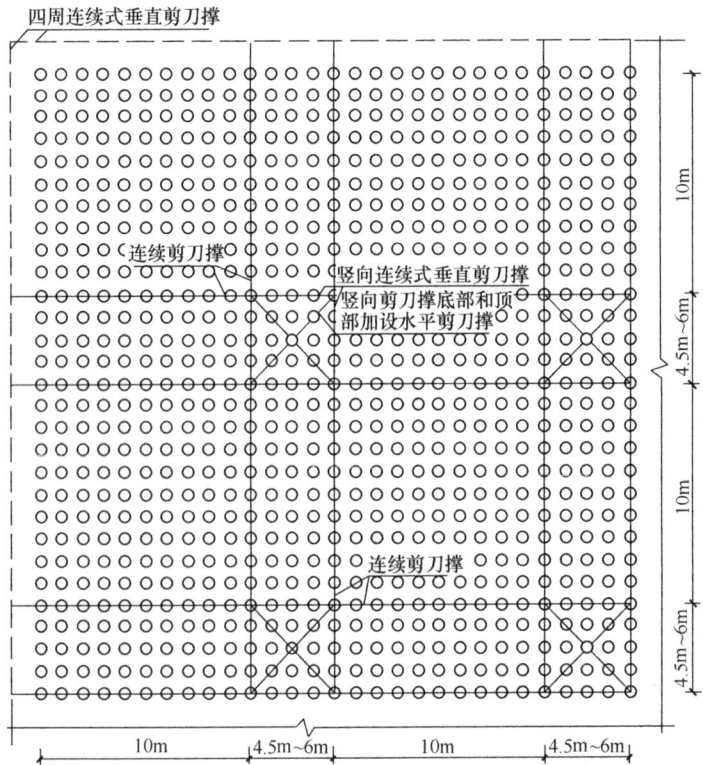

四周连续式垂直剪刀撑

竖向连续式垂直剪刀撑

竖向剪刀撑底部和顶部加设水平剪刀撑

连续剪刀撑

连续剪刀撑

10m

4.5m~6m

10m

4.5m~6m

10m 4.5m~6m 10m 4.5m~6m

图 7-11 剪刀撑布置图三

模板的拆除日期取决于混凝土的强度、各个模板的用途、结构的性质和混凝土硬化时的气温。及时拆模，可提高模板的周转率。但过早拆模，容易出现混凝土强度不足而造成混凝土结构构件沉降变形或缺棱掉角、开裂等。底模及其支架拆除时的混凝土强度应符合设计要求；当设计无具体要求时，混凝土强度应符合表 7-6 的规定。

承重模版拆除时的混凝土强度要求 表 7-6

构件类型	构件跨度/m	达到设计的混凝土立方体抗压强度标准值的百分率/%
板	≤2	≥50
	2<L≤8	≥75
	>8	≥100
梁、拱、壳	≤8	≥75
	>8	≥100
悬臂构件		≥100

混凝土强度与水泥的种类、标号、硬化时昼夜的平均温度、养护条件等因素有关。悬臂梁和悬臂板的拆模时间除参考上表外，还应考虑其倾覆问题，必要时要进行抗倾覆验算。

（2）拆模前应检查所使用的工具应有效和可靠，扳手等工具必须装入工具袋或系挂在身上，并应检查拆模场所范围内的安全措施。

（3）模板的拆除工作应设专人指挥。作业区应设围栏，其内不得有其他工种作业，并应设专人负责监护。拆下的模板、零配件严禁抛掷。

（4）多人同时操作时，应明确分工、统一信号或行动，应具有足够的操作面，人员应站于安全处。

（5）高处拆除模板时，应遵守有关高处作业的规定。严禁使用大锤和撬棍，操作层上临时拆下的模板堆放不能超过 3 层。

（6）在提前拆除互相搭连并涉及其他后拆模板的支撑时，应补设临时支撑。拆模时，应逐块拆卸，不得成片撬落或拉倒。

（7）拆模如遇中途停歇，应将已拆松动、悬空、浮吊的模板或支架进行临时支撑牢固或相互连接稳固。对活动部件必须一次拆除。

（8）已拆除了模板的结构，应在混凝土强度达到设计强度值后方可承受全部设计荷载。若在未达到设计强度以前，需在结构上加置施工荷载时，应另行核算，强度不足时，应加设临时支撑。

（9）遇 6 级或 6 级以上大风时，应暂停室外的高处作业。雨、雪、霜后应先清扫施工现场，方可进行工作。

7.4.4 拆模顺序与注意事项

（1）拆模的顺序和方法应按模板的设计规定进行。当设计无规定时，可采取先支的后拆、后支的先拆、先拆非承重模板、后拆承重模板，并应从上而下进行拆除。拆下的模板不得抛扔，应按指定地点堆放。

（2）拆除跨度较大的梁下支柱时，应先从跨中开始，对称拆向两端。

（3）多层楼板模板支柱在拆除下一层楼板的支柱时，应保证本层的永久性梁板结构能足够承担上层所传递来的荷载，否则应推迟拆除时间。

（4）拆除梁、板模板应遵守下列规定：

① 梁、板模应先拆梁侧模，再拆板底模，最后拆除梁底模，并应分段分片进行，严禁成片撬落或成片拉拆。

② 拆除时，作业人员应站在安全的地方进行操作，严禁站在已拆或松动的模板上进行拆除作业。

③ 拆除模板时，严禁用铁棍或铁锤乱砸，已拆下的模板应妥善传递或用绳钩放至地面。

④ 严禁作业人员站在悬臂结构边缘敲拆下面的底模。

⑤ 待分片、分段的模板全部拆除后，方允许将模板、支架、零配件等按指定地点运出堆放，并进行拔钉、清理、整修、刷防锈油或脱模剂，入库备用。

（5）支架立柱拆除

① 当拆除钢楞、木楞、钢桁架时，应在其下面临时搭设防护支架，使所拆楞梁及桁架先落于临时防护支架上。

② 当立柱的水平拉杆超出 2 层时，应首先拆除 2 层以上的拉杆。当拆除最后一道水平拉杆时，应和拆除立柱同时进行。

③ 当拆除 4～8m 跨度的梁下立柱时，应先从跨中开始，对称地分别向两端拆除。拆除时，严禁采用连梁底板向旁侧一片拉倒的拆除方法。

④ 对于多层楼板模板的立柱，当上层及以上楼板正在浇筑混凝土时，下层楼板立柱的拆除，应根据下层楼板结构混凝土强度的实际情况，经过计算确定。

⑤ 拆除平台、楼板下的立柱时，作业人员应站在安全处拉拆。

7.4.5 模板系统的安装与拆除安全管理

（1）从事模板作业的人员，应经常组织安全技术培训。从事高处作业人员，应定期体检，不符合要求的不得从事高处作业。

（2）安装和拆除模板时，操作人员应佩戴安全帽、系安全带、穿防滑鞋。安全帽和安全带应定期检查，不合格者严禁使用。

（3）模板及配件进场应有出厂合格证或当年的检验报告，安装前应对所用部件（立柱、楞梁、吊环、扣件等）进行认真检查，不符合要求者不得使用。

（4）模板工程应编制施工设计和安全技术措施，并应严格按施工设计与安全技术措施规定施工。满堂模板、建筑层高 8m 及以上和梁跨大于或等于 15m 的模板，在安装、拆除作业前，工程技术人员应以书面形式向作业班组进行施工操作的安全技术交底，作业班组应对照书面交底进行上下班的自检和互检。

（5）施工过程中应经常对下列项目进行检查：

① 立柱底部基土回填夯实的状况。

② 垫木应满足设计要求。

③ 底座位置应正确，顶托螺杆伸出长度应符合规定。

④ 立杆的规格尺寸和垂直度应符合要求，不得出现偏心荷载。

⑤ 扫地杆、水平拉杆、剪刀撑等的设置应符合规定，固定应可靠。

⑥ 安全网和各种安全设施应符合要求。

（6）在高处安装和拆除模板时，周围应设安全网或搭脚手架，并应加设防护栏杆。在临街面及交通要道地区，应设警示牌，派专人看管。

（7）作业时，模板和配件不得随意堆放，模板应放平放稳，严防滑落。脚手架或操作平台上临时堆放的模板不宜超过3层，连接件应放在箱盒或工具袋中，不得散放在脚手板上。脚手架或操作平台上的施工总荷载不得超过其设计值。

（8）对负荷面积大和高4m以上的支架立柱采用扣件式钢管、门式和碗扣式钢管脚手架时，除应有合格证外，对所用扣件应用扭矩扳手进行抽检，达到合格后方可承力使用。

（9）多人共同操作或扛抬组合钢模板时，必须密切配合、协调一致、互相呼应。

（10）模板安装时，上下应有人接应，随装随运，严禁抛掷。且不得将模板支搭在门窗框上，也不得将脚手板支搭在模板上，并严禁将模板与上料井架及有车辆运行的脚手架或操作平台支成一体。

（11）支模过程中如遇中途停歇，应将已就位模板或支架连接稳固，不得浮搁或悬空。拆模中途停歇时，应将已松扣或已拆松的模板、支架等拆下运走，防止构件坠落或作业人员扶空坠落伤人。

（12）严禁人员攀登模板、斜撑杆、拉条或绳索等，也不得在高处的墙顶、独立梁或在其模板上行走。

（13）模板施工中应设专人负责安全检查，发现问题应报告有关人员处理。当遇险情时，应立即停工和采取应急措施；待修复或排除险情后，方可继续施工。

（14）寒冷地区冬期施工用钢模板时，不宜采用电热法加热混凝土，否则应采取防触电措施。

（15）在大风地区或大风季节施工时，模板应有抗风的临时加固措施。

（16）当钢模板高度超过15m时，应安设避雷设施，避雷设施的接地电阻不得大于4Ω。

重难点知识讲解

1. 模板工程施工时，哪些工程属于危大工程？

2. 模板工程施工时，哪些工程属于超大工程？

3. 高大模板支撑技术要点。

4. 梁底、板底模板拆除的强度要求。

复习思考题

1. 模板设计应包括的内容是什么？

2. 模板系统安装应满足的基本要求？

3. 建筑物共享空间模板支撑需要增加哪些构造措施？

4. 拆除梁、板模板应遵循什么规定？

第8章 主体工程

学习要求

通过本章内容的学习，了解主体工程施工的事故类型，熟悉"四口"、"五邻边"的安全技术要求，熟悉交叉作业、攀登作业等安全要求，掌握高处作业的分级、基础高度、可能坠落范围半径、高处作业高度等技术要求。

8.1 主体工程施工概述

主体工程是指地面以上进行的土建工程。它一般包括：砌筑工程、建筑构件吊装、钢筋混凝土工程、屋面工程、装饰工程等。它是施工的主要阶段，也是施工的高峰期。

8.1.1 主体工程施工的特点

从施工安全角度考虑主体工程施工中有以下四个特点：

（1）高处作业多。主体工程绝大部分为地面以上施工，因而高处作业也占绝大多数。

（2）交叉作业多。由于工程工期、均衡生产和其他客观因素的要求，多工种立体交叉作业是无法避免，尤其在高层建筑施工中，交叉作业更是难以避免。

（3）夜间施工多。钢筋混凝土结构类型的数量居多，而对混凝土的浇筑又要求尽可能连续地进行，这样就使得在大面积浇筑混凝土时要昼夜不停地连续施工，所以夜间施工是无法避免的。此外，由于工期的影响，也常常加班加点，这就使得夜间施工大大增加。

（4）使用的设备多。主体工程的施工几乎汇集了建筑施工的主要设备，如起重机械、运输车辆、振捣器、磨石机和手持式电动工具等。

所以，主体工程施工存在更多的危险性，并给安全管理与技术提出了更多的要求。

8.1.2 主体工程施工主要的伤害事故

1）高处坠落

高处坠落是建筑施工中的主要事故，往往由以下因素造成：

（1）脚手架搭设不符合要求，造成作业者从脚手架上坠落。

（2）楼梯口、电梯口（包括垃圾口）、预留口、通道口（简称"四口"）防护不严，失足坠落。

（3）安全帽与安全带佩戴、安全网防护不好，或材质不合格而坠落。

（4）框架楼层周边，屋面周边，阳台周边，楼梯侧边，沟、坑、槽和深基础周边（简称"五临边"）等未安装栏杆或未设防护，造成坠落。

（5）顶棚和轻型屋面施工发生踩塌坠落。

（6）梯子制作或使用不当而坠落。

（7）夜间施工现场无足够的照明。

2）物体打击

（1）建筑物的出入口、通道口、预留口和上料口上部没有防护或防护不符合要求。

（2）作业面上杂物过多，未能及时清理而掉落。

（3）安全帽未佩戴、未正确佩戴或材质不合格，不能有效保护头部而发生伤害。

3）坍塌

（1）搭设或使用中的脚手架发生整体或局部倒塌。

（2）模板支撑系统达不到承受荷载的要求，或堆料超出模板支撑系统的承受能力所引起的模板系统坍塌。

（3）建筑结构设计错误，或施工不按图施工，以及违反施工规范的技术和质量要求，造成建筑结构的坍塌。

4）触电

主体施工中，许多机械设备需要电力供应，部分作业需在潮湿环境下启动电力设备才能完成，如电力照明等，均易发生触电伤害事故。

5）起重伤害

在建筑构件吊装和材料运输过程中，由于指挥、操作或绑扎错误，或者起重机械设备缺陷所引起的各种伤害事故。

6）机械伤害

由于施工中使用的机械设备较多，常存在机械伤害的危险，如搅拌机料斗打击伤人等。

以上所述的六种伤害是主体施工中常见的并带有共性的危害，但由于建筑物多种多样且各有特点，因此还会有其他的危害。这就要求我们善于从工程的具体实际出发，分析和预测可能出现的危害，为制订安全措施提供依据。如高处作业应以防止高处坠落和物体打击事故为主。

8.2 高处作业的安全技术

8.2.1 高处作业概述

1）高处作业基本概念

（1）高处作业

在距坠落高度基准面 2m 或 2m 以上有可能坠落的高处进行的作业。

（2）坠落高度基准面

通过可能坠落范围内最低处的水平面称为坠落高度基准面。

（3）可能坠落范围

以作业位置为中心，可能坠落范围半径为半径划成的与水平面垂直的柱形空间。

（4）可能坠落范围半径

为确定可能坠落范围而规定的相对于作业位置的一段水平距离，以 R 表示。

可能坠落范围半径用 m 表示，其大小取决于与作业现场的地形、地势或建筑物分布等有关的基础高度，具体的规定是统计分析了许多高处坠落事故案例的基础上作出的。

（5）基础高度

以作业位置为中心，6m 为半径，划出的垂直于水平面的柱形空间内的最低处与作业位置间的高度差，以 h_b 表示，单位：m。

（6）（高处）作业高度

作业区各作业位置至相应坠落高度基准面的垂直距离中的最大值，以 h_W 表示，单位：m。

2）高处作业分级

（1）高处作业高度分为 2m 至 5m；5m 以上至 15m；15m 以上至 30m 及 30m 以上四个区段。

（2）直接引起坠落的客观危险因素分为 11 种：

① 阵风风力五级（风速 8.0m/s）以上。

②《高温作业分级》GB/T 4200—2008 规定的Ⅱ级或Ⅱ级以上的高温条件。

③ 平均气温等于或低于 5℃ 的作业环境。

④ 接触冷水气温等于或低于 12℃ 的作业环境。

⑤ 作业场地有冰、雪、霜、水、油等易滑物。

⑥ 作业场所光线不足，能见度差。

⑦ 作业活动范围与危险电压带电体的距离小于表 8-1 的规定。

表 8-1

作业活动范围与危险电压带电体的距离

危险电压带电体的电压等级（kV）	距离（m）
≤10	1.7
35	2.0
110	2.5
220	4.0
330	5.0
500	6.0

⑧ 摆动，立足处不是平面或只有很小的平面，即任一边小于 500mm 的矩形平面、直径小于 500mm 的圆形平面或具有类似尺寸的其他形状的平面，致使作业者无法维持正常姿势。

⑨《体力劳动强度分级》GB 3869—1997 规定的Ⅲ级或Ⅲ级以上的体力劳动强度。

⑩ 存在有毒气体或空气中含氧量低于 0.195 的作业环境。

⑪ 可能会引起各种灾害事故的作业环境和抢救突然发生的各种灾害事故。

（3）不存在（2）条列出的任一种客观危险因素的高处作业按表 8-2 规定 A 类法分级。存在（2）条列出的一种或一种以上的客观危险因素的高处作业按表 8-2 规定

B 类法分级。

高处作业分级　　　　　表 8-2

分类法	作业高度（m）			
	$2 \leqslant h_w \leqslant 5$	$5 < h_w \leqslant 15$	$15 < h_w \leqslant 30$	> 30
A	I	II	III	IV
B	II	III	IV	IV

3）高处作业高度计算方法

（1）可能坠落范围半径 R 根据 h_b 确定，见表 8-3。

可能坠落范围半径　　　　　表 8-3

作业高度/m	$2 \leqslant h_b \leqslant 5$	$5 < h_b \leqslant 15$	$15 < h_b \leqslant 30$	> 30
可能坠落范围半径 R/m	3	4	5	6

（2）高处作业高度计算方法

高处作业高度计算步骤如下：

① 根据定义，确定 h_b。

② 根据 h_b 确定 R。

③ 根据定义，确定 h_w。

（3）示例

【例 8-1】　见图 8-1（a），试确定基础高度 h_b，可能坠落范围半径 R，作业高度 h_w 的值。

【解】　$h_b = 20\text{m}$，$R = 5\text{m}$，$h_w = 20\text{m}$。

【例 8-2】　见图 8-1（b），试确定基础高度 h_b，可能坠落范围半径 R，作业高度 h_w 的值。

【解】　$h_b = 15\text{m}$，$R = 4\text{m}$，$h_w = 15\text{m}$。

【例 8-3】　见图 8-1（c），试确定基础高度 h_b，可能坠落范围半径 R，作业高度 h_w 的值。

【解】　$h_b = 29.5\text{m}$，$R = 5\text{m}$，$h_w = 4.5\text{m}$。

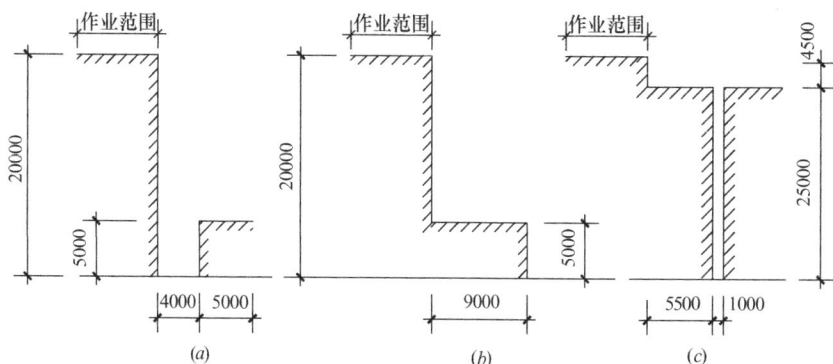

图 8-1　作业高度计算方法示例

8.2.2 预防高处作业事故的管理措施

1）严格而科学的管理

（1）明确各级管理人员和操作人员的安全生产责任制和岗位责任制。

（2）加强对操作人员进行预防高处坠落与物体打击事故发生的安全技术知识教育，熟悉和掌握正确的操作方法，以及正确使用作业工具和防护用具。

（3）每年对从事高处作业的人员进行一次身体检查，特殊情况随时复检。凡发现患有高血压、心脏病、癫痫病、精神病、严重贫血症、眩晕以及经医生鉴定患有不宜从事高处作业的其他病症的人员，酒后人员，不得从事高处作业。

2）科学合理的施工组织安排

工程技术人员在制订施工组织设计或施工方案时，应尽可能选择有利于安全的施工顺序与方法，避免人为制造危险部位。在流水作业的施工段划分时，应尽可能避免出现同一区域内的立体交叉作业。

8.2.3 高处作业的基本安全要求

（1）施工单位应为从事高处作业的人员提供合格的安全帽、安全带、防滑鞋等必备的个人安全防护用具、用品。从事高处作业的人员应按规定正确佩戴和使用。

（2）在进行高处作业前，应认真检查所使用的安全设施是否安全可靠，脚手架、平台、梯子、防护栏杆、挡脚板、安全网等设置应符合安全技术标准要求。

（3）高处作业危险部位应悬挂安全警示标牌。夜间施工时，应保证足够的照明并在危险部位设红灯示警。

（4）从事高处作业的人员不得攀爬脚手架或栏杆上下，所使用的工具、材料等严禁投掷。

（5）因作业需要，临时拆除或变动安全防护设施时，必须经施工负责人同意，并采取相应的可靠措施；作业后应立即恢复。

（6）高处作业，上下应设联系信号或通信装置，并指定专人负责联络。

（7）在雨雪天从事高处作业，应采取防滑措施。在六级及六级以上强风和雷电、暴雨、大雾等恶劣气候条件下，不得进行露天高处作业。

8.2.4 预防高处作业事故的技术防护措施

防止高处坠落与物体打击的措施很多，但综合起来不外乎两种：一是避免人员和物体坠落，如设防护栏杆、立网、铺满架板、盖好洞口等措施；二是在发生落物或人员坠落时，由安全帽、安全带、安全网来避免或减轻对人员的伤害。可总结为："三宝四口五临边，架子把好十道关（见6.4），屋面顶棚有措施，梯子必须牢又坚"。具体措施如下：

1）"三宝"防护措施

（1）进入施工现场的人员必须正确佩戴安全帽。安全帽要符合《安全帽》、《安全帽试验方法》要求。衣着要灵便，应穿软底鞋。禁止赤脚或穿拖鞋、凉鞋、硬底鞋、高跟鞋和带钉易滑的鞋靴作业。

（2）凡在2m以上的悬空高处作业，必须系好安全带。安全带必须符合《安全带测试方法》GB/T 6096—2009要求。安全带要高挂低用，系到牢固的物体上。

悬空高处作业包括：

① 开放型结构施工，如高处搭设脚手架、安装屋架等作业。

② 建筑结构无防护的边缘，如安装阳台栏板等作业。

③ 受限制的高处或不稳定的高处立足作业，如建筑物外窗擦玻璃、刷油漆等作业。

（3）高处作业点的下方必须设安全网。凡无外架防护施工，必须在第一层或离地高度 4m 处设一层固定安全网，每隔三层楼（普通住宅楼或办公楼）或 10m 以内设一道固定安全网，同时设一层随墙体逐层上升的立网或斜网。外架、桥式架、插口架的操作层外侧，必须设置小孔安全围网，防止人、物坠落造成事故。

2)"四口"防护措施

"四口"是指建筑施工的楼梯口、电梯口、预留口、通道口。"四口"是建筑工人在施工作业中经常接触的区域，也是容易发生事故的要害部位，因此，作好"四口"的安全防护，是保证施工安全的重要环节。下面就"四口"的安全防护做一介绍：

（1）楼梯口的安全防护

焊接简易楼梯栏杆：可用直径 12mm、长 1200mm 的钢筋，垂直焊接在楼梯踏步的预埋件上，上端焊接与楼梯坡度平行钢筋，也可安装预制楼梯扶手进行防护。如图 8-2 所示。

绑扎栏杆：在两段楼梯的缝中，两端各立一根站杆（接在楼梯顶部），沿楼梯坡度绑扎高 1.2m 的水平杆，最顶部的梯头横头也应绑上栏杆。

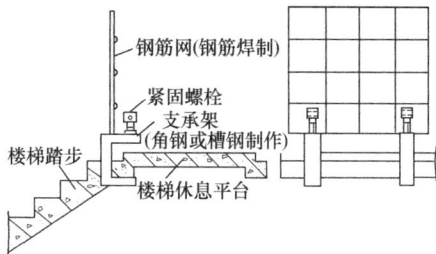

图 8-2 楼梯口安全防护

由于某种原因楼梯没跟上施工的高度，这个部位就形成一个大孔洞，这时应在每层铺一片大网，将空洞封严。

（2）电梯口的安全防护

电梯口的安全防护分两个方面，一是电梯井口的防护；二是电梯井内（即竖直方向）的防护。电梯井口必须设防护栏杆或固定栅门，电梯井口防护用直径 12mm 钢筋，根据电梯井口的尺寸焊接单扇门或双扇门，高度不应小于 1.5m。将门焊接在墙板的钢筋上。一般一次性焊接固定为好，不宜做活门，目的是防止门被打开后，无人及时关闭，实际上起不到防护作用。电梯井内应每隔两层并最多隔 10m 设一道安全网，防止人员坠落。如图 8-3 所示。

（3）预留口的安全防护

预留口的尺寸大小不一，形状各异，洞口根据具体情况采取设防护栏杆、加盖件、张挂安全网与装栅门等措施如下。防护办法如下：

① 当竖向洞口短边边长小于 50cm 时，应采取封堵措施；当垂直洞口短边边长大于或等于 50cm 时，应在临空一侧设置高度不小于 1.2m 的防护栏杆，并应采用密目式安全立网或工具式栏板封闭，设置挡脚板。

② 当非竖向洞口短边边长为 2.5cm~50cm 时，应采用承载力满足使用要求的盖板覆盖，盖板四周搁置应均衡，且应防止盖板移位。

③ 当非竖向洞口短边边长为 50cm～150cm 时，必须设置以扣件扣接钢管而成的网格，并在其上满铺竹笆或脚手板。也可采用贯穿于混凝土板内的钢筋构成防护网，钢筋网格间距不得大于 20cm，如图 8-4 所示。

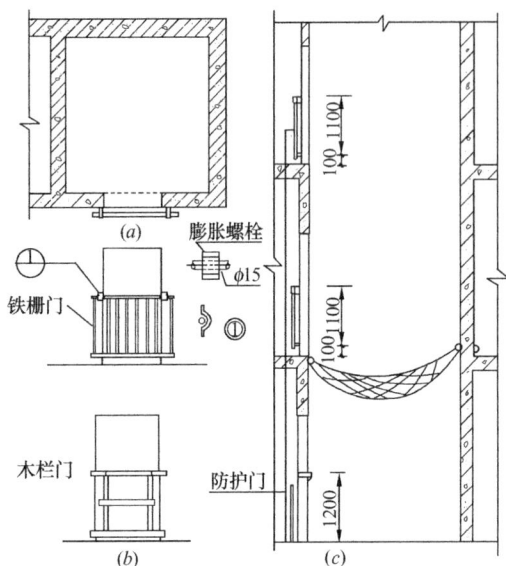

图 8-3 电梯井口防护门

(a) 平面图；(b) 立面图；(c) 剖面图

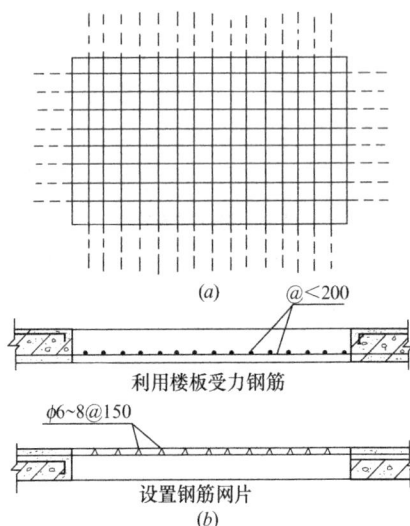

图 8-4 洞口钢筋防护网

(a) 平面图；(b) 剖面图

④ 当非竖向洞口短边边长大于等于 150cm 时，应在洞口作业侧设置高度不小于 1.2m 的防护栏杆，洞口下张设安全平网。如图 8-5 所示。

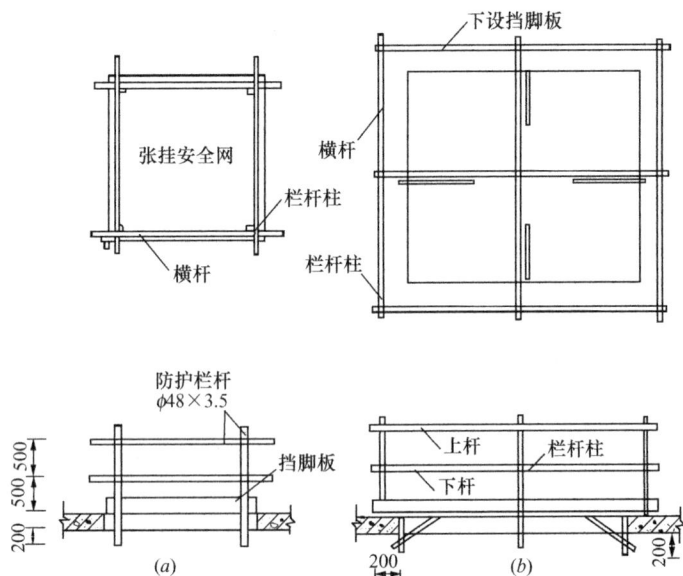

图 8-5 洞口防护栏杆

(a) 边长为 1500～2000 的洞口；(b) 边长为 2000～4000 的洞口

（4）通道口的安全防护

① 应设单层或双层防护棚，并符合规范要求。

② 通道口侧边设防护栏杆，见图 8-6。

③ 不经常使用的通道口，可用木杆封闭，避免人员随意出入。

3）"临边"防护措施

（1）对临边高处作业，必须设置防护措施，并符合下列规定：

① 基坑周边，尚未安装栏杆或栏板的阳台、料台与挑平台周边，雨篷与挑檐边，无外脚手的屋面与楼层周边及水箱与水塔周边等处，都必须设置防护栏杆。

楼梯、楼层和阳台防护栏杆如

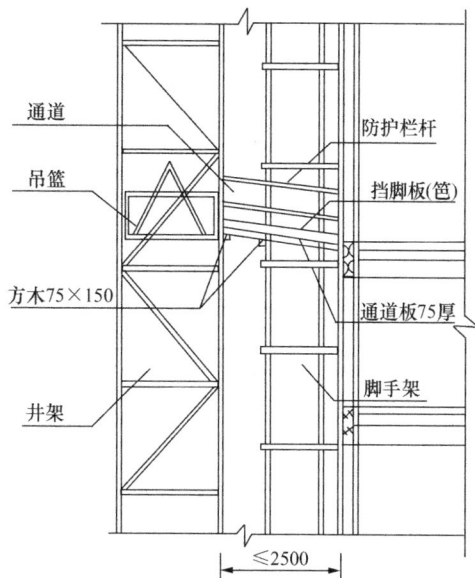

图 8-6 通道侧边防护栏杆

图 8-7 所示，屋面楼层临边防护栏杆如图 8-8 所示。

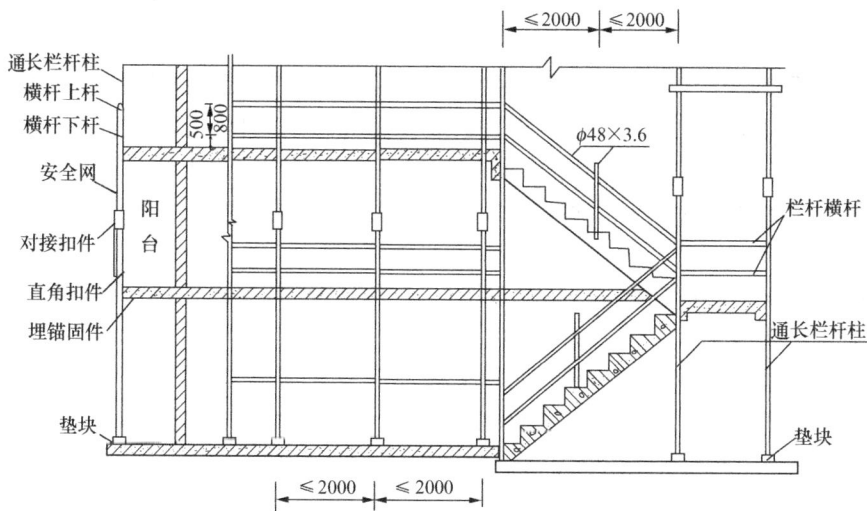

图 8-7 楼梯、楼层和阳台防护栏杆

② 头层墙高度超过 3.2m 的二层楼面周边，以及无外脚手的高度超过 3.2m 的楼层周边，必须在外围架设安全平网一道。

③ 分层施工的楼梯口和梯段边，必须安装临时护栏。顶层楼梯口应随工程结构进度安装正式防护栏杆。

④ 井架与施工用电梯和脚手架等与建筑物通道的两侧边，必须设防护栏杆。地面通道上部应装设安全防护棚。双笼井架通道中间，应予分隔封闭。

⑤ 各种垂直运输接料平台，除两侧设防护栏杆外，平台口还应设置安全门或活动防护栏杆。

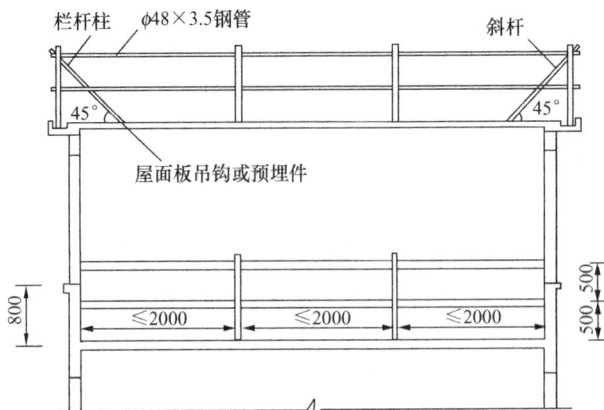

图 8-8 屋面楼层临边防护栏杆

（2）监边防护栏杆杆件的规格及连接要求，应符合下列规定：

① 钢筋横杆上杆直径不应小于 16mm，下杆直径不应小于 14mm，栏杆柱直径不应小于 18mm，采用电焊或镀锌钢丝绑扎固定。

② 钢管横杆及栏杆柱均采用 $\Phi 48 \times (2.75 \sim 3.6)$ mm 的管材，以扣件或电焊固定。

③ 以其他钢材如角钢等作防护栏杆杆件时，应选用强度相当的规格，以电焊固定。

4）屋面顶棚和轻屋面的防坠落措施（可以简称为"屋面顶棚有措施"）

（1）在顶棚和轻型屋面（石棉瓦、玻纤瓦等）上操作、行走时，十分危险，稍踏偏楞木，就会坠落，因此在顶棚和轻型屋面上操作、行走前，必须在上面搭上垫板，使重力传递于永久性可靠结构上。或者在下方满搭安全平网，以防上部作业者坠落。

（2）在坡屋面上施工时，必须按屋面坡度设计履带式踏板梯，梯子材质要符合要求，并且固定牢靠。

5）正确地选择和使用梯子（可以简称为："梯子必须牢又坚"）

（1）梯子要坚固，高度应满足作业需要。

（2）使用单梯时梯子踏步高度宜为 30cm，梯子与水平面成 75°夹角。

（3）梯子至少应伸出平台上或作业人员可能站立的最高踏步上 1m。

（4）脚底要有防滑措施。顶端捆扎牢固或设专人扶梯，人字梯应拴好下端的挂索。

（5）梯子只允许一人上下通行。攀登梯子时，手中不得携带工具或物料，登梯前鞋底要弄干净。

8.2.5 防护栏杆的技术要求

（1）临边作业的防护栏杆应由横杆、立杆及挡脚板组成，防护栏杆应符合下列规定：

① 防护栏杆应为两道横杆，上杆距地面高度应为 1.2m，下杆应在上杆和挡脚板中间设置；

② 当防护栏杆高度大于 1.2m 时，应增设横杆，横杆间距不应大于 600mm；

③ 防护栏杆立杆间距不应大于 2m;

④ 挡脚板高度不应小于 180mm。

（2）防护栏杆立杆底端应固定牢固，并应符合下列规定：

① 当在土体上固定时，应采用预埋或打入方式固定；

② 当在混凝土楼面、地面、屋面或墙面固定时，应将预埋件与立杆连接牢固；

③ 当在砌体上固定时，应预先砌入相应规格含有预埋件的混凝土块，预埋件应与立杆连接牢固。

（3）防护栏杆杆件的规格及连接，应符合下列规定：

① 当采用钢管作为防护栏杆杆件时，横杆及栏杆立杆应采用脚手钢管，并应采用扣件、焊接、定型套管等方式进行连接固定；

② 当采用其他材料作防护栏杆杆件时，应选用与钢管材质强度相当的材料，并应采用螺栓、销轴或焊接等方式进行连接固定。

（4）防护栏杆的立杆和横杆的设置、固定及连接，应确保防护栏杆在上下横杆和立杆任何部位处，均能承受任何方向 1kN 的外力作用。当栏杆所处位置有发生人群拥挤、物件碰撞等可能时，应加大横杆截面或加密立杆间距。

（5）防护栏杆应张挂密目式安全立网或其他材料封闭。

（6）防护栏杆的设计计算应符合规范规定。

8.3 主体施工其他安全控制要点

8.3.1 交叉作业安全控制要点

（1）交叉作业人员不允许在同一垂直方向上操作，要做到上部与下部作业人员的位置错开，使下部作业人员的位置处在上部落物的可能坠落半径范围以外，当不能满足要求时，应设置安全隔离层进行防护。

（2）在拆除模板、脚手架等作业时，作业点下方不得有其他作业人员，防止落物伤人。拆下的模板等堆放时，不能过于靠近楼层边沿，应与楼层边沿留出不小于 1m 的安全距离，码放高度也不得超过 1m。

（3）结构施工自二层起，凡人员进出的通道口都应搭设符合规范要求的防护棚。

（4）对不搭设脚手架和设置安全防护棚时的交叉作业，应设置安全防护网，当在多层、高层建筑外立面施工时，应在二层及每隔四层设一道固定的安全防护网，同时设一道随施工高度提升的安全防护网。

（5）安全防护棚搭设应符合下列规定：

① 当安全防护棚为非机动车辆通行时，棚底至地面高度不应小于 3m；当安全防护棚为机动车辆通行时，棚底至地面高度不应小于 4m。

② 当建筑物高度大于 24m 并采用木质板搭设时，应搭设双层安全防护棚。两层防护的间距不应小于 700mm，安全防护棚的高度不应小于 4m。

③ 当安全防护棚的顶棚采用竹笆或木质板搭设时，应采用双层搭设，间距不应小于 700mm；当采用木质板或与其等强度的其他材料搭设时，可采用单层搭设，

木板厚度不应小于 50mm。

④ 防护棚的长度应根据建筑物高度与可能坠落半径确定。

（6）安全防护网搭设应符合下列规定：

① 安全防护网搭设时，应每隔 3m 设一根支撑杆，支撑杆水平夹角不宜小于 45°；

② 当在楼层设支撑杆时，应预埋钢筋环或在结构内外侧各设一道横杆；

③ 安全防护网应外高里低，网与网之间应拼接严密。

8.3.2　操作平台作业安全控制要点

1. 一般规定

（1）操作平台的临边应设置防护栏杆，单独设置的操作平台应设置供人上下、踏步间距不大于 400mm 的扶梯。

（2）应在操作平台明显位置设置标明允许负载值的限载牌及限定允许的作业人数，物料应及时转运，不得超重、超高堆放。

（3）操作平台使用中应每月不少于 1 次定期检查，应由专人进行日常维护工作，及时消除安全隐患。

2. 移动式操作平台

（1）移动式操作平台面积不宜大于 $10m^2$，高度不宜大于 5m，高宽比不应大于 2∶1，施工荷载不应大于 $1.5kN/m^2$。

（2）移动式操作平台的轮子与平台架体连接应牢固，立柱底端离地面不得大于 80mm，行走轮和导向轮应配有制动器或刹车闸等制动措施。

（3）移动式行走轮承载力不应小于 5kN，制动力矩不应小于 2.5N·m，移动式操作平台架体应保持垂直，不得弯曲变形，制动器除在移动情况外，均应保持制动状态。

（4）移动式操作平台移动时，操作平台上不得站人。

3. 落地式操作平台

（1）落地式操作平台架体构造应符合下列规定：

① 操作平台高度不应大于 15m，高宽比不应大于 3∶1；

② 施工平台的施工荷载不应大于 $2.0kN/m^2$；当接料平台的施工荷载大于 $2.0kN/m^2$ 时，应进行专项设计；

③ 操作平台应与建筑物进行刚性连接或加设防倾措施，不得与脚手架连接；

④ 用脚手架搭设操作平台时，其立杆间距和步距等结构要求应符合国家现行相关脚手架规范的规定；应在立杆下部设置底座或垫板、纵向与横向扫地杆，并应在外立面设置剪刀撑或斜撑；

⑤ 操作平台应从底层第一步水平杆起逐层设置连墙件，且连墙件间隔不应大于 4m，并应设置水平剪刀撑。连墙件应为可承受拉力和压力的构件，并应与建筑结构可靠连接。

（2）落地式操作平台搭设材料及搭设技术要求、允许偏差应符合国家现行相关脚手架标准的规定。

（3）落地式操作平台应按国家现行相关脚手架标准的规定计算受弯构件强度、

连接扣件抗滑承载力、立杆稳定性、连墙杆件强度与稳定性及连接强度、立杆地基承载力等。

(4) 落地式操作平台一次搭设高度不应超过相邻连墙件以上两步。

(5) 落地式操作平台拆除应由上而下逐层进行，严禁上下同时作业，连墙件应随施工进度逐层拆除。

(6) 落地式操作平台检查验收应符合下列规定：

① 操作平台的钢管和扣件应有产品合格证；

② 搭设前应对基础进行检查验收，搭设中应随施工进度按结构层对操作平台进行检查验收；

③ 遇 6 级以上大风、雷雨、大雪等恶劣天气及停用超过 1 个月，恢复使用前，应进行检查。

8.3.3 攀登与悬空作业安全控制要点

(1) 攀登作业使用的梯子、高凳、脚手架和结构上的登高梯道等工具和设施，在使用前应进行全面的检查，符合安全要求的方可使用。

(2) 现场作业人员应在规定的通道内行走，不允许在阳台间或非正规通道处进行登高、跨越，不允许在起重机臂架、脚手架杆件或其他施工设备上进行上下攀登。

(3) 对在高空需要固定、联结、施焊的工作，应预先搭设操作架或操作平台，作业时采取必要的安全防护措施。

(4) 在高空安装管道时，管道上不允许人员站立和行走。

(5) 在绑扎钢筋及钢筋骨架安装作业时，施工人员不允许站在钢筋骨架上作业和沿骨架上下攀登。

(6) 在进行框架、过梁、雨篷、小平台混凝土浇筑作业时，施工人员不允许站在模板上或模板支撑杆上操作。

8.4 砌筑工程施工

砌筑工程是建筑工程中必不可少而且十分重要的一部分，一座建筑物无论大小和高低，一般都有砌体。砌体在房屋结构中起着维护、挡风防雨、隔热、保温和承重等作用。

在一般砌体结构工程中，墙体的工程量在整个建筑中占据相当大比重，其造价占建筑总造价的 30%～40%。因此，做好墙体施工是相当重要的。由于在施工过程中砌筑方法不当，或作业人员马虎从事，致使墙体或房屋倒塌的事例已屡见不鲜，给人民生命财产造成重大损失，故施工作业人员在砌筑施工中要严格注意以下问题：

(1) 砌筑施工中所使用的砂浆、砖、砌块等必须经过验收合格。强度等级达到设计要求，禁止使用不合格材料或强度达不到要求的砂浆进行砌筑，以免造成事故。砖墙砌筑施工中，作业人员要严格按照砖墙的砌筑工艺进行作业，严防已砌好的砖墙倒塌伤人。

（2）砌筑施工时垂直和水平运输材料必须符合施工组织设计。用吊笼进行垂直运输时，不得超载，吊笼的滑车、绳索、刹车等必须满足负荷和安全要求。用起重机吊运砖时，应采用砖笼，不得直接放于跳板上，在吊臂的回转范围内下面不得有行人经过或停留。吊砂浆的料斗不要装得过满。

（3）用手推车推砖时，前后两车要保持相应的安全距离，在平道上不应小于2m，坡道上不应小于10m，严禁撒把，以防两车相撞或撞伤他人。

（4）作业人员从砖垛上取砖时，应先取高处后取低处，防止砖垛倒塌砸人。砍砖时应面向内打，以免碎砖落下伤人。

（5）当砌砖的砖墙超过胸部以上时，要搭设好操作平台，不准用不稳定的工具或物体在脚手板面上垫高作业。

（6）作业人员严禁在墙顶上站立画线、刮缝、清扫柱面和检查大角垂直等工作，以防发生坠落事故。

（7）砌好的砖墙，当横隔墙很少且没有安装楼板或屋面板时，要设置必要的支撑，以保证其稳定性，防止大风刮倒。

8.5 现场搅拌与浇筑混凝土

混凝土是建筑工程中应用最广泛的材料之一。混凝土工程包括配料、拌制、运输、浇筑、养护、拆模等一系列施工过程。近年来由于生产和科研的发展，混凝土工程施工技术有了很大的进步，混凝土的拌匀做到了机械化和半机械化，人工操作比较多的主要体现在混凝土的浇筑施工中。因此加强混凝土浇筑施工中的安全是混凝土施工中重要的一个环节。在混凝土浇筑过程中由于涉及混凝土振捣，经常发生触电事故。本节将重点介绍混凝土在浇筑过程中应注意的安全事项。

（1）混凝土浇筑作业包括混凝土的垂直运输、浇筑、振捣等施工过程，是一个多工种人员的联合作业，各工种人员必须遵守本工种的安全操作规程。

（2）垂直运输采用塔式起重机吊运时，必须要有专业信号工指挥，其他人员协同作业，听从指挥，互相照应，统一行动，避免发生意外事故。

（3）垂直运输采用井架运输时，手推车车把不得伸出笼外，车轮前后应挡牢，并要做到稳起稳落。

（4）采用泵送混凝土进行浇筑时，输送管道的接头应紧密可靠不漏浆，安全阀必须完好，管道的架子要牢固，输送前要试送，检查维修时必须卸压。

（5）浇筑框架、梁、柱、雨篷、阳台的混凝土时，应搭设操作平台，并有安全防护措施，严禁直接站在模板或支撑上操作，以避免踩滑或踏断而发生坠落事故。

（6）浇捣拱形结构，应自两边拱脚对称同时进行；浇圈梁、雨篷、阳台时，应设防护措施；浇捣料仓下口时应先行封闭，并铺设临时脚手架，以防人员坠落。

（7）浇筑混凝土若使用溜槽时，溜槽必须固定牢固，若使用串筒时，串筒之间应连接牢靠。在操作部位应设护身栏杆，严禁直接站在溜槽帮上操作。

（8）预应力灌浆，应严格按照规定压力进行，输浆管应畅通，阀门接头要严密牢固。

（9）不得在混凝土养护窑（池）边上站立和行走，并注意窑盖、板和地沟孔洞，防止失足坠落。

8.6 屋面工程施工

屋面工程的施工是主体工程施工中重要的一环。一般屋面施工包括隔汽层、保温层和防水层的施工等几个步骤。屋面施工的质量特别是防水层的质量将直接影响建筑物的使用情况，而安全施工则是保证质量的前提。

1）一般规定

（1）屋面施工作业前，在屋面周围要设防护栏杆。屋面上的孔洞应加盖封严，或者在孔洞周边设置防护栏杆，并加设水平安全网，防止高处坠落事故的发生。

（2）屋面防水层一般为铺贴油毡卷材。从事这部分作业的人员应为专业防水人员。对有皮肤病、眼病、刺激过敏等患者，不宜参加此项工作。作业过程中，如发生恶心、头晕、刺激过敏等情况时，应立即停止操作。

（3）作业人员不得赤脚、穿短裤和短袖衣服进行操作，裤脚袖口应扎紧，并应佩戴手套和护脚，作业过程中要遵守安全操作规程。

（4）卷材作业时，作业人员操作应注意风向，防止下风方向作业人员中毒或烫伤。

（5）存放卷材和胶粘剂的仓库或现场要严禁烟火，如需用明火，必须有防火措施，且应设置一定数量的灭火器材和沙袋。

（6）高处作业人员站立不得过分集中，应活动自如，必要时还应挂安全带。

（7）屋面施工作业时，绝对禁止从高处向下乱扔杂物，以防砸伤他人。

（8）雨、霜、雪天必须待屋面干燥后，方可继续进行工作，刮大风时应停止作业。

2）屋面防水层施工的安全防护

以沥青、油毡为材料进行的施工，它是高空、高温、有毒作业，应特别注意安全防护。

（1）屋面施工人员，要戴口罩、手套、鞋盖等防护用品，禁止穿硬底和带钉子的鞋。

（2）当槽口未设女儿墙时，应设安全网或防护架，必要时佩戴安全带。

（3）施工现场附近不得堆放易燃品，现场要配备防火器材。

（4）沥青卷材、防水涂料、防水剂、堵漏材料等，大多有毒性且容易引起火灾，故熬制沥青和铺贴油毡时，必须严格遵守操作规程。

（5）熬制沥青的锅，盛沥青的桶要加盖；盛料器具不得用锡焊，以防受热开裂；铁桶、油壶要用咬口，装油量不应高于桶高的 2/3，以防沥青溢漏而造成烫伤。

（6）运沥青时要注意安全，不准两人抬热沥青，在屋面上放置沥青桶要平稳，浇沥青时应注意力集中，均匀、平稳地浇。施工时，如发生恶心、头晕、刺激过敏等情况，应立即停止操作，并作必要的检查和治疗。

重难点知识讲解

1. 高处作业分级。

2. 可能坠落范围半径。

3. 例 8-1。

4. 例 8-2。

5. 例 8-3。

复习思考题

1. 建筑"三宝"、"四口"、"五邻边"分别是什么？

2. 电梯口的安全防护措施是什么？

3. 通道口的安全防护措施是什么？

第9章 建筑施工机械

学习要求

通过本章内容的学习，了解施工机械的类型，了解土方施工机械，熟悉施工机具的安全要求，掌握预防施工机械事故的一般措施，掌握塔式起重机、施工电梯、物料提升机的安全技术要求。

机械安全是指机器在按使用说明书规定的预定使用条件下，执行其功能和在对其进行运输、安装、调试、运行、维修、拆卸和处理时对操作者不发生损伤或危害其健康的能力。

它包括两个方面的内容：

（1）在机械产品预定使用期间执行预定功能和在可预见的误用时，不会给人身带来伤害。

（2）机械产品在整个寿命周期内，发生可预见的非正常情况下任何风险事故时机器是安全的。

9.1 建筑施工机械类型及主要安全措施

9.1.1 建筑施工机械的分类

建筑施工机械，按使用功能大致可分为十大类。

（1）运输机械

为建筑施工现场运输材料和施工用品的各种车辆。包括各种汽车、自卸翻斗车等。

（2）土方工程机械

进行土、石方施工的机械。如挖掘机、推土机、铲运机、装载机、压路机等。

（3）桩工机械

用来打桩的机械。如蒸汽打桩机、柴油打桩机、电动钻孔机等。

（4）起重及垂直运输机械

用来完成施工现场起重、吊装、垂直运输的机械。如建筑卷扬机、建筑升降机、塔吊、汽车吊等。

（5）钢筋与混凝土机械

进行钢筋与混凝土加工的机械。如钢筋拉伸机、钢筋矫直机、钢筋弯曲机、切断机、混凝土搅拌机、输送机、振捣器等。

（6）木工机械

用于木材加工、木构件制作的机械。

（7）喷涂机械

用于灰浆和砂浆喷涂及灌注工作的机械。如灰浆搅拌机、灰浆泵、灰浆输送机等。

（8）装修机械

用于建筑装修的机械。如喷漆枪、射钉枪、涂粉机、研磨机等。

（9）手持工具

手持工具：风钻、风镐、凿岩机等。

电动手持工具：电钻、电锤、电刨、手砂轮、水磨石机等。

（10）空气压缩机和水泵

为建筑施工提供压缩空气及水源的机械。如空气压缩机、各种气泵、各种水泵等。

9.1.2　建筑施工机械常见的事故

在建筑施工中与建筑机械有关的伤害事故主要有起重伤害、车辆伤害、机械伤害和触电伤害四种。本节仅对车辆伤害、机械伤害进行介绍。

1）车辆伤害事故

建筑施工中的车辆伤害，实际就是在建筑工地内的交通肇事（撞车、撞人事故）。导致车辆伤害事故发生的主要因素是：

（1）不良驾驶。包括：超速、忽视瞭望、取捷径、走反道、盲目倒车等行为。

（2）司机在作业期间对一些危险设施疏忽大意。如碰架空电线或掉进沟槽之中。

（3）擅自让人搭车，造成驾驶条件困难，引起司机操作失误造成翻车或撞人事故。

（4）维修保养不良。如刹车装置失灵就是相当危险的。此外，在修车时，如车停在坡路上时，也会发生车体失控伤害修车人。

（5）超载或装载欠佳。超载会增大车辆的惯性，使车失控。装载欠佳会在刹车或转弯时造成货物甩落伤人，严重的会造成翻车事故。

（6）场地拥挤，道路无理的规划。道路不平坦且杂乱无章，这些容易造成车辆相撞，撞人或撞坏施工现场的设施。如撞坏脚手架会使脚手架垮塌。

2）机械伤害事故

它是指机器和工具在运转和操作过程中对作业者的伤害，包括绞、辗、碰、割、戳等伤害形式，机械伤害的重点是机械传动和运动装置中存在着危险部件所构成的危险区域。建筑施工机械伤害可分以下几种。

（1）转动的刀具锯片等。建筑施工机械的刀具、锯片速度高，一旦操作者失误会造成切割伤害，或抛出物的打击伤害。

（2）相对运动部件。如齿轮机构的啮合区，一对滚筒的接触区，皮带进入皮带轮的区域等。这些部件会造成操作者辗轧，或缠绕衣服和头发绞伤。

（3）有下落或倾倒危险的装置。如搅拌机的上料斗，打桩机耸立的机身，这些装置如果意外下落或倾倒将有打击、碰撞操作者的危险。

（4）运动部件的凸出物。如凸出在转轴或连接器上的键、螺栓及其他紧固件。

（5）旋转部件不连续旋转表面。如齿轮带轮、飞轮的轮轴部分。

（6）蜗杆和螺旋。如螺旋输送机、蛟龙机、混合机等，都可以导致卷入夹轧事故。

常见的事故形式：

（1）卷入和挤压

这种伤害主要来自旋转机械的旋转零部件，即两旋转件之间或旋转件与固定件之间的运动将人体某一部分卷入或挤压。这是造成机械事故的主要原因，其发生的频率最高，约占机械伤害事故的 47.7%。

（2）碰撞和撞击

这种伤害主要来自直线运动的零部件和飞来物或坠落物。例如，做往复直线运动的工作台或滑枕等执行件撞击人体；高速旋转的工具、工件及碎片等击中人体；起重作业中起吊物的坠落伤人或人从高层建筑上坠落伤亡等。

（3）接触伤害

接触伤害主要是指人体某一部分接触到运动或静止机械的尖角、棱角、锐边、粗糙表面等发生的划伤或割伤的机械伤害和接触到过冷过热及绝缘不良的导电体而发生冻伤、烫伤及触电等伤害事故。

机械防范措施包括：认真按标准做好机具使用前的验收工作，做好机具操作人员的培训教育，严把持证上岗关；作业前必须检查机具安全状态，使用时必须严格执行操作规程，定机定人，严禁无证上岗，违章操作；必须保证必要的机具维修保养时间，做到专人管理、定期检查、例行保养，并做好维修保养记录；各种机具一经发现缺陷、损坏，必须立即维修，严禁机具"带病"运转。

9.1.3　建筑施工机械危险性分类及管理

1）危险性较大的分部分项工程范围

在建筑施工机械的范围内，只有起重吊装及安装拆卸工程有危险性较大的分部分项工程。

（1）采用非常规起重设备、方法，且单件起吊重量在 10kN 及以上的起重吊装工程。

（2）采用起重机械进行安装的工程。

（3）起重机械安装和拆卸工程。

2）超过一定规模的危险性较大的分部分项工程范围

在建筑施工机械的范围内，只有起重吊装及安装拆卸工程有超过一定规模的危险性较大的分部分项工程。

（1）采用非常规起重设备、方法，且单件起吊重量在 100kN 及以上的起重吊装工程。

（2）起重量 300kN 及以上，或搭设总高度 200m 及以上，或搭设基础标高在 200m 及以上的起重机械安装和拆卸工程。

3）起重吊装及安装拆卸工程安全管理

应按照建办质［2018］31 号文件的规定，对危大工程和超大工程进行安全管理。设计计算的主要依据是《塔式起重机设计规范》GB/T 13752—1992、《塔式起重机安全规程》GB 5144—2006 等。

9.1.4 建筑施工机械事故的主要预防措施

（1）对操作者进行安全培训

经常对操作者进行安全技术、操作过程专业知识等方面的培训教育，提高其技术素质，强化安全意识，使操作者达到对机械性能的了解，会操作，会维修，出现隐患能够及时发现和排除，对一些特种设备的操作人员要加强培训考核，机动车辆司机、电焊等特种设备作业人员必须持证上岗。

（2）设备安全防护装置必须齐全可靠

设备危险部位，危险区域适用的安全防护装置，如防护罩、防护架、挡板、安全钩、安全连锁装置等，必须齐全有效，性能可靠。选用的安全装置应为经过国家特定部门合格认证的机械产品，在设备的安装和调试过程中应严格遵照操作规程的要求，保证安全防护装置的有效性，满载设备安装使用前，由工程技术人员对设备进行检查验收，并形成制度。

（3）加强施工设备的管理

加强施工设备的管理，建立必要的使用维修保养制度，可落实具体的责任者，使设备保持良好的运行状态，不带病运转。

（4）创造有利于机械安全工作的环境

如机动车行走的路线必须平坦，路标清楚，且能避开如架空电线和陡坡一类的潜在危险，机械设备周围应整洁有序，防止操作者滑落和绊倒。

（5）加强机械操作者的个人防护措施，合理佩戴防护用具。对职工进行遵章守纪教育，做到不违规指挥，不违章作业。

（6）应根据人机工程学的理论，不断改进和完善机械设备，使其适应人体特性，使工作适合于人，从而提高劳动生产率，避免机械伤害事故。

9.1.5 建筑施工机械安全使用的一般规定

（1）操作人员必须体检合格，无妨碍作业的疾病和生理缺陷，经过专业培训、考核合格取得操作证后，并经过安全技术交底，方可持证上岗；学员应在专人指导下进行工作。特种设备由建设行政主管部门、公安部门或其他有权部门颁发操作证。非特种设备由企业颁发操作证。

机械操作人员和配合作业人员，必须按规定穿戴劳动保护用品，长发应束紧不得外露。

（2）机械必须按照出厂使用说明书规定的技术性能、承载能力和使用条件，正确操作，合理使用，严禁超载、超速作业或任意扩大使用范围。

机械上的各种安全防护及保险装置和各种安全信息装置必须齐全有效。

应为机械提供道路、水电、机棚及停机场地等必备的作业条件，并应消除各种安全隐患。夜间作业应设置充足的照明。

（3）操作人员在每班作业前，应对机械进行检查，机械使用前，应先试运转。

机械作业前，施工技术人员应向机械操作人员进行施工任务及安全技术措施交底。操作人员应熟悉作业环境和施工条件，听从指挥，遵守现场安全规程。违反安全的作业指令，操作人员应先说明理由，后拒绝执行。

（4）操作人员在作业过程中，应集中精力正确操作，注意机械工况，不得擅自离开工作岗位或将机械交给其他无证人员操作。无关人员不得进入作业区或操作室内。

机械使用与安全发生矛盾时,必须服从安全的要求。

(5)操作人员应遵守机械有关保养规定,认真及时做好机械的例行保养,保持机械的完好状态。机械不得带病运转。

(6)实行多班作业的机械,应执行交接班制度,认真填写交接班记录,接班人员经检查确认无误后,方可进行工作。

(7)机械设备的基础承载能力必须满足安全使用要求,机械安装后,必须经机械、安全管理人员共同验收合格后,方可投入使用。

(8)排除故障或更换部件过程中,要切断电源和锁上开关箱,并专人监护。

(9)机械集中停放的场所,应有专人看管,并应设置消防器材及工具;大型内燃机械应配备灭火器;机房、操作室及机械四周不得堆放易燃、易爆物品。

(10)停用一个月以上或封存的机械,应认真做好停用或封存前的保养工作,并应采取预防风沙、雨淋、水泡、锈蚀等措施。

9.2 土方施工机械安全技术

9.2.1 土方机械的生产能力与选择

土方机械化开挖应根据基础形式、工程规模、开挖深度、地质、地下水情况、土方量、运距、现场和机具设备条件、工期要求以及土方机械的特点等合理选择挖土机械,以充分发挥机械效率,节省机械费用,加速施工进度。土方机械化施工常用机械有:推土机、铲运机、挖掘机(包括正铲、反铲、拉铲、抓铲等)、装载机等。

1)推土机

(1)适用范围

适于开挖不大于1.5m的基坑(槽),短距离移挖筑填,回填基坑(槽)、管沟并压实;配合挖土机从事平整、集中土方、清理场地、修路开道;拖羊足碾、松土机,配合铲运机助铲以及清除障碍物等。

(2)作业方法

推土机开挖的基本作业是铲土、运土和卸土三个工作行程和空载回驶行程。铲土时应根据土质情况,尽量采用最大切土深度在最短距离(6~10m)内完成,以便缩短低速运行时间,然后直接推运到预定地点。回填土和填沟渠时,铲刀不得超出土坡边沿。上下坡坡度不得超过35°,横坡不得超过10°。几台推土机同时作业,前后距离应大于8m。

(3)提高生产率的常用方法:

①下坡推土法;②槽形挖土法;③并列推土法;④分堆集中;⑤铲刀附加侧板法。

2)铲运机

(1)适用范围

适于大面积场地平整、压实；运距 800m 内的挖运土方；开挖大型基坑（槽）、管沟、填筑路基等。但不适于砾石层、冻土地带及沼泽地区使用。

（2）作业方法

铲运机的基本作业是铲土、运土、卸土三个工作行程和一个空载回驶行程。开行路线有如下几种：

①椭圆形开行路线；②"8"字形开行路线；③大环形开行路线；④连续式开行路线；⑤锯齿形开行路线；⑥螺旋形开行路线。

（3）提高生产率的常用方法

①下坡铲土法；②跨铲法；③交错铲土法；④助铲法；⑤双联铲运法。

3）挖掘机

（1）正铲挖掘机

① 适用范围

适用于开挖含水量小于 27% 的土和经爆破后的岩石和冻土碎块；大型场地整平土方；工作面狭小且较深的大型管沟和基槽路堑；独立基坑及边坡开挖等。

② 作业方法

正铲挖掘机的挖土特点是："前进向上，强制切土"。根据开挖路线与运输汽车相对位置的不同，一般有以下两种：

a. 正向开挖，侧向装土法：正铲向前进方向挖土，汽车位于正铲的侧向装车。本法装车方便，循环时间短，生产效率高。用于开挖工作面较大，深度不大的边坡、基坑（槽）、沟渠和路堑等，为最常用的开挖方法。

b. 正向开挖，后方装土法：正铲向前进方向挖土，汽车停在正铲的后面。本法开挖工作面较大，生产效率降低。用于开挖工作面较小且较深的基坑（槽）、管沟和路堑等。

③ 提高生产率的常用方法

a. 分层开挖法；b. 多层开挖法；c. 中心开挖法；d. 上下轮换开挖法；e. 顺铲开挖法；f. 间隔开挖法。

（2）反铲挖掘机

① 适用范围

适用于开挖含水量大的砂土或黏土，主要用于停机面以下深度不大的基坑（槽）或管沟，独立基坑及边坡的开挖。

② 开挖方法

反铲挖掘机的挖土特点是："后退向下，强制切土"。根据挖掘机的开挖路线与运输汽车的相对位置不同，一般有以下几种：

a. 沟端开挖法；b. 沟侧开挖法；c. 沟角开挖法；d. 多层接力开挖法。

（3）抓铲挖掘机

① 适用范围

适用于开挖土质比较松软、施工面狭窄的深基坑、基槽，清理河床及水中挖取土，桥基、桩孔挖土，最适宜于水下挖土，或用于装卸碎石、矿渣等松散材料。

② 挖土方法

抓铲挖掘机的挖土特点是："直上直下，自重切土"。抓铲能在回转半径范围内开挖基坑上任何位置的土方，并可在任何高度上卸土（装车或弃土）。

对小型基坑，抓铲立于一侧抓土；对较宽的基坑，则在两侧或四侧抓土。抓铲应离基坑边一定距离，土方可直接装自卸汽车运走，或堆弃在基坑旁或用推土机推到远处堆放。挖淤泥时，抓斗易被淤泥吸住，应避免用力过猛，以防翻车。抓铲施工，一般均需加配重。

4）装载机

装载机按行走方式分履带式和轮胎式两种。有的单斗装载机背端还带有反铲。

（1）适用范围

适用于装卸土方和散料，也可用于较软土体的表层剥离、地面平整、场地清理和土方运送等工作。

（2）作业方法

与推土机基本类似。在土方工程中，也有铲装、转运、卸料、返回四个过程。

一般而言，深度不大的大面积基坑开挖，宜采用推土机或装载机推土、装土，用自卸汽车运土；对长度和宽度均较大的大面积土方一次开挖，可用铲运机铲土、运土、卸土、填筑作业；对面积较深的基础多采用 $0.5m^3$ 或 $1.0m^3$ 斗容量的液压正铲挖掘机，上层土方也可用铲运机或推土机进行；如操作面狭窄，且有地下水，土体湿度大，可采用液压反铲挖掘机挖土，自卸汽车运土；在地下水中挖土，可用拉铲，效率较高；对地下水位较深，采取不排水时，亦可分层用不同机械开挖，先用正铲挖土机挖地下水位以上土方，再用拉铲或反铲挖地下水位以下土方，用自卸汽车将土方运出。

一般常用土方机械的生产能力选择可参考表9-1。

常用土方机械的生产能力选择表 表9-1

机械名称	特性	作业特点及辅助机械		适用范围
推土机	操作灵活、运转方便，需工作面小，可挖土、运土，易于转移，行驶速度快，应用广泛	1. 作业特点	（1）推平； （2）运距100m内的堆土（效率最高为60m）； （3）开挖浅基坑； （4）推送松散的硬土、岩石； （5）回填、压实； （6）配合铲运机助铲； （7）牵引； （8）下坡坡度最大35°，横坡最大为10°，几台同时作业，前后距离应大于8m	（1）推一～四类土； （2）找平表面，场地平整； （3）短距离移挖作填，回填基坑（槽）、管沟并压实； （4）开挖深不大于1.5m的基坑（槽）； （5）堆筑高1.5m内的路基、堤坝； （6）拖羊足碾； （7）配合挖土机从事集中土方、清理场地、修路开道等
		2. 辅助机械	土方挖后运出需配备装、运土设备，推挖三～四类土，应用松土机预先翻松	

续表

机械名称	特性	作业特点及辅助机械		适用范围
铲运机	操作简单灵活，不受地形限制，不需特设道路，准备工作简单，能独立工作，不需其他机械配合能完成铲土、运土、卸土、填筑、压实等工序，行驶速度快，易于转移；需用劳力少，动力少，生产效率高	1. 作业特点	（1）大面积整平； （2）开挖大型基坑、沟渠； （3）运距800～1500m内的挖运土（效率最高为200～350m）； （4）填筑路基、堤坝； （5）回填压实土方； （6）坡度控制在20°以内	（1）开挖含水率27%以下的一～四类土； （2）大面积场地平整、压实； （3）运距800m内的挖运土方； （4）开挖大型基坑（槽）管沟，填筑路基等。但不适于砾石层、冻土地带及沼泽地区使用
		2. 辅助机械	开挖坚土时需用推土机助铲，开挖三～四类土宜先用松土机预先翻松20～40cm；自行式铲运机用轮胎行驶，适合于长距离，但开挖亦须用助铲	
正铲挖掘机	装车轻便灵活，回转速度快，移位方便；能挖掘坚硬土层，易控制开挖尺寸，工作效率高	1. 作业特点	（1）开挖停机面以上土方； （2）工作面应在1.5m以上； （3）开挖高度超过挖土机挖掘高度时，可采取分层开挖； （4）装车外运	（1）开挖含水量不大于27%的一～四类土和经爆破后的岩石与冻土碎块； （2）大型场地整平土方； （3）工作面狭小且较深的大型管沟和基槽路堑； （4）独立基坑； （5）边坡开挖
		2. 辅助机械	土方外运应配备自卸汽车，工作面应有推土机配合平土、集中土方进行联合作业	
反铲挖掘机	操作灵活，挖土、卸土均在地面作业，不用开运输道	1. 作业特点	（1）开挖地面以下深度不大的土方； （2）最大挖土深度4～6m，经济合理深度为1.5～3m； （3）甩土、堆放； （4）较大较深基坑可用多层接力挖土	（1）开挖含水量大的一～三类的砂土或黏土； （2）管沟和基槽； （3）独立基坑； （4）边坡开挖
		2. 辅助机械	土方外运应配备自卸汽车，工作面应有推土机配合推到附近堆放	
拉铲挖掘机	可挖深坑，挖掘半径及卸载半径大，操纵灵活性较差	1. 作业特点	（1）开挖停机面以下土方； （2）可装车和甩土； （3）开挖截面误差较大； （4）可将土甩在基坑（槽）两边较远处堆放	（1）挖掘一～三类土，开挖较深较大的基坑（槽）、管沟； （2）大量外借土方； （3）填筑路基、堤坝； （4）挖掘河床； （5）不排水挖取水中泥土
		2. 辅助机械	土方外运需配备自卸汽车、推土机，创造施工条件	

续表

机械名称	特性	作业特点及辅助机械		适用范围
抓铲挖掘机	钢绳牵拉灵活性较差，工效不高，不能挖掘坚硬土；可以装在简易机械上工作，使用方便	1. 作业特点	(1) 开挖直井或沉井土方； (2) 可装车或甩土； (3) 排水不良也能开挖； (4) 吊杆倾斜角度应在45°以上，距边坡应不小于2m	(1) 土质比较松软，施工面较狭窄的深基坑、基槽； (2) 水中挖取土，清理河床； (3) 桥基、桩孔挖土； (4) 装卸散装材料
		2. 辅助机械	土方外运时，按运距配备自卸汽车	
装载机	操作灵活，回转移位方便、快速；可装卸土方和散料，行驶速度快	1. 作业特点	(1) 开挖停机面以上土方； (2) 轮胎式只能装松散土方，履带式可装较实土方； (3) 松散材料装车； (4) 吊运重物，用于铺设管道	(1) 外运多余土方； (2) 履带式改换挖斗时，可用于开挖； (3) 装卸土方和散料； (4) 松散土的表面剥离； (5) 地面平整和场地清理等工作； (6) 回填土； (7) 拔除树根
		2. 辅助机械	土方外运需配备自卸汽车，作业面需经常用推土机平整并推松土方	

9.2.2 土石机械的安全控制要点

(1) 作业前，应查明施工场地明、暗设置物（电线、地下电缆、管道、坑道等）的地点及走向，并采用明显记号表示。严禁在离电缆1m距离以内作业。

(2) 机械运行中，严禁接触转动部位和进行检修。在修理（焊、铆等）工作装置时，应使其降到最低位置，并应在悬空部位垫上垫木。

(3) 在施工中遇下列情况之一时应立即停工，待符合作业安全条件时，方可继续施工：

① 填挖区土体不稳定，有发生坍塌危险时。

② 气候突变，发生暴雨、水位暴涨或山洪暴发时。

③ 在爆破警戒区内发出爆破信号时。

④ 地面涌水冒泥，出现陷车或因雨发生坡道打滑时。

⑤ 工作面净空不足以保证安全作业时。

⑥ 施工标志、防护设施损毁失效时。

(4) 配合机械作业的清底、平地、修坡等人员，应在机械回转半径以外工作。当必须在回转半径以内工作时，应停止机械回转并制动好后，方可作业。

(5) 推土机行驶前，严禁有人站在履带或刀片的支架上，机械四周应无障碍物，确认安全后，方可开动。

(6) 铲运机作业中，严禁任何人上下机械，传递物件，以及在铲斗内、拖把或机架上坐立。非作业行驶时，铲斗必须用锁紧链条挂牢在运输行驶位置上，机上任何部位均不得载人或装载易燃、易爆物品。

9.3　垂直运输机械安全技术

垂直运输设施在建筑施工中担负垂直运（输）送材料设备和人员上下建筑物的功能，它是施工技术措施中不可缺的重要环节。随着高层建筑、超高层建筑、高耸工程以及超深地下工程的飞速发展，对垂直运输设施的要求也相应提高，垂直运输技术已成为建筑施工中的重要的技术领域之一。

垂直运输设施的总体情况见表 9-2。

垂直运输设施的总体情况表　　　　　　　　　　　　　表 9-2

序次	设备（施）名称	形式	安装方式	工作方式	设备能力	
					起重能力	提升高度
1	塔式起重机	整装式	行走	在不同的回转半径内形成作业覆盖区	60～10000 kN·m	80m 内
		自升式	固定			250m 内
			附着			
		内爬式	装于天井道内、附着爬升		3500kN·m 内	一般在 300m 内
2	施工升降机（施工电梯）	单笼、双笼带斗	附着	吊笼升降	一般 2t 以内，高者达 2.8t	一般 100m 内，最高已达 645m
3	井字提升架	定型钢管搭设	缆风固定	吊笼（盘、斗）升降	3t 以内	60m 以内
		定型	附着			可达 200m 以上
		钢管搭设				100m 以内
4	龙门提升架（门式提升机）		缆风固定	吊笼（盘、斗）升降	2t 以内	50m 以内
			附着			100m 以内
5	塔架	自升	附着	吊盘（斗）升降	2t 以内	100m 以内
6	独杆提升机	定型产品	缆风固定	吊盘（斗）升降	1t 以内	一般在 25m 以内
7	墙头吊	定型产品	固定在结构上	回转起吊	0.5t 以内	高度视配绳和吊物稳定而定
8	屋顶起重机	定型产品	固定式移动式	葫芦沿轨道移动	0.5t 以内	
9	自立式起重架	定型产品	移动式	同独杆提升机	1t 以内	40m 内
10	混凝土输送泵	固定式拖式	固定并设置输送管道	压力输送	输送能力为 30～50m³/h	垂直输送高度一般为 100m，可达 300m 以上
11	可倾斜塔式起重机	履带式	移动式	为履带吊和塔吊结合的产品，塔身可倾斜		50m 内
		汽车式				
12	小型起重设备			配合垂直提升架使用	0.5～1.5t	高度视配绳和吊物稳定而定

9.3.1 塔式起重机

塔式起重机具有提升、回转、水平输送（通过滑轮车移动和臂杆仰俯）等功能，不仅是重要的吊装设备，而且也是重要的垂直运输设备，用其垂直和水平吊运长、大、重的物料仍为其他垂直运输设备（施）所不及。

1）塔式起重机的分类

塔式起重机的分类见表 9-3。

塔式起重机的分类表　　　　　　　　　　　　表 9-3

分类方式	类　　别
按固定方式划分	固定式；轨道式；附墙式；内爬式
按架设方式划分	自升；分段架设；整体架设；快速拆装
按塔身构造划分	非伸缩式；伸缩式
按臂构造划分	整体式；伸缩式；折叠式
按回转方式划分	上回转式；下回转式
按变幅方式划分	小车移动；臂杆仰俯；臂杆伸缩
按控速方式划分	分级变速；无级变速
按操作控制方式划分	手动操作；电脑自动监控
按起重能力划分	轻型（$\leqslant$80t·m）；中型（>80t·m，$\leqslant$250t·m）；重型（>250t·m，$\leqslant$1000t·m）；超重型（>1000t·m）

2）塔式起重机的安全控制要点

（1）塔式起重机的轨道基础和混凝土基础必须经过设计验算，验收合格后方可使用，基础周围应修筑边坡和排水设施，并与基坑保持一定安全距离。

（2）塔式起重机的拆装必须配备下列人员：

持有安全生产考核合格证书的项目负责人和安全负责人、机械管理人员；

具有建筑施工特种作业操作资格证书的建筑起重机械安装拆卸工、起重司机、起重信号工、司索工等特殊作业操作人员。

（3）拆装人员应穿戴安全保护用品，高处作业时应系好安全带，熟悉并认真执行拆装工艺和操作规程。

（4）顶升前必须检查液压顶升系统各部件连接情况。顶升时严禁回转臂杆和其他作业。

（5）塔式起重机安装后，应进行整体技术检验和调整，经分阶段及整机检验合格后，方可交付使用。在无线荷载情况下，塔身与地面的垂直度偏差不得超过 4/1000。

（6）塔式起重机的金属结构、轨道及所有电气设备的可靠外壳应有可靠的接地装置，接地电阻不应大于 4Ω，并设立避雷装置。

（7）作业前，必须对工作现场周围环境、行驶道路、架空电线、建筑物以及构件重量和分布等情况进行全面了解。塔式起重机作业时，起重臂杆起落及回转半径内不得有障碍物，与架空输电导线的安全距离应符合规定。

（8）塔式起重机的指挥人员、操作人员必须持证上岗，作业时应严格执行指挥人员的信号，如信号不清或错误时，操作人员应拒绝执行。

（9）在进行塔式起重机回转、变幅、行走和吊钩升降等动作前，操作人员应检查电源电压应达到 380V，变动范围不得超过 +20V/−10V，送电前启动控制开关应在零位，并应鸣声示意。

（10）塔式起重机的动臂变幅限制器、行走限位器、力矩限制器、吊钩高度限制器以及各种行程限位开关等安全保护装置，必须安全完整、灵敏可靠，不得随意调整和拆除。严禁用限位装置代替操作机构。

（11）在起吊荷载达到塔式起重机额定起重量的 90% 及以上时，应先将重物吊起离地面 20~50cm，停止提升进行下列检查：起重机的稳定性、制动器的可靠性、重物的平稳性、绑扎的牢固性。

（12）突然停电时，应立即把所有控制器拨到零位，断开电源开关，并采取措施将重物安全降到地面，严禁起吊重物长时间悬挂空中。

（13）重物提升和降落速度要均匀，严禁忽快忽慢和突然制动。左右回转动作要平稳，当回转未停稳前不得作反响动作。非重力下降式塔式起重机，严禁带载自由下降。

（14）遇有六级以上的大风或大雨、大雪、大雾等恶劣天气时，应停止塔式起重机露天作业。在雨雪过后或雨雪中作业时，应先进行试吊，确认制动器灵敏可靠后方可进行作业。

（15）严格执行"十不吊"。超载或被吊物质量不清不吊；指挥信号不明确不吊；捆绑、吊挂不牢或不平衡，可能引起滑动时不吊；被吊物上有人或浮置物时不吊；结构或零部件有影响安全工作的缺陷或损伤时不吊；遇有拉力不清的埋置物件时不吊；工作场地昏暗，无法看清场地、被吊物和指挥信号时不吊；被吊物棱角处与捆绑钢绳间未加衬垫时不吊；歪拉斜吊重物时不吊；容器内装的物品过满时不吊。

9.3.2 物料提升机

物料提升架包括井式提升架（简称"井架"）、龙门式提升架（简称"龙门架"）、塔式提升架（简称"塔架"）和独杆升降台等。

1）它们的共同特点

（1）提升采用卷扬方式，卷扬机设于架体外。

（2）安全设备一般只有防冒顶、防坐冲和停层保险装置，因而只允许用于物料提升，不得载运人员。

（3）用于 10 层以下时，多采用缆风固定；用于超过 10 层的高层建筑施工时，必须采取附墙方式固定，成为无缆风高层物料提升架，并可在顶部设液压顶升构造，实现井架或塔架标准节的自升接高。

2）物料提升机安全控制要点

（1）物料提升机在安装与拆除作业前，必须针对其类型特点、说明书的技术要求，结合施工现场的实际情况制定详细的施工方案，划定安全警戒区域并设监护人员，排除周边作业障碍。

（2）物料提升机的基础应按图纸要求施工。高架提升机的基础应进行设计计算，低架提升机在无设计要求时，可按素土夯实后，浇筑300mm（C20混凝土）厚条形基础。

（3）物料提升机的吊篮安全停靠装置、钢丝绳断绳保护装置、超高限位装置、钢丝绳过路保护装置、钢丝绳拖地保护装置、信号联络装置、警报装置、进料门及高架提升机的超载限制器、下极限限位器、缓冲器等安全装置必须齐全、灵敏、可靠。

（4）为保证物料提升机整体稳定采用缆风绳时，高度在20m以下可设1组（不少于4根），高度在30m以下不少于2组，超过30m时不应采用缆风绳锚固方法，应采用连墙杆等刚性措施。

（5）物料提升机架体外侧应沿全高用立网进行防护。在建工程各层与提升机连接处应搭设卸料通道，通道两侧应按临边防护规定设置防护栏杆及挡脚板，并用立网封闭。

（6）各层通道口处都应设置常闭型的防护门。地面进料口处应搭设防护棚，防护棚的尺寸应视架体的宽度和高度而定，防护棚两侧应封挂安全立网。

（7）物料提升机组装后应按规定进行验收，合格后方可投入使用。

9.3.3 外用施工电梯

多数施工电梯为人货两用，少数为仅供货用。电梯按其驱动方式可分为齿条驱动和绳轮驱动两种：齿条驱动电梯又有单吊箱（笼）式和双吊箱一（笼）式两种，并装有可靠的限速装置，适于20层以上建筑工程使用；绳轮驱动电梯为单吊箱（笼），无限速装置，轻巧便宜，适于20层以下建筑工程使用。外用电梯安全控制要点：

（1）外用电梯在安装和拆卸之前必须针对其类型特点，说明书的技术要求，结合施工现场的实际情况制定详细的施工方案。

（2）外用电梯的安装和拆卸作业必须由取得相应资质的专业队伍进行，安装完毕经验收合格，取得政府相关主管部门核发的"准用证"后方可投入使用。

（3）外用电梯的制动器，限速器，门联锁装置，上、下限位装置，断绳保护装置，缓扣装置等安全装置必须齐全、灵敏、可靠。

（4）外用电梯底笼周围2.5m范围内必须设置牢固的防护栏杆，进出口处的上部应根据电梯高度搭设足够尺寸和强度的防护棚。

（5）外用电梯与各层站过桥和运输通道，除应在两侧设置安全防护栏杆、挡脚板并用安全立网封闭外，进出口处尚应设置常闭型的防护门。

（6）多层施工交叉作业同时使用外用电梯时，要明确联络信号。

（7）外用电梯梯笼乘人、载物时，应使载荷均匀分布，防止偏重，严禁超载使用。

（8）外用电梯在大雨、大雾和六级及六级以上大风天气时，应停止使用。暴风雨过后，应组织对电梯各有关安全装置进行一次全面检查。

9.4　施工机具安全管理

1）木工机具安全控制要点

（1）木工机具安装完毕，经验收合格后方可投入使用。

（2）不得使用合用一台电机的多功能木工机具。

（3）平刨的护手装置、传动防护罩、接零保护、漏电保护装置必须齐全有效，严禁拆除安全护手装置进行刨削，严禁戴手套进行操作。

（4）圆盘锯的锯片防护罩、传动防护罩、挡网或棘爪、分料器、接零保护、漏电保护装置必须齐全有效。

（5）机具应使用单向开关，不得使用倒顺双向开关。

2）钢筋加工机械安全控制要点

（1）钢筋加工机械安装完毕，经验收合格后方可投入使用。

（2）钢筋加工机械明露的机械传动部位应有防护罩，机械的接零保护、漏电保护装置必须齐全有效。

（3）钢筋冷拉场地应设置警戒区，设置防护栏杆和安全警示标志。

（4）钢筋冷拉作业应有明显的限位指示标记，卷扬机钢丝绳应经封闭式导向滑轮与被拉钢筋方向成直角。

3）手持电动工具的安全控制要点

（1）在一般作业场所应使用Ⅰ类手持电动工具，外壳应做接零保护，并加装防溅型漏电保护装置。潮湿场所或在金属构架等导电性良好的作业场所应使用Ⅱ类手持电动工具。在狭窄场所（锅炉、金属容器、地沟、管道内等）宜采用Ⅲ类工具。

（2）手持电动工具自带的软电缆不允许任意拆除或接长，插头不得任意拆除更换。

（3）工具中运动的危险部件，必须按有关规定装设防护罩。

4）电焊机安全控制要点

（1）电焊机安装完毕，经验收合格后方可投入使用。

（2）露天使用的电焊机应设置在地势较高且平整的地方，并有防雨措施。

（3）电焊机的接零保护、漏电保护和二次侧空载降压保护装置必须齐全有效。

（4）电焊机一次侧电源线应穿管保护，长度一般不超过 5m，焊把线长度一般不应超过 30m，并不应有接头，一二次侧接线端柱外应有防护罩。

（5）电焊机施焊现场 10m 范围内不得堆放易燃、易爆物品。

5）搅拌机安全控制要点

（1）搅拌机安装完毕，经验收合格后方可投入使用。

（2）作业场地应有良好的排水条件，固定式搅拌机应有可靠的基础，移动式搅拌机应在平坦坚硬的地坪上用方木或撑架架牢，并保持水平。

（3）露天使用的搅拌机应搭设防雨棚。

（4）搅拌机传动部位的防护罩、料斗的保险挂钩、操作手柄保险装置及接零保护、漏电保护装置必须齐全有效。

(5) 搅拌机的制动器、离合器应灵敏可靠。

(6) 料斗升起时，严禁在其正下方工作或穿行；当需在料斗下方进行清理和检修时，应将料斗提升至上止点，且必须用保险销锁牢或用保险链拴牢。

6) 潜水泵安全控制要点

(1) 潜水泵接零保护、漏电保护装置应齐全有效。

(2) 潜水泵的电源线应采用防水型橡胶电缆，并不得有接头。

(3) 潜水泵在水中应直立放置，水深不得小于 0.5m，泵体不得陷入污泥或露出水面。放入水中或提出水面时应提拉系绳，禁止拉拽电缆或出水管，并应切断电源。

7) 打桩机械安全控制要点

(1) 打桩机应定期进行检测，安装验收合格后方可投入使用。

(2) 打桩机的各种安全装置应齐全有效。

(3) 施工前应针对作业条件和桩机类型编写专项施工方案。

(4) 打桩施工场地应按坡度不大于 1%、地基承载力不小于 83kPa 的要求进行平整压实，或按桩机的说明书要求进行。

(5) 桩机周围应有明显安全警示标牌或围栏，严禁闲人进入。

(6) 高压线下两侧 10m 以内不得安装打桩机。

(7) 雷电天气无避雷装置的桩机应停止作业，遇有大雨、雪、雾和六级及六级以上强风等恶劣气候，应停止作业，并应将桩机顺风向停置，并增加缆风绳。

复习思考题

1. 起重吊装及安装拆卸工程，哪些是危大工程？

2. 起重吊装及安装拆卸工程，哪些是超大工程？

3. 简述建筑施工机械事故的主要预防措施。

4. 工程施工机械安全使用的规定有哪些？至少说出五项。

5. 简述"十不吊"的具体内容。

第10章 施工现场临时用电

学习要求

通过本章内容的学习，熟悉施工现场照明的技术要求，掌握施工现场的三相五线制、三级配电、两级漏电保护的技术要求。

临时用电是指施工现场在施工过程中，由于使用电动设备和照明等，进行的线路敷设、电气安装以及对电气设备及线路的使用、维护等工作，也是建筑施工过程的用电工程或用电系统的简称。因为在建筑施工过程中使用后便拆除，期限短暂，往往被忽视，触电是比较严重的伤害事故，结合《施工现场临时用电安全技术规范》JGJ 46—2005 和《建筑施工安全检查标准》JGJ 59—2011 的有关规定，提出施工现场的防护措施，以消除事故隐患，保障用电安全。

建筑施工现场专用临时用电的三项基本原则：一是必须采用 TN-S 接地、接零保护系统；二是必须采用三级配电系统；三是必须采用两级漏电保护和两道防线。

10.1 施工现场临时用电管理

施工现场应按规定配备专业临时用电管理人员。电工应持证上岗，按规范作业。《建设工程安全生产管理条例》第二十六条规定，施工单位应当在施工组织设计中编制施工现场临时用电方案。

10.1.1 施工现场临时用电组织设计

根据临时用电规范规定，施工现场临时用电设备在 5 台及以上或设备总容量在 50kW 及以上者，应编制用电组织设计。施工现场临时用电设备在 5 台以下和设备总容量在 50kW 以下者，应制定安全用电和电气防火措施。

1）施工现场临时用电组织设计的主要内容

（1）现场勘测

（2）确定电源进线、变电所或配电室、配电装置、用电设备位置及线路走向

电气线路及变配电设备，必须根据现场用电量统筹规划，认真安排，在施工平面图中明确定位。但施工场内不得架设高压线路，变压器应设在施工现场边角处，并设围栏，进入现场内的主干线尽量少，根据用电位置，在主干线的电杆上事先设好分电箱，防止维修电工经常上电杆带电安线，以减少电气故障和触电事故。

（3）进行负荷计算

负荷是电力负荷的简称，是指电器设备（例如变压器、发电机、配电装置、配电线路、用电设备等）中的电流和功率。负荷在配电系统设计中是选择电器、导线或电缆，以及供电变压器和发电机的重要依据。

（4）选择变压器

施工现场电力变压器的选择主要是指为了施工现场用电提供电力的 $10/0.4kV$ 级电力变压器的形式和容量的选择。

（5）设计配电系统

① 设计配电线路，选择导线或电缆。

② 设计配电装置，选择电器。

③ 设计接地装置。

④ 绘制临时用电工程图纸，主要包括用电工程总平面图、配电装置布置图、配电系统接线图、接地装置设计图。

（6）设计防雷装置

施工现场的防雷主要是防直击雷，对于施工现场专设的临时变压器还要考虑防感应雷的问题。施工现场防雷装置设计的主要内容是选择和确定防雷装置设置的位置、防雷装置的形式、防雷接地的方式和防雷接地电阻值。

（7）确定防护措施

施工现场在电气领域里的防护主要是指施工现场外电线路和电气设备对易燃易爆物、腐蚀物质、机械损伤、电磁感应、静电等危险环境因素的防护。

（8）制定安全用电措施和电气防火措施

安全用电措施和电气防火措施是指为了正确使用现场用电工程，并保证其安全运行，防止各种触电事故和电气火灾事故而制定的技术性和管理性规定。

2）施工现场临时用电施工组织设计的编制要求

（1）临时用电工程图纸应单独绘制，临时用电工程应按图施工。

（2）临时用电组织设计必须由电气工程技术人员组织编制，企业技术负责人审核批准后方能实施。

（3）施工现场临时用电布置必须按施工组织设计的要求完成，并经编制、审核、批准部门和使用单位共同验收，合格后方可投入使用。

10.1.2 临时用电的安全技术档案

施工现场临时用电必须建立安全技术档案，其内容如下：

（1）用电组织设计的全部资料。

（2）修改用电组织设计的资料。

（3）用电技术交底资料。

（4）用电工程检查验收表。

（5）电气设备的试、检验凭单和调试记录。

（6）接地电阻、绝缘电阻和漏电保护器漏电动作参数测定记录表。

（7）定期检（复）查表。

（8）电工安装、巡检、维修、拆除工作记录。

10.2 外电线路及电气设备防护

外电线路是施工现场临时用电工程配电线路以外的电力线路。外电线路防护，简称外电防护，是指为了防止外电线路对施工现场作业人员可能造成的触电伤害事故，施工现场必须对其采取的防护措施。

10.2.1 外电线路防护

外电防护的技术措施主要有绝缘、屏护、安全距离、限制放电能量和 24V 以下安全特低电压。对于施工现场这种特殊外电防护措施主要应做到绝缘、屏护、安全距离。

1）外电线路的安全距离

外电线路的安全距离是带电导体与其附近接地的物体以及人体之间必须保持的最小空间距离或最小空气间隙。在施工现场中，安全距离问题主要是指在建工程（含脚手架）的外侧边缘与外电架空线路的边线之间的最小安全操作距离（如表 10-1 所示）、施工现场的机动车道与外电架空线路交叉时的最小安全垂直距离（如表 10-2 所示）和在外电架空线路附近吊装时，起重机的任何部位或被吊物边缘在最大偏斜时与架空线路边线的最小安全距离，如表 10-3 所示。

在建工程（含脚手架）的周边与架空线路的边线之间的

最小安全操作距离 表 10-1

外电线路电压等级（kV）	<1	1~10	35~110	220	330~500
最小安全操作距离（m）	4.0	6.0	8.0	10	15

注：上、下脚手架的斜道不宜设在有外电线路的一侧。

施工现场的机动车道与架空线路交叉时的最小垂直距离 表 10-2

外电线路电压等级（kV）	<1	1~10	35
最小垂直距离（m）	6.0	7.0	7.0

起重机与架空线路边线的最小安全距离 表 10-3

电压（kV） 安全距离（m）	<1	10	35	110	220	330	500
沿垂直方向	1.5	3.0	4.0	5.0	6.0	7.0	8.5
沿水平方向	1.5	2.0	3.5	4.0	6.0	7.0	8.5

2）架设安全防护设施

架设防护设施是一种绝缘隔离防护措施，宜采用木、竹或其他绝缘材料，增设屏障、遮栏、围栏、保护网等与外电线路实现强制性绝缘隔离，并须在隔离处悬挂醒目的警告标志牌。防护设施与外电线路之间的安全距离不应小于表 10-4 所列数值。

防护设施与外电线路之间的最小安全距离 表 10-4

外电线路电压等级（kV）	≤10	35	110	220	330	500
最小安全距离（m）	1.7	2.0	2.5	4.0	5.0	6.0

10.2.2 电器设备防护

电气设备现场周围不得存放易燃易爆物、污染源和腐蚀介质，否则应予清除或做防护处置，其防护等级必须与环境条件相适应。电气设备设置场所应能避免物体打击和机械损伤，否则应做防护处置。

10.3 接地与接零

10.3.1 接地

接地是设备的一部分为形成导电通路与大地的连接。通常是用接地体与土体相接触实现的,金属导体或导体系统埋入土地内构成一个接地体。接地体与接地线的总和称为接地装置。

在施工现场的电气工程中,接地主要有四种基本类别:工作接地、保护接地、重复接地、防雷接地。

1)工作接地

工作接地是为了电路或设备达到运行要求的接地,如变压器低压中性点和发电机中性点的接地,该点通常为电源星形绕组的中性点。工作接地可以保证供电系统的正常工作。

2)保护接地

保护接地是电气设备正常情况不带电的金属外壳和机械设备的金属构架。

(1)变压器中性点不接地的供配电系统

分为设备无接地保护和设备有接地保护两种。设备无接地保护时,若绝缘损坏,外壳带电,此时人若触及外壳,则人将通过另外两相对地的漏阻抗形成回路,造成触电事故;设备有接地保护时,人若触及带电的外壳,人体电阻 $R_人$ 和接地地阻 $R_地$ 相互并联,再通过另外两相对地的漏阻抗形成回路,此时 $R_地 \approx 4\Omega$,比 $R_人$ 小得多,将分流绝大部分电流,故通过人体的电流非常小,通常小于安全电流 0.01A,从而保证了安全用电。

(2)变压器中性点接地的供配电系统

分为设备无接地保护和设备有接地保护两种。设备无接地保护时万一设备漏电(如电线碰壳、绝缘损坏、电线老化时),人触及设备外壳或使用手持电动工具时,电流只有流经人体的一条通道,对于变压器中性点接地的三相四线制配电系统中,相电压一般为 220V,其电流为:$I_人 = \dfrac{U}{R_人 + R_地} = \dfrac{220\text{V}}{(800+4)\Omega} = 0.27\text{A}$,这一电流值 270mA 超过安全电流 50mA 数倍,人必死无疑;设备有接地保护(TT系统)时,若电气设备绝缘损坏,外壳带电时,则绝缘损坏的一相,经过设备外壳和两个接地装置,与零线构成导电回路。回路中导线的电阻忽略不计,则回路中电流约为:$I_地 = \dfrac{220\text{V}}{(4+4)\Omega} = 27.5\text{A}$,这么大的电流通常不能将熔断器的熔丝烧断,从而使设备外壳形成一个对地的电压,其值为 $U = I_地 \cdot R_地 = 27.5 \times 4 = 110\text{V}$,此时,人触及外壳,也会造成触电伤害。

3)重复接地

设备接地线上一处或多处通过接地装置与大地再次连接的接地。

4)防雷接地

防雷装置(避雷针、避雷器等)的接地。作防雷接地的电气设备,必须同时做重复接地。

10.3.2　接零

1）零线

零线是与变压器直接接地的中性点连接的导线。

零线分类：电气设备因运行需要而引接的零线，称为工作零线（N）；由工作接地线或配电室的零线或第一级漏电保护器电源侧的零线引出，专门用以连接电气设备正常不带电导电部分的导线，称为专用保护零线（PE）。

2）接零

接零是电气设备与零线连接。

接零分类：电气设备因运行需要而与工作零线连接，称为工作接零；电气设备正常情况不带电的金属外壳和机械设备的金属构架与保护零线连接，称为保护接零或接零保护。

3）TN 系统

TN 系统是电源中性点直接接地时电气设备外露可导电部分通过零线接地的接零保护系统。由于接线方式的不同，TN 系统分为 TN-C 系统和 TN-S 系统两种。

（1）TN-C 系统（三相四线接零保护）

TN-C 系统是工作零线与保护零线合一设置的接零保护系统，如图 10-1（*a*）所示。设备外壳与零线（中性线）的连接。这样，一旦设备漏电，立即形成相对地的短路，短路电流数值很大，使短路一相的熔丝烧断，将带电的外壳从电源上切除，从而起到了保护设备和人身安全的作用。

TN-C 系统较 TT 系统安全程度提高了，但仍存在明显缺陷：

①三相负载不平衡时，在零线上出现零序电流，零线存在对地电压。

②零线断线时，单项电气设备仍在运行，工作电流将通过零线，重复接地又不起作用时，导致其他用电设备正常情况下出现对地相电压（220V）。

③工作零线必须穿过漏电保护器，保护零线严禁穿过漏电保护器，而 TN-C 系统是工作零线和保护零线共用一根线，容易造成接线不当，使漏电保护器失去功能。

上述三种缺陷都可能导致触电事故，所以在建筑施工现场临时用电工程专用的电源中性点直接接地的 220/380V 三相四线制低压电力系统中必须采用 TN-S 接零保护系统，严禁采用 TN-C 接零保护系统。

（2）TN-S 系统（三相五线接零保护）

TN-S 接地、接零保护系统是指在施工用电工程中采用具有专用保护零线（PE 线）、电源中性点直接接地的 220/380V 三相四线制低压电力系统，或称三相五线接零保护系统，即工作零线与保护零线分开设置的接零保护系统，采用专用保护零线的保护系统，如图 10-1（*b*）所示。其中保护零线应由工作接地线、配电室（总配电箱）电源侧零线或总漏电保护器电源侧零线处引出，单独敷设，不作他用；在 TN 接零保护系统中，通过总漏电保护器的工作零线与保护零线之间不得再做电气连接；TN 系统中的保护零线除必须在配电室或总配电箱处做重复接地外，还必须在配电系统的中间处和末端处做重复接地。

主要作用：

①工作零线与保护零线分设，保护零线在正常工作时不通过电流。

②工作零线与保护零线分离以后，即使工作零线断开，只是单项设备不能正常工作，不会造成保护零线以及用电设备外壳带电。

③保证漏电保护器的正常功能，并防止混接。

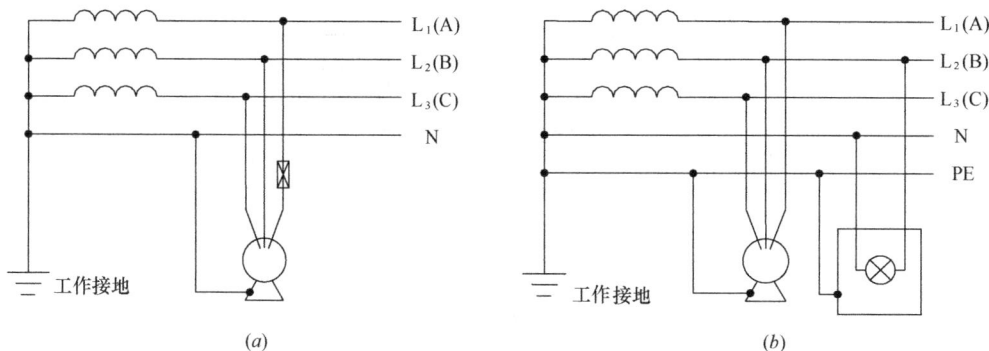

图 10-1　TN 系统

(*a*) TN-C 系统；(*b*) TN-S 系统

L₁(A)、L₂(B)、L₃(C)—相线；N—工作零线；PE—保护零线

10.3.3　接地电阻

电力变压器或发电机的工作接地电阻值不应大于 4Ω；在 TN 接零保护系统中，重复接地应与保护零线连接，每处重复接地电阻值不应大于 10Ω；施工现场内所有防雷装置的冲击接地电阻值不应大于 30Ω。

10.4　配电系统

施工现场用电工程的基本供配电系统应当按三级设置，即采用三级配电。

10.4.1　配电系统概述

1）配电系统基本结构

三级配电是指施工现场从电源进线开始至用电设备之间，应经过三级配电装置配送电力，即由总配电箱（一级箱）或配电室的配电柜开始，一次经由分配电箱（二级箱）、开关箱（三级箱）到用电设备。这种分三个层次逐级配送电力的系统就称为三级配电系统，如图 10-2 所示。

2）配电系统的设置原则

（1）分级分路原则

① 从一级总配电箱（配电柜）向二级分配电箱配电可以分路。即一个总配电箱（配电柜）可以分若干分路向若干分配电箱配电；每一分路也可支接若干分配电箱。

② 从二级配电箱向三级开关箱配电也可以分路。即一个分配电箱可以分若干分路向若干开关箱配电；每一分路也可以支接或连接若干开关箱。

③ 从三级开关箱向用电设备配电实行所谓"一机、一闸"制，不存在分路情况，即每一开关箱只能连接控制一台与其相关的用电设备（含插座），或每一台用电设备必须有其独立专用的开关箱。

外电线路　　　自备电源

3N～220/380V 50Hz

总配电箱

分配电箱　……　分配电箱

开关箱　……　开关箱　开关箱　……　开关箱

用电设备　用电设备　用电设备　用电设备

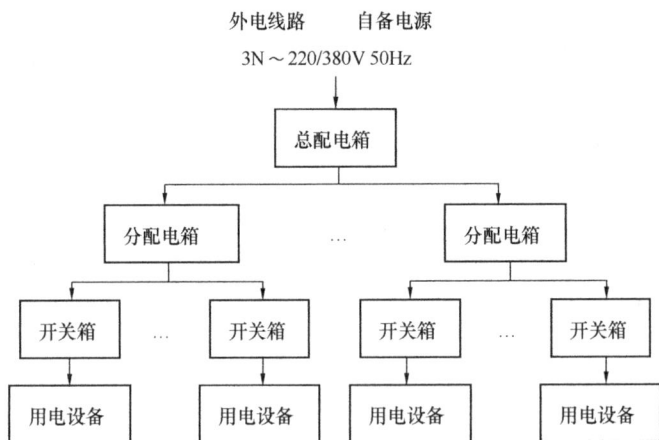

图 10-2　三级配电系统示意图

在三级配电系统中，任何用电设备不得超级配电，即其电源线不得直接连接于分配电箱或总配电箱；任何配电装置不得挂接其他临时用电设备。否则，三级配电系统的结构形式和分级分路原则将被破坏。

（2）动、照分设原则

① 动力配电箱与照明配电箱宜分别设置；若动力与照明合置于同一配电箱内共箱配电，则动力与照明应分路配电。

② 动力开关箱与照明开关箱必须分箱设置，不存在共箱分路设置问题。

（3）压缩配电间距原则

压缩配电间距原则是指除总配电箱、配电室（配电柜）外，分配电箱与开关箱之间，开关箱与用电设备间的空间间距应尽量缩短。

（4）环境安全原则

环境安全原则是指配电系统对其设置和运行环境安全因素的要求。

10.4.2　配电室及自备电源

1）配电室的位置及布置

（1）配电室的位置选择

配电室的选择应根据现场负荷的类型、大小，分布特点，环境特征等进行全面考虑。应遵循以下原则：尽量靠近用电源和用电负荷中心；进出线方便；周围环境无灰尘、无蒸汽、无腐蚀介质及振动的地方；周边道路畅通；设在污染源的上风侧及不易积水的地方。

（2）配电室的布置

配电室内的配电柜是经常带电的配电装置，为了保障其运行安全和检查、维修安全，配电室的布置主要应考虑配电装置之间以及配电装置与配电室顶棚、墙壁、地面之间必须保持电气安全距离。

配电室建筑物的耐火等级应不低于二级，室内不得存放易燃、易爆物品，并应配备沙箱、可灭电气火灾的灭火器等绝缘灭火器材。

2）自备电源

施工现场临时用电工程一般是由外电线路供电的。常因外电线路电力供应不足或其他原因而停止供电，使施工受到影响。所以，为了保证施工不因停电而中断，有的施工现场备有发电机组，作为外电线路停止供电时的接续供电电源，这就是所谓自备电源，即自行设置的230/400V发电机组。

施工现场设置自备电源的安全要求是：自备发配电系统应采用具有专用保护零线的、中性点直接接地的三相四线制供配电系统；自备电源与外电线路电源（例如电力变压）部分在电气上安全隔离，独立设置。

10.4.3 配电线路

一般情况下，施工现场的配电线路包括室外线路和室内线路。其敷设方式是室外线路主要有绝缘导线架空敷设（架空线路）和绝缘电缆埋地敷设（埋设电缆线路）两种，也有电缆线路架空明敷设的；室内线路通常有绝缘导线和电缆的明敷设和暗敷设（明设线路或暗设线路）两种。

1）配电线的选择

配电线的选择，实际上就是架空线路导线、电缆线路电缆、室内线路导线、电缆，以及配电母线的选择。

（1）架空线的选择

架空线的选择主要是选择架空线路导线的种类和导线的截面，其选择依据主要是线路敷设的要求和线路负荷计算的电流。

①导线种类的选择

按照施工现场对架空线路敷设的要求，架空线必须采用绝缘导线。绝缘铜线，或者绝缘铝线，但一般应优先选择绝缘铜线。

②导线截面的选择

导线截面的选择主要是依据负荷计算结果，按其允许温升初选导线截面，然后按线路电压偏移和机械强度校验，最后确定导线截面。同时架空线导线截面的选择应符合下列要求：

a. 导线中的计算负荷电流不大于其长期连续负荷允许载流量；

b. 线路末端电压偏移不大于其额定电压的5%；

c. 三相四线制线路的N线和PE线截面不小于相线截面的50%，单相线路的零线截面与相线截面相同；

d. 按机械强度要求，绝缘铜线截面不小于10mm^2，绝缘铝线截面不小于16mm^2；

e. 在跨越铁路、公路、河流、电力线路挡距内，绝缘铜线截面不小于16mm^2，绝缘铝线截面不小于25mm^2。

③架空线的绝缘色标准

为了正确区分导线中相线、相序、零线、保护零线，防止发生误操作事故，规范中规定了不同导线应使用不同的安全色。当考虑架空线相序排列时，相线L_1(A)、L_2(B)、L_3(C)相序的颜色分别为黄、绿、红色；工作零线N为淡蓝色；保护零线PE为绿/黄双色线，并严格规定，在任何情况下不准使用绿/黄双色线做负荷线。

（2）电缆的选择

电缆的选择主要是选择电缆的类型、截面和芯线配置，其选择依据主要是线路敷设的要求和线路负荷计算的计算电流。

根据基本供配电系统的要求，电缆中必须包含线路工作制所需要的全部工作芯线和 PE 线。特别需要指出，需要三相四线制配电的电缆线路必须采用五芯电缆，而采用四芯电缆外加一条绝缘线等配置方法都是不规范的。

五芯电缆中，除包括三条相线外，还必须包含用作 N 线的淡蓝色芯线和用作 PE 线的绿/黄双色芯线。其中，N 线和 PE 线的绝缘色规定，同样适用于四芯、五芯等电缆。而五芯电缆中相线的绝缘一般有黑、棕、白三色中的二种搭配。

（3）室内配线的选择

室内配线必须采用绝缘导线或电缆。

（4）配电母线的选择

由于施工现场配电母线常常采用裸扁铜板或裸扁铝板制作成所谓裸母线，因此，在其安装时，必须用绝缘子支撑固定在配电柜上，以保持对地绝缘和电磁（力）稳定。

2）配电线的敷设

（1）架空线路的敷设

架空线路一般由导线、绝缘子、横担及电杆四部分组成。

①架空线的挡距与弧垂：架空线路的挡距不得大于 35m，线间距不得小于 0.3m，架空线的最大弧垂处与地面的最小垂直距离（施工现场一般场所 4m、机动车道 6m、铁路轨道 7.5m）。

②架空线相序排列：动力、照明线在同一横担上架设时，导线相序排列是：面向负荷从左侧起依次为 L_1、N、L_2、L_3、PE；动力、照明线在二层横担上分别架设时，导线相序排列是：上层横担面向负荷从左侧起依次为 L_1、L_2、L_3；下层横担面向负荷从左侧起依次为 L_1（L_2、L_3）、N、PE。

（2）电缆线路的敷设

室外电缆的敷设分为埋地和架空两种方式，以埋地敷设为宜。严禁沿地面明设，避免机械损伤和介质腐蚀，并在埋地电缆路径设方位标志。

室内外电缆的敷设应以经济、方便、安全、可靠为目的，电缆直接埋地的深度应不小于 0.7m，并在电缆上、下、左、右侧各均匀铺设不小于 50mm 厚的细砂，然后覆盖砖等硬质保护层；电缆穿越易受机械损伤的场所时应加防护套管；架空电缆应沿电杆、支架或墙壁敷设。

（3）室内配线的敷设

安装在现场办公室、生活用房、加工厂房等暂设建筑内的配电线路，通称为室内配电线路，简称室内配线。

室内配线分为明敷设和暗敷设两种。

①明敷设

采用瓷瓶、瓷（塑料）夹配线、嵌绝缘槽配线和钢索配线三种方式，保证明敷主干线距地面高度不得小于 2.5m。

②暗敷设

采用绝缘导线穿管埋墙或埋地方式配线和电缆直埋或直埋地配线两种方式，其中潮湿场所或埋地非电缆配线必须穿管敷设，管口和管接头应密封；采用金属管敷设时，金属管必须做等电位连接，且必须与 PE 线相连接。

10.4.4 配电箱与开关箱

1）配电箱与开关箱的设置

（1）设置原则

三级配电：总配电箱、分配电箱、开关箱。动力配电与照明配电分别设置。

两级保护：两级漏电保护系统是指用电系统至少应设置总配电箱漏电保护和开关箱漏电保护二级保护，总配电箱和开关箱首末二极漏电保护器的额定漏电动作电流和额定漏电动作时间应合理配合，形成分级分段保护；漏电保护器应安装在总配电箱和开关箱靠近负荷的一侧，即用电线路先经过闸刀电源开关，再到漏电保护器，不能反装。

设置两级漏电保护系统和 TN-S 系统中实施专用保护零线 PE，构成了施工现场防触电的两道防线。

（2）材质和安置要求

配电箱、开关箱应采用冷轧钢板或阻燃绝缘材料制作，钢板厚度应为 1.2～2.0mm，其中开关箱箱体钢板厚度不得小于 1.2mm，配电箱箱体钢板厚度不得小于 1.5mm，箱体表面应做防腐处理。配电箱、开关箱外形结构应能防雨、防尘。配电箱和开关箱应进行编号，并标明其名称、用途，配电箱内多路配电应作出标记。总配电箱、分配电箱、开关箱均应设置电源隔离开关，隔离开关应设置于电源进线端，即为电线进入电箱后的第一个电器。隔离开关应采用分断时具有可见分断点，能同时断开电源所有极的隔离电器，不能用空气开关或者漏电保护器作隔离开关，不得使用石板开关。电线应从电箱箱体的下底面进出，电箱进出线口处应作套管保护。电箱内电器安装板应用金属板或非木质阻燃绝缘电器安装板，若用金属板，则金属板应与箱体作电气连接。

（3）位置选择与环境条件

总配电箱是施工现场配电系统的总枢纽，其装设位置应考虑便于电源引入、靠近负荷中心、减少配电线路、缩短配电距离等因素；分配电箱应设在用电设备或负荷相对集中的区域，分配电箱与开关箱的距离不得超过 30m；开关箱与其控制的固定式用电设备的水平距离不宜超过 3m。

配电箱、开关箱的周围环境应保障箱内开关电器正常、可靠的工作。除此以外，电箱的安装应符合以下要求：配电箱、开关箱应装设端正、牢固，固定式电箱的中心点与地面的垂直距离应为 1.4～1.6m，移动式电箱中心点与地面的垂直距离宜为 0.8～1.6m；配电箱、开关箱前方不得堆放妨碍影响操作、维修的物料，周围应有足够 2 人同时工作的空间和通道，电箱安装位置应为干燥、通风及常温场所，不受振动、撞击。

2）配电箱与开关箱的电器配置与接线

在施工现场用电工程配电系统中，为了与基本供配电系统和基本保护系统相适应，配电箱与开关箱的电器配置与接线，必须具备以下三种基本功能：电源隔离功能；正常接通与分断电路功能；过载、短路、漏电保护功能。

（1）总配电箱的电器配置与接线

①总配电箱的电器配置

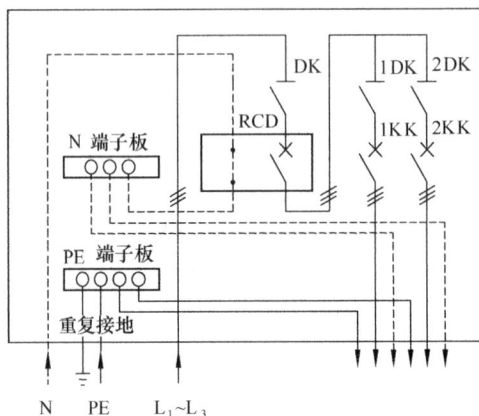

图 10-3　总配电箱电气配置接线图

DK、1DK、2DK—电源隔离开关；RCD—漏电保护器；

1KK、2KK—断路器

当总路设置总漏电保护器时，还应装设总隔离开关、分路隔离开关以及总断路器、分路断路器或总熔断器、分路熔断器；当各分路设置分路漏电保护器时，还应装设总隔离开关、分路隔离开关以及总断路器、分路断路器或总熔断器、分路熔断器；隔离开关应设置于电源进线端，应采用分断时具有可见分断点，并能同时断开电源所有极的隔离电器。

②总配电箱的电器接线

采用 TN-S 系统的接零保护系统中，总配电箱的典型电器配置与接线单线图，如图 10-3 所示。

（2）分配电箱的电器配置

在采用二级漏电保护的配电系统中，分配电箱不要求设置漏电保护器。分配电箱应装设总隔离开关、分路隔离开关以及总断路器、分路断路器或总熔断器、分路熔断器。

（3）开关箱的电器配置与接线

开关箱的电器配置与接线要与用电设备负荷类别相适应。

①三相动力开关箱的电器配置与接线

一般三相动力开关箱的电器配置与接线如图 10-4 所示。

②单相照明开关箱的电器配置与接线

单相照明开关箱的电器配置与接线如图 10-5 所示。

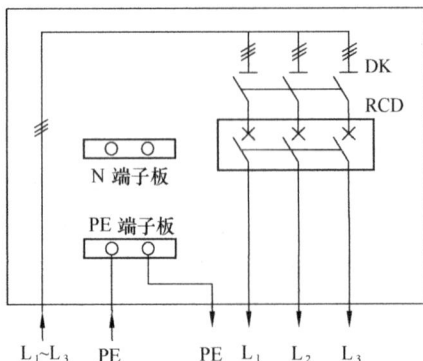

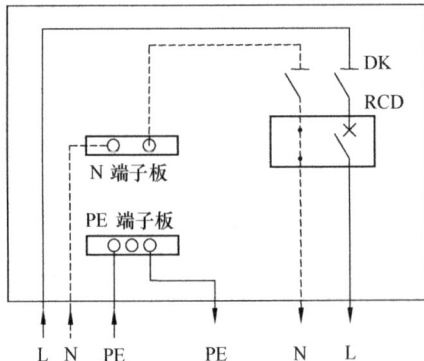

图 10-4　一般三相动力开关箱电器配置接线图　图 10-5　单相照明开关箱电器配置接线图

10.4.5 漏电保护器

如前所述，在 TN-S 系统中，总配电箱和开关箱两级需要安装漏电保护器，漏电保护器广泛使用剩余电流保护器（Residual current device），简称漏电保护器，图中以 RCD 标识。

1）工作原理

漏电保护器工作原理是利用磁场的互感现象，通过检测漏电或人体触电时的电源导线上的电流在剩余电流互感器上产生不平衡磁通，当漏电电流或人体触电电流达到某动作额定值时，其开关触头分断，切断电源，实现触电保护，如图所示。

普通电流型漏电保护器的原理见图 10-6，保护器由零序电流互感器、电子放大器、晶闸管和脱扣器等部分组成。零序电流互感器是关键器件，制造要求很高，其构造和原理跟普通电流互感器基本相同，零序电流互感器的初级线圈是绞合在一起的 4 根线，3 根火线 1 根零线，而普通电流互感器的初级线圈只是 1 根火线。初级线圈的 4 根线要全部穿过互感器的铁芯，4 根线的一端接电源的主开关，另一端接负载。

正常情况下，不管三相负载平衡与否，同一时刻 4 根线的电流和（矢量和）都为零，4 根线的合成磁通也为零，故零序电流互感器的次级线圈没有输出信号。

当火线对地漏电时，如图中人体触电时，触电电流经大地和接地装置回到中性点。这样同一时刻 4 根线的电流和不再为零，产生了剩余电流，剩余电流使铁芯中有磁通通过，从而互感器的次级线圈有电流信号输出。互感器输出的微弱电流信号输入到电子放大器 6 进行放大，放大器的输出信号用作晶闸管 7 的触发信号，触发信号使晶闸管导通，晶闸管的导通电流流过脱扣器线圈 8 使脱扣器动作而将主开关 2 断开。压敏电阻 5 的阻值随其端电压的升高而降低，压敏电阻的作用是稳定放大器 6 的电源电压。

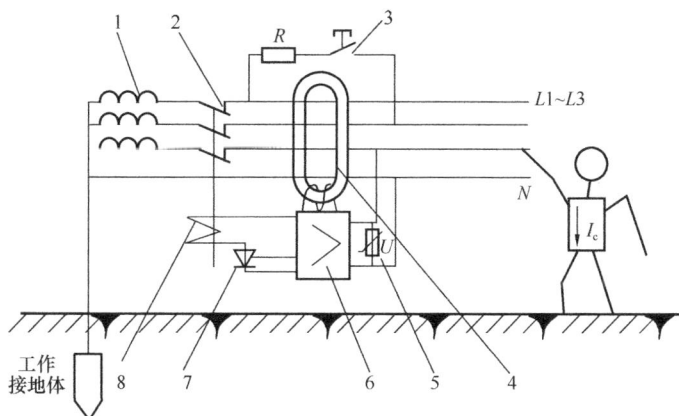

图 10-6　电流型漏电保护器的原理

1—供电变压器；2—主开关；3—试验按钮；4—零序电流互感器；
5—压敏电阻；6—放大器；7—晶闸管；8—脱扣器

2）接线方法

漏电保护器的接线方法见图 10-7。

系　统		接　　　线

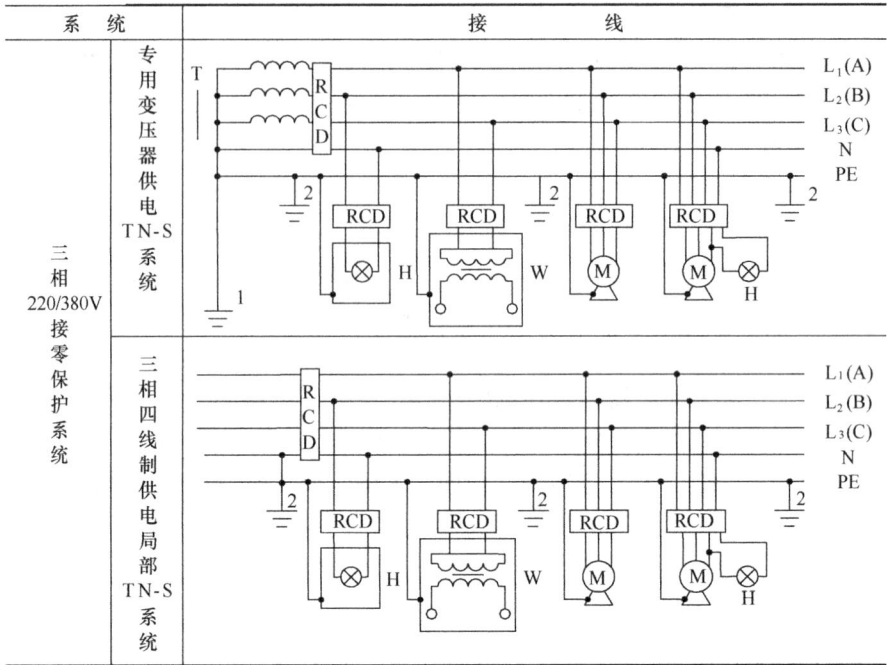

图 10-7　漏电保护器使用接线方法示意

1—工作接地；2—重复接地；T—变压器；M—电动机；W—电焊机；H—照明器；RCD—漏电保护器

3）选用要求

（1）开关箱中漏电保护器的额定漏电动作电流不应大于 30mA，额定漏电动作时间不应大于 0.1s。

（2）在潮湿或有腐蚀介质场所的漏电保护器应采用防溅型产品，其额定漏电动作电流不应大于 15mA，额定漏电动作时间不应大于 0.1s。

（3）总配电箱中漏电保护器的额定漏电动作电流应大于 30mA，额定漏电动作时间应大于 0.1s，但其额定漏电动作电流与额定漏电动作时间的乘积不应大于 30mA・s。

10.5　现场照明

在施工现场中，对于夜间施工、坑洞内作业和自然采光差的场所需要采用人工照明，照明装置与人的接触很普遍。为了保证现场工作人员免受发生在照明装置上的触电伤害，就需要从照明器的选择、照明供电电压和照明装置及线路的设置等方面考虑。

1）照明器的选择

照明器的选择要考虑使用的环境条件：

（1）正常湿度（相对湿度≤75%）一般场所，选用开启式照明器。

（2）潮湿或特别潮湿（相对湿度＞75%）场所，属于触电危险场所，选用密闭型防水照明器或配有防水灯头的开启式照明器。

（3）含有大量尘埃但无爆炸和火灾危险的场所，属于触电一般场所，选用防尘型照明器。

（4）有爆炸和火灾危险的场所，亦属于触电危险场所，按危险场所等级选用防爆型照明器。

（5）存在较强振动的场所，选用防振型照明器。

（6）有酸碱等强腐蚀介质场所，选用耐酸碱型照明器。

2）照明供电电压的选择

对于一般场所，照明供电电压为 220V，可选用额定电压为 220V 的照明器；对于特殊场所，照明器应使用安全电压。

（1）隧道、人防工程、高温、有导电灰尘，比较潮湿或灯具离地面高度低于 2.5m 等场所的照明，电源电压不应大于 36V。

（2）潮湿和易触及带电体场所的照明，电源电压不应大于 24V。

（3）特别潮湿场所、导电良好的地面、锅炉或金属容器内的照明，电源电压不应大于 12V。

（4）行灯电源电压不大于 36V。

3）照明线路和装置的设置

施工现场照明线路的引出处，一般从总配电箱处单独设置照明配电箱。为了保证三相平衡，照明干线应采用三相线与工作零线同时引出的方式，其中每一单相回路上，灯具和插座数量不宜超过 25 个，负荷电流不宜超过 15A。

（1）安装

①安装高度：一般 220V 灯具距地面室外不低于 3m，室内不低于 2.5m。碘钨灯及其他金属卤化物灯具的安装高度宜在 3m 以上。

②安装接线：螺口灯头的中心触头应与相线连接，螺口应与零线（N）连接；碘钨灯及其他金属卤化物灯线应固定在接线柱上，不得靠近灯具表面；灯具的内接线必须牢固，外接线必须做可靠的防水绝缘包扎。

③对易燃易爆物的防护距离：普通灯具不宜小于 300mm；聚光灯及碘钨灯等高热灯具不宜小于 500mm，且不得直接照射易燃物；达不到规定安全距离时，应采取隔热措施。

（2）控制与防护

① 任何灯具必须经照明开关箱配电与控制，配置完整的电源隔离、过载与短路保护及漏电保护器。

② 路灯还应逐灯另设熔断器保护。

③ 灯具的相线必须经开关控制，不得直接引入灯具。

④ 暂设工程的照明灯具宜采用拉线开关控制，其安装高度为距地 2～3m。宿舍区禁止设置床头开关。

重难点知识讲解

1. TT 系统、IT 系统、TN-C 系统、TN-S 系统、TN-C-S 系统。

2. 三级配电、二级漏保、一箱一机一闸一漏。

3. 电流型漏电保护器原理。

复习思考题

1. 施工现场临时用电组织设计的主要内容。

2. 供电照明安全电压的选择。

第11章　建筑施工现场的防火防爆

学习要求

通过本章内容的学习，熟悉施工现场灭火器的配置、临时消火栓给水系统、消防车道的技术要求，熟悉施工现场的用火用电的安全管理。

11.1　建筑施工现场的防火防爆概述

11.1.1　火灾特点与危害性

1）严重性

在人们的生产生活过程中，凡是时间上、空间上失去控制，并给人类带来损失的燃烧称为火灾。燃烧起火要有一定的条件：即可燃物质、助燃物质、火源三者互相作用，就会燃烧起来。一场大火可以在很短的时间内烧毁大量的物质财富，可以迫使工厂停工减产，或使某些工程返工重建，使人民辛勤劳动的成果化为灰烬，严重影响国家建设和人民生活，甚至威胁人民的生命安全，从而破坏社会的安定。火灾事故的后果，往往要比其他工伤事故的后果要严重得多，更容易造成特大伤亡事故，甚至给周围环境和生态造成巨大危害。

（1）上海教师大厦火灾

2010年11月15日，上海市静安区胶州路728号胶州教师公寓正在进行外墙整体节能保温改造，约在14时14分，大楼中部发生火灾，随后火灾外部通过引燃楼梯表面的尼龙防护网和脚手架上的毛竹片，内部在烟囱效应的作用下迅速蔓延，最终包围并烧毁了整栋大厦。消防部门全力进行救援，火灾持续了4个小时15分，至18点30分大火基本被扑灭；最终导致58人在火灾中遇难，71人受伤。

直接原因：

① 焊接人员无证上岗，且违规操作，同时未采取有效防护措施，导致焊接熔化物溅到楼下不远处的聚氨酯硬泡保温材料上，聚氨酯硬泡迅速燃烧，引燃楼体表面可燃物大火迅速蔓延至整栋大楼。

② 工程中所采用的聚氨酯硬泡保温材料不合格或部分不合格。

硬泡聚氨酯是新一代的建筑节能保温材料，导热系数是目前建筑保温材料中最低的，是实现我国建筑节能目标的理想保温材料。按照我国建筑外墙保温的相关标准要求，用于建筑节能工程的保温材料的燃烧性能要求是不低于B2级。而按照标准，B2级别应具有的性能之一就是不能被焊渣引燃。很明显，该被引燃的聚氨酯硬泡保温材料不合格。

间接原因：

① 装修工程违法违规，层层多次分包，导致安全责任落实不到位。

②　施工作业现场管理混乱，存在明显的抢工期、抢进度、突击施工的行为。

③　事故现场安全措施不落实，违规使用大量尼龙网、毛竹片等易燃材料，导致大火迅速蔓延。

④　监理单位、施工单位、建设单位存在隶属或者利害关系。

⑤　有关部门监管不力，导致以上四种情况"多次分包多家作业、现场管理混乱、事故现场违规选用材料、建设主体单位存在利害关系"的出现。

（2）洛阳东都商厦火灾

2000 年 12 月 25 日河南省洛阳市东都商厦发生特大火灾事故，一场发生在地下二层的大火，无情地吞噬了在大厦四层进行歌舞娱乐的 309 人的生命。

25 日晚 7 时，没有焊工作业证的王××违章作业，导致电焊火花从地下一层落入地下二层的沙发上，引起大火。他们施救没有成功，撤离现场，并且没有及时报警。地下二层火势迅速蔓延，浓烟以 3～4m/s 的速度，沿着东都商厦大楼东北、西北两个楼梯上升，在顶层四楼东都歌舞厅聚集大量高温有毒气体，造成正在参加圣诞狂欢的几百人在极短的时间内昏迷，其中 309 人死亡。

火灾过后，公安消防部门认定，东都商厦"发现防火间距被占用，消防通道被堵塞，自动报警系统损坏，自动喷淋喷头数量少，大楼内没有防火分区。虽装有自动报警系统、自动喷水灭火系统，但由于年久失修，报警系统失灵，灭火系统水泵不能启动。"

2）突发性

有很多火灾事故往往是在人们意想不到的情况下突然发生的，虽然各单位都定有防火措施，各种火灾也都有事故征兆或隐患，但至今相当多的人员，对火灾的规律及其征兆、隐患重视不够，措施执行不力，因而造成火灾的连续发生。

3）复杂性

发生火灾事故的原因往往是很复杂的。单就发生火灾事故的条件之一——着火源而言，就有明火、化学反应、电气火花、热辐射、高温表面、雷电等，可燃物的种类更是五花八门，建筑工地的着火源到处都有，各种建筑材料和装饰材料多为可燃物，所以火灾的隐患很多。加上事故发生后，由于房屋倒塌，现场可燃物的烧毁，人员的伤亡，给事故的原因调查带来很大困难。

因此，防止火灾是目前建筑施工现场一项十分重要的工作。"预防为主，防消结合"是我国消防工作的方针。尽管火灾危害很大，只要我们认真研究火灾发生的规律，采取相应的有效防范措施，建筑施工中的火灾还是可以预防和克服的。

11.1.2　施工现场的火灾因素

1）火灾因素

建筑工地与一般的厂、矿企业的火灾危险性有所不同，它主要有以下特点：

（1）易燃建筑物多

工棚、仓库、宿舍、办公室、厨房等多是临时的易燃建筑，而且场地狭小，往往是工棚毗邻施工现场，缺乏应有的安全防火间距，一旦起火容易蔓延成灾。

（2）易燃易爆材料多、用火多

施工现场到处可以看到易燃物，如油毡、木材、刨花、草帘子等。尤其在施工期间，电焊、气焊、喷灯、煤炉、锅炉等临时用火作业多，若管理不善，极易引起火灾。

（3）临时电气线路多，容易漏电起火

（4）施工周期长、变化大

一般工程也需几个月或一年左右的时间，在这期间要经过备料，搭设临时设施，主体工程施工等不同阶段，随着工程进展，工种增多，因而也就会出现不同的隐患。

（5）人员流动大、交叉作业多

根据建筑施工生产工艺要求，工人经常处于分散流动作业，管理不便，火灾隐患不易及时发现。

（6）工地缺乏消防水源与消防通道

建筑工地，一般不设临时性消防水源。有的施工现场因挖基坑、沟槽或临时地下管道，使消防通道遭到破坏，一旦发生火灾，消防车难以接近火场。

以上特点说明建筑工地火灾危险性大，稍有疏忽，就有可能发生火灾事故。

2）火灾隐患

（1）石灰受潮发热起火。贮存的石灰，一旦遇到水或潮湿空气时，就会起化学作用变成熟石灰，同时放出大量热能，温度可达 800℃ 左右，遇到可燃材料时，极易起火。

（2）木屑自燃起火。在建筑工地，往往将大量木屑堆积一处，在一定的积热量和吸收空气中的氧气适当条件下，就会自燃起火。

（3）仓库内的易燃物，如汽油、煤油、柴油、酒精等，触及明火就会燃烧起火。

（4）焊接、切割作业由于制度不严、操作不当，安全设施落实不力而引起火灾。

① 在焊接、切割作业中，炽热的金属火星到处飞溅，当接触到易燃、易爆气体或化学危险物品，就会引起燃烧和爆炸。当金属火星飞溅到棉、麻、纱头、草席等物品，就可能阴燃、蔓延，造成火灾。

② 建筑工地管线复杂，特别是地下管道、电缆沟，施工中进行立体交叉作业，电焊作业的现场或附近有易燃易爆物时，由于没有专人监护，金属火星落入下水道或电缆沟、或金属高温热传导，均易引起火灾。

③ 作业结束后遗留的火种没有熄灭，阴燃可燃物起火。

（5）电气线路短路或漏电，以及冬季施工用电热法保温不慎起火。

（6）有的建筑物或者起重设备较高，无防雷设施时，电击可燃材料起火。

（7）随处吸烟，乱扔烟头。

烟头不大，但烟头的表面温度为 200～300℃，中心温度可达 700～800℃，一支香烟延续时间为 5～15 分钟，如果剩下的烟头为烟长度的 1/4～1/5，则可延燃 1～4 分钟。一般多数可燃物质的燃点低于烟头的表面温度，如纸张为 130℃，麻绒为 150℃，布匹为 200℃，松木为 250℃。在自然通风的条件下试验可证实，烟头扔进深为 50mm 的锯末中，经过 75～90 分钟的阴燃，便开始出现火焰；烟头扔进深为 50～100mm 的刨花中，有 75% 的机会，经过 60～100 分钟开始燃烧。

烟头的烟灰在弹落时，有一部分呈不规则的颗粒，带有火星，落在比较干燥、疏松的可燃物上，也会引起燃烧。

11.2　建筑施工现场的防火措施

11.2.1　总平面布局

1）一般规定

（1）临时用房、临时设施的布置应满足现场防火、灭火及人员安全疏散的要求。

（2）下列临时用房和临时设施应纳入施工现场总平面布局：

① 施工现场的出入口、围墙、围挡。

② 场内临时道路。

③ 给水管网或管路和配电线路的敷设或架设的走向、高度。

④ 施工现场办公用房、宿舍、发电机房、变配电房、可燃材料库房、易燃易爆危险品库房、可燃材料堆场及其加工厂、固定动火作业场等。

⑤ 临时消防车道、灭火救援场地和消防水源。

（3）施工现场出入口的设置应满足消防车通行的要求，并宜布置在不同方向，其数量不宜少于 2 个。当确有困难只能设置 1 个出入口时，应在施工现场内设置满足消防车通行的环形道路。

（4）施工现场临时办公、生活、生产、物料存贮等功能区宜相对独立布置。

（5）固定动火作业场应布置在可燃材料堆场及其加工厂、易燃易爆危险品库房等全年最小频率风向上风侧，并宜布置在临时办公用房、宿舍、可燃材料库房、在建工程等全年最小频率风向的上风侧。

（6）易燃易爆危险品库房应远离明火作业区、人员密集区和建筑物相对集中区。

（7）可燃材料堆场及其加工厂、易燃易爆危险品库房不应布置在架空电力线下。

2）防火间距

（1）易燃易爆危险品库房与在建工程的防火间距不应小于 15m，可燃材料堆场及其加工厂、固定动火作业场与在建工程的防火间距不应小于 10m，其他临时用房、临时设施与在建工程的防火间距不应小于 6m。

（2）施工现场主要临时用房、临时设施的防火间距不应小于表 11-1 的规定，当办公用房、宿舍成组布置时，其防火间距可适当减小，但应符合以下规定：

施工现场主要临建设施相互间的最小防火间距（m）　　　　表 11-1

间距 名称 名称	办公用房、宿舍	发电机房、变配电房	可燃材料库房	厨房操作间、锅炉房	可燃材料堆场及其加工厂	固定动火作业场	易燃易爆危险品库房
办公用房、宿舍	4	4	5	5	7	7	10
发电机房、变配电房	4	4	5	5	7	7	10
可燃材料库房	5	5	5	5	7	7	10
厨房操作间、锅炉房	5	5	5	5	7	7	10

续表

间距　　　名称 名称	办公用房、宿舍	发电机房、变配电房	可燃材料库房	厨房操作间、锅炉房	可燃材料堆场及其加工厂	固定动火作业场	易燃易爆危险品库房
可燃材料堆场及其加工厂	7	7	7	7	7	10	10
固定动火作业场	7	7	7	7	10	10	12
易燃易爆危险品库房	10	10	10	10	10	12	12

注：1. 临时用房、临时设施的防火间距应按临时用房外墙外边线或堆场、作业场、作业棚边线间的最小距离计算，如临时用房外墙有突出可燃构件时，应从其突出可燃构件的外缘算起。

2. 两座临时用房相邻较高一面的外墙为防火墙时，其防火间距不限。

3. 本表未规定的，可按同等火灾危险性的临时用房、临时设施的防火间距确定。

① 每组临时用房的栋数不应超过 10 栋，组与组之间的防火间距不应小于 8m。

② 组内临时用房之间的防火间距不应小于 3.5m；当建筑构件燃烧性能等级为 A 级时，其防火间距可减少到 3m。

3）消防车道

（1）施工现场内应设置临时消防车道，临时消防车道与在建工程、临时用房、可燃材料堆场及其加工厂距离不宜小于 5m，且不宜大于 40m；施工现场周边道路满足消防车通行及灭火救援要求时，施工现场内可不设置临时消防车道。

（2）临时消防车道的设置应符合下列规定：

① 临时消防车道宜为环形，如设置环形车道确有困难，应在消防车道尽端设置尺寸不小于 12m×12m 的回车场。

② 临时消防车道的净宽度和净空高度均不应小于 4m。

③ 临时消防车道的右侧应设置消防车行进路线指示标识。

④ 临时消防车道路基、路面及其下部设施应能承受消防车通行压力及工作荷载。

（3）下列建筑应设置环形临时消防车道，设置环形临时消防车道确有困难时，除应设置回转场外，尚应设置临时消防救援场地：

① 建筑高度大于 24m 的在建工程。

② 建筑工程单体占地面积大于 3000m² 的在建工程。

③ 超过 10 栋，且成组布置的临时用房。

（4）临时消防救援场地的设置应符合下列规定：

① 临时消防救援场地应在在建工程装饰装修阶段设置。

② 临时消防救援场地应设置在成组布置的临时用房场地的长边一侧及在建工程的长边一侧。

③ 临时消防救援场地的宽度应满足消防车正常操作要求且不小于 6m，与在建工程外脚手架的净距不宜小于 2m，且不宜超过 6m。

11. 2. 2　建筑防火

1）一般规定

（1）临时用房和在建工程应采取可靠的防火分隔和安全疏散等防火技术措施。

（2）临时用房的防火设计应根据其使用性质及火灾危险性等情况进行确定。

（3）在建工程防火设计应根据施工性质、建筑高度、建筑规模及结构特点等情况进行确定。

2）临时用房防火

（1）办公用房、宿舍的防火设计应符合下列规定：

① 建筑构件的燃烧性能应为 A 级，当采用金属夹芯板材时，其芯材的燃烧性能等级应为 A 级。

② 层数不应超过 3 层，每层建筑面积不应大于 $300m^2$。

③ 层数为 3 层或每层建筑面积大于 $200m^2$ 时，应至少设置 2 部疏散楼梯，房间疏散门至疏散楼梯的最大距离不应大于 25m。

④ 单面布置用房时，疏散走道的净宽度不应小于 1m；双面布置用房时，疏散走道的净宽度不应小于 1.5m。

⑤ 疏散楼梯的净宽度不应小于疏散走道的净宽度。

⑥ 宿舍房间的建筑面积不应大于 $30m^2$，其他房间的建筑面积不宜大于 $100m^2$。

⑦ 房间内任一点至最近疏散门的距离不应大于 15m，房门的净宽度不应小于 0.8m；房间超过 $50m^2$ 时，房门净宽度不应小于 1.2m。

⑧ 隔墙应从楼地面基层隔断至顶板基层底面。

（2）发电机房、变配电房、厨房操作间、锅炉房、可燃材料库房和易燃易爆危险品库房的防火设计应符合下列规定：

① 建筑构件的燃烧性能等级应为 A 级。

② 层数应为 1 层，建筑面积不应大于 $200m^2$。

③可燃材料库房单个房间的建筑面积不应超过 $30m^2$，易燃易爆危险品库房单个房间的建筑面积不应超过 $20m^2$。

④ 房间内任一点至最近疏散门的距离不应大于 10m，房门的净宽度不应小于 0.8m。

（3）其他防火设计应符合下列规定：

① 宿舍、办公用房不应与厨房操作间、锅炉房、变配电房等组合建造。

② 会议室、文化娱乐室等人员密集的房间应设置在临时用房的第一层，其疏散门应向疏散方向开启。

3）在建工程防火

（1）在建工程作业场所的临时疏散通道应采用不燃或难燃材料建造，并应与在建工程结构施工同步设置，也可利用在建工程施工完毕的水平结构、楼梯。

（2）在建工程作业场所临时疏散通道的设置应符合下列规定：

①疏散通道的耐火极限不应低于 0.5h。

②设置在地面上的临时疏散通道，其净宽度不应小于 1.5m；利用在建工程施工完毕的水平结构、楼梯作临时疏散通道时，其净宽度不宜小于 1.0m；用于疏散的爬梯及设置在脚手架上的临时疏散通道，其净宽度不应小于 0.6m。

③ 临时疏散通道为坡道，且坡度大于 25°时，应修建楼梯或台阶踏步或设置防

滑条。

④ 临时疏散通道不宜采用爬梯，确需采用时，应采取可靠固定措施。

⑤ 临时疏散通道的侧面如为临空面，应沿临空面设置高度不小于 1.2m 的防护栏杆。

⑥ 临时疏散通道设置在脚手架上时，脚手架应采用不燃材料搭设。

⑦ 临时疏散通道应设置明显的疏散指示标识。

⑧ 临时疏散通道应设置照明设施。

(3) 既有建筑进行扩建、改建施工时，必须明确划分施工区和非施工区。施工区不得营业、使用和居住；非施工区继续营业、使用和居住时，应符合下列规定：

① 施工区和非施工区之间应采用不开设门、窗、洞口的耐火极限不低于 3h 的不燃烧体隔墙进行防火风隔。

② 非施工区内的消防设施应完好和有效，疏散通道应保持畅通，并应落实日常值班及消防安全管理制度。

③ 施工区的消防安全应配有专人值守，发生火情应能立即处置。

④ 施工单位应向居住和使用者进行消防宣传教育，告知建筑消防设施、疏散通道位置及使用方法，同时应组织疏散演练。

⑤ 外脚手架搭设不应影响安全疏散、消防车正常通行及灭火救援操作，外脚手架搭设长度不应超过该建筑物外立面周长的 1/2。

(4) 外脚手架、支模架等的架体宜采用不燃或难燃材料搭设，下列工程的外脚手架、支模架的架体，应采用不燃材料搭设：

① 高层建筑。

② 既有建筑的改造工程。

(5) 下列安全防护网应采用阻燃型安全防护网：

① 高层建筑外脚手架的安全防护网。

② 既有建筑外墙改造时，其外脚手架的安全防护网。

③临时疏散通道的安全防护网。

(6) 作业场所应设置明显的疏散指示标志，其指示方向应指向最近的临时疏散通道入口。

(7) 作业层的醒目位置应设置安全疏散示意图。

11.2.3 临时消防设施

1) 一般规定

(1) 施工现场应设置灭火器、临时消防给水系统和应急照明等临时消防设施。

(2) 临时消防设施应与在建工程的施工保持同步。对于房屋建筑工程，临时消防设施的设置与在建工程主体结构施工进度的差距不应超过 3 层。

(3) 在建工程可利用已具备使用条件的永久性消防设施作为临时消防设施。当永久性消防设施无法满足使用要求时，应增设临时消防设施，如灭火器、临时消防给水系统、应急照明。

(4) 施工现场的消火栓泵应采用专用消防配电线路。专用配电线路应自施工现场总配电箱的总断路器上端接入，并应保持连续不间断供电。

（5）地下工程的施工作业场所宜配备防毒面具。

（6）临时消防给水系统的贮水池、消火栓泵、室内消防竖管及水泵接合器等应设置醒目标识。

2）灭火器

（1）在建工程及临时用房的下列场所应配置灭火器：

① 易燃易爆危险品存放及使用场所。

② 动火作业场所。

③ 可燃材料存放、加工及使用场所。

④ 厨房操作间、锅炉房、发电机房、变配电房、设备用房、办公用房、宿舍等临时用房。

⑤ 其他具有火灾危险的场所。

（2）施工现场灭火器配置应符合下列规定：

① 灭火器的类型应与配备场所可能发生的火灾类型相匹配。

② 灭火器的最低配置标准应符合表 11-2 的规定。

灭火器最低配置标准　　　　　　　　表 11-2

项　目	固体物质火灾		液体或可熔化固体物质火灾、气体火灾	
	单具灭火器最小灭火级别	单位灭火级别最大保护面积（m²/A）	单具灭火器最小灭火级别	单位灭火级别最大保护面积（m²/B）
易燃易爆危险品存放及使用场所	3A	50	89B	0.5
固定动火作业场	3A	50	89B	0.5
临时动火作业点	2A	50	55B	0.5
可燃材料存放、加工及使用场所	2A	75	55B	1.0
厨房操作间、锅炉房	2A	75	55B	1.0
自备发电机房	2A	75	55B	1.0
变配电房	2A	75	55B	1.0
办公用房、宿舍	1A	100	—	—

③ 灭火器的配置数量应按《建筑灭火器配置设计规范》GB 50140 的有关规定经计算确定，且每个场所的灭火器数量不应少于 2 具。

④ 灭火器的最大保护距离应符合表 11-3 的规定。

灭火器的最大保护距离（m）　　　　　　　　　　表 11-3

灭火器配置场所	固体物质火灾	液体或可熔化固体物质火灾、气体火灾
易燃易爆危险品存放及使用场所	15	9
固定动火作业场	15	9
临时动火作业点	10	6
可燃材料存放、加工及使用场所	20	12
厨房操作间、锅炉房	20	12
发电机房、变配电房	20	12
办公用房、宿舍等	25	—

3）临时消防给水系统

（1）施工现场或其附近应设置稳定、可靠的水源，并应能满足施工现场临时消防用水的需要。

消防水源可采用市政给水管网或天然水源，当采用天然水源时，应有可靠措施确保冰冻季节、枯水期最低水位时顺利取水，并满足消防用水量的要求。

（2）临时消防用水量应为临时室外消防用水量与临时室内消防用水量之和。

（3）临时室外消防用水量应按临时用房和在建工程的临时室外消防用水量的较大者确定，施工现场火灾次数可按同时发生 1 次确定。

（4）临时用房建筑面积之和大于 $1000m^2$ 或在建工程单体体积大于 $10000m^3$ 时，应设置临时室外消防给水系统。当施工现场处于市政消火栓的 150m 保护范围内，且市政消火栓的数量满足室外消防用水量要求时，可不设置临时室外消防给水系统。

（5）临时用房的临时室外消防用水量不应小于表 11-4 的规定：

临时用房的临时室外消防用水量　　　　　　　　表 11-4

临时用房的建筑面积之和	火灾延续时间（h）	消火栓用水量（L/s）	每支水枪最小流量（L/s）
$1000m^2 <$ 面积 $\leqslant 5000m^2$	1	10	5
面积 $> 5000m^2$		15	5

（6）在建工程的临时室外消防用水量不应小于表 11-5 的规定：

在建工程的临时室外消防用水量　　　　　　　　表 11-5

在建工程（单体）体积	火灾延续时间（h）	消火栓用水量（L/s）	每支水枪最小流量（L/s）
$10000m^3 <$ 体积 $\leqslant 30000m^3$	1	15	5
体积 $> 30000m^3$	2	20	5

（7）施工现场的临时室外消防给水系统的设置应符合下列要求：

① 给水管网宜布置成环状。

② 临时室外消防给水干管的管径，应根据施工现场临时消防用水量和干管内水流计算速度计算确定，且不应小于 $DN100$。

③ 室外消火栓沿在建工程、临时用房、可燃材料堆场及其加工场均匀布置，与在建工程、临时用房和可燃材料堆场及其加工场的外边线距离不应小于 5.0m。

④ 消火栓的间距不应大于 120m。

⑤ 消火栓的最大保护半径不应大于 150m。

（8）建筑高度大于 24m 或单体体积超过 30000m³ 的在建工程，应设置临时室内消防给水系统。

（9）在建工程的临时室内消防用水量不应小于表 11-6 的规定：

在建工程的临时室内消防用水量   表 11-6

建筑高度、在建工程体积 （单体）	火灾延续时间 （h）	消火栓用水量 （L/s）	每支水枪最小流量 （L/s）
24m＜建筑高度≤50m 或 30000m³＜体积≤50000m³	1	10	5
建筑高度＞50m 或体积＞50000m³	1	15	5

（10）在建工程临时室内消防竖管的设置应符合下列规定：

① 消防竖管的设置位置应便于消防人员操作，其数量不应少于 2 根，当结构封顶时，应将消防竖管设置成环状。

② 消防竖管的管径应根据临时消防用水量、竖管内水流计算速度计算确定，且不应小于 $DN100$。

（11）设置室内消防给水系统的在建工程，应设置消防水泵接合器。消防水泵接合器应设置在室外便于消防车取水的部位，与室外消火栓或消防水池取水口的距离宜为 15m～40m。

（12）设置临时室内消防给水系统的在建工程，各结构层均应设置室内消火栓接口及消防软管接口，并应符合下列规定：

① 消火栓接口及软管接口应设置在位置明显且易于操作的部位。

② 在消火栓接口的前端应设置截止阀。

③ 消火栓接口或软管接口的间距，多层建筑不应大于 50m，高层建筑不应大于 30m。

（13）在建工程结构施工完毕的每层楼梯处应设置消防水枪、水带及软管，且每个设置点不应少于 2 套。

（14）建筑高度超过 100m 的在建工程，应在适当楼层增设临时中转水池及加压水泵。中转水池的有效容积不应少于 10m³，上下两个中转水池的高差不应超过 100m。

（15）临时消防给水系统的给水压力应满足消防水枪充实水柱长度不小于 10m 的要求；给水压力不能满足要求时，应设置消火栓泵，消火栓泵不应少于 2 台，且应互为备用；消火栓泵宜设置自动启动装置。

（16）当外部消防水源不能满足施工现场的临时消防用水量要求时，应在施工现场设置临时贮水池。临时贮水池宜设置在便于消防车取水的部位，其有效容积不应小于施工现场火灾延续时间内一次灭火的全部消防用水量。

（17）施工现场临时消防给水系统应与施工现场生产、生活给水系统合并设置，但应设置将生产、生活用水转为消防用水的应急阀门。应急阀门不应超过 2 个，且应设置在易于操作的场所，并应设置明显标识。

（18）寒冷和严寒地区的现场临时消防给水系统应采取防冻措施。

4）应急照明

（1）施工现场的下列场所应配备临时应急照明：

① 自备发电机房及变、配电房。

② 水泵房。

③ 无天然采光的作业场所及疏散通道。

④ 高度超过 100m 的在建工程的室内疏散通道。

⑤ 发生火灾时仍需坚持工作的其他场所。

（2）作业场所应急照明的照度值不应低于正常工作所需照度值的 90%，疏散通道的照度值不应小于 0.5lx。

（3）临时消防应急照明灯具宜选用自备电源的应急照明灯具，自备电源的连续供电时间不应小于 60min。

11.2.4　防火管理

1）一般规定

（1）施工现场的消防安全应由施工单位负责。

实行施工总承包时，应由总承包单位负责。分包单位应向总承包单位负责，并应服从总承包单位的管理，同时应承担国家法律、法规规定的消防责任和义务。

（2）监理单位应对施工现场的消防安全实施监理。

（3）施工单位应根据建设项目规模、现场消防安全管理的重点，在施工现场建立消防安全管理组织机构及义务消防组织，并应确定消防安全负责人及消防安全管理人员，同时应落实相关人员的消防安全管理责任。

（4）施工单位应针对施工现场可能导致火灾发生的施工作业及其他活动，制订消防安全管理制度。消防安全管理制度主要包括下列主要内容：

① 消防安全教育与培训制度。

② 可燃及易燃易爆危险品管理制度。

③ 用火、用电、用气管理制度。

④ 消防安全检查制度。

⑤ 应急预案演练制度。

（5）施工单位应编制施工现场防火技术方案，并根据现场情况变化及时对其修改、完善。防火技术方案应包括下列主要内容：

① 施工现场重大火灾危险源辨识。

② 施工现场防火技术措施。

③ 临时消防设施、临时疏散设施的配备。

④ 临时消防设施和消防警示标识布置图。

（6）施工单位应编制施工现场灭火及应急疏散预案。灭火及应急疏散预案应包括下列主要内容：

① 应急灭火处置机构及各级人员应急处置职责。

② 报警、接警处置的程序和通讯联络的方式。

③ 扑救初起火灾的程序和措施。

④ 应急疏散及救援的程序和措施。

（7）施工人员进场时，施工现场的消防安全管理人员应向施工人员进行消防安全教育和培训。消防安全教育和培训应包括下列内容：

① 施工现场消防安全管理制度、防火技术方案、灭火及应急疏散预案的主要内容。

② 施工现场临时消防设施的性能及使用、维护方法。

③ 扑灭初起火灾及自救逃生的知识和技能。

④ 报警、接警的程序和方法。

（8）施工作业前，施工现场的施工管理人员应向作业人员进行消防安全技术交底。消防安全技术交底应包括下列主要内容：

① 施工过程中可能发生火灾的部位或环节。

② 施工过程应采取的防火措施及应配备的临时消防设施。

③ 初起火灾的扑灭方法及注意事项。

④ 逃生方法及路线。

（9）施工过程中，施工现场消防安全负责人应定期组织消防安全管理人员对施工现场的消防安全进行检查。消防安全检查应包括下列主要内容：

① 可燃物、易燃易爆危险品的管理是否落实。

② 动火作业的防火措施是否落实。

③ 用火、用电、用气是否存在违章操作，电、气焊及保温防水施工是否执行操作规程。

④ 临时消防设施是否完好有效。

⑤ 临时消防车道及临时疏散设施是否畅通。

（10）施工单位应根据消防安全应急预案，定期开展灭火和应急疏散的演练。

（11）施工单位应做好并保存施工现场消防安全管理的相关文件和记录，并建立现场消防安全管理档案。

2）可燃物及易燃易爆危险品管理

（1）用于在建工程的保温、防水、装饰及防腐等材料的燃烧性等级应符合要求。

（2）可燃材料及易燃易爆危险品应按计划限量进场。进场后，可燃材料宜存放于库房内，露天存放时，应分类成垛堆放，垛高不应超过 2m，单垛体积不应超过 50m³，垛与垛之间的最小间距不应小于 2m，且应采用不燃或难燃材料覆盖；易燃易爆危险品应分类专库储存，库房内应通风良好，并应设置严禁明火标志。

（3）室内使用油漆及其有机溶剂、乙二胺、冷底子油等易挥发产生易燃气体的物资作业时，应保持室内良好通风，作业场所严禁明火，并应避免产生静电。

（4）施工产生的可燃、易燃建筑垃圾或余料应及时清理。

3）施工现场用火，应符合下列规定：

（1）动火作业应办理动火许可证，动火许可证的签发人收到动火申请后，应前往现场查验并确认动火作业的防火措施落实后，再签发动火许可证。

（2）动火操作人员应具有相应资格。

（3）焊接、切割、烘烤或加热等动火作业前，应对作业现场的可燃物进行清理；作业现场及其附近无法移走的可燃物应采用不燃材料覆盖或隔离。

（4）施工作业安排时，宜将动火作业安排在使用可燃建筑材料施工作业之前进行。确需在使用可燃建筑材料施工作业之后进行动火作业时，应采取可靠的防火保护措施。

（5）裸露的可燃材料上严禁直接进行动火作业。

（6）焊接、切割、烘烤或加热等动火作业应配备灭火器材，并应设置动火监护人进行现场监护，每个动火作业点均应设置1个监护人。

（7）五级（含五级）以上风力时，应停止焊接、切割等室外动火作业，确需动火作业时，应采取可靠的挡风措施。

（8）动火作业后，应对现场进行检查，并应在确认无火灾危险后，动火操作人员再离开。

（9）具有火灾、爆炸危险的场所严禁明火。

（10）施工现场不应采用明火取暖。

（11）厨房操作间炉灶使用完毕后，应将炉火熄灭，排油烟机及油烟管道应定期清理油垢。

4）施工现场用气应符合下列规定：

（1）储装气体罐瓶及其附件应合格、完好和有效；严禁使用减压器及其他附件缺损的氧气瓶，严禁使用乙炔专用减压器、回火防止器及其他附件缺损的乙炔瓶。

（2）气瓶运输、存放、使用时，应符合下列规定：

① 气瓶应保持直立状态，并采取防倾倒措施，乙炔瓶严禁横躺卧放。

② 严禁碰撞、敲打、抛掷、滚动气瓶。

③ 气瓶应远离火源，与火源的距离不应小于10m，并应采取避免高温和防止曝晒的措施。

④ 燃气储罐应设置防静电装置。

（3）气瓶应分类储存，库房内应通风良好；空瓶和实瓶同库存放时，应分开放置，两者间距不应小于1.5m。

（4）气瓶使用时应符合下列规定：

① 瓶装气体使用前，应检查气瓶及气瓶附件的完好性，检查连接气路的气密性，并采取避免气体泄漏的措施，严禁使用已老化的橡皮气管。

② 氧气瓶与乙炔瓶的工作间距不应小于5m，气瓶与明火作业点的距离不应小于10m。

③ 冬季使用气瓶，气瓶的瓶阀、减压阀等发生冻结时，严禁用火烘烤或用铁器敲击瓶阀，严禁猛拧减压器的调节螺丝。

④ 氧气瓶内剩余气体的压力不应少于 0.1MPa。

⑤ 气瓶用后应及时归库。

5）其他防火管理

（1）施工现场的重点防火部位或区域，应设置防火警示标识。

（2）施工单位应做好施工现场临时消防设施的日常维护工作，对已失效、损坏或丢失的消防设施，应及时更换、修复或补充。

（3）临时消防车道、临时疏散通道、安全出口应保持畅通，不得遮挡、挪动疏散指示标识，不得挪用消防设施。

（4）施工期间，不应拆除临时消防设施及疏散设施。

（5）施工现场严禁吸烟。

11.3　建筑施工现场电气火灾及预防

统计分析表明，电气火灾（与电有关的火灾，包含电器火灾）在已有工矿商贸企业火灾总数中所占比例一般在 40％以上，在损失中所占的比例一般在 40％以上，是引发火灾的最主要的原因，且它的比例还有增长的趋势。违反安全操作规定引发的火灾数量增加较快，火灾损失所占的比例仅次于电气火灾，位居第二位，也是值得我们关注的。

11.3.1　引起电气火灾的原因

（1）电器线路过负荷引起火灾

线路设计或架设不合理，超过了导线允许的安全荷载流量。线路超负荷时，熔断器和保险装置选择不当，没有动作，时间长了，因为大电流引起过热而使绝缘破坏，造成火灾。

（2）线路短路引起火灾

因导线安全距离不够，绝缘等级不够，年久老化、破损及人为操作不慎等原因造成短路，强大的短路电流很快转换成热能，使导线严重发热、熔化、绝缘燃烧，引起火灾。

（3）接触电阻过大引起火灾

导线与导线连接不好，接线柱连接不实，开关触头接触不牢等造成接触电阻增大，随着时间增长，局部氧化，从而增大了接触电阻。电流流过电阻时，会消耗电能产生热量，当散热条件不好时，会导致局部温度过高而引起火灾。

（4）变压器、电动机等设备运行故障引起火灾

变压器长时间超负荷运行或制造质量不良，会使绕组绝缘损坏，匝间短路，铁芯涡流加大引起过热，以及变压器绝缘油老化、被击穿发热等都会引起火灾。

电动机发生线圈短路、转子扫膛，单相运转等故障时，都可以使电机过热，绝缘材料燃烧而引起火灾。

（5）电热设备、照明灯具使用不当引起火灾

电炉等电热设备表面温度很高，如使用不当会引发火灾，大功率照明灯具等与易燃物距离过近也会引起火灾。克拉玛依友谊馆火灾是后者最有代表性的最严

重的火灾。

11.3.2　电气火灾的预防

施工现场用电，应符合下列规定：

（1）施工现场供用电设施的设计、施工、运行、维护应符合《建设工程施工现场用电安全规范》GB 50194 的有关规定。

（2）电气线路应具有相应的绝缘强度和机械强度，禁止使用绝缘老化或失去绝缘性能的电气线路，严禁在电气线路上悬挂物品。破损、烧焦的插座、插头应及时更换。

（3）电气设备与可燃、易燃易爆和腐蚀性物品应保持一定的安全距离。

（4）有爆炸和火灾危险的场所，按危险场所等级选用相应的电气设备。

（5）配电屏每个回路应设置漏电保护器、过载保护器。距配电屏 2m 范围内不得堆放可燃物，5m 范围内不应设置可能产生较多易燃、易爆气体、粉尘的作业区。

（6）可燃材料库房不应使用高热灯具，易燃易爆危险品库房内应使用防爆灯具。

（7）普通灯具与易燃物距离不宜小于 300mm；聚光灯、碘钨灯等高热灯具与易燃物距离不宜小于 500mm。

（8）电气设备不应超负荷运行或带故障使用。

（9）严禁私自改装现场供用电设施。

（10）应定期对电气设备和线路的运行及维护情况进行检查。

11.3.3　电气、焊接设备火灾的扑灭

1）扑灭电气火灾

首先要切断电源，并用合适的灭火器材灭火。切断电源时要戴绝缘手套，使用带绝缘柄的工具。

扑灭充油的电气设备火灾时，可采用干燥的黄砂覆盖住火焰。扑灭电气火灾要使用绝缘性能良好的灭火剂，如干粉灭火器、二氧化碳灭火器等，严禁用导电的灭火剂进行喷射，如使用喷射水流及泡沫灭火器等灭火。

2）焊接设备灭火时的安全注意事项

（1）电石桶、电石库房着火

只能用干砂、干粉灭火器和二氧化碳灭火器进行扑救，不能用水或含有水分的灭火器（如泡沫灭火器）救火。

（2）乙炔发生器着火

首先要关闭出气管阀门，停止供气，使电石与水脱离接触，可用二氧化碳灭火器或干粉灭火器扑救。不能用水和泡沫灭火器救火。

（3）电焊机着火

首先要切断电源，然后再扑救。在未断电源前，不能用水或泡沫灭火器救火，只能用干粉灭火器、二氧化碳灭火器进行扑救，因为用水或泡沫灭火器扑救容易触电伤人。

（4）氧气瓶着火

应立即关闭氧气阀门，停止供氧，使火自行熄灭。如邻近建筑物或可燃物失火，应尽快将氧气瓶搬走，放在安全地带，防止受火场高热影响而引起爆炸。

11.4　电焊、气焊与气割安全

焊接是连接金属件的一种方法。工地常需进行钢筋焊接，装配式构件之间的铁件也需焊接。切割是利用乙炔等可燃气体与氧混合燃烧产生高温，而割开金属的一种加工方法。焊接和切割均属于明火作业。焊、割金属时，大量高温的熔渣四处飞溅，并且使用的能源乙炔瓶以及其他液化石油气瓶、乙炔发生器等又都是压力容器。工地存放和使用大量易燃材料如木模板、草席时，如果违反操作规程就有发生火灾和爆炸的潜在危险性。

建筑工地现场采用的焊接、气割工艺方法所使用的设备和能源，虽然都有一定的火灾危险性，然而火灾和爆炸事故的发生，主要不在于这些设备和能源的本身，大多数是由于在焊接、切割作业中制度不严、操作不当、安全措施落实不力引起的。

11.4.1　焊工的一般规定

（1）严格执行动火审批制度

凡未办理动火审批手续，不得进行焊、割作业。批准动火应采取定时（时间）、定位（层、段）、定人（操作人、看火人）、定措施的管理方法。若部位变动或超过规定时间仍须继续操作，应事先更换动火证。动火证只限当日本人使用，并要随身携带，以备检查。

（2）电、气焊工必须持证上岗

电、气焊工必须是身体检查合格（适应高处作业），经专业培训，考核合格取得操作证的人员，方准独立操作。学徒工及实习人员应在有操作师傅的监护和指导下进行工作。严禁无证顶岗。

（3）正确使用个人防护用品

为防止焊接灼烫，应穿好工作服、绝缘鞋、戴好工作帽。工作服应选用纯棉且质地较厚，防烫效果好的。注意脚面保护，不穿易熔的化纤袜子。工作前要穿戴好个人防护用品，领口要系好，戴好防护眼镜，减少灼烫伤事故。

（4）高处作业要做好安全防护

高处作业安全设施要可靠，必要时系好安全带。工作下方不准人员通行，设专人监护。操作者不得将工作回路电线缠在身上。

（5）工作完毕，灭绝火种，切断电源、气源，并检查现场，确认无火情隐患及火险时方可离去。

（6）进行电焊、气割前，应由施工员向操作、看火人员进行安全交底，任何人不准纵容冒险作业。

（7）看火人员的职责：

① 坚守岗位，密切观察，严密控制火花的飞溅，及时清理焊割部位的易燃、

可燃品。

② 操作结束后，要仔细检查焊、割地点，确认无火灾隐患后，方可离开。在隐蔽场所和部位作业时、作业后，在 0.5～4h 内要反复检查，以防阴燃起火。

③ 发现操作人员违章作业时，有权责令停工，收回动火证，并及时上报有关领导。

11.4.2 电焊作业安全技术

1）一般安全技术要求

（1）保证各类电焊机电源接线符合规定，专用接地或接零安全可靠。不准将接地线错接在建筑物、机器设备或各种管道、金属架上。

（2）各类电焊机应在规定的电压下使用。旋转式直流电焊机应配备足够容量的磁力启动开关，不得使用闸刀开关直接启动。

（3）电焊机要有良好的隔离防护装置，电焊机的绝缘电阻不得小于 $1M\Omega$。电焊机的接线柱、接线孔等应装在绝缘板上，并有防护罩保护。电焊机应放置在避雨干燥的地方。

（4）施工现场焊、割作业，必须符合防火要求，严格执行"十不烧"的规定：

① 焊工必须持证上岗，无特种作业安全操作证的人员，不准进行焊、割作业。

② 凡属一、二、三级动火范围的焊、割作业，未办理动火审批手续，不准进行焊、割。

③ 焊工不了解焊、割现场周围情况，不得进行焊、割。

④ 焊工不了解焊件内部是否安全时，不得进行焊、割。

⑤ 各种装过可燃气体、易燃液体和有毒物质的容器，未经彻底清洗、排除危险性之前，不准进行焊、割。

⑥ 用可燃材料作保温层、冷却层、隔热设备的部位，或火星能飞溅到的地方，在未采取切实可靠的安全措施之前，不准焊、割。

⑦ 有压力或密闭的管道、容器，不准焊、割。

⑧ 焊、割部位附近有易燃、易爆物品，在未作清理或未采取有效的安全措施之前，不准焊、割。

⑨ 附近有与明火作业相抵触的工种在作业时，不准焊、割。

⑩ 与外单位相连的部位，在没有弄清有无险情，或明知存在危险而未采取有效的措施之前，不准焊、割。

（5）电焊钳要有可靠的绝缘、隔热层，不准使用无绝缘的简易焊钳和绝缘把损坏的焊钳。焊钳应在任何斜度都能夹紧焊条。橡套电缆与焊钳的连接应牢固，铜芯不得外露，以防触电或短路。焊钳上的弹簧失效时应立即调换。

（6）操作场地要通风良好，并有足够的照明，焊、割现场必须配备足够能力的灭火器材。在操作场地 10m 以内不应存放易燃易爆物品，如系临时工地存放此类物品，要有临时性隔离措施。在未经采取切实可靠的安全措施之前，不能焊、割。

（7）有压力或密封的容器、管道不得进行焊、割作业。

对沾有可燃气体和溶液的工件，如各类油桶、管道、压力容器等，在作业前要清洗掉有毒、有害、易燃、易爆物质，解除容器、管道压力及容器密闭情况，未彻底清洗，不能焊、割，经检查符合要求时，方准进行工作。危险性较大的场所作业应有专人现场监护，如在容器内焊接，外面要安排懂电焊安全知识的人监护。照明设备必须用低压（10V）。

（8）焊、割操作不准与油漆、喷漆、木工等易燃易爆操作同部位、同时间上下交叉作业。严禁在有火灾、爆炸危险的场所进行焊、割作业。

（9）在遇有五级以上大风等恶劣气候时，高空和露天的焊、割工作应停止。

2）手工电弧焊时应注意的安全事项

（1）工作前应对电器设备及线路进行全面检查，检查焊机二次线路及外壳接地是否良好；电源线、引出线及各接线点是否良好。

（2）合闸刀开关时，身体偏斜，一次推足，然后开启电焊机。停机时先关电焊机，再拉闸断电。

（3）在潮湿地带操作时要穿绝缘鞋，并应在铺有绝缘物品的地上进行。严禁雨天露天作业。

（4）焊接时，如果线路横越车行道，要将电线架空或者加盖防护板。操作者身体不要在铁板或其他导电物件上操作。

（5）焊机下面要用木板垫好，并设防雨棚。焊机应有单独开关，不准两机同用一个开关，保险丝应与该机容量相适应。

（6）在预热体上进行焊接时，要采取防止辐射热措施以免灼伤。清除焊渣时，面部必须避开焊缝或带防护眼镜，换焊条时要戴手套。

（7）焊接操作在起重钢丝绳区域时，火线与零线不得与钢丝绳交叉，以免摩擦打火烧断钢丝绳。

（8）登高爬梯时，不准将电线扛在肩上，以防产生意外挂伤，须改换地点拉线时，必须断电进行。

（9）多台焊机集中同时操作时，需采取隔光措施，防止弧光刺眼。

（10）焊接有色金属时，要加强通风排毒，必要时使用过滤防毒面具。

11.4.3　气焊、气割安全技术

1）一般安全要求

（1）工作前应检查所有设备，氧气瓶、乙炔发生器及橡胶软管的接头、阀门及固件应紧固牢靠，不准有松动、破坏和漏气现象。氧气瓶及其附件、橡胶软管、工具不能沾染油脂和泥垢。检查设备、附件及管路漏气时，只准用肥皂水试验。试验时周围不准有明火，不准吸烟，严禁用火试验漏气。

（2）氧气瓶因阀门失灵或损坏不能关闭时，应让气瓶内气体跑净，严禁带压处理。

（3）乙炔发生器不能放在电线下。禁止乙炔发生器放在楼上而人在楼下操作。

（4）氧气瓶和乙炔发生器应放置在操作场地上风位置，以防火花飞溅引起事故。

（5）焊枪、割枪的火嘴外套螺扣要严密，以防发生回火。

（6）高空切割时，防止被割物品坠落及熔渣滴下伤人或引起火灾。

(7) 严禁在内存压力或有易燃、易爆等介质的容器、管道上进行作业。

(8) 工作完毕或离开现场，要拧上气瓶的安全帽，把气瓶和乙炔发生器放在指定地点，卸压、放水，取出电石料，把现场清理干净后方准离去。

(9) 压力容器、压力表、安全阀应按规定定期送交和试验。

2) 使用乙炔发生器

(1) 电石投料不能超量，严禁集中加入小粒电石，电石渣要及时清除，加水量不能少于规定标准。

(2) 使用过程中要经常检查焊具是否失灵，防止氧气回流进入发生器。

(3) 严禁任意拆换安全膜，更不允许用其他金属片，特别是紫铜片代替铝片，以防失去防爆作用和产生乙炔铜，发生危险。

(4) 乙炔发生器要有防止回火的安全装置，并且要经常检查是否失灵。

(5) 乙炔发生器及其配件、输送导管等冻结时，可以用热水或蒸汽解冻，不能使用明火加热或用可能发生火花的工具敲击。

(6) 动火检修乙炔发生器时，必须先排除容器内的乙炔气体，并用水彻底清洗几次，在确保没有乙炔余气时，才能动火检修。

(7) 乙炔发生器应放置在距离明火 10m 以外。

3) 使用乙炔气瓶（不用乙炔发生器）

(1) 气瓶应直立，不得横躺卧，以防丙酮流出。

(2) 搬运时，应装好瓶帽，防止强烈振动和避免撞击。

(3) 瓶口严禁接触油脂，不允许油手套、油扳手接触气瓶。

(4) 为了防止回火，应在乙炔气瓶上安装阻火器，并经常检验是否失灵。

(5) 乙炔气管道严禁采用纯铜（含铜量不得大于70%）。

(6) 乙炔气瓶不能放在锅炉等高温设备附近。

4) 使用氧气瓶

由于氧气瓶内充有 $15N/m^2$ 压力的氧气。如果气瓶内进入油脂或瓶阀和减压器沾有油脂，气瓶内误充可燃气体，或放气速度过快；遇高温或明火，受振动撞击等因素影响都有可能发生爆炸事故。因此要求：

(1) 氧气瓶严禁与油脂接触，操作人员不得用沾有油脂的手套、扳手去开、关瓶阀，以免发生事故。

(2) 氧气瓶应直立使用，在储存、运输过程中，应轻装轻放，防止振动、倾倒和撞击。

(3) 氧气瓶应防止受热，避免靠近高温和明火，夏季要防止阳光直射，冬季作业，如氧气瓶阀或减压阀冻结，可用热水或蒸汽加热解冻，不准用火焰加热。

(4) 在地面进行焊接和切割时，应当与可燃物保持适当距离，或用非燃烧材料隔开；在高空作业时，并需移开可燃物或用非燃烧材料的隔板遮盖。

(5) 禁止在工程内使用液化石油气钢瓶和乙炔发生器作业。

5) 焊、割具操作要点

(1) 通透焊嘴应用铜丝，禁用铁丝。

(2) 检查焊、割具射吸能力的办法是：先接氧气管，打开乙炔阀和氧气阀，用手指轻轻接触焊具上乙炔进口处，如有吸力，说明射吸能力良好。再检查乙炔气流是否正常，如无问题，接上乙炔气管。

（3）根据工件厚度，选择适当的焊、割具及焊、割嘴。

（4）操作地点要有足够供冷却焊嘴用的清洁水，当焊、割具因强烈加热而发出"噼啪"的炸鸣声时，应立即关闭乙炔供气阀门，将焊具放在水中冷却。

（5）进入容器内焊接时，点火和熄火都应在容器外进行。

（6）发生回火时，胶管或回火防止器上喷火，应迅速关闭氧气阀门和乙炔阀门，再关上一级氧气阀和乙炔阀，然后采取灭火措施。

（7）操作焊、割具时，不准将胶皮软管背在背上操作。禁止用焊具的火焰来照明。

（8）熄灭火焰时，焊具应先关乙炔阀，再关氧气阀。

（9）氧氢并用时，先放出乙炔气，再放出氢气，最后放出氧气。

重难点知识讲解

1. 在建工程及临时用房的灭火器如何配置？

2. 临时消防车道的设置应符合哪些规定？

3. 不考虑补水，施工现场临时消防水池容积最小值是多少？如何计算？

复习思考题

1. 在建工程及临时用房的哪些场所应配置灭火器？

2. 施工现场用火应符合哪些规定？

3. 施工现场的哪些场所应配备临时应急照明？

4. 临时消防救援场地的设置应符合哪些规定？

第12章 拆除工程

学习要求

通过本章内容的学习，了解工程拆除的方法，熟悉拆除工程的危险因素，掌握人工拆除、机械拆除的安全要求。

12.1 拆除工程概述

随着旧城改建，拆除工程量加大。在废弃的建筑物上建立新的建筑物时，首先要对旧建筑物进行拆除。拆除的对象可能是老厂房、旧仓库或已受损害而不安全的建筑物。根据拆除的动力不同，拆除工程可分为人工拆除、机械拆除与爆破拆除。依据拆除对象是否破坏，拆除工程可分为破坏性拆除与非破坏性拆除。

12.1.1 拆除工程的特点

（1）拆除工期短，流动性大

拆除工程施工速度比新建工程快得多，其使用的机械、设备、材料、人员都比新建工程施工少得多，特别是采用爆破拆除，一幢大楼可在顷刻之间夷为平地。因而，拆除施工企业可以在短期内从一个工地转移到第二个、第三个工地，其流动性很大。

（2）安全隐患多，危险性大

拆除物一般是年代已久的旧建（构）筑物，安全隐患多，建设单位往往很难提供原建（构）筑物的结构图和设备安装图，给拆除施工企业制定拆除施工方案带来很多困难。有的改、扩建工程，改变了原结构的力学体系，因而在拆除中往往因拆除了某一构件造成原建（构）筑物的力学平衡体系受到破坏，易导致其他构件倾覆压伤施工人员。

（3）施工人员整体素质不高

一般的拆除施工企业的作业人员通常由外来务工人员和农民工组成，文化水平不高，整体素质不高，安全意识较低，自我保护能力较弱。

12.1.2 破坏性拆除

破坏性拆除是指拆除下来的建筑构件不再利用的拆除方法。该方法拆除速度快，投入的人力少，有利于施工安全。目前多用于拆除烟囱、水塔、库房、设备基础，也常用于现浇框架结构建筑物的拆除。

1）机械拆除方法

机械拆除方法是指使用大型机械，如挖掘机、重锤机等对建（构）筑物实施解体和破碎的方法。机械拆除方法的特点是：

① 施工人员无需直接接触拆除点，无需高空作业，危险性小；

② 劳动强度低，拆除速度快，工期短；

③ 作业时扬尘较大，必须采取湿作业法；

④ 对需要部分保留的建筑物必须先用人工分离后，方可拆除计划拆除的建筑物。

它的适用范围是：用于拆除混合结构、框架结构、板式结构等高度不超过30m 的建筑物、构筑物及各类基础和地下构筑物。

2）控制爆破法

控制爆破法是利用炸药在爆炸瞬间产生高温高压气体对外做功，借此来解体和破碎建（构）筑物的方法，通过严格控制爆炸能量和爆破规模，将爆破的声音、振动、破坏区域及破碎物的坍塌范围控制在规定的限度内，在建筑物就地倒塌后，再用机械和人工清理破碎物。

此种方法如控制得当，拆除工作十分安全，而且成本低、工期短、人员投入少、效果好。目前在各种拆除方法中，此种方法占有重要的地位。一般爆破施工方法有以下三种：钻孔控制爆破技术、水压爆破技术、燃烧剂破碎技术。爆破拆除方法的特点是：

① 施工人员无需进行有损建筑物整体结构和稳定性的操作，人身安全最有保障；

② 一次性解体，其扬尘、扰民较小；

③ 拆除效率最高，特别是高耸坚固建筑物和构筑物的拆除；

④ 对周边环境要求较高，对临近交通要道、保护性建筑、公共场所、过路管线的建（构）筑物必须作特殊防护后方可实施爆破。

它的适用范围是：用于拆除现浇钢筋混凝土结构的任何建筑物、构筑物，各类地下、水下构筑物。

控制爆破拆除方法的关键在于爆破能量的控制，因此需要工程技术人员进行认真的设计和准确的计算，对管理人员和操作人员都有较高的安全技术要求。

3）膨胀破碎拆除法

这种拆除方法是将膨胀破碎剂（以氧化钙、硅酸盐及复合有机化合物等混制而成的粉末状物质与水搅拌的混合物）灌入建筑物中，利用其膨胀破碎作用而使建筑物裂解，达到破碎拆除的目的。

此种方法国外称之为静态解体法或无公害解体法，是近年来开始应用的一项新技术。这种方法技术操作简单，使用安全。但它成本较高，威力较小、施工周期长，目前仅使用于零星破碎工程。

4）推拉方法

（1）用推土机或铲车推倒一些较低的建筑物和构筑物。

（2）高耸的水塔、烟囱等构筑物，以前采用过该方法进行拆除，《关于防止拆除工程中发生伤害事故的通知》［建监［94］第 15 号］明确规定拆除建筑物不应采用推倒法。

12.1.3　非破坏性拆除

非破坏性拆除是指拆除下来的建筑构件和材料，较完整的保存下来，已备再次使用的方法。但该方法投入工人较多，多在高处作业，危险性大，拆除的速度慢。这种拆除原则上按原施工顺序反向进行，即先将电线、上下水、暖气、燃气等管道拆除，再拆除门窗、栏杆等，而后自上而下分层进行主体拆除。主体拆除时，应先拆除维护结构，后拆除承重结构。而承重结构又应按楼板、次梁、主梁、柱的顺序拆除。

1）人工拆除法

人工拆除法是指依靠手工加上一些简单工具，如钢钎、锤子、风镐、手动导链、钢丝绳等，对建（构）筑物实施解体和破碎的方法。人工拆除方法的特点是：

① 施工人员必须亲临拆除点操作，进行高空作业，危险性大；

② 劳动强度大，拆除速度慢，受气候影响大，工期长；

③ 易于保留部分建筑物。

适用于拆除轻屋盖的仓库、围墙、砖木结构、混合结构的低层建、构筑物的分离和部分保留拆除项目。

2）机械吊拆法

它是指在构件与建筑物分离后，用吊车进行吊拆的方法。主要应用于装配式建筑物的拆除。该方法需要有经验的吊拆人员配合。并对吊拆用具、钢丝绳等要经常进行安全检查。还要注意，当风速达到 11m/s 以上时，应停止吊拆。雨雪天气原则上不进行吊拆。`

12.2 拆除工程中的危险因素及管理

12.2.1 拆除工程中的危险因素

1）没有计划的倒塌伤害

此种倒塌事故易将作业人员压住，造成人员伤亡，其原因是：

（1）废弃的旧建筑物，多处受到损坏，当拆除结构构件或墙体的支撑物时，会引起倒塌。如倾斜的墙体靠横梁支撑，当吊起横梁时，会引起墙体的倒塌。或其他部位受振动发生意外失稳倒塌。

（2）不了解结构传力特性，错误地拆除一面墙或一个结构导致临近建筑的倒塌。如拱形结构，先拆除抵抗横向推力拉杆，就会造成拱结构的整体坍塌。尤其是多跨连续拱，如先拆除其中一跨就会引起其他跨连续性的倒塌。

（3）不及时清理拆除的残渣，超载压垮下层楼板，而造成坍塌。

2）高处坠落伤害

在建筑物的楼板拆除后，作业面上的人员活动范围受到限制，而到处又是杂乱的瓦砾，如果有人绊倒就会从高处坠落而导致严重伤害。若拆除作业的脚手架或操作平台依附于建筑物上时，由于建筑物倒塌也会造成作业人员从高处坠落。

3）物体打击伤害

一般从高处掉落下来的物体往往覆盖面较大，极易造成打击伤人，尤其在高大建筑物的拆除中有更大的危险。如果现场交通混乱，管理不善，则很难避免坠物伤人。

4）起重伤害

起重机械配合拆除作业时，有可能引发一些伤害事故：

（1）起吊的构件没有彻底与建筑物分离，造成起吊时超载，而引起起重机折臂或倾翻。

（2）起吊构件上的杂物或不稳定物没有清理干净，起升后掉落伤人。

（3）起重机选择不当或施工方法不当，也会发生起重伤害事故。

5）粉尘危害

在拆除工地上灰尘飞扬几乎是不可避免的，往往又不便实施洒水除尘，如灰尘中有石棉等物质，危害就更大。因此必须对作业人员采取严密的防护措施，将粉尘危害降到最低点。

6）其他伤害

（1）电气伤害。如不将所有的电源切断，就有造成作业人员触电的可能。

（2）易燃易爆物的伤害。如没有切断的燃气管线，可造成作业人员中毒，甚至发生火灾或爆炸伤人；拆除含有易燃易爆的金属容器，采用火焰切割法时，造成着火或者爆炸伤人。

综上所述，拆除工程属于危险性较大的作业，但并不是没有办法控制，关键问题在于管理。如一些施工组织人员往往重视新建建筑的施工管理，而忽视旧建筑的拆除管理。特别是对结构简单的低层建筑物的拆除更是这样。据统计，对于拆除作业相当数量的事故是发生于中、小型建筑物的拆除中，因此，必须引起施工单位注意。

12.2.2 拆除工程的安全技术管理

1）拆除工程属于危险性较大的分部分项工程范围

可能影响行人、交通、电力设施、通信设施或其他建、构筑物安全的拆除工程。

2）拆除工程属于超过一定规模的危险性较大的分部分项工程范围

（1）码头、桥梁、高架、烟囱、水塔或拆除中容易引起有毒有害气（液）体或粉尘扩散、易燃易爆事故发生的特殊建、构筑物的拆除工程。

（2）文物保护建筑、优秀历史建筑或历史文化风貌区控制范围的拆除工程。

为保证拆除工程的使用安全，属于危大工程或超大工程的，要按危大工程或超大工程进行安全管理。爆破设计依据《爆破安全规程》GB 6722—2011、《民用爆破器材工程设计安全规范》GB 50089—2007 等技术文件，拆除工作要依据《建筑拆除工程安全技术规范》JGJ 147—2016 的规定进行。

12.3 拆除工程中的安全管理

12.3.1 建设行政主管部门监督管理

1）加强组织领导，落实管理机构

各级政府建设行政主管部门应加强组织领导，成立相应的管理机构，制定岗位职责，落实人员和经费，实施拆除工程的申报备案、审查、监督、检查等监管职能。

2）建立健全规章制度

政府相关监管部门应建立健全以下规章制度：

（1）制定拆除工程技术规程。政府相关监管部门应制定拆除工程技术规程，要求各拆除施工企业必须严格按技术规程进行拆除施工。

（2）实行拆除人员培训考核制。拆除施工企业管理人员和作业人员必须参加技术培训，经考核合格后方能从事拆除工作。

（3）加强拆除施工企业的资质管理和安全生产许可证管理。严格执行《建筑业企业资质管理规定》中关于爆破与拆除资质的规定，加强拆除企业的资质和资质等级管理工作。同时，拆除施工企业还应取得安全生产许可证，政府监管部门应加强对拆除施工企业安全生产条件、安全生产许可证的管理。

（4）加强拆除工程的备案管理。加强拆除工程施工前的备案管理工作，依据《建设工程安全生产管理条例》第十一条有关规定，拆除工程施工前，必须进行安全技术措施审查和备案管理。

3）加强日常检查监督

政府相关监管部门加强日常监督检查，加大执法检查力度，对违法行为进行严肃处理。

12.3.2 建设单位施工安全管理

1）拆除工程发包

依据《建设工程安全生产管理条例》第十一条规定，建设单位应当将拆除工程发包给具有相应资质等级的施工单位。

2）拆除工程备案

依据《建设工程安全生产管理条例》第十一条规定，建设单位应当在拆除工程施工 15 日前，将下列资料报送建设工程所在地的县级以上地方人民政府建设行政主管部门或者其他有关部门备案：①施工单位资质等级证明；②拟拆除建筑物、构筑物及可能危及毗邻建筑的说明；③拆除施工组织方案；④堆放、清除废弃物的措施。实施爆破作业的，还应当遵守国家有关民用爆炸物品管理的规定。

12.3.3 施工单位施工安全管理

1）拆除前的准备工作

（1）技术准备工作

① 熟悉被拆除建筑物、构筑物的竣工图纸，弄清楚其结构形式、水电气等情况。必须强调是竣工图纸，因在施工过程中可能有变更。无竣工图的拆除工程，应作局部破坏性检查。

② 学习有关规范和安全技术文件。如《关于防止拆除工程中发生伤害事故的通知》［建监（94）第 15 号］就是关于拆除工程的专项规定。

③ 调查周围环境、场地道路、设备管网、危房情况等，为确定安全施工方案提供依据。

④ 编制拆除工程施工组织设计（含安全技术措施）。

⑤ 向进场施工人员进行安全技术教育。

（2）现场准备

① 切断被拆除建筑的水、电、燃气等管道，疏通运输道路，清除倒塌范围内的物体等。

② 对旧建筑物进行技术分析与鉴定，判断各个部位受损害情况，确定哪些地方不稳定或拆除前需临时加固。检查周围危房，必要时进行临时加固。

③ 向周围群众出示安民告示，在拆除危险区设置警戒区标志。

（3）其他准备工作

成立组织机构，落实劳动力和机械设备材料等。

2）编制被拆除工程的施工组织设计

（1）编制原则

拆除工程施工组织设计（方案）是指拆除工程施工准备和施工全过程的技术文件，是在确保人身安全和财产安全的前提下，经参与拆除活动的各方共同讨论，由拆除施工企业负责编制的。拆除工程施工组织设计（方案）应选择经济、合理、扰民小的拆除方案，方案对施工准备计划、拆除方法、施工部署和进度计划、劳动力组织、机械设备和工具材料等准备情况以及施工总平面图等进行科学组织，以实现安全、经济、快速、扰民小的目标。

拆除作业前，必须制定被拆除工程的施工组织设计（含安全技术措施方案）。即便是拆除规模很小的建筑物也应注意这一点，且必须由有经验的工程技术人员编制。

（2）编制依据

① 被拆除建、构筑物的竣工图纸（包括建筑、结构、水、暖、电、设备及外管线）。

② 被拆除建筑物的周围环境、场地、道路、水、电、设备管道、危房情况。

③ 有关的施工与验收规范、安全技术规范、安全操作规程，国家、地方有关规定，以及本单位的技术装备条件。

④ 施工合同（包括进度及经济要求）。

（3）施工组织设计的内容

① 被拆除建筑和周围环境的概况

要着重介绍被拆除工程的结构类型，结构各部分构件受力情况，并附简图，介绍填充墙、隔断墙、装修作法，水、电、暖、燃气、设备情况，周围房屋、道路、管线等有关情况。必须与现在的实际情况相符，可用现场平面图表示。

② 施工准备工作计划

要将各项施工准备工作，包括组织机构和人员分工、技术、现场、设备、器材、劳动力的准备情况如实全部列出，安排计划，落实到人。

③ 确定施工方法与施工顺序

施工方法应根据工程结构的特点、施工现场周围环境情况、施工工期要求，并结合企业的技术、设备和经济状况，进行分析比较，从而选择安全、经济、快速、扰民小的施工方法。如：烟囱、水塔等构筑物和高层与多层框架结构建筑物，采用爆破方法较好；围墙和低矮的房屋，采用推土机和铲车推倒方法较好等。

确定拆除方法后再确定施工顺序。以拆除旧烟囱为例，若采用人工拆除方法，则施工顺序为：搭脚手架→架垂直运输设备→自上而下拆除烟囱（随从拆除脚手架）。拆除作业的顺序，原则上自上而下分层进行，但对于多层框架结构楼板的拆除工作，应自下而上进行，以便使上层楼板的混凝土废渣可直接落在地面，这样既避免了残渣的多次清理，又避免了几层残渣过多地堆积在下面几层楼板上，而引起楼板意外的倒塌。所以正确地安排施工顺序，可以得到事半功倍的效果。

要详细叙述拆除方法的全面内容，采用控制爆破拆除，要详细说明爆破与起爆方法、安全距离、警戒范围、保护方法、破坏情况、倒塌方向与范围以及安全技术措施。

④ 拟定施工部署，列出进度计划，对各工种人员的分工及组织进行周密的安排。

⑤ 列出机械、设备、工具、材料等清单。

合理选择施工机械、设施和材料。采用爆破拆除方法时，必须经过严格计算来选择炸药的种类、药量和安放位置，同时要使用合格的起爆器材。采用人工拆除或起重机配合拆除时，要设计供工人站立的独立的脚手架和操作平台，它必须不受建筑物被拆除时的影响。起重机的选择，则应根据拆除中所要起吊最重构件的重量、起吊高度和起重机的位置来确定。

⑥ 施工总平面图

施工总平面图是施工现场各项安排的依据，也是施工准备工作的依据。要正确规划和布置施工现场。做好现场交通路线的规划，防止交通混乱而影响行人安全。指定拆除废料的堆放位置，及时运走，不得将废料乱堆乱放，更不能靠墙堆放，否则会造成墙体倒塌。必须架设围栏将施工现场围起来，并规定工地出入口。

施工总平面图应包括下列内容：被拆除工程和周围建筑及地上、地下的各种管线、障碍物、道路的布置和尺寸；起重设备的开行路线和运输道路；各种机械、设备、材料以及被拆除下来的建筑材料堆放场地位置；爆破材料及其他危险品临时库房位置、尺寸和做法；被拆除建筑物倾倒方向和范围、警戒区的范围，要标明位置及尺寸；标明施工用的水、电、办公室、安全设施、消火栓的位置及尺寸。

⑦ 拆除作业的安全技术措施

做好预防建筑物意外坍塌的安全技术措施，即：拆除前将不稳固结构支撑好；在没有临时支撑的情况下，不拆除有平衡作用的建筑结构。如承受有侧向力的墙体，它上面的垂直荷重对结构有稳定作用，如不在事前加支撑就拆除其上的结构，则会造成墙体的意外倒塌；禁止采用有危险的作业方法，如用大锤猛击墙体。

做好预防高处坠落的安全技术措施，即：搭设脚手架和操作平台；工地通道要有足够的照明；不得站立在被拆除的建筑物或结构上进行拆除作业，如站在砖墙顶上或横梁上作业；及时清理拆除作业现场；正确使用各种劳动防护用品。

做好预防落物伤人的安全技术措施，即：在拆除建筑物的周围搭置安全网，如平网或小孔立网；清除全部易掉落的材料，如拆除前清除破碎玻璃、砖块或金属尖锐物；在外脚手架的外排立杆面上安放竹篱笆，将建筑物完全围起来，以保证掉落的材料不致散落到马路上。

根据起重作业的安全技术要求，制定其安全措施。

3）施工组织设计的审查交底与变更

依据《建设工程安全生产管理条例》第二十六条规定，施工单位在编制拆除、爆破工程施工组织设计（方案）时，应附有安全验算结果，经施工单位技术负责人、总监理工程师签字后实施，由专职安全生产管理人员进行现场监督。在城市里采用控制爆破拆除方法时，还应经当地公安部门审批认可。然后在作业前逐级地进行技术和安全交底，并层层落实责任制。施工现场的安全检查员，要经常检查施工方案和安全措施计划的落实情况。

在施工过程中，如果必须改变施工方法，调整施工顺序，必须先修改、补充施工组织设计，并以书面形式将修改、补充意见报相关管理部门，经原审批部门重新审核批准后方可组织施工。

4）下述拆除工程的施工组织设计，宜通过专家论证审查后实施

（1）在市区主要地段或临近公共场所等人流稠密的地方，可能影响行人、交通和其他建筑物、构筑物安全的。

（2）结构复杂、坚固、拆除技术性很强的。

（3）临近地下构筑物及影响面大的燃气管道，上、下水管道，重要电缆、电信网等。

（4）高层建筑、码头、桥梁或有毒有害、易燃易爆等有其他特殊安全要求的。

（5）其他拆除工程管理机构认为有必要进行技术论证的。

12.3.4 监理单位拆除施工安全监理

《建设工程安全生产管理条例》第十四条明确规定，监理单位应对拆除工程的施工组织设计（方案）进行审查，并签字后实施。同时，第五十七条明确规定监理单位应对下述违法行为承担法律责任，即监理单位未对拆除工程施工组织设计（方案）进行审查的；发现事故隐患未及时要求施工单位整改，或暂时停止施工的；施工单位拒不整改或者停止施工，监理单位未及时向有关主管部门报告的。

12.4 拆除工程安全技术措施

12.4.1 一般安全技术要求

（1）拆除工程开工前，应根据工程特点、构造情况、工程量等编制施工组织设计或安全专项施工方案，应经技术负责人和总监理工程师签字批准后实施。施工过程中，如需变更，应经原审批人批准，方可实施。

（2）拆除工程施工前，必须对施工作业人员进行书面安全技术交底，且应有记录并签字确认。

（3）拆除工程施工必须建立安全技术档案，并应包括下列内容：

① 拆除工程施工合同及安全管理协议书；

② 拆除工程施工组织设计、安全专项施工方案和生产安全事故应急预案；

③ 安全技术交底及记录；

④ 脚手架及安全防护设施检查验收记录；

⑤ 劳务分包合同及安全生产管理协议书；

⑥ 机械租赁合同及安全生产管理协议书；

⑦ 安全教育和培训记录。

（4）拆除作业必须由专人监督负责，其负责人必须具备拆除作业的知识和经验，且能够透彻地了解拆除工序和判断危险情况。

（5）施工单位必须依据拆除工程安全施工组织设计或安全专项施工方案，在拆除施工现场划定危险区域，并设置警戒线和相关的安全警示标志，应派专人监管。

（6）拆除作业开始前，应先将通往被拆除建筑物中的电源、天然气（煤气）管道、供热管道等支线切断，或者迁移，不得冒险作业。

（7）拆除的建筑物内有机械设备不能转移时，应事先搭好坚固的防护棚，然后才能进行上部的拆除。

（8）在用火焰切割法拆除存放过易燃易爆物的容器时，应确保容器内的残存物质不处于爆炸极限，方可动火。

（9）拆除工程应设置信号，有专人监护，并在周围设置围栏，夜间应挂红灯示警。

（10）拆除过程中，需用带照明的电动机械时，必须另设专用配电线路，严禁使用被拆除建筑中的电气线路。

（11）对于建筑改造、装修工程，当涉及建、构筑物结构的变动及拆除时，应由建设单位提供原设计单位（或具有相应资质的单位）的设计方案，否则不得施工。

12.4.2 高处拆除施工的安全技术措施

（1）高处拆除施工的原则是按建筑物建设时相反的顺序进行。应先拆高处，后拆低处；先拆非承重构件，后拆承重构件；屋架上的屋面板拆除，应由跨中向两端对称进行。

（2）高处拆除顺序应按施工组织设计要求由上到下逐层进行，不得数层同时进行交叉拆除。当拆除某一部分时，应保持未拆除部分的稳定，必要时应先加固后拆除，其加固措施应在方案中预先设计。高处拆除中每班作业休息前，应拆除至结构的稳定部位。

（3）高处拆除作业人员必须站在稳固的结构部位上，当不能满足时，应搭设工作平台。

（4）高处拆除石棉瓦等轻型屋面工程时，严禁踩在石棉瓦上操作，应使用移动式挂梯，挂牢后操作。

（5）高处拆除时楼板上不得有多人聚集，也不得在楼板上堆放材料和被拆除的构件。

（6）高处拆除时拆除的散料应从设置的溜槽中滑落，较大或较重的构件应使用吊绳或起重机吊下，严禁向下抛掷。

12.4.3 人工拆除安全技术措施

（1）进行人工拆除作业时，楼板上严禁人员聚集或堆放材料，作业人员应站在稳定的结构或脚手架上操作，被拆除的构件应有安全的放置场所。

（2）人工拆除施工应从上至下、逐层拆除分段进行，不得垂直交叉作业。作业面的孔洞应封闭。

（3）人工拆除建筑墙体时，严禁采用底部掏掘或推倒的方法。

（4）拆除建筑的栏杆、楼梯、楼板等构件，应与建筑结构整体拆除进度相配合，不得先行拆除。建筑的承重梁、柱，应在其所承载的全部构件拆除后，再进行拆除。

（5）拆除梁或悬挑构件时，应采取有效的下落控制措施。

（6）当采用牵引方式拆除柱子时，应沿柱子底部剔凿出钢筋，定向牵引后，保留牵引方向同侧的钢筋，切断结构柱其他钢筋后再进行后续作业。

（7）拆除管道及容器时，必须在查清残留物的性质，并采取相应措施确保安全后，方可进行拆除施工。

12.4.4 机械拆除安全技术措施

（1）当采用机械拆除建筑时，应从上至下、逐层分段进行；应先拆除非承重结构，再拆除承重结构。拆除框架结构建筑，必须按楼板、次梁、主梁、柱子的顺序进行施工。对只进行部分拆除的建筑，必须先将保留部分加固，再进行分离拆除。

（2）施工中必须由专人负责监测被拆除建筑的结构状态，做好记录。当发现有不稳定状态的趋势时，必须停止作业，采取有效措施，消除隐患。

（3）拆除施工时，应按照施工组织设计选定的机械设备及吊装方案进行施工，严禁超载作业或任意扩大使用范围。供机械设备使用的场地必须保证足够的承载力，作业中机械不得同时回转、行走。

（4）进行高处拆除作业时，对较大尺寸的构件或沉重物料，必须采用起重机具及时吊下。拆卸下来的各种材料应及时清理，分类堆放在指定场所，严禁向下抛掷。

（5）采用双机抬吊作业时，每台起重机载荷不得超过允许载荷的 80%，且应对第一吊进行试吊作业，施工中必须保持两台起重机同步作业。

（6）拆除吊装作业的起重机司机，必须严格执行操作规程。信号指挥人员必须按照现行国家标准《起重吊运指挥信号》GB 5082 的规定作业。

（7）拆除钢屋架时，必须采用绳索将构件锁定牢固，待起重机吊稳后，方可进行切割作业。吊运过程中，应采用辅助措施使被吊物处于稳定状态。

（8）拆除桥梁时应先拆除桥面及附属结构，再拆除主体。

12.4.5 爆破法拆除施工的安全技术措施

（1）爆破法拆除施工企业应按批准的允许经营范围施工，爆破作业应由经专门培训考核取得相应资格证书的人员进行。

（2）爆破法拆除作业前，应清理现场，完成预拆除工作，并准备现场药包临时存放与制作场所。

（3）应严格遵守拆除爆破安全规程的规定。施工方案中应预估计被拆除建筑物塌落的振动及其对附近建筑物的影响，必要时应采取防振措施。可采取在建筑物内部洒水、起爆前用消防车喷水等减少粉尘污染措施。

（4）拆除爆破作业应有设计人员在场，并对炮孔逐个验收以及设专人检查装药作业，并按爆破设计进行防护和覆盖。当采用电力起爆网路或导爆管起爆网路时，手持式或其他移动式通信设备进入爆区前应先关闭。

（5）爆破法拆除时，必须待建筑物爆破倒塌稳定后，方可进入现场检查，发现问题应立即研究处理，经检查确认爆破作业安全后，方可下达警戒解除信号。

复习思考题

1. 拆除工程的危大工程、超大工程有哪些？
2. 机械拆除的安全技术措施有哪些？
3. 爆破法拆除的安全技术措施有哪些？

第 13 章 建筑施工主要防护用品

学习要求

通过本章内容的学习，熟悉"三宝"的正确使用方法，掌握安全网、安全带、安全帽的检测方法。

建筑"三宝"是指建筑施工防护使用的安全网、个人防护佩戴的安全帽和安全带。安全网是用来防止人、物坠落，或用来避免、减轻人员坠落及物体打击伤害的网具。正确使用安全网，可以有效地避免高空坠落、物体打击事故的发生。安全帽主要用来保护使用者的头部，减轻撞击伤害，以保证每个进入建筑施工现场的人员的安全。安全带是高处作业人员预防坠落伤亡的防护用品。坚持正确使用建筑"三宝"，是降低建筑施工伤亡事故的有效措施。

13.1 安全网

13.1.1 安全网的构造与分类

1）安全网的构造

安全网一般由网体、边绳、系绳、筋绳等组成，用来防止人、物坠落，或用来避免、减轻坠落及物击伤害的网具。

网体是由单丝、线、绳等经编织或采用其他成网工艺制成的，构成安全网主体的网状物；边绳是沿网体边缘与网体连接的绳；系绳是把安全网固定在支撑物上的绳；筋绳是为增加安全网强度而有规则地穿在网体上的绳。

2）安全网的分类

安全网按功能分为安全平网、安全立网和密目式安全立网三类。安装平网不垂直于水平面，用来防止人、物坠落，或用来避免、减轻坠落及物击伤害的安全网，简称安全平网。安装平面垂直于水平面，用来防止人、物坠落，或用来避免、减轻坠落及物击伤害的安全网，简称为立网。网眼孔径不大于 12mm，垂直于水平面安装，用于阻挡人员、视线、自然风、飞溅及失控小物体的网，简称为密目网。

（1）平（立）网的分类标记由产品材料、产品分类及产品规格尺寸三部分组成：

产品分类以字母 P 代表平网、字母 L 代表立网；产品规格尺寸以宽度×长度表示，单位为 m；阻燃型网应在分类标记后加注"阻燃"字样。

示例 1：宽度为 3m，长度为 6m，材料为锦纶的平网表示为：锦纶 P—3×6；

示例 2：宽度为 1.8m，长度为 6m，材料为维纶的阻燃型立网表示为：维纶 L—1.8×6 阻燃。

（2）密目网的分类标记由产品分类、产品规格尺寸和产品级别三部分组成：

产品分类以字母 ML 代表密目网；产品规格尺寸以宽度×长度表示，单位为 m；产品级别分为 A 级和 B 级。

示例：宽度为 1.8m，长度为 10m 的 A 级密目网表示为：ML—1.8×10A 级。

13.1.2 安全平（立）网的技术要求

1）安全平（立）网

（1）平（立）网可采用锦纶、维纶、涤纶或其他材料制成，其物理性能、耐候性应符合《安全网》GB 5725—2009 的有关规定。

（2）每张平（立）网质量不宜超过 15kg。

（3）平网宽度不应小于 3m，立网宽（高）度不应小于 1.2m。平（立）网的规格尺寸与其标称规格尺寸的允许偏差为±4%。

（4）平（立）网的网目形状应为菱形或方形，其网目边长不应大于 8cm。

（5）平（立）网的绳断裂强力应符合表 13-1 的规定。

平（立）网绳断裂强力要求 表 13-1

网类别	绳类别	绳断裂强力要求（kN）
平　网	边绳	≥7
	网绳	≥3
	筋绳	≤3
立　网	边绳	≥3
	网绳	≥2
	筋绳	≤3

（6）按《安全网》GB 5725—2009 规定的测试方法，平（立）网的耐冲击性能应符合表 13-2 的规定。

（7）续燃、阴燃时间均不应大于 4s。

平（立）网的耐冲击要求 表 13-2

网类别	平网	立网
冲击高度	7m	2m
测试结果	网绳、边绳、筋绳不断裂，测试重物不应接触地面	

2）密目式安全立网

（1）密目网的宽度应介于 1.2～2m。长度由合同双方协议条款指定，但最低不应小于 2m。

（2）网目、网宽度的允许偏差为±5%。

（3）在室内环境中，使用截面直径为 12mm 的圆柱试穿任意一个孔洞，应不得穿过。即网眼孔径不应大于 12mm。

（4）纵横方向的续燃、阴燃时间均不应大于 4s。

13.1.3 安全网的耐冲击性能测试

1）原理

利用专用的试验装置，使测试球从规定的高度自由落入测试网，根据其破坏程度来判断安全网的耐冲击性能。

2）试验设备

（1）测试重物

① 表面光滑，直径为（500±10）mm，质量为（100±1）kg 的钢球。

② 底面直径为（550±10）mm，高度不超过 900mm，质量为（120±1）kg 的圆柱形沙包。

③ 出厂检验可选上述任一种测试重物。

④ 型式检验、仲裁检验应使用钢球。

（2）测试吊架

能将测试重物提升，并在规定的位置释放使之自由下落的测试吊架一个。

（3）安全网测试框架

长 6m、宽 3m、距地面高度为 3m，采用管径不小于 50mm，壁厚不小于 3mm 的钢管牢固焊接而成的刚性框架。

3）测试样品

规格尺寸为 3m×6m 的平网或立网，或可以销售、使用或在用的完整密目网。

4）测试方法

安全网的耐冲击性能测试如图 13-1 所示。

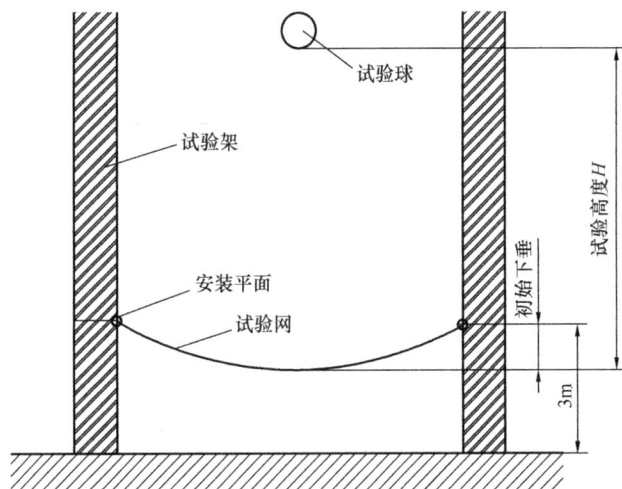

图 13-1　平（立）网的耐冲击性能测试

（1）试验高度 H：平网为 7m，立网为 2m，A 级密目网为 1.8m，B 级密目网为 1.2m。

（2）冲击点应为样品的几何中心位置。

（3）测试步骤：

①将测试样品牢固系在测试框架上；②提升测试吊架，将测试物提升到规定高度，使其底面与样品网安装平面间的距离再加上样品网的初始下垂等于试验高度 H，然后释放测试重物使之自由落下；③观察样品情况。

5）测试结果评定

平（立）网按表 13-2 的规定，进行测试结果的评定，并记录测试结果。密目网以截面 200mm×50mm 的立方体不能穿过撕裂空洞视为测试通过。测试结果以测试重物吊起之前为准，立方体穿过撕裂空洞不应施加明显的外力。

平（立）网及密目网还有其他项目，如边长、规格尺寸、绳断裂强力、撕裂强力、阻燃等指标需要测试，具体参见《安全网》GB 5725—2009。

13.1.4 检验规则

1）检验类别

检验类别分为出厂检验和型式检验。

2）出厂检验

生产企业应对所生产的安全网批次逐批进行出厂检验，检验项目、单项检验样本大小、不合格分类、判定数组见表 13-3 及表 13-4。

平（立）网的出厂检验要求　　　　　　　　　　表 13-3

检验项目	批量范围	单项检验样本大小	不合格分类	单项判定数组	
				合格判定数	不合格判定数
系绳间距长度、筋绳间距、绳断裂强力、耐冲击性能、标识	<500	3	A	0	1
	501~5000	5			
	≥5001	8			
节点、网目形状及边长、规格尺寸	<500	3	B	1	2
	501~5000	5			
	≥5001	8			

密目式安全立网的出厂检验要求　　　　　　　　表 13-4

检验项目	批量范围	单项检验样本大小	不合格分类	单项判定数组	
				合格判定数	不合格判定数
断裂强力×断裂伸长、接缝部位抗拉强力、梯形法撕裂强力、开眼环扣强力、绳断裂强力、耐贯穿性能、耐冲击性能、阻燃性能、标识	<500	3	A	0	1
	501~5000	5			
	≥5001	8			
一般要求	<500	3	B	1	2
	501~5000	5			
	≥5001	8			

3）型式检验

（1）有下列情况时需进行型式检验：

①新产品鉴定或老产品转厂生产的试制定型鉴定。

②正式生产后，当原材料、生产工艺、产品结构形式等发生较大变化，可能影响产品性能时。

③停产超过半年后恢复生产时。

④周期检查，每年一次。

⑤出厂检验结果与上次型式检验结果有较大差异时。

⑥主管部门提出型式检验要求时。

（2）样本由提出检验的单位或委托第三方从企业出厂检验合格的产品中随机抽取，样品数量以满足测试项目要求为原则。

13.1.5　标识

1）平（立）网

平（立）网的标识由永久标识和产品说明书组成。

（1）平（立）网的永久标识

①执行的国家标准号。②产品合格证。③产品名称及分类标记。④制造商名称、地址。⑤生产日期等。

（2）平（立）网的产品说明书

批量供货，应在最小包装内提供产品说明，应包括但不限于下述内容：①安装、使用及拆除的注意事项。②储存、维护及检查。③使用期限。④在何种情况下应停止使用。

2）密目网

密目网的标识由永久标识和产品说明书组成。

（1）密目网的永久标识

①执行的国家标准号。②产品合格证。③产品名称及分类标记。④制造商名称、地址。⑤生产日期等。

（2）密目网的产品说明书

批量供货，应在最小包装内提供产品说明，应包括但不限于下述内容：①密目网的适用和不适用场所。②使用期限。③整体报废条件或要求。④整洁、维护、储存的方法。⑤拴挂方法。⑥日常检查方法和部位。⑦使用注意事项。⑧警示"不得作为平网使用"。⑨警示"B级产品必须配合立网或护栏使用才能起到坠落防护作用"。⑩为合格品的声明。

13.1.6　安全网的支搭方法

建筑工程施工根据作业环境和作业高度，水平安全网分为首层网、层面网和随层网三种，各种水平网的支搭方法如下：

（1）首层网的支搭。首层水平网是施工时，在房屋外围地面以上的第一安全网，其主要作用是防止人、物坠落，支搭必须坚固可靠。凡高度在 4m 以上的建筑物，首层四周必须支搭固定 3m 宽的水平安全网，支搭方法如图 13-2（a）所示。此网可以与外脚手架连接在一起，固定平网的挑架应与外脚手架连接牢固，斜杆应埋入土中 50cm，平网应外高里低，一般以 15°为宜，网不宜绷挂，应用钢丝绳与挑架绷挂牢固。高度超过 20m 的建筑应支搭宽度为 6m 的水平网，高层建筑外无脚手架时，水平网可以直接在结构外墙搭网架，网架的立杆和斜杆必须埋入土中 50cm 或下垫 5cm 厚的木垫板，如图 13-2（b）所示，立杆斜杆的纵向间距不大于 2m，挑网架端用钢丝绳直径不小于 12.5mm，将网绷挂。首层网无论采用何种形式都必须做到：①坚固可靠，受力后不变形；②网底和网周围空间不准有脚手架，以免人坠落时碰到钢管；③水平网下面不准堆放建筑材料，保持足够的空间；④网的接口处必须连接严密，与建筑物之间的缝隙不大于 10cm。

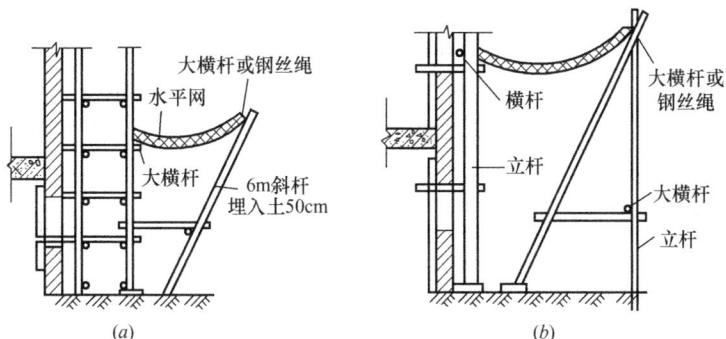

图 13-2 首层水平网支搭示意图

(a) 3m 宽水平网；(b) 6m 宽水平网

（2）安装平网时，除按上述要求外，还要遵守支搭安全网的要求：即负载高度、网的宽度、缓冲距离等有关规定。网的负载高度一般不超过 6m；因为施工需要，允许超过 6m，但最大不超过 10m，并必须附加钢丝绳缓冲安全措施。

北京市颁布的《北京市建筑施工安全防护基本标准》规定：无外脚手架或采用单排外脚手架和工具式脚手架时，凡高度在 4m 以上的建筑物，首层四周必须支搭固定 3m 宽的水平网（高度在 20m 以上的建筑物支搭 6m 宽的双层网；每隔四层还应固定一道 3m 宽的水平网）。缓冲距离是指网底距下方物体表面的距离，3m 宽的水平网，缓冲距离不得少于 3m；6m 宽的水平网，缓冲距离不得少于 5m。安全网下边不得堆物。安全网支搭标准还规定：正在施工工程的电梯井、采光井、螺旋式楼梯口，除必须设防护门外，还应在井口内首层，并每隔四层固定一道安全网；烟囱、水塔等独立体建筑物施工时，要在里、外脚手架的外围固定一道 6m 宽的双层安全网；井内设一道安全网，如图 13-3 所示。

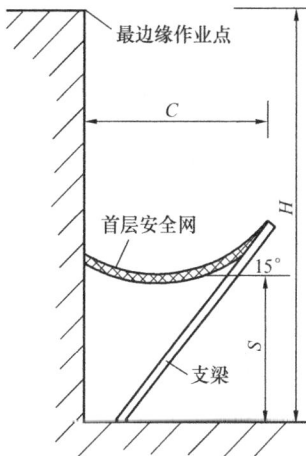

图 13-3 平网安装示意图

13.1.7 安全网的一般使用规则

1）安装时注意事项

（1）新网必须有产品质量检验合格证，旧网必须有允许使用的证明书或合格的检验记录。安装时，安全网上的每根系绳都应与支架系结，四周边绳（边缘）应与支架贴紧，系结应符合打结方便，连接牢固又容易解开，工作中受力后不会散脱的原则。有筋绳的安全网安装时还应把筋绳连接在支架上。

（2）平网网面不宜绷得过紧，当网面与作业面高度差大于 5m 时，其伸出长度应大于 4m，当网面与作业面高度差小于 5m 时，其伸出长度应大于 3m，平网与下方物体表面的最小距离应不小于 3m。两层平网间距离不得超过 10m。

（3）立网网面应与水平面垂直，并与作业面边缘最大间隙不超过 10cm。

（4）安装后的安全网应经专人检验后方可使用。

2）使用

（1）使用时，应避免发生下列现象：

①随便拆除安全网的构件。②人跳进或把物品投入安全网内。③大量焊接或其他火星落入安全网内。④在安全网内或下方堆积物品。⑤安全网周围有严重腐蚀性烟雾。

（2）对使用中的安全网，应进行定期或不定期的检查，并及时清理网上落物污染，当受到较大冲击后应及时更换。

3）管理

安全网应由专人保管发放，暂时不用时应存放在通风、避光、隔热、无化学品污染的仓库或专用场所。

13.2　安全带

安全带是防止高处作业人员发生坠落或发生坠落后将作业人员安全悬挂的个体防护装备。目前的国家标准是《安全带》GB 6059—2009 与《安全带测试方法》GB/T 6096—2009。标准适用于体重及负重之和不大于 100kg 的使用者，不适用于体育运动、消防等用途的安全带。

13.2.1　安全带的分类、组成与标记

1）安全带的分类

按照使用条件的不同，安全带分为围杆作业安全带、区域限制安全带、坠落悬挂安全带。

围杆作业安全带是通过围绕在固定构造物上的绳或带将人体绑定在固定构造物附近，使作业人员的双手可以进行其他操作的安全带。示例如图 13-4（*a*）、（*b*）所示。

区域限制安全带，用以限制作业人员活动范围，避免其到达可能发生坠落区域的安全带。示例如图 13-5 所示。

坠落悬挂安全带是高处作业或登高人员发生坠落时，将作业人员安全悬挂的安全带。示例如图 13-6 所示。

图 13-4　围杆作业安全带

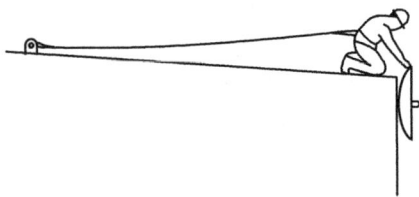

图 13-5　区域限制安全带

2）安全带的组成

安全带的一般组成见表 13-5。

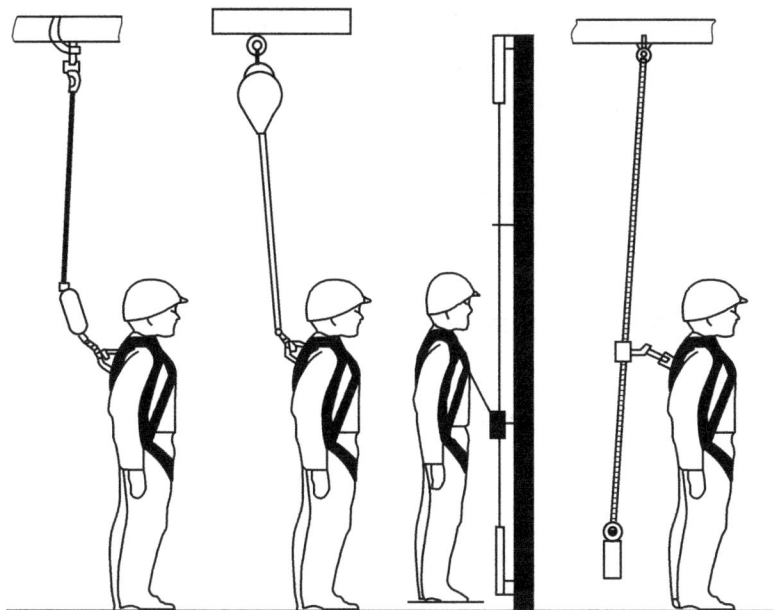

图 13-6　坠落悬挂安全带

安 全 带 组 成　　　　　　　　　　　　　　表 13-5

分类	部 件 组 成	挂点装置
围杆作业安全带	系带、连接器、调节器（调节扣）、围杆带（围杆绳）	杆（柱）
区域限制安全带	系带、连接器（可选）、安全绳、调节器、连接器	挂点
	系带、连接器（可选）、安全绳、调节器、连接器、滑车	导轨
坠落悬挂安全带	系带、连接器（可选）、缓冲器（可选）、安全绳、连接器	挂点
	系带、连接器（可选）、缓冲器（可选）、安全绳、连接器、自锁器	导轨
	系带、连接器（可选）、缓冲器（可选）、速差自控器、连接器	挂点

3）标记

安全带的标记由作业类别、产品性能两部分组成。

作业类别：以字母 W 代表围杆作业安全带、以字母 Q 代表区域限制安全带、以字母 Z 代表坠落悬挂安全带。

产品性能：以字母 Y 代表一般性能、以字母 J 代表抗静电性能、以字母 R 代表抗阻燃性能、以字母 F 代表抗腐蚀性能、以字母 T 代表适合特殊环境（各性能可组合）。

示例：围杆作业、一般安全带表示为"W－Y"；区域限制、抗静电、抗腐蚀安全带表示为"Q－JF"。

13.2.2　安全带的测试方法

安全带的测试方法包括安全带测试方法和测试设备，测试项目包括：模拟人穿戴测试、主带与安全绳静态负荷测试、金属零部件烟雾测试、围杆作业安全带整体静态负荷测试、围杆作业安全带整体滑落测试、区域限制安全带整体静态负荷测试、坠落悬挂安全带整体静态负荷测试、坠落悬挂安全带整体动态负荷测试、零部件静负荷测试、零部件的动态负荷测试、缓冲器的变形测试、意外打开作用力测试、速差自控器、自锁器自锁可靠性测试、运动机构工作次数、预设作用部件启动条件测试、抗化学品性能测试、阻燃性能、特殊环境测试等众多内容，目前适用的国标是《安全带测试方法》GB/T 6096—2009。本书仅介绍围杆作业安全带整体静态负荷测试、围杆作业安全带整体滑落测试、区域限制安全带整体静态负荷测试、坠落悬挂安全带整体静态负荷测试、坠落悬挂安全带整体动态负荷测试。

1）围杆作业安全带整体静态负荷测试

（1）测试示例

围杆作业安全带整体静态负荷测试示例见图13-7。

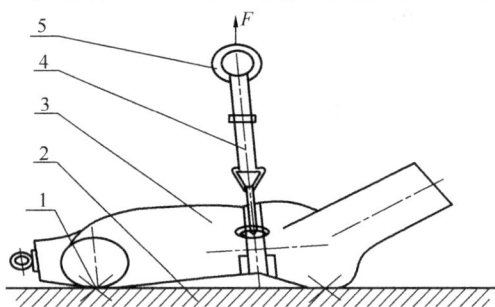

图13-7　围杆作业安全带整体静态负荷测试示意图
1—连接固定点；2—测试台架；3—模拟人；
4—测试样品；5—加载拉环

（2）测试设备

测试台架：有足够大的台面使模拟人固定在测试台架上，使模拟人承受测试负荷时不致歪斜。

加载装置：匀速加载，加载速度小于100mm/min，计时精度1%，加载点应有缓冲装置不致形成对样品的冲击。

（3）测试步骤

①按照产品说明将安全带穿戴在模拟人身上，固定在测试台架上。

②在穿过调节扣的带扣和带扣框架处做出标记。

③将加载点调整到围杆绳（带）与系带连接点的正上方。

④将4.5kN力加载到围杆绳（带）上，保持2min。

⑤卸载后，测量并记录偏离标记的滑移，观察并记录安全带情况。

2）围杆作业安全带整体滑落测试

（1）测试示例

围杆作业安全带整体滑落测试示例见图13-8。

（2）测试设备

底座：大地或质量不小于500kg的水泥墩。

立柱：直径不小于40mm，当挂点部位受横向20kN力时，变形小于1mm。

翻板：能承受模拟人的重量，测试时能够瞬间抽出或翻倒。

3）测试步骤

①按照产品说明将安全带穿戴在模拟人身上后摆放在翻板上。应保证系带悬挂点同固定挂点距离为200～300mm。

②在穿过调节扣的带扣和带扣框架处做出标记。

③抽出或翻倒翻板，使模拟人下坠。

④晃动停止后，测量并记录偏离标记的滑移，观察并记录安全带情况。

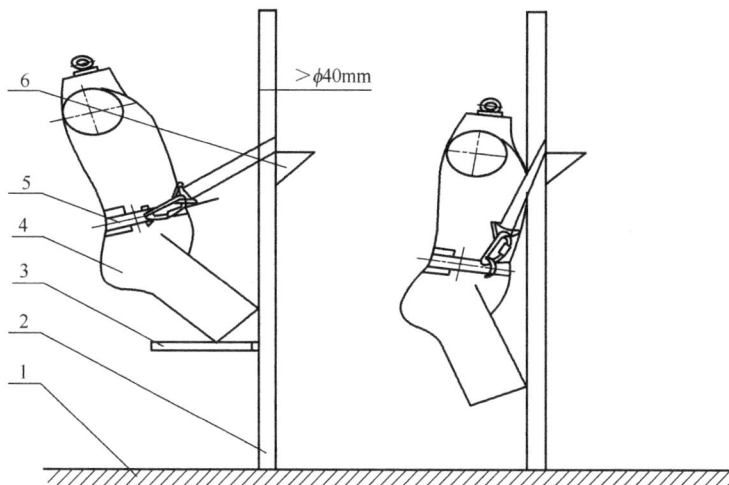

图 13-8　围杆作业安全带整体滑落测试示意图

1—底座；2—立柱；3—翻板；4—模拟人；5—被测样品；6—挂点

4）区域限制安全带整体静态负荷测试

（1）测试示例

区域限制安全带整体静态负荷测试示例见图 13-9。

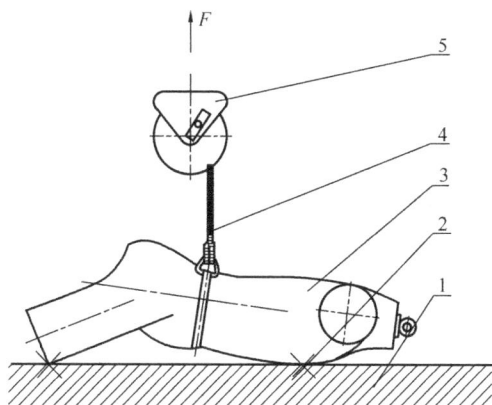

图 13-9　区域限制安全带整体静态负荷测试示意图

1—测试台架；2—连接固定点；

3—模拟人；4—被测样品；5—调节器（带滚筒）

（2）测试设备

测试台架：有足够大的台面使模拟人固定在测试台架上，使模拟人承受测试负荷时不致歪斜。

加载装置：匀速加载，加载速度小于 100mm/min，计时精度 1%，加载点应有缓冲装置不致形成对样品的冲击。

（3）测试步骤

①按照产品说明将安全带穿戴在模拟人身上，固定在测试台架上。

②将加载点调整到安全绳与系带连接点的正上方。

③将调节器或滑车同加载装置连接。

④匀速加载 2kN 力到调节器或滑车上，保持 2min。

⑤卸载，观察并记录安全带情况。

5）坠落悬挂安全带整体静态负荷测试

（1）测试示例

坠落悬挂安全带的整体静态负荷测试示例见图 13-10～图 13-12。

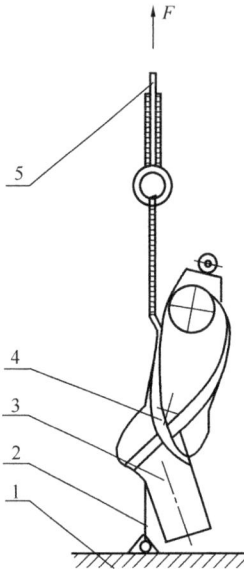

图 13-10　仅含安全绳的坠落悬挂
安全带的整体静态负荷测试示意图
1—测试台架；2—连接点；3—模拟人；
4—被测样品；5—挂点

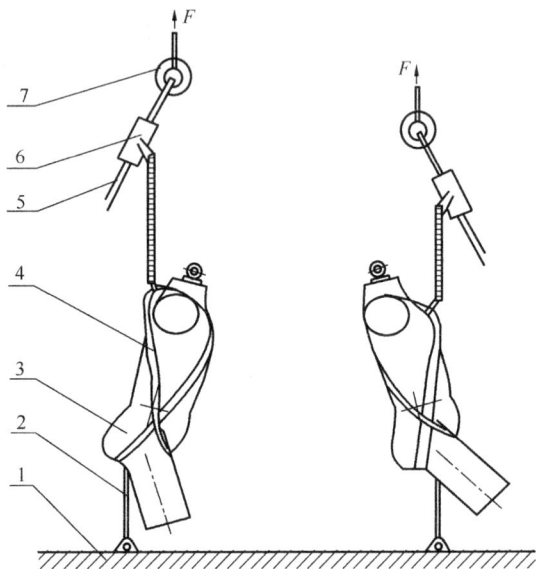

图 13-11　含安全绳、自锁器的坠落悬挂安全带
的整体静态负荷测试示意图
1—测试台架；2—连接点；3—模拟人；4—被测样品；
5—导轨；6—自锁器；7—挂点

（2）测试设备

测试台架：有足够大的台面使模拟人固定在测试台架上，使模拟人承受测试负荷时不致歪斜。

加载装置：匀速加载，加载速度小于 100mm/min，计时精度 1%，加载点应有缓冲装置不致形成对样品的冲击。

（3）测试步骤

①仅含安全绳的坠落悬挂安全带的整体静态负荷测试

a. 按照产品说明将安全带穿戴在模拟人身上，将臀部吊环同测试台架连接。

b. 在穿过调节扣的带扣和带扣框架处做出标记。

c. 将安全带的连接器同加载装置连接。

d. 将 15kN 力加载到加载装置上，保持 5min。

e. 观察安全带情况，测量并记录偏离标记的滑移，卸载。

f. 换一套安全带，将头部吊环同测试台架固定点连接。

g. 重复步骤 b～e 。

②含安全绳、自锁器的坠落悬挂安全带的整体静态负荷测试

a. 按照产品说明将安全带穿戴在模拟人身上，将臀部吊环同测验台架连接。

b. 在穿过调节扣的带扣和带扣框架处做出标记。

c. 将导轨同加载装置连接。

d. 施加外力，使自锁器开始制动。

e. 将 15kN 力加载到导轨上，保持 5min。

f. 观察安全带情况，测量并记录偏离标记的滑移，卸载。

③含速差自控器的坠落悬挂安全带的整体静态负荷测试

a. 按照产品说明将安全带穿戴在模拟人身上，将臀部吊环同测试台架连接。

b. 在穿过调节扣的带扣和带扣框架处做出标记。

c. 将速差自控器同加载装置连接。

d. 施加外力，使速差自控器开始制动。

e. 将 15kN 力加载到速差自控器上，保持 5min。

f. 观察安全带情况，测量并记录偏离标记的滑移，卸载。

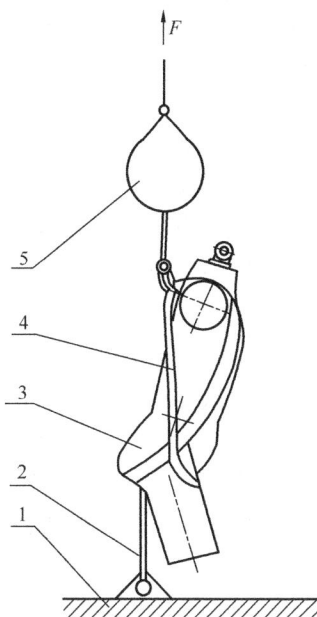

图 13-12　含速差自控器的坠落悬挂安全带的整体静态负荷测试示意图

1—测试台架；2—连接点；3—模拟人；4—被测样品；5—自锁器

6）坠落悬挂安全带整体动态负荷测试

（1）测试图例

坠落悬挂安全带的整体动态负荷测试示例见图 13-13～图 13-15。

（2）测试设备

①冲击测试架

同建筑结构连为一体或基础在大地的悬挂点，悬挂点在承受 20kN 力时，最大位移小于 1mm。

②冲击力测量装置

可采用方法 A 或方法 B 测量冲击力，方法 A 是基于动态力传感器的测试方法，方法 B 是基于加速度传感器的测试方法，两者结果具有同等地位。

a. 方法 A：

动态力传感器：测量范围 0～20kN；频率响应最小 5kHz；安装在基座内。

b. 方法 B：

加速度传感器：测量范围 0～300G，频率响应最小 5kHz；安装在模拟人体内。

③坠落距离、下滑距离测量装置、标尺

距离测试可以采用基于光学跟踪或测距、电磁感应、红外感应、超声探测的方法，精度±2.0%。

　　注：当被测量距离长度大于 0.5m 和动态距离测试时，不得采用标尺（皮尺、钢板尺）测量的方法。

　　④ 底座

　　底座应具有一定强度，并安装传感器。

　　⑤ 数据处理装置

　　与传感器配套，最终记录及显示冲击力数值的装置。技术要求：连续采样时间不低于 20s；采样频率不低于 5kHz；取采样区间内的最大值；测量精度，全量程范围内±2.0%。

　　（3）测试步骤

　　① 测试要求

　　当安全绳长度（包括打开的缓冲器）不足 0.5m 时，不做悬吊模拟人臀部吊环冲击。测试时，将传感器串联在连接器和挂点之间。对含安全绳、自锁器的坠落悬挂安全带的坠落冲击测试时，传感器组件应尽可能小，不应对自锁器的动作造成影响。

　　② 仅含安全绳的坠落悬挂安全带动态负荷测试

　　a. 按照产品说明将安全带穿戴在模拟人身上，模拟人头部吊环与释放器连接，提升模拟人到重心高于悬挂点 1m 处，保证悬挂点到释放点水平距离小于 300mm。

　　b. 在穿过调节扣的带扣和带扣框架处做出标记。

　　c. 释放模拟人，并开始计时。

　　d. 5min 后，检查安全带情况，并记录测试结果。

　　e. 换一套新安全带，按产品说明将安全带穿戴在模拟人身上，模拟人臀部吊环与释放器连接，提升模拟人头部吊环至与悬挂点水平，保证悬挂点到释放点水平距离小于 300mm。

　　f. 释放模拟人，并开始计时。

　　g. 5min 后，测量并记录偏离标记的滑移，观察并记录安全带情况。

　　③ 含安全绳、自锁器的坠落悬挂安全带动态负荷测试

　　a. 按照产品说明将安全带穿戴在模拟人身上，模拟人头部吊环与释放器连接，提升模拟人至自锁器可以在导轨上自由滑动，保证悬挂点到释放点水平距离小于 300mm。

　　b. 在穿过调节扣的带扣和带扣框架处做出标记。

　　c. 释放模拟人，并开始计时。

　　d. 5min 后，测量并记录偏离标记的滑移，观察并记录安全带情况。

　　e. 用同一套安全带，重复步骤 a~d。

　　f. 换一套新安全带，按照产品说明将安全带穿戴在模拟人身上，模拟人臀部吊环与释放器连接，提升模拟人头部至自锁器可以在导轨上自由滑动，保证悬挂点到释放点水平距离小于 300mm。

　　g. 重复步骤 b~d。

　　h. 用同一套安全带，重复步骤 f~g 的测试过程。

　　④ 含速差自控器的坠落悬挂安全带动态负荷测试

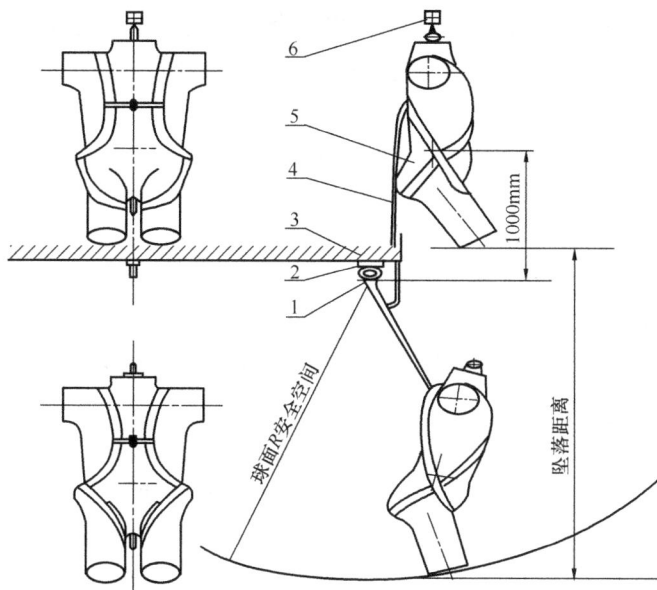

图 13-13 仅含安全绳的坠落悬挂安全带的整体动态负荷测试示意图
1—挂点；2—传感器；3—测试台架；4—被测样品；5—模拟人；6—悬吊机构

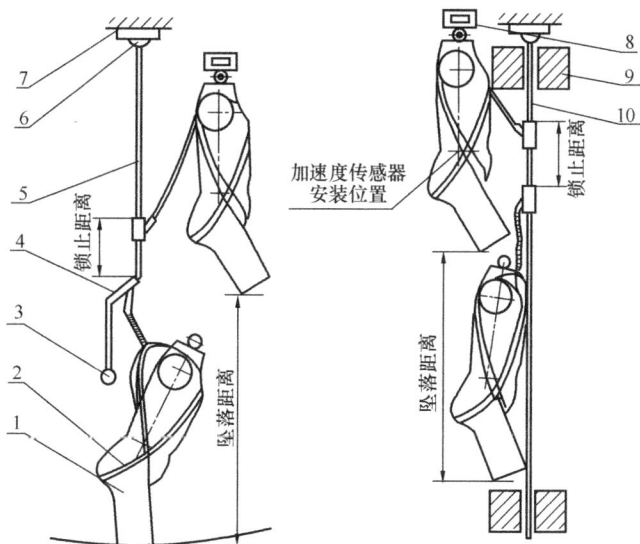

图 13-14 含安全绳、自锁器的坠落悬挂安全带的整体动态负荷测试示意图
1—模拟人；2—被测样品；3—稳定器；4—自锁器；5—导绳；
6—传感器；7—测试台架；8—悬吊机构；9—支点；10—导轨

a. 按照产品说明将安全带穿戴在模拟人身上，模拟人头部吊环与释放器连接，提升模拟人使绳索拉出的距离为 1m，保证悬挂点到释放点水平距离小于 300mm。

b. 在穿过调节扣的带扣和带扣框架处做出标记。

c. 释放模拟人，并开始计时。

d. 5min 后，测量并记录偏离标记的滑移，观察并记录安全带情况。

e. 换一套新安全带，按照产品说明将安全带穿戴在模拟人身上，模拟人臀部吊环与释放器连接，提升模拟人使绳索拉出的距离为 1m，保证悬挂点到释放点水平距离小于 300mm。

f. 在穿过调节扣的带扣和带扣框架处做出标记。

g. 释放模拟人，并开始计时。

h. 5min 后，测量并记录偏离标记的滑移，观察并记录安全带情况。

13.2.3　安全带的技术要求

1）一般要求

（1）安全带与身体接触的一面不应有突出物，结构应平滑。

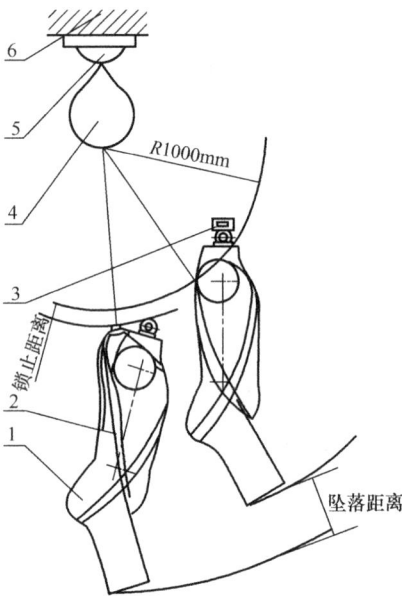

图 13-15　含速差自控器的坠落悬挂
安全带的整体动态负荷测试示意图

1—模拟人；2—被测样品；3—悬吊机构；
4—速差自控器；5—传感器；6—测试台架

（2）安全带不应使用回料或再生料，使用皮革不应有接缝。

（3）坠落悬挂安全带的安全绳同主带的连接点应固定于佩戴者的后背、后腰或胸前，不应位于腋下、腰侧或腹部。

（4）坠落悬挂安全带应带有一个足以装下连接器及安全绳的口袋。

（5）金属零件应浸塑或电镀以防锈蚀。

（6）金属环类零件不应使用焊接件，不应留有开口。

（7）连接器的活门应有保险功能，应在两个明确的动作下才能打开。

（8）在爆炸危险场所使用的安全带，应对其金属件进行防爆处理。

（9）主带扎紧扣应可靠，不能意外开启。

（10）主带应是整根，不能有接头。宽度不应小于 40mm，辅带宽度不应小于 20mm。

（11）腰带应和护腰带同时使用。

（12）安全绳（包括未展开的缓冲器）有效长度不应大于 2m，有两根安全绳（包括未展开的缓冲器）的安全带，其单根有效长度不应大于 1.2m。

（13）护腰带整体硬挺度不应小于腰带的硬挺度，宽度不应小于 80mm，长度不应小于 600mm，接触腰的一面应为柔软、吸汗、透气的材料。

2）基本技术性能

（1）围杆作业安全带

①整体静态负荷

围杆作业安全带应进行整体静态负荷测试，应满足下列要求：

a. 整体静拉力不应小于 4.5kN。不应出现织带撕裂、开线、金属件碎裂、连接器开启、绳断、金属件塑性变形、模拟人滑脱等现象。

b. 安全带不应出现明显不对称滑移或不对称变形。

c. 模拟人的腋下、大腿内侧不应有金属件。

d. 不应有任何部件压迫模拟人的喉部、外生殖器。

e. 织带或绳在调节扣内的滑移不应大于 25mm。

② 整体滑落

围杆作业安全带按上述方法进行整体滑落测试，应满足下列要求：

a. 不应出现织带撕裂、开线、金属件碎裂、连接器开启、带扣松脱、绳断、模拟人滑脱等现象。

b. 安全带不应出现明显不对称滑移或不对称变形。

c. 模拟人悬吊在空中时，其腋下、大腿内侧不应有金属件。

d. 模拟人悬吊在空中时，不应有任何部件压迫模拟人的喉部、外生殖器。

e. 织带或绳在调节扣内的滑移不应大于 25mm。

（2）区域限制安全带

区域限制安全带按上述方法进行整体静态负荷测试，应满足下列要求：

a. 整体静拉力不应小于 2kN。

b. 不应出现织带撕裂、开线、金属件碎裂、连接器开启，绳断、金属件塑性变形等现象。

c. 安全带不应出现明显不对称滑移或不对称变形。

d. 模拟人的腋下、大腿内侧不应有金属件。

e. 不应有任何部件压迫模拟人的喉部、外生殖器。

（3）坠落悬挂安全带

① 整体静态负荷

坠落悬挂安全带按上述方法进行整体静态负荷测试，应满足下列要求：

a. 整体静拉力不应小于 15kN。

b. 不应出现织带撕裂、开线、金属件碎裂、连接器开启、绳断、金属件塑性变形、模拟人滑脱、缓冲器（绳）断等现象。

c. 安全带不应出现明显不对称滑移或不对称变形。

d. 模拟人的腋下、大腿内侧不应有金属件。

e. 不应有任何部件压迫模拟人的喉部、外生殖器。

f. 织带或绳在调节扣内的滑移不应大于 25mm。

② 整体动态负荷

坠落悬挂安全带及含自锁器、速差自控器、缓冲器的坠落悬挂安全带按上述方法进行整体动态负荷测试，应满足下列要求：

a. 冲击作用力峰值不应大于 6kN。

b. 伸展长度或坠落距离不应大于产品标识的数值。

c. 不应出现织带撕裂、开线、金属件碎裂、连接器开启、绳断、模拟人滑脱、缓冲器（绳）断等现象。

d. 坠落停止后，模拟人悬吊在空中时不应出现模拟人头朝下的现象。

e. 坠落停止后，安全带不应出现明显不对称滑移或不对称变形。

f. 坠落停止后，模拟人悬吊在空中时安全绳同主带的连接点应保持在模拟人的后背或后腰，不应滑动到腋下、腰侧。

g. 坠落停止后，模拟人悬吊在空中时模拟人的腋下、大腿内侧不应有金属件。

h. 坠落停止后，模拟人悬吊在空中时不应有任何部件压迫模拟人的喉部、外生殖器。

i. 坠落停止后，织带或绳在调节扣内的滑移不应大于 25mm。

对于有多个连接点或多条安全绳的安生带，应分别对每个连接点和每条安全绳进行整体动态负荷测试。

3）特殊技术性能

（1）产品标识声明的特殊性能仅适用于相应的特殊场所。

（2）具有特殊性能的安全带在满足特殊性能时，还应具有上述一般要求和基本技术性能。

（3）阻燃性能续燃时间不大于 5s。

（4）抗腐蚀性能。

13.2.4　检验规则

1）出厂检验

生产企业应按照生产批次对安全带逐批进行出厂检验。各测试项目、测试样本大小、不合格分类、判定数组见表 13-6。

出 厂 检 验　　　　　　　　　　　表 13-6

测试项目	批量范围（条）	单项检验样本大小（条）	不合格分类	单项判定数组	
				合格判定数	不合格判定数
整体静态负荷	小于 500	3	A	0	1
整体动态负荷	501～5000	5		0	1
整体滑落测试					
零部件静态负荷					
零部件动态负荷					
零部件机械性能					

2）型式检验

有下列情况之一时需进行型式检验。

（1）新产品鉴定或老产品转厂生产的试制定型鉴定。

（2）当材料、工艺、结构设计发生变化时。

（3）停产超过一年后恢复生产时。

（4）周期检查，每年一次。

（5）出厂检验结果与上次型式检验结果有较大差异时。

（6）国家有关主管部门提出型式检验要求时。

（7）样本由提出检验的单位或委托第三方从企业出厂检验合格的产品中随机抽取，样品数量以满足全部测试项目要求为原则。

13.2.5 标识

1）安全带的标识由永久标识和产品说明组成。

2）永久标识

（1）永久性标志应缝制在主带上，内容应包括：①产品名称；②本标准号；③产品类别（围杆作业、区域限制或坠落悬挂）；④制造厂名；⑤生产日期（年、月）；⑥伸展长度；⑦产品的特殊技术性能（如果有）；⑧可更换的零部件标识应符合相应标准的规定。

（2）可以更换的系带应有下列永久标记：①产品名称及型号；②相应标准号；③产品类别（围杆作业、区域限制或坠落悬挂）；④制造厂名；⑤生产日期（年、月）。

3）产品说明

每条安全带应配有一份说明书，随安全带到达佩戴者手中。其内容包括：

（1）安全带的适用和不适用对象。

（2）生产厂商的名称、地址、电话。

（3）整体报废或更换零部件的条件或要求。

（4）清洁、维护、贮存的方法。

（5）穿戴方法。

（6）日常检查的方法和部位。

（7）安全带同挂点装置的连接方法（包括图示）。

（8）扎紧扣的使用方法或带在扎紧扣上的缠绕方式（包括图示）。

（9）系带扎紧程度。

（10）首次破坏负荷测试时间及以后的检查频次。

（11）声明"旧产品，当主带或安全绳的破坏负荷低于 15 kN 时，该批安全带应报废或更换部件"。

（12）根据安全带的伸展长度、工作现场的安全空间、挂点位置判定该安全带是否可用的方法。

（13）本产品为合格品的声明。

13.2.6 安全带的使用方法

（1）在 2m 以上的高处作业，都应系好安全带。必须有产品检验合格证明，无证明的不能使用。

（2）安全带应高挂低用，注意防止摆动碰撞。若安全带低拉高用，一旦发生坠落，将增加冲击力，增加坠落危险。使用 3m 以上长绳应加缓冲器，自锁钩用吊绳例外。

（3）安全带使用两年后，按批量购入情况抽验一次。若测试合格，该批安全带可继续使用。对抽试过的样带，必须更换安全绳后才能继续使用。使用频繁的绳，要经常作外观检查，发现异常情况者，应立即更换新绳。安全带的使用期为 3～5 年，发现异常情况，应提前报废。

（4）不准将绳打结使用，也不准将钩直接挂在安全绳上使用，挂钩应挂在连环上使用。

（5）安全绳的长度控制在 1.2～2m，使用 3m 以上的长绳应增加缓冲器。安全带上的各种部件不得任意拆掉。更换新绳时要注意加绳套。

（6）缓冲器、速差式装置和自锁钩可以串联使用。

13.3　安全帽

13.3.1　安全帽的防护原理

安全帽（Safety helmet）是对人体头部受坠落物及其他特定因素引起的伤害起保护作用的帽，由帽壳、帽衬和下颏带、附件组成。安全帽是采用具有一定强度的帽体、帽衬和缓冲结构构成，以承受和分散坠落物瞬间的冲击力，以便能使有害荷载分布在头盖骨的整个面积上，即头与帽和帽顶的空间位置共同构成吸收分流，以保护使用者头部能避免或减轻外来冲击力的伤害。另外，如果戴安全帽后由一定的高度坠落，若头部先着地而帽不脱落，还能避免或减轻头部撞击伤害。

13.3.2　安全帽的构造与分类

1）安全帽的构造

安全帽涉及的国家标准是《安全帽》GB 2811—2007 及《安全帽测试方法》GB/T 2812—2006。其构造如下：

（1）帽壳（shell）。安全帽外表面的组成部分。由帽舌、帽沿、顶筋组成。

帽舌（peak）：帽壳前部伸出的部分；帽沿（brim）：在帽壳上，除帽舌以外帽壳周围其他伸出的部分；顶筋（top reinforcement）：用来增强帽壳顶部强度的结构。

（2）帽衬（harness）。帽壳内部部件的总称。由帽箍、吸汗带、缓冲垫、衬带等组成。帽箍（headband）：绕头围起固定作用的带圈，包括调节带圈大小的结构；吸汗带（sweatband）：附加在帽箍上的吸汗材料；缓冲垫（inner cushion）：设置在帽箍和帽壳之间吸收冲击能力的部件。衬带（liner strip）：与头顶直接接触的带子。

（3）下颏带（chins trap）。系在下巴上起辅助固定作用的带子，由系带、锁紧卡组成。锁紧卡（lock）：调节与固定系带有效长短的零部件。

（4）附件（accessories）。附加于安全帽的装置，包括眼面部防护装置、耳部防护装置、主动降温装置、电感应装置、颈部防护装置、照明装置、警示标志等。

2）安全帽上的通气孔

《安全帽》在附录中规定了安全帽上通气孔的设计和要求：

（1）当工作人员佩戴安全帽后，应充分考虑由于散热不良给佩戴者带来的不适。通气孔作为主要的散热措施应该受到制造商及采购方的重视。通气孔的设置应根据佩戴者的工作环境、劳动强度、气象条件及被保护的严密程度等确定。

（2）通气孔的设置应使空气尽可能对流，推荐的方法是使空气从安全帽底部边缘进入、从安全帽上部三分之一位置处开孔排出。

（3）帽衬同帽壳或缓冲垫之间应保留一定的空间，使空气可以流通。如果存在缓冲垫，缓冲垫不应遮盖通气孔。如果安全帽上设置通气孔，通气孔总面积为 $150\sim450\text{mm}^2$。

（4）可以提供关闭通气孔的措施，如果提供这类措施，通气孔应可以开到最大。

3) 安全帽的分类

安全帽按不同材料、外形、作业场所进行分类。

(1) 材料分类

① 工程塑料：工程塑料主要分热塑性材料和热固性材料两大类。主要用来制作安全帽帽壳、帽衬等，制作帽箍所用材料，当加入其他增塑、着色剂等材料时，要注意这些成分有无毒性，不要引起皮肤过敏或发炎。应用在煤矿瓦斯矿井使用的塑料帽，应加防静电剂。热固性材料可以和玻璃丝、维纶丝混合压制而成。

② 橡胶料：橡胶料有天然橡胶和合成橡胶。不能用废胶和再生胶。

③ 纸胶料：纸胶料用木浆等原料调制。

④ 防寒帽用料：防寒帽帽壳可用工程塑料制成，面料可用棉织品、化纤制品、羊剪绒、长毛绒、皮革、人造革、毛料等。帽衬里可用色织布、绒布、毛料等。

⑤ 帽衬带用料：棉、化纤；帽衬和顶带拴绳用料：棉绳、化纤绳或棉、化纤混合绳。下颏带用料：棉织带或化纤带。

(2) 外形分类：无沿、小沿、卷边、中沿、大沿等。

(3) 作业场所分类：普通安全帽和含特殊性能的安全帽。Y 表示一般作业类别的安全帽；T 表示特殊作业类别的安全帽。

普通安全帽适用于大部分工作场所，包括建设工地、工厂、电厂、交通运输等。这些场所可能存在：坠落物伤害、轻微磕碰、飞溅的小物品引起的打击等。

含特殊性能的安全帽可作为普通安全帽使用，具有普通安全帽的所有性能。特殊性能可以按照不同组合，适用于特定的场所。按照特殊性能的种类其对应的工作场所包括：

① 抗侧压性能。适用于可能发生侧向挤压的场所，包括可能发生塌方、滑坡的场所；存在可预见的翻倒物体；可能发生速度较低的冲撞场所。

② 其他性能。其他性能要求如阻燃性、防静电性能、绝缘性能、耐低温性能以及根据工作实际情况可能存在以下特殊性能，包括摔倒及跌落的保护、导电性能、防高压电性能、耐超低温、耐极高温性能、抗熔融金属性能等，参见 GB/T 2812—2006。

13.3.3 安全帽主要规格要求

1) 一般要求

(1) 帽箍可根据安全帽标识中明示的适用头围尺寸进行调整。

(2) 帽箍对应前额的区域应有吸汗性织物或增加吸汗带，吸汗带宽度大于或等于帽箍的宽度。

(3) 系带应采用软质纺织物，宽度不小于 10mm 的带或直径不小于 5mm 的绳。

(4) 不得使用有毒、有害或引起皮肤过敏等对人体伤害的材料。

(5) 材料耐老化性能应不低于产品标识明示的日期，正常使用的安全帽在使用期内不能因材料原因导致其性能低于标准要求。所有使用的材料应具有相应的预期寿命。

（6）当安全帽配有附件时，应保证正常佩戴时的稳定性，应不影响正常防护功能。

（7）质量：普通安全帽不超过 430g，防寒安全帽不超过 600g。

（8）帽壳内部尺寸：长：195～250mm；宽：170～220mm；高：120～150mm。

（9）帽舌：10～70mm；帽沿：≤70mm。

（10）佩戴高度：安全帽在佩戴时，帽箍底部至头顶最高点的轴向距离。按照 GB/T 2812—2006 中 4.1 规定的方法测量，佩戴高度应为 80～90mm。

（11）垂直间距：安全帽在佩戴时，头顶最高点与帽壳内表面之间的轴向距离（不包括顶筋的空间）。按照 GB/T 2812—2006 中 4.2 规定的方法测量，垂直间距应≤50mm。

（12）水平间距：安全帽在佩戴时，帽箍与帽壳内侧之间在水平面上的径向距离，5～20mm。以避免外来冲击时，头部两侧与帽壳直接接触。

（13）突出物：帽壳内侧与帽衬之间存在的突出物高度不得超过 6mm，应有软垫覆盖。

（14）通气孔：当帽壳留有通气孔时孔总面积为 150～450mm^2。

2）基本技术性能

（1）冲击吸收性能。按照本书 13.3.6 中 9）冲击吸收性能测试，经高温、低温、浸水、紫外线照射预处理后做冲击测试，传递到头模上的力不超过 4900N，帽壳不得有碎片脱落。

（2）耐穿刺性能。按照本书 13.3.6 中 10）耐穿刺性能测试，经高温、低温、浸水、紫外线照射预处理后做穿刺测试，钢锥不得接触头模表面，帽壳不得有碎片脱落。

（3）下颏带的强度。按照本书 13.3.6 中 11）下颏带的强度测试，下颏带发生破坏时的力值应介于 150～250N 之间。

3）特殊技术性能

产品标识中所声明的安全帽具有的特殊性能，仅适用于相应的特殊场所。

（1）侧向刚性。按照本书 13.3.6 中 12）侧向刚性测试方法进行测试。最大变形不超过 40mm，残余变形不超过 15mm，帽壳不得有碎片脱落。

（2）其他性能。防静电性能、电绝缘性能、阻燃性能以及耐低温性能等。建筑施工中通常较少用到，其测试与合格标准参照《安全帽测试方法》GB/T 2812—2006。

13.3.4　安全帽的检验

1）安全帽的检验样品

（1）检验样品应符合产品标识的描述，零件齐全，功能有效。

（2）检验样品的数量应根据检验的要求确定，表 13-7 规定的检验项目最小检验数量均为 1 顶。

（3）非破坏性检验可以同破坏性检验共用样品，不另外增加样品数量。

（4）检验样品应在最终生产工序完成后在普通大气环境中至少平衡 3 天。

安全帽检验项目 表 13-7

性能类别	检验项目	性能类别	检验项目
基本性能	高温(50℃)处理后冲击吸收性能	基本性能	外观结构及尺寸
	低温(−10℃)处理后冲击吸收性能ᵃ		下颏带强度检验
	技术处理后冲击吸收性能	特殊性能	阻燃性能
	辐照处理后冲击吸收性能		侧向刚性
	高温(50℃)处理后耐穿刺性能		防静电性能
	低温(−10℃)处理后耐穿刺性能		电绝缘性能
	辐照处理后耐穿刺性能		低温(−20℃)处理后冲击吸收性能
	浸水处理后耐穿刺性能		低温(−20℃)处理后耐穿刺性能

注：a. 具有耐低温特殊性能的安全帽不做此项。

2）安全帽的检验类别

检验类别分为出厂检验、型式检验、进货检验三类。

3）出厂检验

生产企业应逐批进行出厂检验。检查批量以一次生产投料为一批次，最大批量应小于 8 万顶。各项检验样本大小、不合格分类、判定数组见表 13-8。

出厂检验样本大小、不合格分类、判定数组 表 13-8

检验项目	批量范围	单项检验样本大小	不合格分类	单项判定数组 合格判定数	不合格判定数
冲击吸收性能、耐穿刺性能、电绝缘性能、侧向刚性、阻燃性能、防静电性能、垂直间距、佩戴高度、标识	<500	3	A	0	1
	501~5000	5		0	1
	5001~50000	8		0	1
	≥50001	13		1	2
重量、水平间距、帽壳、内突出物、下颏带强度、通气孔设置	<500	3	B	1	2
	501~5000	5		1	2
	5001~50000	8		1	2
	≥50001	13		2	3
帽舌尺寸、帽沿、帽壳内部尺寸、吸汗带要求、系带的要求	<500	3	C	1	2
	501~5000	5		1	2
	5001~50000	8		2	3
	≥50001	13		2	3

4）型式检验

（1）有下列情况时需进行型式检验：① 新产品鉴定；② 当配方、工艺、结构发生变化时；③ 停产一定周期后恢复生产时；④ 周期检查，每年一次；⑤ 出厂检验结果与上次型式检验结果有较大差异时。

（2）型式检验样本数量根据检验项目的要求，按照表 13-7 的规定执行。

（3）样本由提出检验的单位或委托第三方从逐批检查合格的产品中随机抽取。判别水平、不合格质量水平、判定数组见表 13-9。

型式检验样本数量、判别水平、不合格质量水平的判定数组 表 13-9

判别水平	合格类别	不合格质量水平	合格判定数	不合格判定数
		RQL	A_C	R_e
Ⅱ	A	50	0	1
	B	50	1	2
	C	50	2	3

5）进货检验

进货单位按批量对冲击吸收性能、耐穿刺性能、垂直间距、佩戴高度、标识及标识中声明的符合 13.3.6 的特殊技术性能或相关方约定的项目进行检测，无检验能力的单位应到有资质的第三方实验室进行检验。样本大小按表 13-10 执行，检验项目必须全部合格。

进货检验样本 表 13-10

批量范围	＜500	≥501～5000	≥5001～50000	≥50000
样本大小	$1 \times n$	$2 \times n$	$3 \times n$	$4 \times n$

注：n 为满足表 13-7 规定检验需求的顶数。

13.3.5 安全帽的标识

每顶安全帽的标识由永久标识和产品说明组成。

1）永久标识

刻印、缝制、铆固标牌、模压或注塑在帽壳上的永久标志。包括：本标准编号；制造厂名；产品名称（由生产厂命名）；生产日期（年、月）；产品的特殊技术性能（如果有）。

2）产品说明

每个安全帽均要附加一个含有下列内容的说明材料，可以使用印刷品、图册或耐磨不干胶贴等形式，提供给最终使用者。必须包括：

（1）声明："为充分发挥保护力，安全帽佩戴时必须按头围的大小调整帽箍并系紧下颏带"；"安全帽在经受严重冲击后，即使没有明显损坏也必须更换"；"除非按制造商的建议进行，否则对安全帽配件进行的任何改造和更换都会给使用者带来危险"。

（2）是否可以改装的声明；是否可以在外表面涂敷油漆、溶剂、不干胶贴的声明。

（3）制造商的名称、地址和联系资料。

（4）为合格品的声明及资料。

（5）适用和不适用场所。

（6）适用头围的大小。

（7）调整、装配、使用、清洁、消毒、维护、保养和储存方面的说明和建议。

（8）使用的附件和备件（如果有）的详细说明；安全帽的报废判别条件和保

质期限。

13.3.6 安全帽的技术要求与试验方法

1）测试样品

测试样品应符合产品标识的描述，附件齐全，功能有效。

数量应根据测试的具体要求确定，最小数量应满足表13-8的要求。

2）预处理

被测试样品应在测试室放置3h以上，然后分别按照规定进行预处理，特别声明的除外。

3）测试设备

（1）温度调节箱

温度调节箱内的温度应在50±2℃、−10±2℃或−20±2℃范围内可控制，箱内温度应均匀，温度的调节可以准确到1℃，应保证安全帽在箱体内不接触其内壁。

（2）紫外线照射箱

紫外线照射箱内应有足够的空间，保证安全帽被摆放在均匀辐照区域内，并保证安全帽不触及箱体的内壁。可采用紫外线照射（A法）和氙灯照射（B法）两种方法。

紫外线照射：应保证帽顶最高点至灯泡距离为150±5mm；正常工作时间内箱体温度不超过60℃，灯泡为450W的短脉冲高压氙气灯，推荐的型号为XBO−450W/4或CSX−450W/4。

氙灯照射：氙灯波长在280～800nm范围内的辐射能可测量；黑板温度70±3℃；相对湿度50%±5%；喷水或喷雾周期每隔102min喷水18min。

（3）水槽

水槽应有足够体积使安全帽浸没在水中，应保证水温在20±2℃范围内可控制。

4）测试顺序

测试应先做无损检测，后做破坏性测试。同一顶帽子应按照图13-16的次序进行测试。

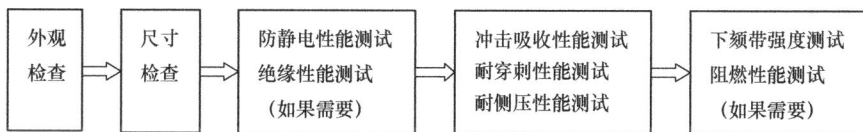

```
┌────┐   ┌────┐   ┌──────────┐   ┌──────────────┐   ┌──────────────┐
│外观│   │尺寸│   │防静电性能测试│   │冲击吸收性能测试│   │下颏带强度测试│
│检查│ → │检查│ → │绝缘性能测试  │ → │耐穿刺性能测试  │ → │阻燃性能测试  │
└────┘   └────┘   │（如果需要）  │   │耐侧压性能测试  │   │（如果需要）  │
                   └──────────┘   └──────────────┘   └──────────────┘
```

图13-16　安全帽测试顺序

5）测试环境

测试环境应为20±2℃，相对湿度50%±20%，安全帽应在脱离预处理环境30s内完成测试。

6）头模

GB/T 2812—2006附录A提供了测试用头模的要求，分为1号头模和2号头模两种。材质为镁铝合金或铝的主体加配重组成，重量为5.0±0.1kg。应按照佩戴高度的大小选择头模的型号。

佩戴高度≤85mm 时，使用 1 号头模；佩戴高度＞85mm 时，使用 2 号头模。

7) 佩戴高度测量

(1) 测试装置

装置为一个带有测量标尺的 1 号头模，以头模顶点为 0 刻度、向下延伸的高度距离为 1±0.5mm 的等高线，刻度准确到 1mm，应同时保证相邻五条等高线的距离为 5±0.08mm。

(2) 检验方法

将安全帽正常戴到头模上，安全帽侧面帽箍底边与头模对应的标尺刻度即为佩戴高度，记录测量值准确到 1mm。

8) 垂直间距测量

使用标准的头模，将安全帽正常佩戴在头模上，帽壳短轴边缘上点与头模对应的标尺刻度为 X_1，将安全帽去掉帽衬后放在同一头模上，帽壳边缘同一点与头模对应的标尺刻度为 X_2，计算 X_2 与 X_1 的差值即为垂直间距，记录测量值准确到 1mm。

9) 冲击吸收性能测试

(1) 预处理

① 调温处理。安全帽分别在 50±2℃，−10±2℃或−20±2℃的温度调节箱中放置 3h。

② 紫外线照射预处理。紫外线照射预处理应优先采用 A 法，当用户要求或有其他必要时可采用 B 法。

采用紫外线照射（A 法）时，安全帽应在紫外线照射箱中照射 400±4h，取出后在实验室环境中放置 4h。采用氙灯照射（B 法）时，累计接受波长 280～800nm 范围内的辐射能量为 1GJ/m^2，试验周期不少于 4d。

③ 浸水处理。安全帽应在温度 20±2℃的新鲜自来水槽里完全浸泡 24h。

(2) 测试装置。测试装置示意图见图 13-17。

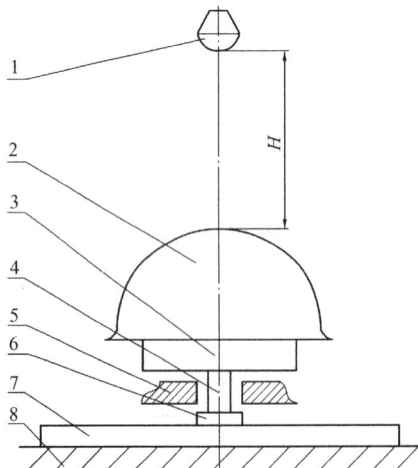

图 13-17　冲击测试装置示意图

1—落锤；2—安全帽；3—头模；4—过渡轴；
5—支架；6—传感器；7—底座；8—基座

(3) 测试装置中各部件的要求

① 基座。质量不少于 500kg 的混凝土材料。

② 头模。符合 GB/T 2812—2006 附录 A 的规定。

③ 台架。能够控制提升、悬挂和释放冲击落锤。

④ 落锤。质量为 $5^{+0.05}_{0}$ kg，锤头为半球形，半径 48mm，材质为 45 号钢，外形对称均匀。

⑤ 测力传感器。测量范围（0～20）kN，频率响应最小 5kHz 的动态力传感器。

⑥ 底座。具有抗冲击强度，能牢固安装测力传感器。

⑦ 数据处理装置。

（4）测量精度。全量程范围内±2.5%。

（5）测试方法

根据安全帽的佩戴高度选择合适的头模，按照安全帽的说明书调整安全帽到正常使用状态，将安全帽正常佩戴在头模上，应保证帽箍与头模的接触为自然状态且稳定，调整落锤的轴线同传感器的轴线重合，调整落锤的高度为1000±5mm，如果使用带导向的落锤系统，在测试前应验证60mm高度下落末速度与自由下落末速度相差不超过0.5%，依次对经浸水、高温、低温、紫外线照射预处理的安全帽进行测试。记录冲击力值，准确到1N。

10）耐穿刺性能测试

（1）预处理。同冲击吸收性能测试。

（2）测试装置。测试装置示意图见图13-18。

（3）测试装置中各部件的要求

① 基座。质量不少于500kg的混凝土材料。

② 头模。符合GB/T 2812—2006附录A的规定。头模上部分表面由金属制成，受到撞击后，应可以修复。

③ 台架。能够控制提升、悬挂和释放穿刺落锤。

④ 穿刺锥。材质为45号钢，质量为$3_0^{+0.05}$kg，穿刺部分为：锥角60°，锥尖半径0.5mm，长度40mm，最大直径28mm，硬度HRC45。

⑤ 通电显示装置。当电路形成闭合回路时，可以发出信号，表示锥尖已经接触头模。

（4）测试方法

根据安全帽的佩戴高度选择合适的头模，按照

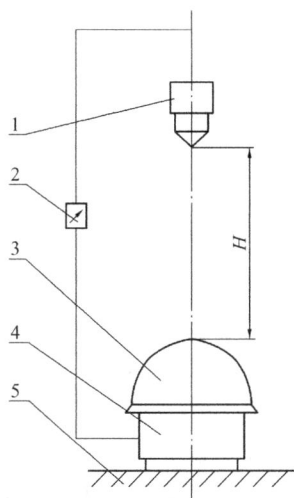

图13-18　穿刺性能测试装置示意图

1—穿刺锥；2—通电显示装置；3—安全帽；4—头模；5—基座

安全帽的说明书调整安全帽到正常使用状态，将安全帽正常佩戴在头模上，应保证帽箍与头模的接触为自然状态且稳定，调整穿刺锥的轴线使其穿过安全帽帽顶中心直径100mm范围内结构最薄弱处，调整穿刺锥尖至帽顶接触点的高度为1000±5mm，如果使用带导向的落锤系统，在测试前应验证60mm高度下落末速度与自由下落末速度相差不超过0.5%，依次对经高温、低温、浸水、紫外线照射预处理的安全帽进行测试。观察通电显示装置和安全帽的破坏情况，记录穿刺结果。

11）下颏带强度测试

（1）测试装置。

测试装置由头模、支架、人造下颏和试验机组成，如图13-19所示。

（2）测试装置中各部件的要求

① 头模。一个带有稳定支撑能与人造下颏组合使用的模拟头模，质量大小可以不考虑，与帽衬接触的外形部分参照GB/T 2812—2006附录A的规定选用1号头模。

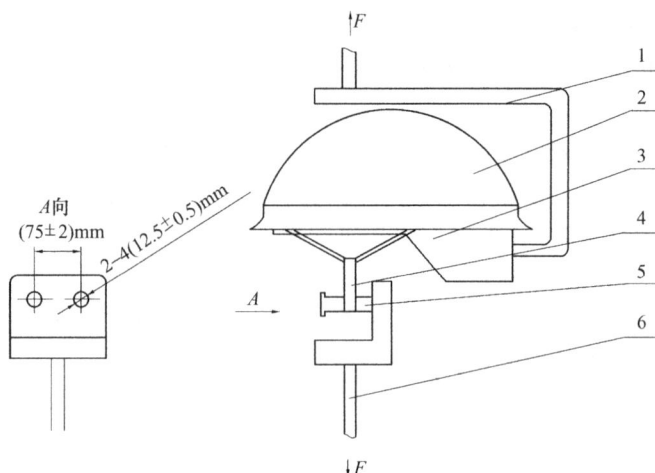

图 13-19　下颏带性能测试装置示意图

1—上支架；2—安全帽；3—头模；4—下颏带；5—轴；6—下支架

② 人造下颏。由两个直径为 12.5±0.5mm、互相平行且轴线的距离为 75±2mm 的刚性轴，固定在一个刚性的支架上与试验机相接。

③ 精度。试验机精度±1%。

（3）试验方法

将一个经过穿刺测试的安全帽正常佩戴在头模上，将下颏带穿过人造下颏的两个轴系紧，以 150±10N/min 的速度加荷载至 150N，然后以 20±2N/min 的速度连续施加荷载，直至下颏带断开或松懈时为止，记录最大荷载，精确到 1N。

当上下支架分离位移超过该安全帽的佩戴高度，即视为下颏带松懈。

12）侧向刚性测试

（1）测试装置

测试装置由万能材料试验机和两个直径 100mm 金属平板组成。万能材料试验机的测试精度为±1%，金属平板硬度为 HRC45。

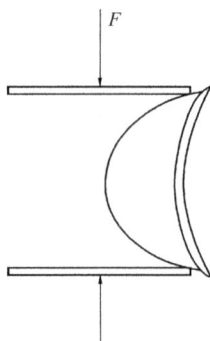

图 13-20　侧向刚性试验示意图

（2）测试方法

将安全帽侧向放在两平板之间，帽沿在外并尽可能靠近平板，测试机通过平板向安全帽加压（见图13-20），在平板的垂直方向施加 30N 的力，并保持 30s，记录此时平板的间距为 Y_1，然后以 100N/min 的速度加载直至 430N，保持 30s，记录此时平板的间距为 Y_2，以 100N/min 的速度将荷载降至 25N，然后立即以 100 N/min 的速度加载直至 30N，保持 30s，记录此时平板的间距为 Y_3，测量值应精确到 1mm，并记录可能出现的破坏现象，Y_1 与 Y_2 的差值为最大变形值，Y_1 与 Y_3 的差值为残余变形值。

13）其他测试

其他测试如防静电性能测试、电绝缘性能测试、阻燃性能测试等，参见《安全帽测试方法》GB/T 2812—2006。

13.3.7 安全帽的使用方法

安全帽被广大工人称为"三宝"之一，是建筑施工现场有效保护头部，减轻各种事故伤害，保证生命安全的主要防护用品。大量的事实证明，正确佩戴安全帽可以有效降低施工现场的事故发生频率，有很多事故都是因为进入施工现场的人不戴安全帽或不正确佩戴安全帽而引起的。正确佩戴安全帽的方法是：

（1）帽衬顶端与帽壳内顶必须保持 25～50mm 的空间，有了这个空间，才能有小的吸收冲击能量，使冲击力分布在头盖骨的整个面积上，减轻对头部的伤害。

（2）必须系好下颏带，戴紧安全帽，如果不系紧下颏带，一旦发生物体坠落打击事故，安全帽将离开头部，导致发生严重后果。

（3）安全帽必须戴正。如果戴歪了，一旦头部受到打击，就不能减轻对头部的打击。

（4）安全帽要定期检查。由于帽子在使用过程中，会逐渐损坏，所以要定期进行检查，发现帽体开裂、下凹、裂痕和磨损等情况，应及时更换。不得使用有缺陷的帽子。由于帽体材料具有硬化、变脆的性质，故在气候炎热、阳光长期直接曝晒的地区，塑料帽定期检查的时间要适当缩短。另外，由于汗水浸湿而使帽衬损坏的帽子要立即更换。

（5）不要为了透气而随便在帽壳上开孔，因为这样会使帽体强度显著降低。

（6）要选购经有关技术监督管理部门检验合格的产品，要有合格证及生产许可证，严禁选购无证产品、不合格产品。

（7）进入施工现场的所有作业人员必须正确佩戴安全帽，包括技术管理人员、检查人员和参观人员。

13.4 其他个人防护用品

根据对人体的伤害情况，以保护为目的而制作的劳动保护用品可以分为两类：一类是保护人体由于受到急性伤害而使用的保护用品；另一类是保护人体由于受到慢性伤害而使用的保护用品。为了防护这两种伤害，建筑工地除经常使用的安全带、安全帽外，主要还有以下个人防护用品：

1）眼面部防护用品

眼面部的防护在劳动保护中占有很重要的地位。其功能是防止生产过程中产生的物质飞逸颗粒、火花、液体飞沫、热流、耀眼的光束、烟雾、熔融金属和有害射线等，可能给人的眼睛和面部造成的伤害。眼面部护具根据防护对象的不同，可分为防冲击眼面部护具、防辐射眼面部护具、防有害液体飞溅眼面部护具和防烟尘眼面部护具等。而每类眼面部护具，根据其结构形式一般又分为防护眼镜、眼罩和防护面罩几种。

（1）防冲击眼面部护具

防冲击眼面部护具主要用来预防工厂、矿山及其他作业场所中，铁、灰砂和碎石等物可能引起的眼、面部击伤。防冲击眼面护具分为防护目镜、眼罩和面罩三类。

防冲击眼面护具，应具有良好的抗高强度冲击性能和抗高速粒子冲击性能。此外，还应满足一定的耐热性能和耐腐蚀要求。透光部分应满足规定的视野要求。镜片应具有良好的光学性能。镜片的材料通常可为塑胶片、粘合片或经强化处理的玻璃片。在结构上，眼部护具应做到：一方面既能防护正面，又能防护侧面的飞击物；另一方面还要具有良好的透气性。在外观的质量上，要求表面光滑，无毛刺、锐角和可能引起眼部或面部不舒适感的其他缺陷。

对于这类护具，我国已制定并颁发了国家标准《防冲击眼护具》GB 5890—86。对护具的规格、技术性能要求等作了规定。

（2）防辐射眼面部护具

防辐射眼面部护具，主要用来抵御、防护生产中有害的红外线、紫外线、耀眼可见光线及焊接过程中的金属飞溅物等对眼面部的伤害。

防辐射眼面部护具分护目和防护面罩两大类。护目镜仅能对眼部进行防护，而防护面罩则既可保护眼部，又能对面部进行防护。防护面罩上设有观察窗，观察窗上装有护目镜片，以便于操作过程中的观察。对于这两类防辐射眼面护具，应按不同的防护目的和使用场所适当选择。

对于防辐射类眼面护具，我国已颁发《焊接眼面护具》GB/T 3609.1—94。标准规定：用于焊接作业的眼面护具分为两大类七种形式。一类是护目镜类，它分为普通眼镜式、前挂镜式和防侧光镜式三种；另一类是面罩类，它分为手持式、头戴式、安全帽式和安全帽前挂镜片式四种。

眼面护具的镜片在防护中起着关键作用，对于防辐射线眼面护具的镜片，既要求它保证规定的视力，以便于使用者进行作业；又要求它对辐射线有充分的阻挡作用，以避免或减少对使用者眼、面部的伤害。为此，国家标准对护具滤光镜的遮光能力规定了技术要求。它要求滤光片既能透过适当的可见光，又能将紫外线和红外线减弱到标准允许值以下。标准中根据可见光的透光率，将滤光片编为不同的遮光号。同时，对每种遮光号的滤光片的紫外线透光率和红外线透光率规定了允许值。

根据防护作用原理的不同，滤光片可分为吸收式、反射式、吸收—反射式、光化学反应式和光电式等几类。它们分别通过吸收、反射或吸收—反射等方式将有害的辐射线除掉，使之不能进入眼部，达到保护目的。

对滤光片除上述的遮光能力要求外，在光学性质（平行度、屈光度）和颜色，耐紫外线照射的稳定性和强度等方面均应达到一定的标准。

护具的镜架或面罩应具有良好的耐热、耐燃烧和耐腐蚀性能，以满足焊接作业高温环境的要求。

（3）防有害液体飞溅眼面部护具

防有害液体的眼面护具，主要用来防止酸、碱等液体及其他危险液体或化学药品对眼面部的伤害。护具应采用耐腐蚀的材料制成，透光部分的镜片可采用普通玻璃制作。

（4）防烟、尘眼面部护具

防烟、尘眼面护具，主要用来防止灰尘、烟雾和有毒气体对眼面部的伤害。

这种护具对眼部的防护必须严密封闭，以防灰尘、烟雾或毒气侵入眼部。当需要同时对呼吸道进行防护时，可与防尘口罩或防毒口罩一起使用，也可以采用防毒面具。

2）防触电的绝缘手套和绝缘鞋

为了防止触电，在电气作业和操作手持电动工具时，必须带橡胶手套或穿上带橡胶底的绝缘鞋。橡胶手套和橡胶底鞋的厚度应根据电压的高低来选择。

3）防尘的自吸过滤式口罩

防尘的自吸过滤式口罩在建筑工地某些工地经常使用。它主要是通过各种过滤材料制作的口罩，过滤被灰尘、有毒物质污染了的空气，净化后供人呼吸。

重难点知识讲解

1. 安全平网的冲击试验原理与试验装置。

2. 仅含安全绳的坠落悬挂安全带静态负荷测试。

3. 安全帽的耐穿刺性能测试。

复习思考题

1. 简述安全网的分类及标识是什么？

2. 安全平网的耐冲击性能测试的装置、方法、步骤、合格标准分别是什么？

3. 简述安全带的分类及标记是什么？

4. 围杆作业安全带测试的项目名称是什么？

5. 区域限制安全带测试的项目名称是什么？

6. 坠落悬挂安全带测试的项目名称是什么？

7. 安全帽冲击吸收性能测试的装置、方法、步骤、合格标准分别是什么？

8. 安全帽耐穿刺性能测试的装置、方法、步骤、合格标准分别是什么？

第14章 建筑施工伤亡事故调查与案例分析

学习要求

通过本章内容的学习，掌握事故报告的程序与内容，掌握人的不安全行为与物的不安全状态的一般预防措施。

14.1 施工伤亡事故调查处理方法和程序

发生伤亡事故后，负伤人员或最先发现事故的人应立即报告领导。企业对受伤人员歇工满一个工作日以上的事故，要填写伤亡事故登记表并应及时上报。报告给哪一级管理部门，时间期限及报告内容等具体事项见本书2.2.6节。

14.1.1 施工伤亡事故的调查步骤

对于事故的调查处理，必须坚持"事故原因查不清不放过，相关责任人员不受到处理不放过，相关人员没受到教育不放过，防范措施不落实不放过"的"四不放过"原则，按照下列步骤进行：

1）做好现场营救

迅速抢救伤员并保护好事故现场。事故发生后，现场人员不要惊慌失措，要有组织、有指挥。首先抢救伤员和排除险情，制止事故蔓延扩大；同时，为了事故调查分析需要，现场人员都有责任保护好事故现场。因抢救伤员和排险，而必须移动现场物件时，要做出标记，因为事故现场是提供有关物证的主要场所，是调查事故原因不可缺少的客观条件，所以要严加保护。要求现场各种物件的位置、颜色、形状及其物理、化学性质等尽可能保持事故结束时的原来状态。必须采取一切可能的措施，防止人为或自然因素的破坏。清理事故现场应在调查组确认无证可取，并充分记录后方可进行。不得借口恢复生产，擅自处理现场从而掩盖事故真相。

2）组织调查组

在接到事故报告后的单位领导人，应立即赶赴现场帮助组织抢救。

特别重大事故由国务院或者国务院授权有关部门组织事故调查组进行调查。

重大事故、较大事故、一般事故分别出事故发生地省级人民政府、设区的市级人民政府、县级人民政府负责调查。省级人民政府、设区的市级人民政府、县级人民政府可以直接组织事故调查组进行调查，也可以授权或者委托有关部门组织事故调查组进行调查。

未造成人员伤亡的一般事故，县级人民政府也可以委托事故发生单位组织事故调查组进行调查。由企业负责人或其指定人员组织生产、技术、安全等有关人员以及工会成员迅速组成事故调查组，开展调查。

上级人民政府认为必要时，可以调查由下级人民政府负责调查的事故。

特别重大事故以下等级事故，事故发生地与事故发生单位不在同一个县级以上行政区域的，由事故发生地人民政府负责调查，事故发生单位所在地人民政府应当派人参加。

事故调查组的组成应当遵循精简、效能的原则。根据事故的具体情况，事故调查组由有关人民政府、安全生产监督管理部门、负有安全生产监督管理职责的有关部门、监察机关、公安机关以及工会派人组成，并应当邀请人民检察院派人参加。事故调查组可以聘请有关专家参与调查，事故调查组成员应当具有事故调查所需要的知识和专长，并与所调查的事故没有直接利害关系。事故调查组组长由负责事故调查的人民政府指定，事故调查组组长主持事故调查组的工作。

3）现场勘察

在事故发生后，调查组必须要到现场进行勘察。现场勘察是技术性很强的工作，涉及广泛的科技知识和实践经验，对事故的现场勘察必须及时、全面、细致、客观。现场勘察的主要内容如下：

（1）做出笔录

① 发生事故的时间、地点、气象情况等。

② 现场勘察人员的姓名、单位和职务。

③ 现场勘察起止时间、勘察过程。

④ 能量逸散所造成的破坏情况、状态和程度等。

⑤ 设备损坏或异常情况及事故前后的位置。

⑥ 事故发生前劳动组合、现场人员的位置和行动。

⑦ 现场物件散落情况。

⑧ 重要物证的特征、位置及检验情况等。

（2）现场拍照

① 方位拍照，要能反映事故现场在周围环境中的位置。

② 全面拍照，要能反映事故现场各部分之间的联系。

③ 中心拍照，反映事故现场中心情况。

④ 细节拍照，揭示事故直接原因的痕迹物、致害物等。

⑤ 人体拍照，反映伤亡者主要受伤和造成死亡伤害的部位。

（3）现场绘图

根据事故类别和规模以及调查工作的需要应绘出下列示意图：

① 建筑物平面图、剖面图。

② 事故发生时人员位置及疏散（活动）图。

③ 破坏物立体图或展开图。

④ 涉及范围图。

⑤ 设备或工、器具构造简图等。

4）分析事故原因

通过充分的调查，查明事故经过，弄清造成事故的各种因素，包括人、物、生产管理和技术管理等方面的问题，通过认真分析事故原因，从中接受教训，采取相应措施，防止类似事故重复发生。这是事故调查分析的宗旨。

（1）建筑施工事故原因分类

对建设工程施工事故发生原因进行分析时，应判断出直接原因、间接原因、主要原因。

① 直接原因。根据《企业职工伤亡事故分类标准》GB 6441—1986，直接导致伤亡事故发生的机械、物质和环境的不安全状态及人的不安全行为是事故的直接原因。

② 间接原因。事故中属于技术和设计上的缺陷，教育培训不够或未经培训、缺乏或不懂安全操作技术知识，劳动组织不合理，对施工现场缺乏检查或指导错误，没有安全操作规程或不健全，没有或不认真实施事故预防措施，对事故隐患整改不力等原因，是事故的间接原因。

③ 主要原因。导致事故发生的主要因素是事故的主要原因。

（2）事故分析步骤

① 整理和阅读调查材料

根据《企业职工伤亡事故分类标准》的附录 A，按以下 7 项内容进行分析：受伤部位——身体受伤的部位；受伤性质——人体受伤的类型；起因物——导致事故发生的物体、物质；致害物——直接引起伤害及中毒的物体或物质；伤害方法——致害物与人体发生接触的方式；不安全状态——能导致事故发生的物质条件；不安全行为——能造成事故的人为错误。

② 确定事故的直接原因、间接原因、事故责任者

在分析事故原因时，应根据调查所确认的事实，从直接原因入手，逐步深入到间接原因，从而掌握事故的全部原因。通过对直接原因和间接原因的分析，确定事故中的直接责任者和领导责任者，再根据其在事故发生过程中的作用，确定主要责任者。

事故责任分析可以通过事故调查所确认的事实，事故发生的直接原因和间接原因，有关人员的职责、分工和在具体事故中所起的作用，追究其所应负的责任；按照有关组织管理人员及生产技术因素，追究最初造成不安全状态的责任；按照有关技术规定的性质、明确程度、技术难度，追究属于明显违反技术规定的责任；对属于未知领域的责任不予追究。

根据对事故应负责任的程度不同，事故责任者分为直接责任者、主要责任者、重要责任者和领导责任者。对事故责任者的处理，在以教育为主的同时，还必须根据有关规定，按情节轻重，分别给予经济处罚、行政处分，直至追究刑事责任。对事故责任者的处理意见形成之后，事故责任企业的有关部门必须尽快办理报批手续。

5）确定事故性质

经过认真、客观、全面、细致、准确地分析，确定事故的性质和责任。事故性质通常分为三类：

（1）责任事故。就是由于人的过失造成的事故。

（2）非责任事故。即在人们不能预见或不可抗拒的自然条件中，由于科学技术条件的限制而发生的无法预料的事故。但是，对于能够预见并可以采取措施加以避免的伤亡事故，或没有经过认真研究解决技术问题而造成的事故，不能包括在内。

（3）破坏性事故。即为达到既定目的而故意制造的事故。对已确定为破坏性事故的，应由公安机关和企业保卫部门认真追查破案，依法处理。

6）制定事故预防措施

根据对事故原因的分析，制定防止类似事故再次发生的预防措施，在防范措施中，应把改善劳动生产条件、作业环境和提高安全技术措施水平放在首位，力求从根本上消除危险因素。

在查清伤亡事故原因后，必须对事故进行责任分析，目的在于使事故责任者、单位领导人和广大职工吸取教训，接受教育，改进安全生产工作。

7）确定处理意见

根据对事故分析的原因，制定防止类似事故再次发生的措施的同时，根据事故后果和事故责任者应负的责任提出处理意见。轻伤事故也可参照上述要求执行。对于重大未遂事故不可掉以轻心，也应严肃认真按上述要求查找原因，分清责任，严肃处理。

8）写出调查报告

事故调查组应当自事故发生之日起 60 日内提交事故调查报告；特殊情况下，经负责事故调查的人民政府批准，提交事故调查报告的期限可以适当延长，但延长的期限最长不超过 60 日。

事故调查报告应当包括下列内容：

（1）事故发生单位概况；

（2）事故发生经过和事故救援情况；

（3）事故造成的人员伤亡和直接经济损失；

（4）事故发生的原因和事故性质；

（5）事故责任的认定以及对事故责任者的处理建议；

（6）事故防范和整改措施。

事故调查报告应当附具有关证据材料。事故调查组成员应当在事故调查报告上签名。如调查组内部意见有分歧，应在弄清事实的基础上，对照政策法规反复研究，统一认识。对于个别同志仍持有不同意见的允许保留，并在签字时写明自己的意见。

事故调查报告报送负责事故调查的人民政府后，事故调查工作即告结束。事故调查的有关资料应当归档保存。

9）事故的审理和结案

（1）重大事故、较大事故、一般事故，负责事故调查的人民政府应当自收到事故调查报告之日起 15 日内做出批复；特别重大事故，30 日内做出批复；特殊情况下，批复时间可以适当延长，但延长的时间最长不超过 30 日。

有关机关应当按照人民政府的批复，依照法律、行政法规规定的权限和程序，对事故发生单位和有关人员进行行政处罚，对负有事故责任的国家工作人员进行处分。

事故发生单位应当按照负责事故调查的人民政府的批复，对本单位负有事故责任的人员进行处理。负有事故责任的人员涉嫌犯罪的，依法追究刑事责任。

事故案件的审批权限，同企业的隶属关系及干部管理权限一致。县办企业和县以下企业，由县审批；地、市办的企业，由地、市审批；省直属企业的重大事故，由直属主管部门提出处理意见，征得当地安全生产监督管理部门同意，报省主管厅局批复。

（2）关于对事故责任者的处理，根据其情节轻重和损失大小，谁有责任，什么责任，是主要责任、重要责任、一般责任、还是领导责任等，都要分清并给予应得的处分。给事故责任者应得的处分是对职工很好的教育。

（3）事故教训是用鲜血换来的宝贵财富，而这些财富要靠档案记载保存下来，这是研究改进措施、进行安全教育、开展科学研究难得的资料。因此，要把事故调查处理的文件、图纸、照片、资料等长期完整地保存起来。事故档案的主要内容包括：

①职工伤亡事故登记表；

②职工重伤、死亡事故调查报告书，现场勘察资料（记录、图纸、照片等）；

③技术鉴定和试验报告；

④物证、人证调查材料；

⑤医疗部门对伤亡者的诊断结论及影印件；

⑥事故调查组的调查报告（在调查报告书的最后），要表明调查组人员的姓名、职务，并要逐个签字；

⑦企业或其主管部门对该事故所作的结案申请报告；

⑧受处理人员的检查材料；

⑨有关部门对事故的结案批复等。

14.1.2　工伤事故统计报告注意问题

（1）"工人职员在生产区域中所发生的和生产有关的伤亡事故"，是指企业在册职工在企业生产活动所涉及的区域内（不包括托儿所、食堂、诊疗所、俱乐部、球场等生活区域），由于生产过程中存在的危险因素的影响，突然使人体组织受到损伤或某些器官失去正常机能，以致负伤人员立即中断工作的一切事故。

（2）自事故发生之日起 30 日内（道路交通事故、火灾事故自发生之日起 7 日内），事故造成的伤亡人数发生变化的，应及时补报。因事故伤亡人数变化导致事故等级发生变化，依照规定应当由上级人民政府负责调查的，上级人民政府可以另行组织事故调查组进行调查。超过规定期限死亡的，不作为死亡事故统计。

（3）职工在生产（工作）岗位干私活或因打闹造成伤亡事故，不做工伤事故统计。

（4）企业车辆执行生产运输任务（包括本企业职工乘坐企业车辆）行驶在厂（场）外公路上发生的伤亡事故，一律在交通部门统计。

（5）企业发生火灾、爆炸、翻车、沉船、倒塌、中毒等事故造成旅客、居民、行人伤亡的，均不作职工伤亡事故统计。

（6）停薪留职的职工到外单位工作发生伤亡事故的应由外单位负责统计报告。

（7）经济承包中的伤亡事故统计界限：

①实行独立核算的乙企业承包甲企业工程或承包加工、运输等工作，其生产、

工作的组织领导及生产设备、设施、工资福利都由乙方负责的，乙方职工发生事故后由乙方统计报告。如甲方以发包为名，实际却直接组织安排使用乙方人员或施工产值由甲方统计入本企业施工产值的，发生事故的由甲方统计报告。具体事故责任按调查事实确定和处理。

②企业内部实行经济承包，将生产任务发包给工区（工程处）、厂（车间）、科室、班组、职工个人，发生事故均由企业负责统计报告。

③两个以上单位交叉作业时，发生事故属于哪个企业的职工，就由哪个企业统计报告。

④凡由企业直接组织安排施工（生产）或工作的人员，不论是固定职工、临时工或计划外用工，只要发生工伤事故，都由企业统计报告。

14.2 施工伤亡事故的预防

针对建筑施工现场多发性伤亡事故类型，以及大量伤亡事故中血的教训，经过不断总结和提炼，现将多发性伤亡事故的预防措施作简要介绍。

14.2.1 伤亡事故的预防原则

为了实现安全生产，预防伤亡事故的发生，必须要有全面的综合性措施。实现系统安全的原则，大致有灾害预防和控制受害程度两部分内容，其具体原则如下：

1）灾害的预防原则

（1）消除潜在危险的原则

这项原则在本质上是积极的、进步的，它是以新的方式、新的成果或改良的措施，消除操作对象和作业环境的危险因素，从而最大可能地保证安全。

（2）控制潜在危险数值的原则

比如采用双层绝缘工具、安全阀、泄压阀、控制安全指标等，均属此类。这些方法只能保证提高安全水平，但不能达到最大限度地防止危险和有害因素。在这项原则下，一般只能得到折中的解决方案。

（3）坚固原则

以安全为目的，采取提高安全系数、增加安全余量等措施。如提高结构强度、提高钢丝绳的安全系数等。

（4）自动防止故障的互锁原则

在不可消除或控制有害因素的条件下，以机器、机械手、自动控制器或机器人等，代替人或人体的某些操作，摆脱危险和有害因素对人体的危害。

2）控制受害程度的原则

（1）屏障

在危险和有害因素的作用范围内，设置障碍，以保证对人体的防护。

（2）距离防护原则

当危险和有害因素的作用随着距离增加而减弱时，可采用这个原则，达到控制伤害程度的目的。

（3）时间防护原则

将受害因素或危险时间缩短至安全限度之内。

（4）薄弱环节原则（亦称损失最小原则）

设置薄弱环节，使之在危险和有毒因素还未达到危险值之前发生损坏，以最小损失换取整个系统的安全。如电路中的熔丝、锅炉上的安全阀、压力容器用的防爆片等。

（5）警告和禁止的信息原则

以光、声、色或标志等，传递技术信息，以保证安全。

（6）个人防护原则

根据不同作业性质和使用条件（如经常使用或急救使用），配备相应的防护用品和器具。

（7）避难、生存和救护原则

离开危险场所，或发生伤害时组织积极抢救，这也是控制受害程度的一项重要内容，不可忽视。

14.2.2　伤亡事故预防的一般措施

伤亡事故，是由于人的不安全行为和物的不安全状态两大因素作用的结果，换言之，人的不安全行为和物的不安全状态，就是潜在的事故隐患。伤亡事故预防，就是要消除人和物的不安全因素，实现作业行为和作业条件安全化。

1）消除人的不安全行为，实现作业行为安全化的主要措施

（1）开展安全思想教育和安全规章制度教育，提高职工的安全意识。只有使作业人员在生产劳动过程中始终保持强烈的安全意识，把安全意识作为自我需要，把遵章守纪和安全操作变为自觉行动，才能有效地控制不安全行为的产生。

（2）进行安全知识岗位培训，提高职工的安全技术素质。安全知识岗位培训的目的，是使作业人员掌握安全生产的应知、应会和技能、技巧以及能正确处理意外事故的应变能力，从而有效地避免因无知、不懂技术而发生事故或导致事故扩大。

（3）推广安全标准操作和安全确认制活动，严格按照安全操作规程和程序进行作业。对于要害设备和特种作业，为了避免因误操作导致事故，推广安全标准化操作和确认制，具有特别重要的意义。

（4）搞好均衡生产，注意劳逸结合，使作业人员保持充沛的精力，从而避免产生不安全行为。

2）消除物的不安全状态，实现作业条件安全化采取的主要措施

（1）采用新工艺、新技术、新设备，改善劳动条件。如实现机械化、自动化操作，建立流水作业线，使用机械手和机器人等。

（2）加强安全技术的研究，采用安全防护装置，隔离危险部分。采用安全适用的个人防护用具。

（3）开展安全检查，及时发现和整改安全隐患。对于较大的安全隐患，要列入企业的安全技术措施计划，限期予以排除。

（4）定期对作业条件（环境）进行安全评价，以便采取安全措施，保证符合作业的安全要求。如对厂房、设备、工具的安全性能进行定期检查和技术的检验，对防尘防毒、防火防爆、防雷防风、防寒防暑、隔声防震、照明采光等情况进行检查评价。当作业性质、产品结构、产量发生较大变化或者作业人员组织发生变化时，更要对作业条件作出安全评价，做好安全防范工作。

加强安全管理是实现上述两方面安全措施的重要保证。建立完善和严格执行安全生产规章制度，开展经常性的安全教育、岗位培训和安全竞赛活动。通过安全检查制定和落实措施等安全管理工作，是消除事故隐患、搞好事故预防的基础工作。因此，企业应采取有力措施，加强安全施工管理，保障安全生产。

14.3 案例分析

14.3.1 天津市宝坻区"11·30"高处坠落事故案例

1）事故简介

2008 年 11 月 30 日，天津市宝坻区紫金泉城二期住宅楼工程在施工过程中，发生一起高处坠落事故，造成 3 人死亡、1 人重伤。

该工程建筑面积 7797m²，框剪结构，地上 18 层（标准层 2.9m），地下 1 层，建筑高度 52.2m。事故发生时正在进行 16 层主体结构施工。当日 8 时左右，4 名施工人员在 16 层电梯井内脚手架上拆除电梯井内侧模板时，脚手架突然整体坠落，施工人员随之坠入井底。

根据事故调查和责任认定，对有关责任方作出以下处理：项目经理、副经理 2 名责任人移交司法机关依法追究刑事责任；项目经理、监理单位经理、项目总监理工程师等 5 名责任人分别受到暂停执业资格、警告、记过等行政处罚；施工、监理等单位分别受到停止在津参加投标活动 6 个月的行政处罚。

2）原因分析

（1）直接原因

电梯井内脚手架采用钢管扣件搭设，为悬空的架体，上铺木板，施工中没有按照支撑架体钢管穿过剪力墙等技术要求搭设。未对搭设的电梯井脚手架进行验收；电梯井内没有按照有关标准搭设安全网，操作人员在脚手架上进行拆除模板作业时产生不均匀的荷载，导致脚手架失稳、变形而坠落。

（2）间接原因

① 施工单位对工程项目疏于管理，现场混乱，有关人员未认真履行安全职责，安全检查中没有发现并采取有效措施消除存在的事故隐患；没有对电梯井内拆除模板的操作人员进行安全培训和技术交底；在没有安全保障的条件下安排操作人员从事作业。

② 监理公司承揽工程后未进行有效的管理，指派无国家监理执业资格的人员担任项目总监理工程师的工作；现场监理人员无证监理，对模板施工方案、安全技术交底、电梯井内脚手架验收等管理不力，对电梯井内脚手架搭设、安全网防护不符合规范要求等事故隐患，及施工中冒险蛮干现象未采取措施予以制止。

3）事故教训

（1）建立健全安全生产责任制。安全管理体系要从公司到项目到班组层层落实，切忌走过场。切实加强安全管理工作，配备足够的安全管理人员，确保安全生产体系正常运作。

（2）进一步加强安全生产制度建设。安全防护措施、安全技术交底、班前安全活动要全面、有针对性，既符合施工要求，又符合安全技术规范的要求，并在施工中不折不扣地贯彻落实。施工安全必须实行动态管理，责任要落实到班组，落实到每一个施工人员。

（3）进一步加强高处坠落事故的专项治理，高处作业是建筑施工中出现频率最高的危险性作业，事故率也最高，无论是临边、屋面、外架、设备等都会遇到。在施工中必须针对不同的工艺特点，制定切实有效的防范措施，开展高处作业的专项治理工作，控制高处坠落事故的发生。

（4）加强培训教育，提高施工人员安全意识，使其树立"不伤害自己，不伤害别人，不被别人伤害"的安全理念。

4）专家点评

这是一起由于电梯井内悬空架体支撑杆件失效而引发的生产安全责任事故。事故的发生暴露出施工单位管理失控、现场混乱、安全检查缺失等问题。我们应认真吸取教训，做好以下几方面工作：

（1）要重视施工过程各环节安全生产工作。这起事故中，电梯井内搭设的脚手架，由于体量小，未能引起足够重视，搭设和使用既无方案也没交底，搭设的脚手架与电梯井结构未做牢固连接，最终发生事故。要有效防止此类事故，施工企业必须加强安全管理，消除隐患。

（2）要认真贯彻执行各项安全标准和规范。高处作业要制定专门的安全技术措施，要编制脚手架搭设（拆除）方案、现场安全防护方案；严格安全检查、教育和安全设施验收制度，对查出的问题及时消除，要强化各级人员安全责任制的落实；严格考核制度，考核结果要与其经济收入挂钩，提高安全生产的主动性、积极性。同时还要按照《建筑施工安全检查标准》和《施工现场高处作业安全技术规范》的要求做好洞口、临边和操作层的防护，并按规定规范合理布置安全警示标志。要保证安全设施的材质合格，安全设施使用前必须进行验收，验收合格后方可使用。另外，施工人员在电梯井内平台作业，要控制好人员数量，避免荷载过于集中。

（3）要切实加强安全生产培训教育。建筑施工企业应认真吸取事故教训，加强安全生产技术培训和安全生产知识教育，提高从业人员专业素质和安全意识。认真进行各工种操作规程培训和专业技术知识培训，尤其是对高处作业人员进行有关安全规范的培训，增强自身专业技术能力，以减少因技术知识不足造成的违章作业。

14.3.2　大连市旅顺口区"10·8"施工坍塌事故案例

1）事故经过与概况

2011 年 10 月 2 日，大连阿尔滨集团有限公司一分公司木工班班长张某带领全班（50 人左右）人员，开始搭设蓝湾三期①轴—③轴交 Ⓜ—Ⓡ 轴（模板坍塌区域）地下车库模板支架，10 月 4 日完成。10 月 5 日由一分公司钢筋班班长殷某带

领20名钢筋工开始绑扎钢筋，10月7日钢筋绑扎工作结束。（张某与殷某均与事故无关）

10月8日6时上班后，按照项目生产负责人赵某的安排，7时左右木工班长郭某安排木工宁某等5名工人，在模板下检查模板和堵漏工作；同时，混凝土班班长韩某带领21名工人在模板上进行混凝土浇筑施工。浇筑的顺序为剪力墙、柱帽，最后浇筑顶板。上午10时30分左右，有人发现浇筑区北侧剪力墙底部模板拉结螺栓被拉断，发生胀模，混凝土外流。韩某带领刘某等8人，会同已经在胀模处的5名木工班工人，共同清理混凝土和修复胀模。由于胀模、漏浆严重，木工管某打电话给班长郭某要求增派人员，因郭某在7号楼工地，不在该施工现场，便让管某找木工任某解决，随后，任某打电话找来电焊工杨某、木工任某等6人一起参与地下室剪力墙的清理和修复工作。为修缮胀模模板，清运混凝土，韩某等人在模板支架间从胀模处向东，清理出两条可以通过独轮手推车的通道，拆除了支撑体系中的部分杆件，使用独轮手推车外运泄漏的混凝土。

与此同时，模板上部继续进行混凝土浇筑施工，13时40分左右，当混凝土浇筑完成约400m² 时，顶板作业的工人只感觉一震，已经浇筑完的400m² 顶板混凝土瞬间整体坍塌，钢筋网下陷，正在地下室进行修复工作的19名工人中，有18人瞬间被支架和混凝土掩埋，1名电工不在坍塌区域。

事故造成13人死亡，4人重伤，1人轻伤，直接经济损失1237.72万元。

2）事故发生的原因和事故性质

（1）直接原因

由于浇筑剪力墙时发生胀模，现场工人为修复剪力墙胀模，清运泄漏混凝土，随意拆除支架体系中的部分杆件，使模板支架的整体稳定性和承载力大大降低。在修缮模板和清运混凝土过程中，没有停止混凝土浇筑作业，在混凝土浇筑和振捣等荷载作用下，支架体系承受不住上部荷载而失稳，导致整个新浇筑的地下室顶板坍塌。

（2）间接原因

①施工现场安全管理混乱，违章指挥，违章作业。模板支护施工前未组织安全技术交底，未按规范和施工方案组织施工，仅凭经验搭设模板支架体系，未按要求设置剪刀撑、扫地杆和水平拉杆，北侧剪力墙对拉螺栓布置不合理；模板搭设和混凝土浇筑未向监理单位报验，擅自组织模板搭设和混凝土浇筑施工，导致模板支护模和混凝土浇筑中存在的问题未能及时发现和纠正；现场施工作业没有统一指挥协调，施工人员各行其是，随意施工，导致交叉作业中的安全隐患没能及时排除；剪力墙胀模后，生产负责人赵某未向监理人员报告，未到现场组织处理，未对现场处理胀模工作提出具体安全要求；工人修缮模板和清运混凝土过程中，拆除了支撑体系中的部分杆件，从胀模处向东清理出两条独轮手推车通道，用于清运混凝土。在破坏了模板支撑体系的稳定性，降低了支架承载能力的情况下，未停止混凝土浇筑作业，是造成这起事故的主要原因。

②大连阿尔滨集团一分公司蓝湾三期项目部负责人和安全管理人员工作严重失职。项目经理陈某未到位履职，由不具有注册建造师资格的赵某负责现场生产

管理；模板专项施工方案由不具有专业技术知识的安全员利用软件编制，该方案也未经项目部负责人、技术负责人和安全部门负责人审核；未设置专职安全员，兼职安全员不能认真履行安全员职责，对施工现场监督检查不到位，未能及时发现施工现场存在的安全隐患，是造成这起事故的重要原因。

③大连阿尔滨集团公司，未认真贯彻落实《安全生产法》、《建设工程安全生产管理条例》等法律法规，未建立建筑施工企业负责人及项目负责人施工现场带班制度；对蓝湾三期项目经理陈某未到职履责问题失察；对公司所属项目部监督检查不力，导致项目部安全制度不健全、安全措施不落实、职工教育培训不到位、不设专职安全员、安全管理不到位等问题不能及时发现、及时整改，是造成这起事故的重要原因。

④大连某监理有限公司未认真贯彻落实《安全生产法》、《建设工程安全生产管理条例》等法律法规，对施工项目监督检查不力，发现施工单位未按施工方案施工时未加以制止；对施工单位 B-1♯ 地下车库模板支护未报验就擅自施工的违规行为，未履行监理单位的职责；现场监理人员未依法履行监理的义务和责任，对施工现场巡视不到位，看到模板支护施工时未到现场查看，也没有引起足够重视，使这次本该报验而未报验的模板支护和浇筑混凝土施工作业在没有监理人员在场监督的情况下进行，未能及时发现和制止施工现场存在的安全隐患，是造成这起事故的重要原因。

⑤建设行政主管部门监督检查不到位，对施工现场事故隐患排查治理不力，未能及时消除事故隐患。

（3）事故性质

经调查认定，大连市旅顺口区蓝湾三期工地"10·8"施工坍塌事故是一起重大生产安全责任事故。

3）事故防范和整改措施

（1）大连阿尔滨集团有限公司要认真吸取事故教训，落实"安全第一，预防为主"的方针，举一反三，认真查找和解决安全管理工作中的漏洞，确保安全施工。并着力做好以下几项工作：

①解决好企业生产规模迅速扩大，安全技术管理如何与之相适应的问题。强化安全队伍建设，配备与生产规模相适应的安全生产机构和安全员，施工工地要按规定配备专职安全员。

②落实从业人员安全生产培训教育，从反"三违"入手，规范从业人员的安全生产行为，提高技术水平和安全防范意识，杜绝盲目施工和"三违"现象发生，形成人人都按规定要求进行管理和施工作业。

③全面落实企业安全生产主体责任。要建立安全生产责任制，责任落实到人。建立和完善安全生产技术管理制度，并监督落实到施工现场。特别要落实企业负责人、项目负责人现场带班制度，保证施工现场安全生产组织协调到位，确保安全生产管理制度落实到位。

④改革传统的管理模式，管理模式要与先进的生产工艺相适应。生产组织要符合国家相关规定，每个项目都要保证项目经理在现场指挥，杜绝安排非规定的

项目经理在现场指挥。

⑤加强对施工现场管理，要严格按照规范编制施工组织设计和各项施工方案，做好作业前施工方案和安全技术措施交底。加强安全监督检查，要求并监督施工人员严格按照施工组织设计和施工方案进行施工。特别要加强模板支护和浇筑混凝土施工作业的管理，杜绝类似事故发生。

⑥公司现有在建工程必须全面停工进行整顿，立即开展一次安全隐患排查整治行动。对排查出来的安全隐患进行风险评估，制定具有针对性和可操作性的整改措施消除隐患。特别是要对模板工程及支撑体系进行重点排查，对所有模板工程及支撑体系专项施工方案重新进行审核和专家论证。

（2）大连某监理有限公司要认真贯彻落实《安全生产法》、《建设工程安全生产管理条例》等法律法规，切实履行对所承包工程的监理职责，加强对监理人员的管理和监督检查，加强对施工过程中重点部位和薄弱环节的管理和监控；要加强对监理人员安全意识和责任意识的教育，增强监理人员的责任感，真正负起监理职责；要细化监理职责，强化考核，制定切实可行的措施，保证监理人员能及时发现和制止施工现场存在的安全隐患。

（3）大连市建设行政主管部门要立即对全市建筑施工现场组织开展一次安全生产专项检查，重点检查项目安全管理制度落实情况、项目经理履职情况、领导带班制度执行情况、模板支护和浇筑混凝土施工作业的安全管理情况，对存在严重事故隐患和问题的施工现场，该查封的必须查封，绝不姑息；要研究制定长效机制，确保安全生产法律法规和规章制度落实到位；要监督建筑施工企业和监理单位落实安全生产主体责任，建立健全安全生产责任制。加强对施工现场的监督检查，严肃查处建筑领域安全生产的违法违规行为。

（4）大连市人民政府要立即组织召开建设系统事故现场会，吸取事故教训，举一反三。要在总结分析"10·8"模板坍塌事故暴露出的问题基础上，制定深化打非治违及隐患排查治理的指导意见；要求相关部门把落实企业主体责任工作当成一件大事来抓，真正把企业主体责任落到实处；要从建设安全保障型城市的目标高度，做好安全风险评估，加强城市安全风险管理，加强安全监管机构和队伍建设，完善或设置行业安全监管机构，配备专业人员、设备和交通工具，推进安全生产管理工作规范化。

14.3.3 江西丰城发电厂"11·24"冷却塔施工平台坍塌事故案例

1）事故经过与概况

2016年11月24日6时许，混凝土班组、钢筋班组先后完成第52节混凝土浇筑和第53节钢筋绑扎作业，离开作业面。5个木工班组共70人先后上施工平台，分布在筒壁四周施工平台上拆除第50节模板并安装第53节模板。此外，与施工平台连接的平桥上有2名平桥操作人员和1名施工升降机操作人员，在7号冷却塔底部中央竖井、水池底板处有19名工人正在作业。

7时33分，7号冷却塔第50—52节筒壁混凝土从后期浇筑完成部位（西偏南15°—16°，距平桥前桥端部偏南弧线距离约28m处）开始坍塌，沿圆周方向向两侧连续倾塌坠落，施工平台及平桥上的作业人员随同筒壁混凝土及模架体系一起坠落，在筒壁坍塌过程中，平桥晃动、倾斜后整体向东倒塌，事故持续时间 24 秒。

事故导致 73 人死亡（其中 70 名筒壁作业人员、3 名设备操作人员），2 名在 7 号冷却塔底部作业的工人受伤，7 号冷却塔部分已完工工程受损。依据《企业职工伤亡事故经济损失统计标准》GB 6721—1986 等标准和规定统计，核定事故造成直接经济损失为 10197.2 万元。

2）事故直接原因

经调查认定，事故的直接原因是施工单位在 7 号冷却塔第 50 节筒壁混凝土强度不足的情况下，违规拆除第 50 节模板，致使第 50 节筒壁混凝土失去模板支护，不足以承受上部荷载，从底部最薄弱处开始坍塌，造成第 50 节及以上筒壁混凝土和模架体系连续倾塌坠落。坠落物冲击与筒壁内侧连接的平桥附着拉索，导致平桥也整体倒塌。具体分析如下：

（1）混凝土强度情况

7 号冷却塔第 50 节模板拆除时，第 50、51、52 节筒壁混凝土实际小时龄期分别为 29～33h、14～18h、2～5h。

根据丰城市气象局提供的气象资料，2016 年 11 月 21 日至 11 月 24 日期间，当地气温骤降，分别为 17～21℃、6～17℃、4～6℃ 和 4～5℃，且为阴有小雨天气，这种气象条件延迟了混凝土强度发展。事故调查组委托检测单位进行了同条件混凝土性能模拟试验，采用第 49～52 节筒壁混凝土实际使用的材料，按照混凝土设计配合比的材料用量，模拟事发时当地的小时温湿度，拌制的混凝土入模温度为 8.7～14.9℃。试验结果表明，第 50 节模板拆除时，第 50 节筒壁混凝土抗压强度为 0.89～2.35MPa；第 51 节筒壁混凝土抗压强度小于 0.29MPa；52 节筒壁混凝土无抗压强度。而按照国家标准中强制性条文[①]，拆除第 50 节模板时，第 51 节筒壁混凝土强度应该达到 6MPa 以上。

对 7 号冷却塔拆模施工过程的受力计算分析表明，在未拆除模板前，第 50 节筒壁根部能够承担上部荷载作用，当第 50 节筒壁 5 个区段分别开始拆模后，随着拆除模板数量的增加，第 50 节筒壁混凝土所承受的弯矩迅速增大，直至超过混凝土与钢筋界面粘结破坏的临界值。

（2）平桥倒塌情况

经察看事故监控视频及问询现场目击证人，认定 7 号冷却塔 第 50－52 节筒壁混凝土和模架体系首先倒塌后，平桥才缓慢倒塌。经计算分析，平桥附着拉索在混凝土和模架体系等坠落物冲击下发生断裂，同时，巨大的冲击张力迅速转换为反弹力反方向作用在塔身上，致使塔身下部主弦杆应力剧增，瞬间超过抗拉强度，塔身在最薄弱部位首先断裂，并导致平桥整体倒塌。

（3）人为破坏等因素排除情况

经调查组现场勘查、计算分析，排除了人为破坏、地震、设计缺陷、地基沉降、模架体系缺陷等因素引起事故发生的可能。

---

① 《双曲线冷却塔施工与质量验收规范》GB 50573—2010 第 6.3.1 5 条："…采用悬挂式脚手架施工筒壁，拆模时其上节混凝土强度应达到 6MPa 以上…。"

3）相关施工管理情况

经调查，在 7 号冷却塔施工过程中，施工单位为完成工期目标，施工进度不断加快，导致拆模前混凝土养护时间减少，混凝土强度发展不足；在气温骤降的情况下，没有采取相应的技术措施加快混凝土强度发展速度；筒壁工程施工方案存在严重缺陷，未制定针对性的拆模作业管理控制措施；对试块送检、拆模的管理失控，在实际施工过程中，劳务作业队伍自行决定拆模。具体事实如下：

（1）筒壁工程施工方案管理情况。

施工单位项目部于 2016 年 9 月 14 日编制了《7 号冷却塔筒壁施工方案》，经项目部工程部、质检部、安监部会签，报项目部总工程师于 9 月 18 日批准后，分别报送总承包单位项目部、项目监理部、建设单位工程建设指挥部审查，9 月 20 日上述各单位完成审查。

施工方案中计划工期为 2016 年 9 月 27 日至 2017 年 1 月 18 日，内容包括筒壁工程施工工艺技术、强制性条文、安全技术措施、危险源辨识及环境辨识与控制等部分。施工单位项目部未按规定①将筒壁工程定义为危险性较大的分部分项工程。

施工方案在强制性条文部分列入了《双曲线冷却塔施工与质量验收规范》GB 50573—2010 第 6.3.15 条"采用悬挂式脚手架施工筒壁，拆模时其上节混凝土强度应达到 6MPa 以上"，但并未制定拆模时保证上节混凝土强度不低于 6MPa 的针对性管理控制措施。

施工方案在危险源辨识及环境辨识与控制部分，对模板工程和混凝土工程中可能发生的坍塌事故仅辨识出 1 项危险源，即"在未充分加固的模板上作业"。

施工方案编制完成后，施工单位项目部、工程部进行了安全技术交底。截至事故发生时，施工方案未进行修改。

（2）模板拆除作业管理情况。

按施工正常程序，各节筒壁混凝土拆模前，应由施工单位项目部试验员将本节及上一节混凝土同条件养护试块送到总承包单位项目部指定的第三方试验室（江西省南昌科盛建筑质量检测所）进行强度检测，并将检测结果报告施工单位项目部工程部长，工程部长视情况再安排劳务作业队伍进行拆模作业。

按照 2016 年 4 月 6 日施工单位项目部报送的 7 号冷却塔工程施工质量验收范围划分表，筒壁工程的模板安装和拆除作业属于现场见证点，需要施工单位、总承包单位、监理单位见证和验收拆模作业。

经查，施工单位项目部从未将混凝土同条件养护试块送到总承包单位指定的第三方试验室进行强度检测，偶尔将试块违规送到丰城鼎力建材公司搅拌站进行强度检测。2016 年 11 月 23 日下午，施工单位项目部试验员在进行 7 号冷却塔第 50 节模板拆除前的试块强度送检时，发现第 50 节、51 节筒壁混凝土同条件养护试

---

① 《电力建设安全工作规程 第 1 部分：火力发电》DL 5009.1—2014）附件 C："达到或超过一定规模的危险性较大的分部分项工程目录：…C.0.1.5 脚手架工程。…4）吊篮脚手架工程…。"

块未完全凝固无法脱模，于是试验员将 2 块烟囱工程的试块[①]取出送到混凝土搅拌站进行强度检测。经检测，烟囱试块强度值不到 1MPa[②]。试验员将上述情况电话报告给工程部部长宋某，至事故发生时，宋某未按规定采取相应有效措施。

施工单位项目部在 7 号冷却塔筒壁施工过程中，没有关于拆模作业的管理规定，也没有任何拆模的书面控制记录，也从未在拆模前通知总承包单位和监理单位。除施工单位项目部明确要求暂停拆模的情况外，劳务作业队伍一直自行持续模板搭设、混凝土浇筑、钢筋绑扎、拆模等工序的循环施工。

（3）关于气温骤降的应对管理情况。

施工单位项目部在获知 2016 年 11 月 21 日至 11 月 24 日期间气温骤降的预报信息后，施工单位项目部总工程师安排工程部通知试验室，增加早强剂并调整混凝土配合比，以增加混凝土早期强度。但直至事故发生，该工作没有得到落实。

河北亿能公司于 11 月 14 日印发《关于冬期施工的通知》（亿能工字〔2016〕3 号），要求公司下属各项目部制定本项目的《冬期施工方案》，并且在 11 月 17 日前上报到公司工程部审批、备案且严格执行。施工单位项目部总工程师、工程部长认为当时江西丰城的天气条件尚未达到冬期施工的标准，直至事故发生时，项目部一直没有制定冬期施工方案。

4）事故防范措施建议

（1）要求各地区、各有关部门、各建筑业企业要深刻汲取事故教训，增强安全生产红线意识，进一步强化建筑施工安全管理工作。

（2）完善电力建设安全监管机制，落实安全监管责任。

（3）进一步健全法规制度，明确工程总承包模式中各方主体的安全职责。

（4）规范建设管理和施工现场监理，切实发挥监理施工现场管控作用。

（5）夯实企业安全生产基础，提高工程总承包安全管理水平。

（6）全面推行安全风险分级管控制度，强化施工现场隐患排查治理。

（7）加大安全科技创新及应用力度，切实提升施工安全本质水平。

5）对有关责任人员和单位的处理意见

根据事故原因调查和事故责任认定，依据有关法律法规和党纪政纪规定，对事故有关责任人员和责任单位提出处理意见：

司法机关已对 31 人采取刑事强制措施，其中公安机关依法对 15 人立案侦查并采取刑事强制措施（涉嫌重大责任事故罪 13 人，涉嫌生产、销售伪劣产品罪 2 人），检察机关依法对 16 人立案侦查并采取刑事强制措施（涉嫌玩忽职守罪 10 人，涉嫌贪污罪 3 人，涉嫌玩忽职守罪、受贿罪 1 人，涉嫌滥用职权罪 1 人，涉嫌行贿罪 1 人）。

对上述涉嫌犯罪人员中属中共党员或行政监察对象的，按照干部管理权限，

---

① 烟囱的浇筑时间早于第 50 节、51 节筒壁混凝土的浇筑时间，烟囱试块强度高于筒壁试块强度，如烟囱试块强度不满足规范要求，则筒壁混凝土试块强度肯定也不满足规范要求。

② 按照《双曲线冷却塔施工与质量验收规范》GB 50573—2010 第 6.3.15 条："…采用悬挂式脚手架施工筒壁，拆模时其上节混凝土强度应达到 6MPa 以上…"的规定，拆除第 50 节模板时，第 51 节混凝土强度应达到 6MPa 以上。

责成相关纪检监察机关或单位在具备处理条件时及时作出党纪政纪处理；对其中暂不具备处理条件且已被依法逮捕的党员，由有关党组织及时按规定中止其党员权利。

根据调查认定的失职失责事实、性质，事故调查组在对 12 个涉责单位的 48 名责任人员调查材料慎重研究的基础上，依据《中国共产党纪律处分条例》第二十九条、第三十八条，《行政机关公务员处分条例》第二十条和《中国共产党问责条例》第六条、第七条等规定，拟对 38 名责任人员给予党纪政纪处分；对 9 名责任情节轻微人员，建议进行通报、诫勉谈话或批评教育；另有 1 人因涉嫌其他严重违纪问题，已被纪检机关立案审查，建议将其应负的事故责任转交立案机关一并办理。

事故调查组建议对 5 家事故有关企业及相关负责人的违法违规行为给予行政处罚。

14.3.4 触电事故案例

1）事故概况

2002 年 9 月 18 日，在江苏某公司总包，某设备安装工程公司分包的上海某联合厂房、办公楼工地上，分包单位正在进行水电安装和钢筋电渣压力焊接工程的施工。根据总包施工进度安排，18 时安装公司工地负责人施某安排电焊工宋某、李某以及辅助工张某加夜班焊接竖向钢筋。19 时 30 分左右，辅助工张某在焊接作业时，因焊钳漏电，被电击后从 2.7m 的高空坠落到基坑内不省人事。事故发生后，项目部立即派人将张某送到医院抢救，因伤势过重，抢救无效死亡。

2）事故原因分析

（1）直接原因：设备附件有缺陷，焊钳破损漏电，作业人员在进行焊接作业时，因焊钳漏电遭电击后坠地身亡，是造成本次事故的直接原因。

（2）间接原因

① 分包项目部对安全生产管理不严，电焊机未按规定配备二次空载保护器。

② 分包单位公司对安全生产工作检查不细。

③ 施工现场安全防护措施不落实，作业区域未搭设操作平台，电焊工张某坐在排架钢管上操作，遭电击后，因无防护措施，而从 2.7m 高处坠落到基坑内。

④ 分包设备安装公司项目部，未按规定配备个人防护用品。

⑤ 总包单位项目部对施工现场安全生产管理不严，对分包单位安全生产监督不力。

（3）主要原因：根据事故发生的直接原因和间接原因分析，安全设施有缺陷，是造成本次事故的主要原因。

3）事故预防及控制措施

（1）加强机械设备管理，特别是电焊机要按照规定配备二次空载保护器，并经常检查电焊机运转情况、焊钳完好情况，发现破损要及时更换，防止漏电，严防事故重复发生。

（2）认真落实安全生产各项防护措施，施工现场要有安全通道，作业区域要搭设操作平台，"洞口"、"临边"防护措施必须真正落实，加强施工现场临时用电管理，电器设备的配置、用电线路的设置要按规范要求实施，确保临时用电安全。

（3）分包设备安装工程公司项目部要进一步加强对职工进行安全第一的思想教育，提高全员安全意识，严禁违章指挥、违章作业、无证操作，并按规定配备好个人防护用品，满足安全需要。

（4）总包单位要强化施工现场安全生产管理，加强安全生产；检查发现问题要及时采取整改措施，把事故隐患消灭在萌芽状态，并要加强对分包单位安全生产的监管力度，确保施工的顺利进行。

4）事故处理结果

（1）本起事故直接经济损失约 15 万元。

（2）事故发生后，总分包单位根据事故调查小组的意见，分别对本次事故负有一定责任者进行相应的处理：

① 分包单位项目部经理施某，违反规定，电焊机未配置二次空载保护器、未及时发现焊钳破损以致漏电，对本次事故负有主要责任，给予行政警告和罚款的处分。

② 电焊班班长张某，对作业人员要求不严，安排无证人员上岗进行焊接操作，对本次事故负有重要责任，给予行政记过和罚款的处分。

③ 分包单位公司生产经理黄某，对安全生产工作重视不够，对本次事故负有领导责任，责令其写出书面检查，并给予罚款的处分。

④ 总包单位项目经理刘某，对施工现场安全生产管理不严，对分包单位安全生产工作监督不力，对本次事故负有管理责任，责令其写出书面检查，并给予罚款的处分。

⑤ 张某无证上岗，安全意识不强，对本次事故负有一定责任，鉴于本人已死亡，故不予追究。

14.3.5　武汉东湖"9·13"电梯坠落事故案例

1）事故发生经过

2012 年 9 月 13 日 11 时 30 分许，升降机司机李桂连将东湖景园 C7－1 号楼施工升降机左侧吊笼停在下终端站，按往常一样锁上电锁拔出钥匙，关上护栏门后下班。当日 13 时 10 分许，李桂连仍在宿舍正常午休期间，提前到该楼顶楼施工的 19 名工人擅自将停在下终端站的 C7－1 号楼施工升降机左侧吊笼打开，携施工物件进入左侧吊笼，操作施工升降机上升。该吊笼运行至 33 层顶楼平台附近时突然倾翻，连同导轨架及顶部 4 节标准节一起坠落地面，造成吊笼内 19 人当场死亡，直接经济损失约 1800 万元。

2）事故原因分析及事故性质认定

（1）直接原因

经调查认定，武汉市东湖生态旅游风景区"9·13"重大建筑施工事故发生的直接原因是：事故发生时，事故施工升降机导轨架第 66 和 67 节标准节连接处的 4 个连接螺栓只有左侧两个螺栓有效连接，而右侧（受力边）两个螺栓连接失效无法受力。在此工况下，事故升降机左侧吊笼超过备案额定承载人数（12 人），承载

19人和约245公斤物件，上升到第66节标准节上部（33楼顶部）接近平台位置时，产生的倾翻力矩大于对重体、导轨架等固有的平衡力矩，造成事故施工升降机左侧吊笼顷刻倾翻，并连同67－70节标准节坠落地面。

（2）间接原因

①祥和公司，系东湖景园C区施工总承包单位。该公司管理混乱，将施工总承包一级资质出借给其他单位和个人承接工程；祥和公司使用非公司人员吴秋炎的资格证书，在投标时将吴秋炎作为东湖景园项目经理，但未安排吴秋炎实际参与项目投标和施工管理活动；未落实企业安全生产主体责任，安全生产责任制不落实，未与项目部签订安全生产责任书；安全生产管理制度不健全、不落实，培训教育制度不落实，未建立安全隐患排查整治制度；未认真贯彻落实武汉市城乡建设委员会、武汉市城建安全生产管理站等对安全生产的要求。对东湖景园施工和施工升降机安装使用的安全生产检查和隐患排查流于形式，未能及时发现和整改事故施工升降机存在的重大安全隐患。上述问题是导致事故发生的主要原因。

② 东湖景园C区施工项目部现场负责人和主要管理人员均非祥和公司人员，现场负责人易某及大部分安全员不具备岗位执业资格；安全生产管理制度不健全、不落实，在东湖景园无《建设工程规划许可证》、《建筑工程施工许可证》、《中标通知书》和《开工通知书》的情况下，违规进场施工，且施工过程中忽视安全管理，现场管理混乱，并存在非法转包；未依照《武汉市建筑起重机械备案登记与监督管理实施办法》，对施工升降机加节进行申报和验收，并擅自使用；联系购买并使用伪造的施工升降机"建筑施工特种作业操作资格证"；对施工人员私自操作施工升降机的行为，批评教育不够，制止管控不力，上述问题是导致事故发生的主要原因。

③ 中汇公司，系东湖景园C区C7－1楼施工升降机的设备产权及安装、维护单位。安全生产主体责任不落实，安全生产管理制度不健全、不落实，安全培训教育不到位，企业主要负责人、项目主要负责人、专职安全生产管理人员和特种作业人员等安全意识薄弱；公司内部管理混乱，起重机械安装、维护制度不健全、不落实，施工升降机加节和附着安装不规范，安装、维护记录不全不实；安排不具备岗位执业资格的员工负责施工升降机维修保养；对施工升降机使用安全生产检查和维护流于形式，未能及时发现和整改事故施工升降机存在的重大安全隐患。上述问题是导致事故发生的主要原因。

④万嘉公司，系东湖景园建设管理单位。该公司不具备工程建设管理资质，在东湖景园无《建设工程规划许可证》、《建筑工程施工许可证》和未履行相关招投标程序的情况下，违规组织施工、监理单位进场开工。未经规划部门许可和放、验红线，擅自要求施工方以前期勘测的三个测量控制点作为依据，进行放线施工；在《建筑规划方案》之外违规多建一栋两单元住宅用房；在施工过程中违规组织虚假招投标活动。未落实企业安全生产主体责任，安全生产责任制不落实，未与项目管理部签订安全生产责任书；安全生产管理制度不健全、不落实，未建立安全隐患排查整治制度。万嘉公司东湖景园项目管理部只注重工程进度，忽视安全管理，未依照《武汉市建筑起重机械备案登记与监督管理实施办法》，督促相关单

位对施工升降机进行加节验收和使用管理；对项目施工和施工升降机安装使用安全生产检查和隐患排查流于形式，未能及时发现和督促整改事故施工升降机存在的重大安全隐患。上述问题是导致事故发生的主要原因。

⑤博特公司，系东湖景园 C 区监理单位。该公司安全生产主体责任不落实，未与分公司、监理部签订安全生产责任书，安全生产管理制度不健全，落实不到位；公司内部管理混乱，对分公司管理、指导不到位，未督促分公司建立健全安全生产管理制度；对东湖景园《监理规划》和《监理细则》审查不到位；博特公司使用非公司人员曾雯的资格证书，在投标时将曾雯作为东湖景园项目总监，但未安排曾雯实际参与项目投标和监理活动。东湖景园项目监理部负责人（总监代表）丁炎明和部分监理人员不具备岗位执业资格；安全管理制度不健全、不落实，在项目无《建设工程规划许可证》、《建筑工程施工许可证》和未取得《中标通知书》的情况下，违规进场监理；未依照《武汉市建筑起重机械备案登记与监督管理实施办法》，督促相关单位对施工升降机进行加节验收和使用管理，自己也未参加验收；未认真贯彻落实武汉市城乡建设委员会《关于印发〈市城建委认真做好近期全市建设工程安全隐患大排查工作的实施方案〉的通知》（武城建〔2012〕233 号）、《关于立即组织开展全市建设工程安全生产大检查的紧急通知》（武城建〔2012〕244 号）、武汉市城建安全生产管理站《关于组织开展建筑起重机械安全专项大检查的紧急通知》（武城安字〔2012〕23 号）等文件精神，对项目施工和施工升降机安装使用安全生产检查和隐患排查流于形式，未能及时发现和督促整改事故施工升降机存在的重大安全隐患。上述问题是导致事故发生的主要原因。

⑥东湖村委会，系东湖景园建设单位。违反有关规定选择无资质的项目建设管理单位；对项目建设管理单位、施工单位、监理单位落实安全生产工作监督不到位；未认真贯彻落实武汉市城乡建设委员会《关于印发〈市城建委认真做好近期全市建设工程安全隐患大排查工作的实施方案〉的通知》（武城建〔2012〕233 号）、《关于立即组织开展全市建设工程安全生产大检查的紧急通知》（武城建〔2012〕244 号）、武汉市城建安全生产管理站《关于组织开展建筑起重机械安全专项大检查的紧急通知》（武城安字〔2012〕23 号）等文件精神，对施工现场存在的安全生产问题督促整改不力。上述问题是导致事故发生的重要原因。

⑦武汉市建设主管部门。武汉市城乡建设委员会作为全市建设行业主管部门，虽然对全市建设工程安全隐患排查、安全生产检查工作进行了部署，但组织领导不力，监督检查不到位；对武汉市城建安全生产管理站领导、指导和监督不力。该委员会建筑业管理办公室指定洪山区建筑管理站为东湖景园建设安全监管单位，后续监督检查工作不到位，未能及时发现并制止东湖景园违法施工行为。武汉市城建安全生产管理站作为全市建设安全监管主管机构，对洪山区建筑管理站业务指导不力，监督检查不到位，未能制止东湖景园违法施工行为，安全生产工作落实不力。武汉市洪山区建筑管理站及下属和平分站作为东湖景园建设安全监管单位，在该项目无《建设工程规划许可证》、《建筑工程施工许可证》的情况下，未能有效制止违法施工，对参建各方安全监管不到位。对工程安全隐患排查、起重机械安全专项大检查的工作贯彻执行不力，未能及时有效督促参建各方认真开展

自查自纠和整改，致使事故施工升降机存在的重大安全隐患未能及时得到排查整改。上述问题是导致事故发生的重要原因。

⑧武汉市城管执法部门。武汉市城市管理局作为全市违法建设行为监督执法部门，在接到东湖景园违法施工举报后，没有严格执法；该局查违处处长林良根到现场进行调查和了解后，于2011年11月25日主持召开市查违办月度绩效考核例会，将非市重点工程的东湖景园当作市重点工程，同意了东湖生态旅游风景区查违办提供的《会议纪要》对该项目作出"暂缓拆除，并督促其补办、完善相关手续"的意见，之后没有进一步检查督办是否停工补办相关手续，使得该项目得以继续违法施工。东湖生态旅游风景区城管执法局作为该风景区违法建设行为监督执法部门，在接到东湖景园违法施工举报后，虽然对该项目下达了《违法通知书》、《违法建设停工通知书》、《违法建设拆除通知书》、《强制拆除决定书》，但没有严格执行，在按照该风景区管委会有关领导"争取变通解决办法"的要求，争取到武汉市城市管理局对该项目同意"暂缓拆除"后，没有督促有关单位停工补办相关手续，使得该项目得以继续违法施工。上述问题是导致事故发生的重要原因。

⑨东湖生态旅游风景区管委会城乡工作办事处。东湖生态旅游风景区城乡工作办事处作为该风景区管委会派出的，负责东湖村在内有关区域行政管理工作的机构，未认真贯彻落实安全生产责任制，未正确领导东湖景园参建各方严格执行国家、省、市有关安全生产法律法规和文件精神，是导致事故发生的重要原因。

⑩东湖生态旅游风景区管委会。东湖生态旅游风景区管委会作为武汉市政府派出的，负责该区域行政管理工作的机构，未认真贯彻落实安全生产责任制，未有效领导东湖景园参建各方和监管部门严格执行国家、省、市有关安全生产法律法规和文件精神，是导致事故发生的重要原因。

（3）事故性质

经调查认定，武汉市东湖生态旅游风景区"9·13"重大建筑施工事故是一起生产安全责任事故。

3）事故防范和整改措施建议

近年来，在党中央、国务院和省委、省政府的坚强领导下，武汉市抓住机遇，加快城市建设，促进了经济社会又好又快发展，改善了人民群众的工作、生产、生活条件。但该起事故的发生，也暴露出武汉市在工程建设领域安全生产方面存在一些突出问题。为深刻吸取事故教训，举一反三，进一步强化建筑行业安全生产管理，促进全省工程建设安全健康发展，提出如下措施建议：

（1）深入贯彻落实科学发展观，牢固树立以人为本、安全发展的理念

武汉市以及全省都要牢固树立和落实科学发展、安全发展理念，坚持"安全第一、预防为主、综合治理"方针，从维护人民生命财产安全的高度，充分认识加强建筑安全生产工作的极端重要性，正确处理安全与发展、安全与速度、安全与效率、安全与效益的关系，始终坚持把安全放在第一的位置、始终把握安全发展前提，以人为本，绝不能重速度而轻安全。

（2）切实落实建筑业企业安全生产主体责任

武汉市以及全省都要进一步强化建筑业企业安全生产主体责任。要强化企业安全生产责任制的落实，企业要建立健全安全生产管理制度，将安全生产责任落实到岗位，落实到个人，用制度管人、管事；建设单位和建设工程项目管理单位要切实强化安全责任，督促施工单位、监理单位和各分包单位加强施工现场安全管理；施工单位要依法依规配备足够的安全管理人员，严格现场安全作业，尤其要强化对起重机械设备安装、使用和拆除全过程安全管理；施工总承包单位和分包单位要强化协作，明确安全责任和义务，确保生产安全有人管、有人负责；监理单位要严格履行现场安全监理职责，按需配备足够的、具有相应从业资格的监理人员，强化对起重机械设备安装、使用和拆除等危险性较大项目的监理。各参建单位、特别是建筑机械设备经营单位要严格落实有关建筑施工起重机械设备安装、使用和拆除规定，做到规范操作、严格验收，加强使用过程中的经常性和定期检查、紧固并记录。严格落实特种作业持证上岗规定，严禁无证操作。

（3）切实落实工程建设安全生产监管责任

武汉市人民政府及有关行业管理部门要严格落实安全生产监管责任。要深入开展建筑行业"打非治违"工作，对违规出借资质、转包、分包工程，违规招投标，违规进行施工建设的行为要严厉打击和处理。要加强对企业和施工现场的安全监管，根据监管工程面积，合理确定监管人员数量。进一步明确监管职责，尽快建立健全安全管理规章、制度体系，制定更加有针对性的防范事故的制度和措施，提出更加严格的要求，坚决遏制重特大事故发生。

（4）切实加强安全教育培训工作

武汉市以及全省都要认真贯彻执行党和国家安全生产方针、政策和法律、法规，落实《国务院关于进一步加强企业安全生产工作的通知》（国发〔2010〕23号）、《国务院关于坚持科学发展安全发展促进安全生产形势持续稳定好转的意见》（国发〔2011〕40号）和《湖北省人民政府关于加强全省安全生产基层基础工作的意见》（鄂政发〔2011〕81号）等要求，加强对建筑从业人员和安全监管人员的安全教育与培训，扎实提高建筑从业人员和安全监管人员安全意识；要针对建筑施工人员流动性大的特点，强化从业人员安全技术和操作技能教育培训，落实"三级安全教育"，注重岗前安全培训，做好施工过程安全交底，开展经常性安全教育培训；要强化对关键岗位人员履职方面的教育管理和监督检查，重点加强对起重机械、脚手架、高空作业以及现场监理、安全员等关键设备、岗位和人员的监督检查，严格实行特种作业人员必须经培训考核合格，持证上岗制度。

（5）切实加强建设工程管理工作

武汉市要切实加强建设工程行政审批工作的管理。要进一步规范行政审批行为，对建设工程用地、规划、报建等行政许可事项，严格按照国家有关规定和要求办理，杜绝未批先建，违建不管的非法违法建设行为。国土资源部门要进一步加强土地使用管理和执法监察工作，严肃查处土地违法行为；规划部门要加强建设用地和工程规划管理，严格依法审批，进一步加强对规划技术服务和放、验红线工作的管理；建设部门要加强工程建设审批，严格报建程序，坚决杜绝未批先建现象发生；城管部门要加大巡查力度，严格依法查处违法建设行为。要严格工程招投标管理，杜绝虚假招投标等违法行为。要进一步建立健全建设工程行政审批管理制度和责任追究制度，主动接受社会监督，实行全过程阳光操作，确保程序和结果公开、公平、公正。

4）对有关责任者和责任单位的处理建议

（略）

14.3.6 起重吊装作业事故案例

1）事故概况

2001年7月17日上午8时，中国船舶工业总公司上海中华造船（集团）有限公司由上海电力建筑工程公司承建的600t起重量、跨度为170m的巨型龙门起重机在吊装主梁过程中，发生一起特大吊装作业事故，造成36人死亡，3人受重伤，直接经济损失8000多万元。

（1）起重机吊装过程

事故前3个月，该工程公司施工人员进入造船厂开始进行龙门起重机结构吊装工程，2个月后，完成了刚性腿整体吊装竖立工作。

事故当月12日，该中心进行主梁预提升，通过60%～100%负荷分步加载测试后，确认主梁质量良好，塔架应力小于允许应力。

事故当月前4日，该中心将主梁提升离开地面，然后分阶段逐步提升，至事故前1日19：00，主梁被提升至47.6m高度，此时主梁上小车与刚性腿内侧缆风绳相碰，阻碍了提升。该公司施工现场指挥考虑天色已晚，决定停止作业，并给起重班长留下书面工作安排，明确事故当日早晨放松刚性腿内侧缆风绳，为该中心08：00正式提升主梁做好准备。

（2）事故发生经过

事故当日早7时，公司施工人员按现场指挥的布置，通过陆侧（远离江河一侧）和江侧（靠近江河一侧）卷扬机先后调整刚性腿的两对内、外两侧缆风绳，现场测量员通过经纬仪监测刚性腿顶部的基准靶标志，并通过对讲机指挥两侧卷扬机操作工进行放缆作业（据陈述，调整时，控制靶位标志内外允许摆动20mm）。放缆时，先放松陆侧内缆风绳，当刚性腿出现外偏时，通过调松陆侧外缆风绳减小外侧拉力进行修偏，直至恢复至原状态。通过10余次放松及调整后，陆侧内缆风绳处于完全松弛状态，并已被退出梁上小车机房顶棚。此后，又使用相同方法和相近的次数，将江侧内缆风绳放松调整为完全松弛状态，约07：55，当地面人员正要通知上面工作人员推移江侧内缆风绳时，测量员发现基准标志逐渐外移，并逸出经纬仪观察范围，同时还有现场人员也发现刚性腿不断地在向外侧倾斜，直到刚性腿倾覆，主梁被拉动横向平移并坠落，另一端的塔架也随之倾倒。

（3）人员伤亡和经济损失情况

事故造成36人死亡，2人重伤，1人轻伤。死亡人员中，公司4人、中心9人（其中有副教授1人，博士后2人，在职博士1人），造船厂23人。

事故造成经济损失约1亿元，其中直接经济损失8000多万元。

2）事故原因分析

事故发生后，党和国家十分重视。国家安全生产监督管理局立即组成调查组赶赴现场进行调查处理。

（1）刚性腿在缆风绳调整过程中受力失衡是事故的直接原因

事故调查组在听取工程情况介绍、现场勘查、查阅有关各方提供的技术文件和图纸、收集有关物证和陈述笔录的基础上，对事故原因作了认真的排查和分析。在逐一排除了自制塔架首先失稳、支承刚性腿的轨道基础沉陷移位、刚性腿结构本体失稳破坏、刚性腿缆风绳超载断裂或地锚拔起、荷载状态下的提升承重装置突然破坏断裂及不可抗力（地震、飓风等）的影响等可能引起事故的多种其他原因后，重点对刚性腿在缆风绳调整过程中受力失衡问题进行了深入分析，经过有关专家对吊装主梁过程中刚性腿处的力学机理分析及受力计算，提出了《×市7.17特大事故技术原因调查报告》，认定造成这起事故的直接原因是：在吊装主梁过程中，由于违规指挥、操作，在未采取任何安全保障措施情况下，放松了内侧缆风绳，致使刚性腿向外侧倾倒，并依次拉动主梁、塔架向同一侧倾坠、垮塌。

（2）施工作业中违规指挥是事故的主要原因

该公司施工现场指挥在发生主梁上小车碰到缆风绳需要更改施工方案时，违反吊装工程方案中关于"在施工过程中，任何人不得随意改变施工方案的作业要求，如有特殊情况进行调整必须通过一定的程序以保证整个施工过程安全"的规定。未按程序编制修改书面作业指令和逐级报批，在未采取任何安全保障措施的情况下，下令放松刚性腿内侧的两根缆风绳，导致事故发生。

（3）吊装工程方案不完善、审批把关不严是事故的重要原因

由该公司编制，其上级公司批复的吊装工程方案中提供的施工阶段结构倾覆稳定验算资料不规范、不齐全；对造船厂600t龙门起重机刚性腿的设计特点，特别是刚性腿顶部外倾710mm后的结构稳定性没有予以充分的重视；对主梁提升到47.6m时，主梁上小车碰刚性腿内侧缆风绳这一可以预见的问题未予考虑，对此情况下如何保持刚性腿稳定的这一关键施工过程更无定量的控制要求和操作要领。

吊装工程方案及作业指导书编制后，虽经规定程序进行了审核和批准，但有关人员及单位均未发现存在的上述问题，使得吊装工程方案和作业指导书在重要环节上失去了指导作用。

（4）施工现场缺乏统一严格的管理，安全措施不落实是事故伤亡扩大的原因

① 施工现场组织协商不力。在吊装工程中，施工现场甲、乙、丙三方立体交叉作业，但没有及时形成统一、有效的组织协调机构对现场进行严格管理。在主梁提升前10日成立的"600t龙门起重机提升组织体系"，由于机构职责不明、分工不清，并没有起到施工现场总体的调度及协调作用，致使施工各方不能相互有效沟通。乙方在更改施工方案，决定放松缆风绳后，未正式告知现场施工各方采取相应的安全措施；甲方也未明确将事故当日的作业具体情况告知乙方。导致造船厂23名在刚性腿内作业的职工死亡。

② 安全措施不具体、不落实。事故发生前1个多月，由工程各方参加的"确保主梁、柔性腿吊装安全"专题安全工作会议，在制定有关安全措施时没有针对吊装施工的具体情况由各方进行充分研究并提出全面、系统的安全措施，有关安全要求中既没有对各单位在现场必要人员做出明确规定，也没有关于现场人员如

何进行统一协调管理的条款。施工各方均未制定相应程序及指定具体人员对会上提出的有关规定进行具体落实。例如,为吊装工程制定的工作牌制度就基本没有落实。

综上所述,该市"7·17"特大事故是一起由于吊装施工方案不完善,吊装过程中违规指挥、操作,并缺乏统一严格的现场管理而导致的重大责任事故。

3)事故责任划分及处理

这次事故发生的主要原因是施工作业中的违规指挥所致。

起重机结构吊装施工现场由该公司担任副指挥和施工现场指挥。在发生主梁上小车碰到缆风绳情况时,未修改书面作业指令和执行逐级报批程序,违章指挥导致事故发生,该公司应负主要方面责任。

(1)该公司职工,600t龙门起重机吊装工程事故当日施工现场指挥。作为当日的施工现场指挥,不按施工规定进行作业,对于主梁受阻问题,自行决定,在没采取任何安全措施的情况下,就安排人放松刚性腿内侧缆风绳,导致事故发生,是造成这次事故的直接责任者,犯有重大工程安全事故罪,给予开除公职处分,交司法机关依法处理。

(2)公司副经理,作为600t龙门起重机吊装工程项目经理,忽视现场管理,未制定明确、具体的现场安全措施;明知7月17日要放刚性腿内侧缆风绳,也未提出采取有效保护措施,且事发时不在现场。对事故负有主要领导责任,犯有重大工程安全事故罪,给予开除公职、开除党籍处分,交司法机关依法处理。

(3)对其他12名特大事故相关责任人,根据职务、职责,分别给以开除党籍、留党察看、党内严重警告、撤销党内职务等党纪处分和开除公职、行政撤职、行政降级、行政记过、行政警告处分等行政处罚,对涉嫌犯有重大工程安全事故罪的,移交司法机关依法处理。

责成该三个单位的行政主管部门依据调查结论对与事故有关的其他责任人给予严肃处理。

4)事故教训及整改措施

(1)工程施工必须坚持科学的态度,严格按照规章制度办事,坚决杜绝有章不循、违章指挥、凭经验办事和侥幸心理。

此次事故的主要原因是现场施工违规指挥所致,而施工单位在制定、审批吊装方案和实施过程中都未对600t龙门起重机刚性腿的设计特点给予充分的重视,只凭以往在大吨位门吊施工中曾采用过的放松缆风绳的"经验"处理这次缆风绳的干涉问题。对未采取任何安全保障措施就完全放松刚性腿内侧缆风绳的做法,现场有关人员均未提出异议,致使该公司现场指挥人员的违规指挥得不到及时纠正。此次事故的教训证明,安全规章制度是长期实践经验的总结,是用鲜血和生命换来的,在实际工作中,必须进一步完善安全生产的规章制度,并坚决贯彻执行,以改变那种纪律松弛、管理不严、有章不循的情况。不按科学态度和规定的程序办事,有法不依、有章不循,想当然、凭经验、靠侥幸是安全生产的大敌。

今后在进行起重吊装等危险性较大的工程施工时,应当明确禁止其他与吊装工程无关的交叉作业,无关人员不得进入现场,以确保施工安全。

（2）必须落实建设项目各方的安全责任，强化外来施工队伍和劳动力的管理。

这次事故的最大教训是"以包代管"。为此，在工程的承发包中，要坚决杜绝以包代管、包而不管的现象。首先是严格市场的准入制度，对承包单位必须进行严格的资质审查。在多单位承包的工程中，发包单位应当对安全生产工作进行统一协调管理。在工程合同的有关内容中必须对业主及施工各方的安全责任做出明确的规定，并建立相应的管理和制约机制，以保证其在实际工作中得到落实。

同时，在社会主义市场经济条件下，由于多种经济成分共同发展，出现利益主体多元化、劳动用工多样化趋势。特别是在建设工程中目前大量使用外来劳动力，增加了安全管理的难度。为此，一定要重视对外来施工队伍及临时用工的安全管理和培训教育，必须坚持严格的审批程序；必须坚持先培训后上岗的制度，对特种作业人员要严格培训考核、发证，做到持证上岗。

此外，中央管理企业在进行重大施工之前，应主动向所在地安全生产监督管理机构备案，各级安全生产监督管理机构应当加强监督检查。

（3）要重视和规范高等院校参加工程施工时的安全管理，使产、学、研相结合，走上健康发展的轨道。

在高等院校科技成果向产业化转移过程中，高等院校以多种形式参加工程项目技术咨询、服务或直接承接工程的现象越来越多。但从这次调查发现的问题来看，高等院校教职员工介入工程时一般都存在工程管理及现场施工管理经验不足，不能全面掌握有关安全规定，施工风险意识、自我保护意识差等问题，而一旦发生事故，善后处理难度最大，极易成为引发社会不稳定的因素。有关部门应加强对高等院校所属单位承接工程的资质审核，在安全管理方面加强培训；高等院校要对参加工程的单位加强领导，加强安全方面的培训和管理，要求其按照有关工程管理及安全生产的法规和规章制订完善的安全规章制度，并实行严格管理，以确保施工安全。

重难点知识讲解

案例 1

【背景】 某高层住宅楼工程项目，业主与某施工单位签订了建筑施工合同。在工程实施过程中，发生了以下事件：

事件 1：基坑发生严重坍塌，并造成 4 名施工人员被掩埋，经抢救 2 人死亡，5 人重伤，26 天后又有 1 人死亡，35 天后又有 1 人死亡。

事件 2：该工程项目周围为已建工程，因施工场地狭小，现场道路按 3m 考虑并兼作消防车道，路基夯实，上铺 150mm 厚砂石，并做混凝土面层。搅拌机棚、砂石料只能在与已建工程之间间隙堆放。现场布置两个消火栓，间距 100m，其中一个距拟建建筑物 4m，另一个距临时道路 2.5m。

事件 3：一层有一跨度为 10m 的钢筋混凝土梁，拆模后发现梁的一侧混凝土有少量孔洞。

【问题】 1. 本事故的死亡人数是几人？可定为哪种等级的安全事故？说明理由。

2. 该工程消防车道设置是否合理？该工程消火栓设置是否妥当？试说明理由。

3. 事件 3 中，10m 钢筋混凝土梁底模拆除时混凝土强度应为多少？

4. 施工项目的安全检查应由谁组织？

案例 2

【背景】某建筑工程位于闹市中心地带，总建筑面积 32000m²。某日，上级单位对该工地进行了安全生产检查。在检查过程中记录了以下事件：

事件 1：施工单位在工地大门入口处围挡上悬挂了"五牌一图"，但是仔细检查后发现为临时悬挂。

事件 2：施工单位在现场配置了 1 名专职安全员进行安全生产监督管理。

事件 3：施工现场中某两台用电设备连接了同一个开关箱，连接的水平距离为 5m 以上。

事件 4：在安全生产检查评分表中，有一分项检查评分表未得分，汇总表的得分为 75 分。

【问题】

1. 事件 1 中"五牌一图"的内容是什么？施工单位的行为是否妥当？说明理由。

2. 事件 2 中专职安全员的配置是否合理？说明理由。

3. 请指出事件 3 中不合理之处，并说明理由。

4. 依据事件 4 中的得分情况，给出该工程的安全生产检查评定结论，并给出理由。

复习思考题

1. 什么是事故的直接原因、间接原因？

2. 事故调查报告应当包括哪些内容？

3. 消除人的不安全行为，有哪些措施？

4. 消除物的不安全状态，有哪些措施？

附录

附录1 术语

第1章

1. 建设工程项目 construction project

为完成依法立项的新建、扩建、改建等各类工程而进行的、有起止日期的、达到规定要求的一组相互关联的受控活动组成的特定过程，包括策划、勘察、设计、采购、施工、试运行、竣工验收和考核评价等。简称为项目。

2. 建设工程项目管理 construction project management

运用系统的理论和方法，对建设工程项目进行的计划、组织、指挥、协调和控制等专业化活动。简称为项目管理。

3. 项目发包人 project employer

按招标文件或合同中约定、具有项目发包主体资格和支付合同价款能力的当事人以及取得该当事人资格的合法继承人。简称为发包人。

4. 工程总承包 engineering procurement construction contracting

工程总承包企业受业主委托，按照合同约定对工程建设项目的设计、采购、施工、试运行等实行全过程或若干阶段的承包。

5. 项目承包人 project contractor

按合同中约定、被发包人接受的具有项目承包主体资格的当事人，以及取得该当事人资格的合法继承人。简称为承包人。

6. 项目承包 project contracting

受发包人的委托，按照合同约定，对工程项目的策划、勘察、设计、采购、施工、试运行等实行全过程或分阶段承包的活动。简称为承包。

7. 项目分包 project subcontracting

承包人将其承包合同中所约定工作的一部分发包给具有相应资质的企业承担。简称为分包。

8. 项目经理 project manager

企业法定代表人在建设工程项目上的授权委托代理人。

9. 项目经理部（或项目部） project management team

由项目经理在企业法定代表人授权和职能部门的支持下按照企业的相关规定组建的、进行项目管理的一次性的组织机构。

10. 项目经理责任制 responsibility system of project manager

企业制定的、以项目经理为责任主体，确保项目管理目标实现的责任制度。

第2章

1. 安全生产管理机构

是指建筑施工企业设置的负责安全生产管理工作的独立职能部门。

2. 建筑施工企业主要负责人 principal of construction company

是指对本企业日常生产经营活动和安全生产工作全面负责、有生产经营决策权的人员，包括企业法定代表人、经理、企业分管安全生产工作的副经理等。

3. 建筑施工企业项目负责人

是指由企业法定代表人授权，负责建设工程项目管理的负责人等。

4. 专职安全生产管理人员

是指经建设主管部门或者其他有关部门安全生产考核合格取得安全生产考核合格证书，并在建筑施工企业及其项目从事安全生产管理工作的专职人员。

5. 危险性较大的分部分项工程　graveness hazard

是指建筑工程在施工过程中存在的、可能导致作业人员群死群伤或造成重大不良社会影响的分部分项工程。

第3章

1. 工程监理单位　construction project management enterprise

依法成立并取得国务院建设主管部门颁发的工程监理企业资质证书，从事建设工程监理活动的服务机构。

2. 建设工程监理　construction project management

工程监理单位受建设单位委托，根据法律法规、工程建设标准、勘察设计文件及合同，在施工阶段对建设工程质量、进度、造价进行控制，对合同、信息进行管理，对工程建设相关方的关系进行协调，并履行建设工程安全生产管理法定职责的服务活动。

3. 项目监理机构　project management department

工程监理单位派驻工程负责履行建设工程监理合同的组织机构。

4. 注册监理工程师　registered project management engineer

取得国务院建设主管部门颁发的《中华人民共和国注册监理工程师注册执业证书》和执业印章，从事建设工程监理与相关服务等活动的人员。

5. 总监理工程师　chief project management engineer

由工程监理单位法定代表人书面任命，负责履行建设工程监理合同、主持项目监理机构工作的注册监理工程师。

6. 总监理工程师代表　representative of chief project management engineer

由总监理工程师授权，代表总监理工程师行使其部分职责和权力，具有工程类注册执业资格或具有中级及以上专业技术职称、3年及以上工程监理实践经验的监理人员。

7. 专业监理工程师　specialty project management engineer

由总监理工程师授权，负责实施某一专业或某一岗位的监理工作，有相应监理文件签发权，具有工程类注册执业资格或具有中级及以上专业技术职称、2年及以上工程实践经验的监理人员。

8. 监理员　site supervisor

从事具体监理工作，具有中专及以上学历并经过监理业务培训的监理人员。

9. 监理规划　project management planning

指导项目监理机构全面开展监理工作的纲领性文件。

10. 监理实施细则　detailed rules for project management

针对某一专业或某一方面监理工作的操作性文件。

11. 工程变更　engineering Variations

按照施工合同约定的程序对工程在材料、工艺、功能、构造、尺寸、技术指标、工程量及施工方法等方面做出的改变。

12. 工程计量　engineering measuring

根据工程设计文件及施工合同约定，项目监理机构对施工单位申报的合格工程的工程量进行的核验。

13. 旁站　key works supervising

监理人员在施工现场对工程实体关键部位或关键工序的施工质量进行的监督检查活动。

14. 巡视　patrol inspecting

监理人员在施工现场进行的定期或不定期的监督检查活动。

15. 平行检验　parallel testing

项目监理机构在施工单位对工程质量自检的基础上，按照有关规定或建设工程监理合同约定独立进行的检测试验活动。

16. 见证取样　sampling witness

项目监理机构对施工单位进行的涉及结构安全的试块、试件及工程材料现场取样、封样、送检工作的监督活动。

17. 监理日志　daily record of project management

项目监理机构每日对建设工程监理工作及建设工程实施情况所做的记录。

18. 监理月报　monthly report of project management

项目监理机构每月向建设单位提交的建设工程监理工作及建设工程实施情况分析总结报告。

19. 监理文件资料　documentation of project management

工程监理单位在履行建设工程监理合同过程中形成或获取的，以一定形式记录、保存的文件资料。

第4章

1. 施工现场　construction site

经批准进行土木工程、建筑工程、线路管道和设备安装工程及装修工程的新建、扩建、改建和拆除等施工活动所占用的施工场地。

2. 保证项目　assuring items

检查评定项目中，对施工人员生命、设备设施及环境安全起关键性作用的项目。

3. 一般项目　general items

检查评定项目中，除保证项目以外的其他项目。

4. 公示标牌　public signs

在施工现场的进出口处设置的工程概况牌、管理人员名单及监督电话牌、消防保卫牌、安全生产牌、文明施工牌及施工现场总平面图等。

5. 临边　temporary edges

施工现场内无围护设施或围护设施高度低于0.8m的楼层周边、楼梯侧边、平台或阳台边、屋面周边和沟、坑、槽、深基础周边等危及人身安全的边沿的简称。

6. 消纳

是消化、消受、吸纳、容纳的意思。是新词语。

7. 建筑施工　construction

建筑施工是指工程建设实施阶段的生产活动，是各类建筑物的建造过程，包括基础工程施工、主体结构施工、屋面工程施工、装饰工程施工（已竣工交付使用的住宅楼进行室内装修活动除外）等。

8. 建筑施工噪声　construction noise

建筑施工过程中产生的干扰周生活环境的声音。

9. A声级　A-weighted sound pressure level

用A计权网络测得的声压级，用A表示，单位dB（A）。

10. 等效连续A声级　equivalent continuous A-weighted sound pressure level

简称为等效声级，指在规定测量时间 T 内A声级的能量平均值，用LAeq T 表示（简写为Leq），单位dB（A）。除特别指明外，本标准中噪声值皆为等效声级。根据定义，等效声级表示为：

$$\text{Leq} = 10\lg\left(\frac{1}{T}\int_0^T 10^{0.1\times L_A}\,\mathrm{d}t\right)$$

式中　L_A——t时刻的瞬时A声级；

　　　T——规定的测量时间段。

11. 建筑施工场界　boundary of construction site

由有关主管部门批准的建筑施工场地边界或建筑施工过程中实际使用的施工场地边界。

12. 噪声敏感建筑物　noise-sensitive buildings

指医院、学校、机关、科研单位、住宅等需要保持安静的建筑物。

13. 最大声级　maximum sound level

在规定测量时间内测得的 A 声级最大值，用 Amax 表示，单位 dB(A)。

14. 昼间　day-time、夜间　night-time

根据《中华人民共和国环境噪声污染防治法》，"昼间"是指 6：00 至 22：00 之间的时段；"夜间"是指 22：00 至次日 6：00 之间的时段。县级以上人民政府为环境噪声污染防治的需要（如考虑时差、作息习惯差异等）而对昼间、夜间的划分另有规定的，应按其规定执行。

15. 背景噪声　background noise

被测量噪声源以外的声源发出的环境噪声的总和。

16. 稳态噪声　steady noise

在测量时间内，被测声源的声级起伏不大于 3dB(A) 的噪声。

17. 非稳态噪声　non-steady noise

在测量时间内，被测声源的声级起伏大于 3dB(A) 的噪声。

第5章

1. 基坑　excavations

为进行建（构）筑物地下部分的施工由地面向下开挖出的空间。

2. 基坑周边环境　surroundings around excavations

与基坑开挖相互影响的周边建（构）筑物、地下管线、道路、岩土体与地下水体的统称。

3. 基坑支护　retaining and protection for excavations

为保护地下主体结构施工和基坑周边环境的安全，对基坑采用的临时性支挡、加固、保护与地下水控制的措施。

4. 支护结构　retaining and protection structure

支挡或加固基坑侧壁的承受荷载的结构。

5. 设计使用期限　design workable life

设计规定的从基坑开挖到预定深度至完成基坑支护使用功能的时段。

6. 支挡式结构　retaining structure

以挡土构件和锚杆或支撑为主要构件，或以挡土构件为主要构件的支护结构。

7. 锚拉式支挡结构　anchored retaining structure

以挡土构件和锚杆为主要构件的支挡式结构。

8. 支撑式支挡结构　strutted retaining structure

以挡土构件和支撑为主要构件的支挡式结构。

9. 悬臂式支挡结构　cantilever retaining structure

以顶端自由的挡土构件为主要构件的支挡式结构。

10. 挡土构件　structural member for earth retaining

设置在基坑侧壁并嵌入基坑底面的支护结构竖向构件。例如支护桩、地下连续墙。

11. 排桩　soldier pile wall

沿基坑侧壁排列设置的支护桩及冠梁所组成的支挡式结构部件或悬臂式支挡结构。

12. 双排桩　double-row-piles wall

沿基坑侧壁排列设置的由前、后两排支护桩和梁连接成的刚架及冠梁所组成的支挡式结构。

13. 地下连续墙　diaphragm wall

分槽段用专用机械成槽、浇筑钢筋混凝土所形成的连续地下墙体。亦可称为现浇地下连续墙。

14. 锚杆　anchor

由杆体（钢绞线、普通钢筋、热处理钢筋或钢管）、注浆形成的固结体、锚具、套管、连接器所组成的一端与支护结构构件连接，另一端锚固在稳定岩土体内的受拉杆件。杆体采用钢绞线时，亦可称为锚索。

15. 内支撑 strut

设置在基坑内的由钢筋混凝土或钢构件组成的用以支撑挡土构件的结构部件。支撑构件采用钢材、混凝土时，分别称为钢内支撑、混凝土内支撑。

16. 冠梁 capping beam

设置在挡土构件顶部的钢筋混凝土连梁。

17. 腰梁 waling

设置在挡土构件侧面的连接锚杆或内支撑的钢筋混凝土或型钢梁式构件。

18. 土钉 soil nail

设置在基坑侧壁土体内的承受拉力与剪力的杆件。例如，成孔后植入钢筋杆体并通过孔内注浆在杆体周围形成固结体的钢筋土钉，将设有出浆孔的钢管直接击入基坑侧壁土中并在钢管内注浆的钢管土钉。

19. 土钉墙 soil nailing wall

由随基坑开挖分层设置的、纵横向密布的土钉群、喷射混凝土面层及原位土体所组成的支护结构。

20. 复合土钉墙 composite soil nailing wall

土钉墙与预应力锚杆、微型桩、旋喷桩、搅拌桩中的一种或多种组成的复合型支护结构。

21. 重力式水泥土墙 gravity cement-soil wall

水泥土桩相互搭接成格栅或实体的重力式支护结构。

22. 地下水控制 groundwater control

为保证支护结构、基坑开挖、地下结构的正常施工，防止地下水变化对基坑周边环境产生影响所采用的截水、降水、排水、回灌等措施。

23. 截水帷幕 curtain for cutting off drains

用以阻隔或减少地下水通过基坑侧壁与坑底流入基坑和防止基坑外地下水位下降的幕墙状竖向截水体。

24. 落底式帷幕 closed curtain for cutting off drains

底端穿透含水层并进入下部隔水层一定深度的截水帷幕。

25. 悬挂式帷幕 unclosed curtain for cutting off drains

底端未穿透含水层的截水帷幕。

26. 降水 dewatering

为防止地下水通过基坑侧壁与基底流入基坑，用抽水井或渗水井降低基坑内外地下水位的方法。

27. 集水明排 open pumping

用排水沟、集水井、泄水管、输水管等组成的排水系统将地表水、渗漏水排泄至基坑外的方法。

第6章

1. 扣件式脚手架 steel tubular scaffold with couplers

为建筑施工而搭设的、承受荷载的由扣件和钢管等构成的脚手架与支撑架，包含规范中含有的各类脚手架与支撑架，统称脚手架。

2. 支撑架 formwork support

为钢结构安装或浇筑混凝土构件等搭设的承力支架。

3. 单排扣件式钢管脚手架 single pole steel tubular scaffold with couplers

只有一排立杆，横向水平杆的一端搁置固定在墙体上的脚手架，简称单排架。

4. 双排脚手架 double pole steel tubular scaffold with couplers

由内外两排立杆和水平杆等构成的脚手架，简称双排架。

5. 满堂扣件式钢管脚手架 fastener steel tube full hall scaffold

在纵、横方向，由不少于三排立杆并与水平杆、水平剪刀撑、竖向剪刀撑、扣件等构成的脚手架。该架体顶部施工荷载通过水平杆传递给立杆，立杆呈偏心受压状态，简称满堂脚手架。

6. 满堂扣件式钢管支撑架 fastener steel tuber full hall formwork support

在纵、横方向，由不少于三排立杆并与水平杆、水平剪刀撑、竖向剪刀撑、扣件等构成的脚手架。该架体顶部钢结构安装等（同类工程）施工荷载通过可调托轴心传力给立杆，顶部立杆呈轴心受压状态，简称满堂支撑架。

7. 开口型脚手架　open scaffold

沿建筑周边非交圈设置的脚手架为开口型脚手架，其中直线型的脚手架为一字形脚手架。

8. 封圈型脚手架　loop scaffold

沿建筑周边交圈设置的脚手架。

9. 扣件　coupler

采用螺栓紧固的扣接连接件扣件，包括直角扣件、旋转扣件、对接扣件。

10. 防滑扣件　skid resistant coupler

根据抗滑要求增设的非连接用途扣件。

11. 底座　base plate

设于立杆底部的垫座，包括固定底座、可调底座。

12. 可调托撑　adjustable forkhead

插入立杆钢管顶部，可调节高度的顶撑。

13. 水平杆　horizontal tube

脚手架中的水平杆件。沿脚手架纵向设置的水平杆为纵向水平杆；沿脚手架横向设置的水平杆为横向水平杆。

14. 扫地杆　bottom reinforcing tube

贴近楼（地）面，连接立杆根部的纵、横向水平杆件，包括纵向扫地杆、横向扫地杆。

15. 连墙件　tie member

将脚手架架体与建筑物主体构件连接，能够传递拉力和压力的构件。

16. 连墙件间距　spacing of tie member

脚手架相邻连墙件之间的距离，包括连墙件竖距、连墙件横距。

17. 横向斜撑　diagonal brace

与双排脚手架内、外立杆或水平杆斜交呈之字形的斜杆。

18. 剪刀撑　diagonal bracing

在脚手架竖向或水平向成对设置的交叉斜杆。

19. 抛撑　cross bracing

用于脚手架侧面支撑，与脚手架外侧面斜交的杆件。

20. 脚手架高度　scaffold height

自立杆底座下皮至架顶栏杆上皮之间的垂直距离。

21. 脚手架长度　scaffold length

脚手架纵向两端立杆外皮间的水平距离。

22. 脚手架宽度　scaffold width

脚手架横向两端立杆外皮之间的水平距离，单排脚手架为立杆外皮至墙面的距离。

23. 步距　lift height

上下水平杆轴线间的距离。

24. 立杆纵（跨）距　longitudinal spacing of tube

脚手架纵向相邻立杆之间的轴线距离。

25. 立杆横距　transverse spacing of upright tube

脚手架横向相邻立杆之间的距离，单排脚手架为外立杆轴线至墙面的距离。

26. 主节点　main node

立杆、纵向水平杆、横向水平杆三杆紧靠的扣接点。

第7章

1. 面板　surface slab

直接接触新浇混凝土的承力板，并包括拼装的板和加肋楞带板。面板的种类有钢、木、胶合板、塑料板等。

2. 支架　support

支撑面板用的楞梁、立柱、连接件、斜撑、剪刀撑和水平拉条等构件的总称。

3. 连接件　pitman

面板与楞梁的连接、面板自身的拼接、支架结构自身的连接和其中二者相互间连接所用的零配件。包括卡销、螺栓、扣件、卡具、拉杆等。

4. 模板体系（简称模板）　shuttering

由面板、支架和连接件三部分系统组成的体系，也可统称为"模板"。

5. 小梁　minor beam

直接支承面板的小型楞梁，又称次楞或次梁。

6. 主梁　main beam

直接支承小楞的结构构件，又称主楞。一般采用钢、木梁或钢桁架。

7. 支架立柱　support column

直接支承主楞的受压结构构件，又称支撑柱、立柱。

8. 配模　matching shuttering

在施工设计中所包括的模板排列图、连接件和支承件布置图，以及细部结构、异形模板和特殊部位详图。

9. 早拆模板体系　early unweaving shuttering

在模板支架立柱的顶端，采用柱头的特殊构造装置来保证国家现行规范所规定的拆模原则下，达到早期拆除部分模板的体系。

10. 滑动模板　glide shuttering

模板一次组装完成，上面设置有施工作业人员的操作平台。并从下而上采用液压或其他提升装置沿现浇混凝土表面边浇筑混凝土边进行同步滑动提升和连续作业，直到现浇结构的作业部分或全部完成。其特点是施工速度快、结构整体性能好、操作条件方便和工业化程度较高。

11. 爬模　crawl shuttering

以建筑物的钢筋混凝土墙体为支承主体，依靠自升式爬升支架使大模板完成提升、下降、就位、校正和固定等工作。

12. 飞模　flying shuttering

主要由平台板、支撑系统（包括梁、支架、支撑、支腿等）和其他配件（如升降和行走机构等）组成。它是一种大型工具式模板，因其外形如桌，故又称桌模或台模。由于它可借助起重机械，从已浇好的楼板下吊运飞出转移到上层重复使用，故称飞模。

13. 隧道模　tunnel shuttering

一种组合式定型模板，同时浇筑墙体和楼板混凝土的模板，因这种模板的外形像隧道，故称之为隧道模。

第 8 章

1. 高处作业　work at heights

在距坠落高度基准面 2m 或 2m 以上有可能坠落的高处进行的作业。

2. 坠落高度基准面　datum plane for highness of falling

通过可能坠落范围内最低处的水平面。

3. 可能坠落范围　possible falling bounds

以作业位置为中心，可能坠落范围半径为半径划成的与水平面垂直的柱形空间。

4. 可能坠落范围半径　radius of possible falling bounds

为确定可能坠落范围而规定的相对于作业位置的一段水平距离，以 R 表示。

可能坠落范围半径用 m 表示，其大小取决于与作业现场的地形、地势或建筑物分布等有关的基础高度，具体的规定是统计分析了许多高处坠落事故案例的基础上作出的。

5. 基础高度 basic highness

以作业位置为中心，6m 为半径，划出的垂直于水平面的柱形空间内的最低处与作业位置间的高度差，以 h_b 表示，单位：m。

6. [高处]作业高度 highness of work [at heights]

作业区各作业位置至相应坠落高度基准面的垂直距离中的最大值，以 h_W 表示，单位：m。

7. 临边作业 edge-near operation

在工作面边沿无围护或围护设施高度低于 800mm 的高处作业，包括楼板边、楼梯段边、屋面边、阳台边、各类坑、沟、槽等边沿的高处作业。

8. 洞口作业 opening operation

在地面、楼面、屋面和墙面等有可能使人和物料坠落，其坠落高度大于或等于 2m 的开口处的高处作业。

9. 攀登作业 climbing operation

借助登高用具或登高设施进行的高处作业。

10. 悬空作业 hanging operation

在周边无任何防护设施或防护设施不能满足防护要求的临空状态下进行的高处作业。

11. 操作平台 auxiliary operating platform

由钢管、型钢或脚手架等组装搭设制作的供施工现场高处作业和载物的平台，包括移动式、落地式、悬挑式等平台。

12. 移动式操作平台 movable auxiliary operating platform

可在楼地面移动的带脚轮可移动的脚手架操作平台。

13. 落地式操作平台 floor type auxiliary operating platform

从地面或楼面搭起、不能移动的操作平台，形式主要有单纯进行施工作业的施工平台和可进行施工作业与承载物料的接料平台。

14. 悬挑式操作平台 overhanging auxiliary operating platform

以悬挑形式搁置或固定在建筑物结构边沿的操作平台，形式主要有斜拉式悬挑操作平台和支承式悬挑操作平台。

15. 交叉作业 cross operation

在施工现场的垂直空间呈贯通状态下，凡有可能造成人员或物体坠落的，并处于坠落半径范围内的、上下左右不同层面的立体作业。

16. 安全防护设施 safety protecting facilities

在施工高处作业中，为将危险、有害因素控制在安全范围内，以及减少、预防和消除危害所配置的设备和采取的措施。

17. 安全防护棚 safety protecting shed

高处作业在立体交叉作业时，为防止物体坠落造成坠落半径内人员伤害或材料、设备损坏而搭设的防护棚架。

第10章

1. 低压 low voltage

交流额定电压在 1kV 及以下的电压。

2. 高压 high voltage

交流额定电压在 1kV 以上的电压。

3. 外电线路 external circuit

施工现场临时用电工程配电线路以外的电力线路。

4. 有静电的施工现场 construction site with electrostatic field

存在因摩擦、挤压、感应和接地不良等而产生对人体和环境有害静电的施工现场。

5. 强电磁波源 source of powerful electromagnetic wave

辐射波能够在施工现场机械设备上感应产生有害对地电压的电磁辐射体。

6. 接地　ground connection

设备的一部分为形成导电通路与大地的连接。

7. 工作接地　working ground connection

为了电路或设备达到运行要求的接地，如变压器低压中性点和发电机中性点的接地。

8. 重复接地　iterative ground connection

设备接地线上一处或多处通过接地装置与大地再次连接的接地。

9. 接地体　earth lead

埋入地中并直接与大地接触的金属导体。

10. 人工接地体　manual grounding

人工埋入地中的接地体。

11. 自然接地体　natural grounding

施工前已埋入地中，可兼作接地体用的各种构件，如钢筋混凝土基础的钢筋结构、金属井管、金属管道（非燃气）等。

12. 接地线　ground line

连接设备金属结构和接地体的金属导体（包括连接螺栓）。

13. 接地装置　grounding device

接地体和接地线的总和。

14. 接地电阻　ground resistance

接地装置的对地电阻。它是接地线电阻、接地体电阻、接地体与土壤之间的接触电阻和土壤中的散流电阻之和。

接地电阻可以通过计算或测量得到它的近似值，其值等于接地装置对地电压与通过接地装置流入地中电流之比。

15. 工频接地电阻　power frequency ground resistance

按通过接地装置流入地中工频电流求得的接地电阻。

16. 冲击接地电阻　shock ground resistance

按通过接地装置流入地中冲击电流（模拟雷电流）求得的接地电阻。

17. 电气连接　electric connect

导体与导体之间直接提供电气通路的连接（接触电阻近于零）。

18. 带电部分　live-part

正常使用时要被通电的导体或可导电部分，它包括中性导体（中性线），不包括保护导体（保护零线或保护线），按惯例也不包括工作零线与保护零线合一的导线（导体）。

19. 外露可导电部分　exposed conductive part

电气设备的能触及的可导电部分。它在正常情况下不带电，但在故障情况下可能带电。

20. 触电（电击）　electric shock

电流流经人体或动物体，使其产生病理生理效应。

21. 直接接触　direct contact

人体、牲畜与带电部分的接触。

22. 间接接触　indirect contact

人体、牲畜与故障情况下变为带电体的外露可导电部分的接触。

23. 配电箱　distribution box

一种专门用作分配电力的配电装置，包括总配电箱和分配电箱，如无特指，总配电箱、分配电箱合称配电箱。

24. 开关箱　switch box

末级配电装置的通称，亦可兼作用电设备的控制装置。

25. 隔离变压器　isolating transformer

指输入绕组与输出绕组在电气上彼此隔离的变压器，用以避免偶然同时触及带电体（或因绝缘损坏而可能带电的金属部件）和大地所带来的危险。

26. 安全隔离变压器　safety isolating transformer

为安全特低电压电路提供电源的隔离变压器。

它的输入绕组与输出绕组在电气上至少由相当于双重绝缘或加强绝缘的绝缘隔离开来。

它是专门为配电电路、工具或其他设备提供安全特低电压而设计的。

第 11 章

1. 临时用房　temporary construction

在施工现场建造的，为建设工程施工服务的各种非永久性建筑物，包括办公用房、宿舍、厨房操作间、食堂、锅炉房、发电机房、变配电房、库房等。

2. 临时设施　temporary facility

在施工现场建造的，为建设工程施工服务的各种非永久性设施，包括围墙、大门、临时道路、材料堆场及其加工场、固定动火作业场、作业棚、机具棚、贮水池及临时给排水、供电、供热管线等。

3. 临时消防设施　temporary fire control facility

设置在建设工程施工现场，用于扑救施工现场火灾、引导施工人员安全疏散等的各类消防设施，包括灭火器、临时消防给水系统、消防应急照明、疏散指示标识、临时疏散通道等。

4. 临时疏散通道　temporary evacuation route

施工现场发生火灾或意外事件时，供人员安全撤离危险区域并到达安全地点或安全地带所经的路径。

5. 临时消防救援场地　temporary firefighting and rescue site

施工现场中供人员和设备实施灭火救援作业的场地。

第 12 章

1. 人工拆除　manual demolition

施工人员使用小型机具或手持工具，将拟拆除物拆解、破碎、清除的作业。

2. 机械拆除　mechanical dismantling

采用机械设备，将拟拆除物拆解、破碎、清除的作业。

3. 爆破拆除　blasting demolition

使用民用爆炸物品，将拟拆除物解体、破碎、清除的作业。

4. 静力破碎拆除　static demolition

利用静力破碎剂水化反应的膨胀力，将拟拆除物胀裂、破碎、清除的作业。

5. 有限空间　confined space

封闭或部分封闭，自然通风不良，易造成有毒有害、易燃易爆物质积聚或氧含量不足的空间。

第 13 章

安 全 网 部 分

1. 安全网　safety nets

用来防止人、物坠落，或用来避免、减轻坠落及物击伤害的网具。

注：1. 安全网一般由网体、边绳、系绳等组成。

　　2. 安全网按功能分为安全平网、安全立网、密目式安全立网。

2. 安全平网　horizontal safetynets

安装平面不垂直于水平面，用来防止人、物坠落，或用来避免、减轻坠落及物击伤害的安全网，简称为平网。

3. 安全立网　vertical safetynets

安装平面垂直于水平面，用来防止人、物坠落，或用来避免、减轻坠落及物击伤害的安全网，简称为立网。

4. 密目式安全立网 fine mesh safetyvertical net

网眼孔径不大于 12mm，垂直于水平面安装，用于阻挡人员、视线、自然风、飞溅及失控小物体的网，简称为密目网。

注：密目网一般由网体、开眼环扣、边绳和附加系绳组成。

5. A 级密目式安全立网 fine mesh safety vertical net（class A）

在有坠落风险的场所使用的密目式安全立网，简称为 A 级密目网。

6. B 级密目式安全立网 fine mesh safety vertical net（class B）

在没有坠落风险或配合安全立网（护栏）完成坠落保护功能的密目式安全立网，简称为 B 级密目网。

7. 网目 mesh

由一系列绳等经编织或采用其他工艺形成的基本几何形状。

注：网目组合在一起构成安全网的主体。

8. 网目密度 mesh density

密目网每百平方厘米面积内所具有的网孔数量。

9. 开眼环扣 round button with hole

密目网上用金属或其他硬质材料制成，中间开有孔的环状扣，两个环扣间的距离叫环扣间距。

10. 边绳 border ropes

沿网体边缘与网体连接的绳。

11. 系绳 tie ropes

把安全网固定在支撑物上的绳。

12. 筋绳 tendon ropes

为增加平（立）网强度而有规则地穿在网体上的绳。

13. 网目边长 mesh size

平（立）网相邻两个网绳结或节点之间的距离。

14. 初始下垂 initial sag

水平悬挂好的安全网由于自重而造成的下垂距离。

安 全 带 部 分

1. 安全带 personal fall protection systems

防止高处作业人员发生坠落或发生坠落后将作业人员安全悬挂的个体防护装备。

2. 围杆作业安全带 work positioning systems

通过围绕在固定构造物上的绳或带将人体绑定在固定构造物附近，使作业人员的双手可以进行其他操作的安全带。

3. 区域限制安全带 restraint systems

用以限制作业人员的活动范围，避免其到达可能发生坠落区域的安全带。

4. 坠落悬挂安全带 fall arrest systems

高处作业或登高人员发生坠落时，将作业人员安全悬挂的安全带。

5. 安全绳 lanyard

在安全带中连接系带与挂点的绳（带、钢丝绳）。

注：安全绳一般起扩大或限制佩戴者活动范围、吸收冲击能量的作用。

6. 缓冲器 energy absorber

串联在系带和挂点之间，发生坠落时吸收部分冲击能量、降低冲击力的部件。

7. 速差自控器 retractable type fall arrester

收放式防坠器

安装在挂点上，装有可伸缩长度的绳（带、钢丝绳），串联在系带和挂点之间，在坠落发生时因速度变化引发制动作用的部件。

8. 自锁器 guided type fall arrester

导向式防坠器

附着在导轨上、由坠落动作引发制动作用的部件。

注：该部件不一定有缓冲能力。

9. 系带　harnesses

坠落时支撑和控制人体，分散冲击力，避免人体受到伤害的部件。

注：系带由织带、带扣及其他金属部件组成，一般有全身系带、单腰系带、半身系带。

10. 主带　primary strap

系带中承受冲击力的带。

11. 辅带　secondary strap

系带中不直接承受冲击力的带。

12. 伸展长度　deploy distance

在坠落过程中，从悬挂点到安全带佩戴者的身体最低点（头或脚）的最大距离。

13. 坠落距离　fall distance

从坠落起始点或作业面到安全带佩戴者的身体最低点（头或脚）的最大距离。

14. 安全空间　safety space

位于作业面下方，不存在任何可能对坠落者造成碰撞伤害物体的立体空间。

15. 锁止距离　locking distance

自锁器或速差自控器在动态负荷性能测试中，从启动到运动停止，自锁器在导轨上的运动距离或安全绳从速差自控器腔体伸出的距离。

16. 调节扣　adjusting buckle

用于调节主带或辅带长度的零件。

17. 扎紧扣　fastening buckles

带卡

用于将主带系紧或脱开的零件。

18. 护腰带　comfort pad

同单腰带一起使用的宽带。

注：该部件起分散压力、提高舒适程度的作用。

19. 连接器　connector

具有常闭活门的连接部件。

注：该部件用于将系带和绳或绳和挂点连接在一起。

20. 挂点装置　anchor device

连接安全带与固定构造物的装置。

注：该点强度应满足安全带的负荷要求。可以是固定装置或滑动装置。挂点装置不是安全带的组成部分，但同安全带的使用密切相关。

21. 挂点　anchor point

连接安全带与固定构造物的固定点。

注：该点强度应满足安全带的负荷要求。该装置不是安全带的组成部分，但同安全带的使用密切相关。

22. 导轨　anchor line

附着自锁器的柔性绳索或刚性滑道，自锁器在导轨上可滑动。发生坠落时自锁器可锁定在导轨上。

注：导轨不是安全带的组成部分，但同安全带的使用密切相关。

23. 模拟人　torso test mass

安全带测试时使用的模拟人的躯干外形、重心的重物。

注：应符合 GB/T 6096—2009 附录 A、附录 B 的规定。

24. 调节器　adjustment device

用于调整安全绳长短的部件。

安 全 帽 部 分

1. 安全帽　safety helmet

对人头部受坠落物及其他特定因素引起的伤害起防护作用的帽。由帽壳、帽衬、下颏带、附件组成。

2. 帽壳　shell

安全帽外表面的组成部分。由帽舌、帽沿和顶筋组成。

3. 帽舌　peak

帽壳前部伸出的部分。

4. 帽沿　brim

在帽壳上，除帽舌以外帽壳周围其他伸出的部分。

5. 顶筋　top reinforcement

用来增强帽壳顶部强度的结构。

6. 帽衬　harness

帽壳内部部件的总称。由帽箍、吸汗带、缓冲垫、衬带等组成。

7. 帽箍　headband

绕头围起固定作用的带圈。包括调节带圈大小的结构。

8. 吸汗带　sweatband

附加在帽箍上的吸汗材料。

9. 缓冲垫　inner cushion

设置在帽箍和帽壳之间吸收冲击力的部件。

10. 衬带　liner strip

与头顶直接接触的带子。

11. 下颏带　chins trap

系在下巴上，起辅助固定作用的带子。由系带、锁紧卡组成。

12. 锁紧卡　lock

调节与固定系带有效长短的零部件。

13. 水平间距　horizontal distance

安全帽在佩戴时，帽箍与帽壳内侧之间在水平面上的径向距离。

14. 垂直间距　vertical distance

安全帽在佩戴时，头顶最高点与帽壳内表面之间的轴向距离（不包括顶筋的空间）。

15. 佩戴高度　wearing height

安全帽在佩戴时，帽箍底部至头顶最高点的轴向距离。

16. 头模　headform

测试安全帽时使用的模拟人头模型。

17. 通气孔　vent

设置在帽壳上的通气孔。

18. 附件　accessories

附加于安全帽的装置。包括眼面部防护装置、耳部防护装置、主动降温装置、电感应装置、颈部防护装置、照明装置、警示标志等。

19. 联接　joint

帽壳与帽衬之间联结结构。

包括插接、拴接、铆接、挂接、栓接等。

附录2 中华人民共和国建筑法（节选）

第五章 建筑安全生产管理

第三十六条 建筑工程安全生产管理必须坚持安全第一、预防为主的方针，建立健全安全生产的责任制度和群防群治制度。

第三十七条 建筑工程设计应当符合按照国家规定制定的建筑安全规程和技术规范，保证工程的安全性能。

第三十八条 建筑施工企业在编制施工组织设计时，应当根据建筑工程的特点制定相应的安全技术措施；对专业性较强的工程项目，应当编制专项安全施工组织设计，并采取安全技术措施。

第三十九条 建筑施工企业应当在施工现场采取维护安全、防范危险、预防火灾等措施；有条件的，应当对施工现场实行封闭管理。

施工现场对毗邻的建筑物、构筑物和特殊作业环境可能造成损害的，建筑施工企业应当采取安全防护措施。

第四十条 建设单位应当向建筑施工企业提供与施工现场相关的地下管线资料，建筑施工企业应当采取措施加以保护。

第四十一条 建筑施工企业应当遵守有关环境保护和安全生产的法律、法规的规定，采取控制和处理施工现场的各种粉尘、废气、废水、固体废物以及噪声、振动对环境的污染和危害的措施。

第四十二条 有下列情形之一的，建设单位应当按照国家有关规定办理申请批准手续：

（一）需要临时占用规划批准范围以外场地的；

（二）可能损坏道路、管线、电力、邮电通讯等公共设施的；

（三）需要临时停水、停电、中断道路交通的；

（四）需要进行爆破作业的；

（五）法律、法规规定需要办理报批手续的其他情形。

第四十三条 建设行政主管部门负责建筑安全生产的管理，并依法接受劳动行政主管部门对建筑安全生产的指导和监督。

第四十四条 建筑施工企业必须依法加强对建筑安全生产的管理，执行安全生产责任制度，采取有效措施，防止伤亡和其他安全生产事故的发生。

建筑施工企业的法定代表人对本企业的安全生产负责。

第四十五条 施工现场安全由建筑施工企业负责。实行施工总承包的，由总承包单位负责。分包单位向总承包单位负责，服从总承包单位对施工现场的安全生产管理。

第四十六条 建筑施工企业应当建立健全劳动安全生产教育培训制度，加强对职工安全生产的教育培训；未经安全生产教育培训的人员，不得上岗作业。

第四十七条 建筑施工企业和作业人员在施工过程中，应当遵守有关安全生产的法律、法规和建筑行业安全规章、规程，不得违章指挥或者违章作业。作业人员有权对影响人身健康的作业程序和作业条件提出改进意见，有权获得安全生产所需的防护用品。作业人员对危及生命安全和人身健康的行为有权提出批评、检举和控告。

第四十八条 建筑施工企业应当依法为职工参加工伤保险缴纳工伤保险费。鼓励企业为从事危险作业的职工办理意外伤害保险，支付保险费。

第四十九条 涉及建筑主体和承重结构变动的装修工程，建设单位应当在施工前委托原设计单位或者具有相应资质条件的设计单位提出设计方案；没有设计方案的，不得施工。

第五十条 房屋拆除应当由具备保证安全条件的建筑施工单位承担，由建筑施工单位负责人对安全负责。

第五十一条 施工中发生事故时，建筑施工企业应当采取紧急措施减少人员伤亡和事故损失，并按照国家有关规定及时向有关部门报告。

附录3　建设工程安全生产管理条例

（中华人民共和国国务院令第 393 号）

《建设工程安全生产管理条例》已经 2003 年 11 月 12 日国务院第 28 次常务会议通过，现予公布，自 2004 年 2 月 1 日起施行。

总理　温家宝

二○○三年十一月二十四日

建设工程安全生产管理条例

第一章　总则

第一条　为了加强建设工程安全生产监督管理，保障人民群众生命和财产安全，根据《中华人民共和国建筑法》、《中华人民共和国安全生产法》，制定本条例。

第二条　在中华人民共和国境内从事建设工程的新建、扩建、改建和拆除等有关活动及实施对建设工程安全生产的监督管理，必须遵守本条例。

本条例所称建设工程，是指土木工程、建筑工程、线路管道和设备安装工程及装修工程。

第三条　建设工程安全生产管理，坚持安全第一、预防为主的方针。

第四条　建设单位、勘察单位、设计单位、施工单位、工程监理单位及其他与建设工程安全生产有关的单位，必须遵守安全生产法律、法规的规定，保证建设工程安全生产，依法承担建设工程安全生产责任。

第五条　国家鼓励建设工程安全生产的科学技术研究和先进技术的推广应用，推进建设工程安全生产的科学管理。

第二章　建设单位的安全责任

第六条　建设单位应当向施工单位提供施工现场及毗邻区域内供水、排水、供电、供气、供热、通信、广播电视等地下管线资料，气象和水文观测资料，相邻建筑物和构筑物、地下工程的有关资料，并保证资料的真实、准确、完整。

建设单位因建设工程需要，向有关部门或者单位查询前款规定的资料时，有关部门或者单位应当及时提供。

第七条　建设单位不得对勘察、设计、施工、工程监理等单位提出不符合建设工程安全生产法律、法规和强制性标准规定的要求，不得压缩合同约定的工期。

第八条　建设单位在编制工程概算时，应当确定建设工程安全作业环境及安全施工措施所需费用。

第九条　建设单位不得明示或者暗示施工单位购买、租赁、使用不符合安全施工要求的安全防护用具、机械设备、施工机具及配件、消防设施和器材。

第十条　建设单位在申请领取施工许可证时，应当提供建设工程有关安全施工措施的资料。

依法批准开工报告的建设工程，建设单位应当自开工报告批准之日起 15 日内，将保证安全施工的措施报送建设工程所在地的县级以上地方人民政府建设行政主管部门或者其他有关部门备案。

第十一条　建设单位应当将拆除工程发包给具有相应资质等级的施工单位。

建设单位应当在拆除工程施工 15 日前，将下列资料报送建设工程所在地的县级以上地方人民政府建设行政主管部门或者其他有关部门备案：

（一）施工单位资质等级证明；

（二）拟拆除建筑物、构筑物及可能危及毗邻建筑的说明；

（三）拆除施工组织方案；

（四）堆放、清除废弃物的措施。

实施爆破作业的，应当遵守国家有关民用爆炸物品管理的规定。

第三章　勘察、设计、工程监理及其他有关单位的安全责任

第十二条　勘察单位应当按照法律、法规和工程建设强制性标准进行勘察，提供的勘察文件应当真实、准确，满足建设工程安全生产的需要。

勘察单位在勘察作业时，应当严格执行操作规程，采取措施保证各类管线、设施和周边建筑物、构筑物的安全。

第十三条　设计单位应当按照法律、法规和工程建设强制性标准进行设计，防止因设计不合理导致生产安全事故的发生。

设计单位应当考虑施工安全操作和防护的需要，对涉及施工安全的重点部位和环节在设计文件中注明，并对防范生产安全事故提出指导意见。

采用新结构、新材料、新工艺的建设工程和特殊结构的建设工程，设计单位应当在设计中提出保障施工作业人员安全和预防生产安全事故的措施建议。

设计单位和注册建筑师等注册执业人员应当对其设计负责。

第十四条　工程监理单位应当审查施工组织设计中的安全技术措施或者专项施工方案是否符合工程建设强制性标准。

工程监理单位在实施监理过程中，发现存在安全事故隐患的，应当要求施工单位整改；情况严重的，应当要求施工单位暂时停止施工，并及时报告建设单位。施工单位拒不整改或者不停止施工的，工程监理单位应当及时向有关主管部门报告。

工程监理单位和监理工程师应当按照法律、法规和工程建设强制性标准实施监理，并对建设工程安全生产承担监理责任。

第十五条　为建设工程提供机械设备和配件的单位，应当按照安全施工的要求配备齐全有效的保险、限位等安全设施和装置。

第十六条　出租的机械设备和施工机具及配件，应当具有生产（制造）许可证、产品合格证。

出租单位应当对出租的机械设备和施工机具及配件的安全性能进行检测，在签订租赁协议时，应当出具检测合格证明。

禁止出租检测不合格的机械设备和施工机具及配件。

第十七条　在施工现场安装、拆卸施工起重机械和整体提升脚手架、模板等自升式架设设施，必须由具有相应资质的单位承担。

安装、拆卸施工起重机械和整体提升脚手架、模板等自升式架设设施，应当编制拆装方案、制定安全施工措施，并由专业技术人员现场监督。

施工起重机械和整体提升脚手架、模板等自升式架设设施安装完毕后，安装单位应当自检，出具自检合格证明，并向施工单位进行安全使用说明，办理验收手续并签字。

第十八条　施工起重机械和整体提升脚手架、模板等自升式架设设施的使用达到国家规定的检验检测期限的，必须经具有专业资质的检验检测机构检测。经检测不合格的，不得继续使用。

第十九条　检验检测机构对检测合格的施工起重机械和整体提升脚手架、模板等自升式架设设施，应当出具安全合格证明文件，并对检测结果负责。

第四章　施工单位的安全责任

第二十条　施工单位从事建设工程的新建、扩建、改建和拆除等活动，应当具备国家规定的注册资本、专业技术人员、技术装备和安全生产等条件，依法取得相应等级的资质证书，并在其资质等级许可的范围内承揽工程。

第二十一条　施工单位主要负责人依法对本单位的安全生产工作全面负责。施工单位应当建立健全安全生产责任制度和安全生产教育培训制度，制定安全生产规章制度和操作规程，保证本单位安全生产条件所需资金的投入，对所承担的建设工程进行定期和专项安全检查，并做好安全检查记录。

施工单位的项目负责人应当由取得相应执业资格的人员担任，对建设工程项目的安全施工负责，落实安全生产责任制度、安全生产规章制度和操作规程，确保安全生产费用的有效使用，并根据工程的特点组织制定安全施工措施，消除安全事故隐患，及时、如实报告生产安全事故。

第二十二条　施工单位对列入建设工程概算的安全作业环境及安全施工措施所需费用，应当用于施工安全防护用具及设施的采购和更新、安全施工措施的落实、安全生产条件的改善，不得挪作他用。

第二十三条　施工单位应当设立安全生产管理机构，配备专职安全生产管理人员。

专职安全生产管理人员负责对安全生产进行现场监督检查。发现安全事故隐患，应当及时向项目负责人和安全生产管理机构报告；对违章指挥、违章操作的，应当立即制止。

专职安全生产管理人员的配备办法由国务院建设行政主管部门会同国务院其他有关部门制定。

第二十四条　建设工程实行施工总承包的，由总承包单位对施工现场的安全生产负总责。

总承包单位应当自行完成建设工程主体结构的施工。

总承包单位依法将建设工程分包给其他单位的，分包合同中应当明确各自的安全生产方面的权利、义务。总承包单位和分包单位对分包工程的安全生产承担连带责任。

分包单位应当服从总承包单位的安全生产管理，分包单位不服从管理导致生产安全事故的，由分包单位承担主要责任。

第二十五条　垂直运输机械作业人员、安装拆卸工、爆破作业人员、起重信号工、登高架设作业人员等特种作业人员，必须按照国家有关规定经过专门的安全作业培训，并取得特种作业操作资格证书后，方可上岗作业。

第二十六条　施工单位应当在施工组织设计中编制安全技术措施和施工现场临时用电方案，对下列达到一定规模的危险性较大的分部分项工程编制专项施工方案，并附具安全验算结果，经施工单位技术负责人、总监理工程师签字后实施，由专职安全生产管理人员进行现场监督：

（一）基坑支护与降水工程；

（二）土方开挖工程；

（三）模板工程；

（四）起重吊装工程；

（五）脚手架工程；

（六）拆除、爆破工程；

（七）国务院建设行政主管部门或者其他有关部门规定的其他危险性较大的工程。

对前款所列工程中涉及深基坑、地下暗挖工程、高大模板工程的专项施工方案，施工单位还应当组织专家进行论证、审查。

本条第一款规定的达到一定规模的危险性较大工程的标准，由国务院建设行政主管部门会同国务院其他有关部门制定。

第二十七条　建设工程施工前，施工单位负责项目管理的技术人员应当对有关安全施工的技术要求向施工作业班组、作业人员作出详细说明，并由双方签字确认。

第二十八条　施工单位应当在施工现场入口处、施工起重机械、临时用电设施、脚手架、出入通道口、楼梯口、电梯井口、孔洞口、桥梁口、隧道口、基坑边沿、爆破物及有害危险气体和液体存放处等危险部位，设置明显的安全警示标志。安全警示标志必须符合国家标准。

施工单位应当根据不同施工阶段和周围环境及季节、气候的变化，在施工现场采取相应的安全施工措施。施工现场暂时停止施工的，施工单位应当做好现场防护，所需费用由责任方承担，或者按照合同约定执行。

第二十九条　施工单位应当将施工现场的办公、生活区与作业区分开设置，并保持安全距离；办公、生活区的选址应当符合安全性要求。职工的膳食、饮水、休息场所等应当符合卫生标准。施工单位不得在尚未竣工的建筑物内设置员工集体宿舍。

施工现场临时搭建的建筑物应当符合安全使用要求。施工现场使用的装配式活动房屋应当具有产品合格证。

第三十条　施工单位对因建设工程施工可能造成损害的毗邻建筑物、构筑物和地下管线等，应当采取专项防护措施。

施工单位应当遵守有关环境保护法律、法规的规定，在施工现场采取措施，防止或者减少粉尘、废气、废水、固体废物、噪声、振动和施工照明对人和环境的危害和污染。

在城市市区内的建设工程，施工单位应当对施工现场实行封闭围挡。

第三十一条　施工单位应当在施工现场建立消防安全责任制度，确定消防安全责任人，制定用火、用电、使用易燃易爆材料等各项消防安全管理制度和操作规程，设置消防通道、消防水源，配备消防设施和灭火器材，并在施工现场入口处设置明显标志。

第三十二条　施工单位应当向作业人员提供安全防护用具和安全防护服装，并书面告知危险岗位的操作规程和违章操作的危害。

作业人员有权对施工现场的作业条件、作业程序和作业方式中存在的安全问题提出批评、检举和控告，有权拒绝违章指挥和强令冒险作业。

在施工中发生危及人身安全的紧急情况时，作业人员有权立即停止作业或者在采取必要的应急措施后撤离危险区域。

第三十三条　作业人员应当遵守安全施工的强制性标准、规章制度和操作规程，正确使用安全防护用具、机械设备等。

第三十四条　施工单位采购、租赁的安全防护用具、机械设备、施工机具及配件，应当具有生产（制造）许可证、产品合格证，并在进入施工现场前进行查验。

施工现场的安全防护用具、机械设备、施工机具及配件必须由专人管理，定期进行检查、维修和保养，建立相应的资料档案，并按照国家有关规定及时报废。

第三十五条　施工单位在使用施工起重机械和整体提升脚手架、模板等自升式架设设施前，应当组织有关单位进行验收，也可以委托具有相应资质的检验检测机构进行验收；使用承租的机械设备和施工机具及配件，由施工总承包单位、分包单位、出租单位和安装单位共同进行验收。验收合格的方可使用。

《特种设备安全监察条例》规定的施工起重机械，在验收前应当经有相应资质的检验检测机构监督检验合格。

施工单位应当自施工起重机械和整体提升脚手架、模板等自升式架设设施验收合格之日起 30 日内，向建设行政主管部门或者其他有关部门登记。登记标志应当置于或者附着于该设备的显著位置。

第三十六条　施工单位的主要负责人、项目负责人、专职安全生产管理人员应当经建设行政主管部门或者其他有关部门考核合格后方可任职。

施工单位应当对管理人员和作业人员每年至少进行一次安全生产教育培训，其教育培训情况记入个人工作档案。安全生产教育培训考核不合格的人员，不得上岗。

第三十七条　作业人员进入新的岗位或者新的施工现场前，应当接受安全生产教育培训。未经教育培训或者教育培训考核不合格的人员，不得上岗作业。

施工单位在采用新技术、新工艺、新设备、新材料时，应当对作业人员进行相应的安全生产教育培训。

第三十八条　施工单位应当为施工现场从事危险作业的人员办理意外伤害保险。

意外伤害保险费由施工单位支付。实行施工总承包的，由总承包单位支付意外伤害保险费。意外伤害保险期限自建设工程开工之日起至竣工验收合格止。

第五章　监督管理

第三十九条　国务院负责安全生产监督管理的部门依照《中华人民共和国安全生产法》的规定，对全国建设工程安全生产工作实施综合监督管理。

县级以上地方人民政府负责安全生产监督管理的部门依照《中华人民共和国安全生产法》的规定，对本行政区域内建设工程安全生产工作实施综合监督管理。

第四十条　国务院建设行政主管部门对全国的建设工程安全生产实施监督管理。国务院铁路、交通、水利等有关部门按照国务院规定的职责分工，负责有关专业建设工程安全生产的监督管理。

县级以上地方人民政府建设行政主管部门对本行政区域内的建设工程安全生产实施监督管理。县级以上地方人民政府交通、水利等有关部门在各自的职责范围内，负责本行政区域内的专业建设工程安全生产的监督管理。

第四十一条　建设行政主管部门和其他有关部门应当将本条例第十条、第十一条规定的有关资料的主要内容抄送同级负责安全生产监督管理的部门。

第四十二条　建设行政主管部门在审核发放施工许可证时，应当对建设工程是否有安全施工措施进行审查，对没有安全施工措施的，不得颁发施工许可证。

建设行政主管部门或者其他有关部门对建设工程是否有安全施工措施进行审查时，不得收取费用。

第四十三条　县级以上人民政府负有建设工程安全生产监督管理职责的部门在各自的职责范围内履行安全监督检查职责时，有权采取下列措施：

（一）要求被检查单位提供有关建设工程安全生产的文件和资料；

（二）进入被检查单位施工现场进行检查；

（三）纠正施工中违反安全生产要求的行为；

（四）对检查中发现的安全事故隐患，责令立即排除；重大安全事故隐患排除前或者排除过程中无法保证安全的，责令从危险区域内撤出作业人员或者暂时停止施工。

第四十四条　建设行政主管部门或者其他有关部门可以将施工现场的监督检查委托给建设工程安全监督机构具体实施。

第四十五条　国家对严重危及施工安全的工艺、设备、材料实行淘汰制度。具体目录由国务院建设行政主管部门会同国务院其他有关部门制定并公布。

第四十六条　县级以上人民政府建设行政主管部门和其他有关部门应当及时受理对建设工程生产安全事故及安全事故隐患的检举、控告和投诉。

第六章　生产安全事故的应急救援和调查处理

第四十七条　县级以上地方人民政府建设行政主管部门应当根据本级人民政府的要求，制定本行政区域内建设工程特大生产安全事故应急救援预案。

第四十八条　施工单位应当制定本单位生产安全事故应急救援预案，建立应急救援组织或者配备应急救援人员，配备必要的应急救援器材、设备，并定期组织演练。

第四十九条　施工单位应当根据建设工程施工的特点、范围，对施工现场易发生重大事故的部位、环节进行监控，制定施工现场生产安全事故应急救援预案。实行施工总承包的，由总承包单位统一组织编制建设工程生产安全事故应急救援预案，工程总承包单位和分包单位按照应急救援预案，各自建立应急救援组织或者配备应急救援人员，配备救援器材、设备，并定期组织演练。

第五十条　施工单位发生生产安全事故，应当按照国家有关伤亡事故报告和调查处理的规定，及时、如实地向负责安全生产监督管理的部门、建设行政主管部门或者其他有关部门报告；特种设备发生事故的，还应当同时向特种设备安全监督管理部门报告。接到报告的部门应当按照国家有关规定，如实上报。

实行施工总承包的建设工程，由总承包单位负责上报事故。

第五十一条　发生生产安全事故后，施工单位应当采取措施防止事故扩大，保护事故现场。需要移动现场物品时，应当做出标记和书面记录，妥善保管有关证物。

第五十二条　建设工程生产安全事故的调查、对事故责任单位和责任人的处罚与处理，按照有关法律、法规的规定执行。

第七章　法律责任

第五十三条　违反本条例的规定，县级以上人民政府建设行政主管部门或者其他有关行政管理部门的工作人员，有下列行为之一的，给予降级或者撤职的行政处分；构成犯罪的，依照刑法有关规定追究刑事责任：

（一）对不具备安全生产条件的施工单位颁发资质证书的；

（二）对没有安全施工措施的建设工程颁发施工许可证的；

（三）发现违法行为不予查处的；

（四）不依法履行监督管理职责的其他行为。

第五十四条　违反本条例的规定，建设单位未提供建设工程安全生产作业环境及安全施工措施所需费用的，责令限期改正；逾期未改正的，责令该建设工程停止施工。

建设单位未将保证安全施工的措施或者拆除工程的有关资料报送有关部门备案的，责令限期改正，给予警告。

第五十五条　违反本条例的规定，建设单位有下列行为之一的，责令限期改正，处20万元以上50万元以下的罚款；造成重大安全事故，构成犯罪的，对直接责任人员，依照刑法有关规定追究刑事责任；造成损失的，依法承担赔偿责任：

（一）对勘察、设计、施工、工程监理等单位提出不符合安全生产法律、法规和强制性标准规定的要求的；

（二）要求施工单位压缩合同约定的工期的；

（三）将拆除工程发包给不具有相应资质等级的施工单位的。

第五十六条　违反本条例的规定，勘察单位、设计单位有下列行为之一的，责令限期改正，处 10 万元以上 30 万元以下的罚款；情节严重的，责令停业整顿，降低资质等级，直至吊销资质证书；造成重大安全事故，构成犯罪的，对直接责任人员，依照刑法有关规定追究刑事责任；造成损失的，依法承担赔偿责任：

（一）未按照法律、法规和工程建设强制性标准进行勘察、设计的；

（二）采用新结构、新材料、新工艺的建设工程和特殊结构的建设工程，设计单位未在设计中提出保障施工作业人员安全和预防生产安全事故的措施建议的。

第五十七条　违反本条例的规定，工程监理单位有下列行为之一的，责令限期改正；逾期未改正的，责令停业整顿，并处 10 万元以上 30 万元以下的罚款；情节严重的，降低资质等级，直至吊销资质证书；造成重大安全事故，构成犯罪的，对直接责任人员，依照刑法有关规定追究刑事责任；造成损失的，依法承担赔偿责任：

（一）未对施工组织设计中的安全技术措施或者专项施工方案进行审查的；

（二）发现安全事故隐患未及时要求施工单位整改或者暂时停止施工的；

（三）施工单位拒不整改或者不停止施工，未及时向有关主管部门报告的；

（四）未依照法律、法规和工程建设强制性标准实施监理的。

第五十八条　注册执业人员未执行法律、法规和工程建设强制性标准的，责令停止执业 3 个月以上 1 年以下；情节严重的，吊销执业资格证书，5 年内不予注册；造成重大安全事故的，终身不予注册；构成犯罪的，依照刑法有关规定追究刑事责任。

第五十九条　违反本条例的规定，为建设工程提供机械设备和配件的单位，未按照安全施工的要求配备齐全有效的保险、限位等安全设施和装置的，责令限期改正，处合同价款 1 倍以上 3 倍以下的罚款；造成损失的，依法承担赔偿责任。

第六十条　违反本条例的规定，出租单位出租未经安全性能检测或者经检测不合格的机械设备和施工机具及配件的，责令停业整顿，并处 5 万元以上 10 万元以下的罚款；造成损失的，依法承担赔偿责任。

第六十一条　违反本条例的规定，施工起重机械和整体提升脚手架、模板等自升式架设设施安装、拆卸单位有下列行为之一的，责令限期改正，处 5 万元以上 10 万元以下的罚款；情节严重的，责令停业整顿，降低资质等级，直至吊销资质证书；造成损失的，依法承担赔偿责任：

（一）未编制拆装方案、制定安全施工措施的；

（二）未由专业技术人员现场监督的；

（三）未出具自检合格证明或者出具虚假证明的；

（四）未向施工单位进行安全使用说明，办理移交手续的。

施工起重机械和整体提升脚手架、模板等自升式架设设施安装、拆卸单位有前款规定的第（一）项、第（三）项行为，经有关部门或者单位职工提出后，对事故隐患仍不采取措施，因而发生重大伤亡事故或者造成其他严重后果，构成犯罪的，对直接责任人员，依照刑法有关规定追究刑事责任。

第六十二条　违反本条例的规定，施工单位有下列行为之一的，责令限期改正；逾期未改正的，责令停业整顿，依照《中华人民共和国安全生产法》的有关规定处以罚款；造成重大安全事故，构成犯罪的，对直接责任人员，依照刑法有关规定追究刑事责任：

（一）未设立安全生产管理机构、配备专职安全生产管理人员或者分部分项工程施工时无专职安全生产管理人员现场监督的；

（二）施工单位的主要负责人、项目负责人、专职安全生产管理人员、作业人员或者特种作业人员，未经安全教育培训或者经考核不合格即从事相关工作的；

（三）未在施工现场的危险部位设置明显的安全警示标志，或者未按照国家有关规定在施工现场设置消防通道、消防水源、配备消防设施和灭火器材的；

（四）未向作业人员提供安全防护用具和安全防护服装的；

（五）未按照规定在施工起重机械和整体提升脚手架、模板等自升式架设设施验收合格后登记的；

（六）使用国家明令淘汰、禁止使用的危及施工安全的工艺、设备、材料的。

第六十三条 违反本条例的规定，施工单位挪用列入建设工程概算的安全生产作业环境及安全施工措施所需费用的，责令限期改正，处挪用费用20％以上50％以下的罚款；造成损失的，依法承担赔偿责任。

第六十四条 违反本条例的规定，施工单位有下列行为之一的，责令限期改正；逾期未改正的，责令停业整顿，并处5万元以上10万元以下的罚款；造成重大安全事故，构成犯罪的，对直接责任人员，依照刑法有关规定追究刑事责任：

（一）施工前未对有关安全施工的技术要求作出详细说明的；

（二）未根据不同施工阶段和周围环境及季节、气候的变化，在施工现场采取相应的安全施工措施，或者在城市市区内的建设工程的施工现场未实行封闭围挡的；

（三）在尚未竣工的建筑物内设置员工集体宿舍的；

（四）施工现场临时搭建的建筑物不符合安全使用要求的；

（五）未对因建设工程施工可能造成损害的毗邻建筑物、构筑物和地下管线等采取专项防护措施的。

施工单位有前款规定第（四）项、第（五）项行为，造成损失的，依法承担赔偿责任。

第六十五条 违反本条例的规定，施工单位有下列行为之一的，责令限期改正；逾期未改正的，责令停业整顿，并处10万元以上30万元以下的罚款；情节严重的，降低资质等级，直至吊销资质证书；造成重大安全事故，构成犯罪的，对直接责任人员，依照刑法有关规定追究刑事责任；造成损失的，依法承担赔偿责任：

（一）安全防护用具、机械设备、施工机具及配件在进入施工现场前未经查验或者查验不合格即投入使用的；

（二）使用未经验收或者验收不合格的施工起重机械和整体提升脚手架、模板等自升式架设设施的；

（三）委托不具有相应资质的单位承担施工现场安装、拆卸施工起重机械和整体提升脚手架、模板等自升式架设设施的；

（四）在施工组织设计中未编制安全技术措施、施工现场临时用电方案或者专项施工方案的。

第六十六条 违反本条例的规定，施工单位的主要负责人、项目负责人未履行安全生产管理职责的，责令限期改正；逾期未改正的，责令施工单位停业整顿；造成重大安全事故、重大伤亡事故或者其他严重后果，构成犯罪的，依照刑法有关规定追究刑事责任。

作业人员不服管理、违反规章制度和操作规程冒险作业造成重大伤亡事故或者其他严重后果，构成犯罪的，依照刑法有关规定追究刑事责任。

施工单位的主要负责人、项目负责人有前款违法行为，尚不够刑事处罚的，处2万元以上20万元以下的罚款或者按照管理权限给予撤职处分；自刑罚执行完毕或者受处分之日起，5年内不得担任任何施工单位的主要负责人、项目负责人。

第六十七条 施工单位取得资质证书后，降低安全生产条件的，责令限期改正；经整改仍未达到与其资质等级相适应的安全生产条件的，责令停业整顿，降低其资质等级直至吊销资质证书。

第六十八条 本条例规定的行政处罚，由建设行政主管部门或者其他有关部门依照法定职权决定。

违反消防安全管理规定的行为，由公安消防机构依法处罚。

有关法律、行政法规对建设工程安全生产违法行为的行政处罚决定机关另有规定的，从其规定。

第八章 附则

第六十九条 抢险救灾和农民自建低层住宅的安全生产管理，不适用本条例。

第七十条 军事建设工程的安全生产管理，按照中央军事委员会的有关规定执行。

第七十一条 本条例自2004年2月1日起施行。

附录4　生产安全事故报告和调查处理条例

（中华人民共和国国务院令第493号）

颁布日期：2007年4月9日　实施日期：2007年6月1日　颁布单位：国务院

第一章　总则

第一条　为了规范生产安全事故的报告和调查处理，落实生产安全事故责任追究制度，防止和减少生产安全事故，根据《中华人民共和国安全生产法》和有关法律，制定本条例。

第二条　生产经营活动中发生的造成人身伤亡或者直接经济损失的生产安全事故的报告和调查处理，适用本条例；环境污染事故、核设施事故、国防科研生产事故的报告和调查处理不适用本条例。

第三条　根据生产安全事故（以下简称事故）造成的人员伤亡或者直接经济损失，事故一般分为以下等级：

（一）特别重大事故，是指造成30人以上死亡，或者100人以上重伤（包括急性工业中毒，下同），或者1亿元以上直接经济损失的事故；

（二）重大事故，是指造成10人以上30人以下死亡，或者50人以上100人以下重伤，或者5000万元以上1亿元以下直接经济损失的事故；

（三）较大事故，是指造成3人以上10人以下死亡，或者10人以上50人以下重伤，或者1000万元以上5000万元以下直接经济损失的事故；

（四）一般事故，是指造成3人以下死亡，或者10人以下重伤，或者1000万元以下直接经济损失的事故。

国务院安全生产监督管理部门可以会同国务院有关部门，制定事故等级划分的补充性规定。

本条第一款所称的"以上"包括本数，所称的"以下"不包括本数。

第四条　事故报告应当及时、准确、完整，任何单位和个人对事故不得迟报、漏报、谎报或者瞒报。

事故调查处理应当坚持实事求是、尊重科学的原则，及时、准确地查清事故经过、事故原因和事故损失，查明事故性质，认定事故责任，总结事故教训，提出整改措施，并对事故责任者依法追究责任。

第五条　县级以上人民政府应当依照本条例的规定，严格履行职责，及时、准确地完成事故调查处理工作。

事故发生地有关地方人民政府应当支持、配合上级人民政府或者有关部门的事故调查处理工作，并提供必要的便利条件。

参加事故调查处理的部门和单位应当互相配合，提高事故调查处理工作的效率。

第六条　工会依法参加事故调查处理，有权向有关部门提出处理意见。

第七条　任何单位和个人不得阻挠和干涉对事故的报告和依法调查处理。

第八条　对事故报告和调查处理中的违法行为，任何单位和个人有权向安全生产监督管理部门、监察机关或者其他有关部门举报，接到举报的部门应当依法及时处理。

第二章　事故报告

第九条　事故发生后，事故现场有关人员应当立即向本单位负责人报告；单位负责人接到报告后，应当于1小时内向事故发生地县级以上人民政府安全生产监督管理部门和负有安全生产监督管理职责的有关部门报告。

情况紧急时，事故现场有关人员可以直接向事故发生地县级以上人民政府安全生产监督管理部门和负有安全生产监督管理职责的有关部门报告。

第十条　安全生产监督管理部门和负有安全生产监督管理职责的有关部门接到事故报告后，应当依照下列规定上报事故情况，并通知公安机关、劳动保障行政部门、工会和人民检察院：

（一）特别重大事故、重大事故逐级上报至国务院安全生产监督管理部门和负有安全生产监督管理职责的有关部门；

（二）较大事故逐级上报至省、自治区、直辖市人民政府安全生产监督管理部门和负有安全生产监督管理职责的有关部门；

（三）一般事故上报至设区的市级人民政府安全生产监督管理部门和负有安全生产监督管理职责的有关部门。

安全生产监督管理部门和负有安全生产监督管理职责的有关部门依照前款规定上报事故情况，应当同时报告本级人民政府。国务院安全生产监督管理部门和负有安全生产监督管理职责的有关部门以及省级人民政府接到发生特别重大事故、重大事故的报告后，应当立即报告国务院。

必要时，安全生产监督管理部门和负有安全生产监督管理职责的有关部门可以越级上报事故情况。

第十一条　安全生产监督管理部门和负有安全生产监督管理职责的有关部门逐级上报事故情况，每级上报的时间不得超过 2 小时。

第十二条　报告事故应当包括下列内容：

（一）事故发生单位概况；

（二）事故发生的时间、地点以及事故现场情况；

（三）事故的简要经过；

（四）事故已经造成或者可能造成的伤亡人数（包括下落不明的人数）和初步估计的直接经济损失；

（五）已经采取的措施；

（六）其他应当报告的情况。

第十三条　事故报告后出现新情况的，应当及时补报。

自事故发生之日起 30 日内，事故造成的伤亡人数发生变化的，应当及时补报。道路交通事故、火灾事故自发生之日起 7 日内，事故造成的伤亡人数发生变化的，应当及时补报。

第十四条　事故发生单位负责人接到事故报告后，应当立即启动事故相应应急预案，或者采取有效措施，组织抢救，防止事故扩大，减少人员伤亡和财产损失。

第十五条　事故发生地有关地方人民政府、安全生产监督管理部门和负有安全生产监督管理职责的有关部门接到事故报告后，其负责人应当立即赶赴事故现场，组织事故救援。

第十六条　事故发生后，有关单位和人员应当妥善保护事故现场以及相关证据，任何单位和个人不得破坏事故现场、毁灭相关证据。

因抢救人员、防止事故扩大以及疏通交通等原因，需要移动事故现场物件的，应当做出标志，绘制现场简图并做出书面记录，妥善保存现场重要痕迹、物证。

第十七条　事故发生地公安机关根据事故的情况，对涉嫌犯罪的，应当依法立案侦查，采取强制措施和侦查措施。犯罪嫌疑人逃匿的，公安机关应当迅速追捕归案。

第十八条　安全生产监督管理部门和负有安全生产监督管理职责的有关部门应当建立值班制度，并向社会公布值班电话，受理事故报告和举报。

第三章　事故调查

第十九条　特别重大事故由国务院或者国务院授权有关部门组织事故调查组进行调查。

重大事故、较大事故、一般事故分别由事故发生地省级人民政府、设区的市级人民政府、县级人民政府负责调查。省级人民政府、设区的市级人民政府、县级人民政府可以直接组织事故调查组进行调查，也可以授权或者委托有关部门组织事故调查组进行调查。

未造成人员伤亡的一般事故，县级人民政府也可以委托事故发生单位组织事故调查组进行调查。

第二十条　上级人民政府认为必要时，可以调查由下级人民政府负责调查的事故。

自事故发生之日起 30 日内（道路交通事故、火灾事故自发生之日起 7 日内），因事故伤亡人数变化导致事故等级发生变化，依照本条例规定应当由上级人民政府负责调查的，上级人民政府可以另行组织事故调查组进行调查。

第二十一条　特别重大事故以下等级事故，事故发生地与事故发生单位不在同一个县级以上行政区域的，由事故发生地人民政府负责调查，事故发生单位所在地人民政府应当派人参加。

第二十二条　事故调查组的组成应当遵循精简、效能的原则。

根据事故的具体情况，事故调查组由有关人民政府、安全生产监督管理部门、负有安全生产监督管理职责的有关部门、监察机关、公安机关以及工会派人组成，并应当邀请人民检察院派人参加。

事故调查组可以聘请有关专家参与调查。

第二十三条　事故调查组成员应当具有事故调查所需要的知识和专长，并与所调查的事故没有直接利害关系。

第二十四条　事故调查组组长由负责事故调查的人民政府指定。事故调查组组长主持事故调查组的工作。

第二十五条　事故调查组履行下列职责：

（一）查明事故发生的经过、原因、人员伤亡情况及直接经济损失；

（二）认定事故的性质和事故责任；

（三）提出对事故责任者的处理建议；

（四）总结事故教训，提出防范和整改措施；

（五）提交事故调查报告。

第二十六条　事故调查组有权向有关单位和个人了解与事故有关的情况，并要求其提供相关文件、资料，有关单位和个人不得拒绝。

事故发生单位的负责人和有关人员在事故调查期间不得擅离职守，并应当随时接受事故调查组的询问，如实提供有关情况。

事故调查中发现涉嫌犯罪的，事故调查组应当及时将有关材料或者其复印件移交司法机关处理。

第二十七条　事故调查中需要进行技术鉴定的，事故调查组应当委托具有国家规定资质的单位进行技术鉴定。必要时，事故调查组可以直接组织专家进行技术鉴定。技术鉴定所需时间不计入事故调查期限。

第二十八条　事故调查组成员在事故调查工作中应当诚信公正、恪尽职守，遵守事故调查组的纪律，保守事故调查的秘密。

未经事故调查组组长允许，事故调查组成员不得擅自发布有关事故的信息。

第二十九条　事故调查组应当自事故发生之日起 60 日内提交事故调查报告；特殊情况下，经负责事故调查的人民政府批准，提交事故调查报告的期限可以适当延长，但延长的期限最长不超过 60 日。

第三十条　事故调查报告应当包括下列内容：

（一）事故发生单位概况；

（二）事故发生经过和事故救援情况；

（三）事故造成的人员伤亡和直接经济损失；

（四）事故发生的原因和事故性质；

（五）事故责任的认定以及对事故责任者的处理建议；

（六）事故防范和整改措施。

事故调查报告应当附具有关证据材料。事故调查组成员应当在事故调查报告上签名。

第三十一条　事故调查报告报送负责事故调查的人民政府后，事故调查工作即告结束。事故调查的有关资料应当归档保存。

第四章　事故处理

第三十二条　重大事故、较大事故、一般事故，负责事故调查的人民政府应当自收到事故调查报告之日起 15 日内做出批复；特别重大事故，30 日内做出批复，特殊情况下，批复时间可以适当延长，但延长的时间最长不超过 30 日。

有关机关应当按照人民政府的批复，依照法律、行政法规规定的权限和程序，对事故发生单位和有关人员进行行政处罚，对负有事故责任的国家工作人员进行处分。

事故发生单位应当按照负责事故调查的人民政府的批复，对本单位负有事故责任的人员进行处理。

负有事故责任的人员涉嫌犯罪的，依法追究刑事责任。

第三十三条　事故发生单位应当认真吸取事故教训，落实防范和整改措施，防止事故再次发生。防范和整改措施的落实情况应当接受工会和职工的监督。

安全生产监督管理部门和负有安全生产监督管理职责的有关部门应当对事故发生单位落实防范和整改措施的情况进行监督检查。

第三十四条　事故处理的情况由负责事故调查的人民政府或者其授权的有关部门、机构向社会公布，依法应当保密的除外。

第五章　法律责任

第三十五条　事故发生单位主要负责人有下列行为之一的，处上一年年收入40％至80％的罚款；属于国家工作人员的，并依法给予处分；构成犯罪的，依法追究刑事责任：

（一）不立即组织事故抢救的；

（二）迟报或者漏报事故的；

（三）在事故调查处理期间擅离职守的。

第三十六条　事故发生单位及其有关人员有下列行为之一的，对事故发生单位处100万元以上500万元以下的罚款；对主要负责人、直接负责的主管人员和其他直接责任人员处上一年年收入60％至100％的罚款；属于国家工作人员的，并依法给予处分；构成违反治安管理行为的，由公安机关依法给予治安管理处罚；构成犯罪的，依法追究刑事责任：

（一）谎报或者瞒报事故的；

（二）伪造或者故意破坏事故现场的；

（三）转移、隐匿资金、财产，或者销毁有关证据、资料的；

（四）拒绝接受调查或者拒绝提供有关情况和资料的；

（五）在事故调查中作伪证或者指使他人作伪证的；

（六）事故发生后逃匿的。

第三十七条　事故发生单位对事故发生负有责任的，依照下列规定处以罚款：

（一）发生一般事故的，处10万元以上20万元以下的罚款；

（二）发生较大事故的，处20万元以上50万元以下的罚款；

（三）发生重大事故的，处50万元以上200万元以下的罚款；

（四）发生特别重大事故的，处200万元以上500万元以下的罚款。

第三十八条　事故发生单位主要负责人未依法履行安全生产管理职责，导致事故发生的，依照下列规定处以罚款；属于国家工作人员的，并依法给予处分；构成犯罪的，依法追究刑事责任：

（一）发生一般事故的，处上一年年收入30％的罚款；

（二）发生较大事故的，处上一年年收入40％的罚款；

（三）发生重大事故的，处上一年年收入60％的罚款；

（四）发生特别重大事故的，处上一年年收入80％的罚款。

第三十九条　有关地方人民政府、安全生产监督管理部门和负有安全生产监督管理职责的有关部门有下列行为之一的，对直接负责的主管人员和其他直接责任人员依法给予处分；构成犯罪的，依法追究刑事责任：

（一）不立即组织事故抢救的；

（二）迟报、漏报、谎报或者瞒报事故的；

（三）阻碍、干涉事故调查工作的；

（四）在事故调查中作伪证或者指使他人作伪证的。

第四十条　事故发生单位对事故发生负有责任的，由有关部门依法暂扣或者吊销其有关证照；对事故发生单位负有事故责任的有关人员，依法暂停或者撤销其与安全生产有关的执业资格、岗位证书；事故发生单位主要负责人受到刑事处罚或者撤职处分的，自刑罚执行完毕或者受处分之日起，5年内不得担任任何生产经营单位的主要负责人。

为发生事故的单位提供虚假证明的中介机构，由有关部门依法暂扣或者吊销其有关证照及其相关人员的执业资格；构成犯罪的，依法追究刑事责任。

第四十一条　参与事故调查的人员在事故调查中有下列行为之一的，依法给予处分；构成犯罪的，依法追究刑事责任：

（一）对事故调查工作不负责任，致使事故调查工作有重大疏漏的；

（二）包庇、袒护负有事故责任的人员或者借机打击报复的。

第四十二条　违反本条例规定，有关地方人民政府或者有关部门故意拖延或者拒绝落实经批复的对事故责任人的处理意见的，由监察机关对有关责任人员依法给予处分。

第四十三条 本条例规定的罚款的行政处罚，由安全生产监督管理部门决定。

法律、行政法规对行政处罚的种类、幅度和决定机关另有规定的，依照其规定。

第六章 附则

第四十四条 没有造成人员伤亡，但是社会影响恶劣的事故，国务院或者有关地方人民政府认为需要调查处理的，依照本条例的有关规定执行。

国家机关、事业单位、人民团体发生的事故的报告和调查处理，参照本条例的规定执行。

第四十五条 特别重大事故以下等级事故的报告和调查处理，有关法律、行政法规或者国务院另有规定的，依照其规定。

第四十六条 本条例自 2007 年 6 月 1 日起施行。国务院 1989 年 3 月 29 日公布的《特别重大事故调查程序暂行规定》和 1991 年 2 月 22 日公布的《企业职工伤亡事故报告和处理规定》同时废止。

附录5　危险性较大的分部分项工程安全管理规定

（中华人民共和国住房和城乡建设部令第37号）

《危险性较大的分部分项工程安全管理规定》已经2018年2月12日第37次部常务会议审议通过，现予发布，自2018年6月1日起施行。

住房城乡建设部部长　王蒙徽

2018年3月8日

危险性较大的分部分项工程安全管理规定

第一章　总　　则

第一条　为加强对房屋建筑和市政基础设施工程中危险性较大的分部分项工程安全管理，有效防范生产安全事故，依据《中华人民共和国建筑法》《中华人民共和国安全生产法》《建设工程安全生产管理条例》等法律法规，制定本规定。

第二条　本规定适用于房屋建筑和市政基础设施工程中危险性较大的分部分项工程安全管理。

第三条　本规定所称危险性较大的分部分项工程（以下简称"危大工程"），是指房屋建筑和市政基础设施工程在施工过程中，容易导致人员群死群伤或者造成重大经济损失的分部分项工程。

危大工程及超过一定规模的危大工程范围由国务院住房城乡建设主管部门制定。

省级住房城乡建设主管部门可以结合本地区实际情况，补充本地区危大工程范围。

第四条　国务院住房城乡建设主管部门负责全国危大工程安全管理的指导监督。

县级以上地方人民政府住房城乡建设主管部门负责本行政区域内危大工程的安全监督管理。

第二章　前　期　保　障

第五条　建设单位应当依法提供真实、准确、完整的工程地质、水文地质和工程周边环境等资料。

第六条　勘察单位应当根据工程实际及工程周边环境资料，在勘察文件中说明地质条件可能造成的工程风险。

设计单位应当在设计文件中注明涉及危大工程的重点部位和环节，提出保障工程周边环境安全和工程施工安全的意见，必要时进行专项设计。

第七条　建设单位应当组织勘察、设计等单位在施工招标文件中列出危大工程清单，要求施工单位在投标时补充完善危大工程清单并明确相应的安全管理措施。

第八条　建设单位应当按照施工合同约定及时支付危大工程施工技术措施费以及相应的安全防护文明施工措施费，保障危大工程施工安全。

第九条　建设单位在申请办理安全监督手续时，应当提交危大工程清单及其安全管理措施等资料。

第三章　专　项　施　工　方　案

第十条　施工单位应当在危大工程施工前组织工程技术人员编制专项施工方案。

实行施工总承包的，专项施工方案应当由施工总承包单位组织编制。危大工程实行分包的，专项施工方案可以由相关专业分包单位组织编制。

第十一条　专项施工方案应当由施工单位技术负责人审核签字、加盖单位公章，并由总监理工程师审查签字、加盖执业印章后方可实施。

危大工程实行分包并由分包单位编制专项施工方案的，专项施工方案应当由总承包单位技术负责人及分包单位技术负责人共同审核签字并加盖单位公章。

第十二条　对于超过一定规模的危大工程，施工单位应当组织召开专家论证会对专项施工方案进行论证。实行施工总承包的，由施工总承包单位组织召开专家论证会。专家论证前专项施工方案应当通过施工单位审核和总监理工程师审查。

专家应当从地方人民政府住房城乡建设主管部门建立的专家库中选取，符合专业要求且人数不得少于5

名。与本工程有利害关系的人员不得以专家身份参加专家论证会。

第十三条　专家论证会后，应当形成论证报告，对专项施工方案提出通过、修改后通过或者不通过的一致意见。专家对论证报告负责并签字确认。

专项施工方案经论证需修改后通过的，施工单位应当根据论证报告修改完善后，重新履行本规定第十一条的程序。

专项施工方案经论证不通过的，施工单位修改后应当按照本规定的要求重新组织专家论证。

第四章　现场安全管理

第十四条　施工单位应当在施工现场显著位置公告危大工程名称、施工时间和具体责任人员，并在危险区域设置安全警示标志。

第十五条　专项施工方案实施前，编制人员或者项目技术负责人应当向施工现场管理人员进行方案交底。

施工现场管理人员应当向作业人员进行安全技术交底，并由双方和项目专职安全生产管理人员共同签字确认。

第十六条　施工单位应当严格按照专项施工方案组织施工，不得擅自修改专项施工方案。

因规划调整、设计变更等原因确需调整的，修改后的专项施工方案应当按照本规定重新审核和论证。涉及资金或者工期调整的，建设单位应当按照约定予以调整。

第十七条　施工单位应当对危大工程施工作业人员进行登记，项目负责人应当在施工现场履职。

项目专职安全生产管理人员应当对专项施工方案实施情况进行现场监督，对未按照专项施工方案施工的，应当要求立即整改，并及时报告项目负责人，项目负责人应当及时组织限期整改。

施工单位应当按照规定对危大工程进行施工监测和安全巡视，发现危及人身安全的紧急情况，应当立即组织作业人员撤离危险区域。

第十八条　监理单位应当结合危大工程专项施工方案编制监理实施细则，并对危大工程施工实施专项巡视检查。

第十九条　监理单位发现施工单位未按照专项施工方案施工的，应当要求其进行整改；情节严重的，应当要求其暂停施工，并及时报告建设单位。施工单位拒不整改或者不停止施工的，监理单位应当及时报告建设单位和工程所在地住房城乡建设主管部门。

第二十条　对于按照规定需要进行第三方监测的危大工程，建设单位应当委托具有相应勘察资质的单位进行监测。

监测单位应当编制监测方案。监测方案由监测单位技术负责人审核签字并加盖单位公章，报送监理单位后方可实施。

监测单位应当按照监测方案开展监测，及时向建设单位报送监测成果，并对监测成果负责；发现异常时，及时向建设、设计、施工、监理单位报告，建设单位应当立即组织相关单位采取处置措施。

第二十一条　对于按照规定需要验收的危大工程，施工单位、监理单位应当组织相关人员进行验收。验收合格的，经施工单位项目技术负责人及总监理工程师签字确认后，方可进入下一道工序。

危大工程验收合格后，施工单位应当在施工现场明显位置设置验收标识牌，公示验收时间及责任人员。

第二十二条　危大工程发生险情或者事故时，施工单位应当立即采取应急处置措施，并报告工程所在地住房城乡建设主管部门。建设、勘察、设计、监理等单位应当配合施工单位开展应急抢险工作。

第二十三条　危大工程应急抢险结束后，建设单位应当组织勘察、设计、施工、监理等单位制定工程恢复方案，并对应急抢险工作进行后评估。

第二十四条　施工、监理单位应当建立危大工程安全管理档案。

施工单位应当将专项施工方案及审核、专家论证、交底、现场检查、验收及整改等相关资料纳入档案管理。

监理单位应当将监理实施细则、专项施工方案审查、专项巡视检查、验收及整改等相关资料纳入档案管理。

第五章　监督管理

第二十五条　设区的市级以上地方人民政府住房城乡建设主管部门应当建立专家库，制定专家库管理制度，建立专家诚信档案，并向社会公布，接受社会监督。

第二十六条 县级以上地方人民政府住房城乡建设主管部门或者所属施工安全监督机构，应当根据监督工作计划对危大工程进行抽查。

县级以上地方人民政府住房城乡建设主管部门或者所属施工安全监督机构，可以通过政府购买技术服务方式，聘请具有专业技术能力的单位和人员对危大工程进行检查，所需费用向本级财政申请予以保障。

第二十七条 县级以上地方人民政府住房城乡建设主管部门或者所属施工安全监督机构，在监督抽查中发现危大工程存在安全隐患的，应当责令施工单位整改；重大安全事故隐患排除前或者排除过程中无法保证安全的，责令从危险区域内撤出作业人员或者暂时停止施工；对依法应当给予行政处罚的行为，应当依法作出行政处罚决定。

第二十八条 县级以上地方人民政府住房城乡建设主管部门应当将单位和个人的处罚信息纳入建筑施工安全生产不良信用记录。

第六章 法 律 责 任

第二十九条 建设单位有下列行为之一的，责令限期改正，并处1万元以上3万元以下的罚款；对直接负责的主管人员和其他直接责任人员处1000元以上5000元以下的罚款：

（一）未按照本规定提供工程周边环境等资料的；

（二）未按照本规定在招标文件中列出危大工程清单的；

（三）未按照施工合同约定及时支付危大工程施工技术措施费或者相应的安全防护文明施工措施费的；

（四）未按照本规定委托具有相应勘察资质的单位进行第三方监测的；

（五）未对第三方监测单位报告的异常情况组织采取处置措施的。

第三十条 勘察单位未在勘察文件中说明地质条件可能造成的工程风险，责令限期改正，依照《建设工程安全生产管理条例》对单位进行处罚；对直接负责的主管人员和其他直接责任人员处1000元以上5000元以下的罚款。

第三十一条 设计单位未在设计文件中注明涉及危大工程的重点部位和环节，未提出保障工程周边环境安全和工程施工安全的意见的，责令限期改正，并处1万元以上3万元以下的罚款；对直接负责的主管人员和其他直接责任人员处1000元以上5000元以下的罚款。

第三十二条 施工单位未按本规定编制并审核危大工程专项施工方案的，依照《建设工程安全生产管理条例》对单位进行处罚，并暂扣安全生产许可证30日；对直接负责的主管人员和其他直接责任人员处1000元以上5000元以下的罚款。

第三十三条 施工单位有下列行为之一的，依照《中华人民共和国安全生产法》《建设工程安全生产管理条例》对单位和相关责任人员进行处罚：

（一）未向施工现场管理人员和作业人员进行方案交底和安全技术交底的；

（二）未在施工现场显著位置公告危大工程，并在危险区域设置安全警示标志的；

（三）项目专职安全生产管理人员未对专项施工方案实施情况进行现场监督的。

第三十四条 施工单位有下列行为之一的，责令限期改正，处1万元以上3万元以下的罚款，并暂扣安全生产许可证30日；对直接负责的主管人员和其他直接责任人员处1000元以上5000元以下的罚款：

（一）未对超过一定规模的危大工程专项施工方案进行专家论证的；

（二）未根据专家论证报告对超过一定规模的危大工程专项施工方案进行修改，或者未按照本规定重新组织专家论证的；

（三）未严格按照专项施工方案组织施工，或者擅自修改专项施工方案的。

第三十五条 施工单位有下列行为之一的，责令限期改正，并处1万元以上3万元以下的罚款；对直接负责的主管人员和其他直接责任人员处1000元以上5000元以下的罚款：

（一）项目负责人未按照本规定现场履职或者组织限期整改的；

（二）施工单位未按照本规定进行施工监测和安全巡视的；

（三）未按照本规定组织危大工程验收的；

（四）发生险情或者事故时，未采取应急处置措施的；

（五）未按照本规定建立危大工程安全管理档案的。

第三十六条　监理单位有下列行为之一的，依照《中华人民共和国安全生产法》《建设工程安全生产管理条例》对单位进行处罚；对直接负责的主管人员和其他直接责任人员处 1000 元以上 5000 元以下的罚款：

（一）总监理工程师未按照本规定审查危大工程专项施工方案的；

（二）发现施工单位未按照专项施工方案实施，未要求其整改或者停工的；

（三）施工单位拒不整改或者不停止施工时，未向建设单位和工程所在地住房城乡建设主管部门报告的。

第三十七条　监理单位有下列行为之一的，责令限期改正，并处 1 万元以上 3 万元以下的罚款；对直接负责的主管人员和其他直接责任人员处 1000 元以上 5000 元以下的罚款：

（一）未按照本规定编制监理实施细则的；

（二）未对危大工程施工实施专项巡视检查的；

（三）未按照本规定参与组织危大工程验收的；

（四）未按照本规定建立危大工程安全管理档案的。

第三十八条　监测单位有下列行为之一的，责令限期改正，并处 1 万元以上 3 万元以下的罚款；对直接负责的主管人员和其他直接责任人员处 1000 元以上 5000 元以下的罚款：

（一）未取得相应勘察资质从事第三方监测的；

（二）未按照本规定编制监测方案的；

（三）未按照监测方案开展监测的；

（四）发现异常未及时报告的。

第三十九条　县级以上地方人民政府住房城乡建设主管部门或者所属施工安全监督机构的工作人员，未依法履行危大工程安全监督管理职责的，依照有关规定给予处分。

第七章　附　　则

第四十条　本规定自 2018 年 6 月 1 日起施行。

附录6　住房城乡建设部办公厅关于实施《危险性较大的分部分项工程安全管理规定》有关问题的通知

（建办质〔2018〕31号）

各省、自治区住房城乡建设厅，北京市住房城乡建设委、天津市城乡建设委、上海市住房城乡建设管委、重庆市城乡建设委，新疆生产建设兵团住房城乡建设局：

为贯彻实施《危险性较大的分部分项工程安全管理规定》（住房城乡建设部令第37号），进一步加强和规范房屋建筑和市政基础设施工程中危险性较大的分部分项工程（以下简称危大工程）安全管理，现将有关问题通知如下：

一、关于危大工程范围

危大工程范围详见附件1。超过一定规模的危大工程范围详见附件2。

二、关于专项施工方案内容

危大工程专项施工方案的主要内容应当包括：

（一）工程概况：危大工程概况和特点、施工平面布置、施工要求和技术保证条件；

（二）编制依据：相关法律、法规、规范性文件、标准、规范及施工图设计文件、施工组织设计等；

（三）施工计划：包括施工进度计划、材料与设备计划；

（四）施工工艺技术：技术参数、工艺流程、施工方法、操作要求、检查要求等；

（五）施工安全保证措施：组织保障措施、技术措施、监测监控措施等；

（六）施工管理及作业人员配备和分工：施工管理人员、专职安全生产管理人员、特种作业人员、其他作业人员等；

（七）验收要求：验收标准、验收程序、验收内容、验收人员等；

（八）应急处置措施；

（九）计算书及相关施工图纸。

三、关于专家论证会参会人员

超过一定规模的危大工程专项施工方案专家论证会的参会人员应当包括：

（一）专家；

（二）建设单位项目负责人；

（三）有关勘察、设计单位项目技术负责人及相关人员；

（四）总承包单位和分包单位技术负责人或授权委派的专业技术人员、项目负责人、项目技术负责人、专项施工方案编制人员、项目专职安全生产管理人员及相关人员；

（五）监理单位项目总监理工程师及专业监理工程师。

四、关于专家论证内容

对于超过一定规模的危大工程专项施工方案，专家论证的主要内容应当包括：

（一）专项施工方案内容是否完整、可行；

（二）专项施工方案计算书和验算依据、施工图是否符合有关标准规范；

（三）专项施工方案是否满足现场实际情况，并能够确保施工安全。

五、关于专项施工方案修改

超过一定规模的危大工程专项施工方案经专家论证后结论为"通过"的，施工单位可参考专家意见自行修改完善；结论为"修改后通过"的，专家意见要明确具体修改内容，施工单位应当按照专家意见进行修改，并履行有关审核和审查手续后方可实施，修改情况应及时告知专家。

六、关于监测方案内容

进行第三方监测的危大工程监测方案的主要内容应当包括工程概况、监测依据、监测内容、监测方法、人员及设备、测点布置与保护、监测频次、预警标准及监测成果报送等。

七、关于验收人员

危大工程验收人员应当包括：

（一）总承包单位和分包单位技术负责人或授权委派的专业技术人员、项目负责人、项目技术负责人、专项施工方案编制人员、项目专职安全生产管理人员及相关人员；

（二）监理单位项目总监理工程师及专业监理工程师；

（三）有关勘察、设计和监测单位项目技术负责人。

八、关于专家条件

设区的市级以上地方人民政府住房城乡建设主管部门建立的专家库专家应当具备以下基本条件：

（一）诚实守信、作风正派、学术严谨；

（二）从事相关专业工作15年以上或具有丰富的专业经验；

（三）具有高级专业技术职称。

九、关于专家库管理

设区的市级以上地方人民政府住房城乡建设主管部门应当加强对专家库专家的管理，定期向社会公布专家业绩，对于专家不认真履行论证职责、工作失职等行为，记入不良信用记录，情节严重的，取消专家资格。

《关于印发〈危险性较大的分部分项工程安全管理办法〉的通知》（建质〔2009〕87号）自2018年6月1日起废止。

附件：

1. 危险性较大的分部分项工程范围
2. 超过一定规模的危险性较大的分部分项工程范围

中华人民共和国住房和城乡建设部办公厅

2018年5月17日

附件1

危险性较大的分部分项工程范围

一、基坑工程

（一）开挖深度超过3m（含3m）的基坑（槽）的土方开挖、支护、降水工程。

（二）开挖深度虽未超过3m，但地质条件、周围环境和地下管线复杂，或影响毗邻建、构筑物安全的基坑（槽）的土方开挖、支护、降水工程。

二、模板工程及支撑体系

（一）各类工具式模板工程：包括滑模、爬模、飞模、隧道模等工程。

（二）混凝土模板支撑工程：搭设高度5m及以上，或搭设跨度10m及以上，或施工总荷载（荷载效应基本组合的设计值，以下简称设计值）$10kN/m^2$及以上，或集中线荷载（设计值）$15kN/m$及以上，或高度大于支撑水平投影宽度且相对独立无联系构件的混凝土模板支撑工程。

（三）承重支撑体系：用于钢结构安装等满堂支撑体系。

三、起重吊装及起重机械安装拆卸工程

（一）采用非常规起重设备、方法，且单件起吊重量在10kN及以上的起重吊装工程。

（二）采用起重机械进行安装的工程。

（三）起重机械安装和拆卸工程。

四、脚手架工程

（一）搭设高度24m及以上的落地式钢管脚手架工程（包括采光井、电梯井脚手架）。

（二）附着式升降脚手架工程。

（三）悬挑式脚手架工程。

（四）高处作业吊篮。

（五）卸料平台、操作平台工程。

（六）异型脚手架工程。

五、拆除工程

可能影响行人、交通、电力设施、通信设施或其他建、构筑物安全的拆除工程。

六、暗挖工程

采用矿山法、盾构法、顶管法施工的隧道、洞室工程。

七、其他

（一）建筑幕墙安装工程。

（二）钢结构、网架和索膜结构安装工程。

（三）人工挖孔桩工程。

（四）水下作业工程。

（五）装配式建筑混凝土预制构件安装工程。

（六）采用新技术、新工艺、新材料、新设备可能影响工程施工安全，尚无国家、行业及地方技术标准的分部分项工程。

附件 2

超过一定规模的危险性较大的分部分项工程范围

一、深基坑工程

开挖深度超过 5m（含 5m）的基坑（槽）的土方开挖、支护、降水工程。

二、模板工程及支撑体系

（一）各类工具式模板工程：包括滑模、爬模、飞模、隧道模等工程。

（二）混凝土模板支撑工程：搭设高度 8m 及以上，或搭设跨度 18m 及以上，或施工总荷载（设计值）15kN/m² 及以上，或集中线荷载（设计值）20kN/m 及以上。

（三）承重支撑体系：用于钢结构安装等满堂支撑体系，承受单点集中荷载 7kN 及以上。

三、起重吊装及起重机械安装拆卸工程

（一）采用非常规起重设备、方法，且单件起吊重量在 100kN 及以上的起重吊装工程。

（二）起重量 300kN 及以上，或搭设总高度 200m 及以上，或搭设基础标高在 200m 及以上的起重机械安装和拆卸工程。

四、脚手架工程

（一）搭设高度 50m 及以上的落地式钢管脚手架工程。

（二）提升高度在 150m 及以上的附着式升降脚手架工程或附着式升降操作平台工程。

（三）分段架体搭设高度 20m 及以上的悬挑式脚手架工程。

五、拆除工程

（一）码头、桥梁、高架、烟囱、水塔或拆除中容易引起有毒有害气（液）体或粉尘扩散、易燃易爆事故发生的特殊建、构筑物的拆除工程。

（二）文物保护建筑、优秀历史建筑或历史文化风貌区影响范围内的拆除工程。

六、暗挖工程

采用矿山法、盾构法、顶管法施工的隧道、洞室工程。

七、其他

（一）施工高度 50m 及以上的建筑幕墙安装工程。

（二）跨度 36m 及以上的钢结构安装工程，或跨度 60m 及以上的网架和索膜结构安装工程。

（三）开挖深度 16m 及以上的人工挖孔桩工程。

（四）水下作业工程。

（五）重量 1000kN 及以上的大型结构整体顶升、平移、转体等施工工艺。

（六）采用新技术、新工艺、新材料、新设备可能影响工程施工安全，尚无国家、行业及地方技术标准的分部分项工程。

参 考 文 献

[1] 李钰. 建筑施工安全(第二版). 北京: 中国建筑工业出版社, 2013.

[2] 全国一级建造师执业资格考试用书编写委员会编写. 2017 年版建筑工程管理与实务. 北京: 中国建筑工业出版社, 2017.

[3] 全国二级建造师执业资格考试用书编写委员会编写. 2018 年版建筑工程管理与实务. 北京: 中国建筑工业出版社, 2018.

[4] 中华人民共和国主席令 第 46 号, 中华人民共和国建筑法.

[5] 中华人民共和国主席令 第八十号, 中华人民共和国刑法修正案(十).

[6] 中华人民共和国主席令 11 届第 6 号, 中华人民共和国消防法(2008 年 10 月 28 日修订).

[7] 中华人民共和国主席令 第十三号, 中华人民共和国安全生产法.

[8] 中华人民共和国国务院令第 393 号, 建设工程安全生产管理条例.

[9] 中华人民共和国国务院令第 397 号, 安全生产许可证条例.

[10] 中华人民共和国国务院令第 493 号, 生产安全事故报告和调查处理条例.

[11] 建质[2004]59 号, 建筑施工企业主要负责人、项目负责人和专职安全生产管理人员安全生产考核管理暂行规定.

[12] 建质[2008]75 号, 建筑施工特种作业人员管理规定.

[13] 财企[2012]16 号, 企业安全生产费用提取和使用管理办法.

[14] 建办[2005]89 号, 建筑工程安全防护、文明施工措施费用及使用管理规定.

[15] 建质[2008]91 号, 建筑施工企业安全生产管理机构设置及专职安全生产管理人员配备办法.

[16] 住建部令[2018]37 号, 危险性较大的分部分项工程安全管理规定.

[17] JGJ 59—2011, 建筑施工安全检查标准.

[18] GB 12523—2011, 建筑施工场界环境噪声排放标准.

[19] JGJ 146—2013, 建筑施工现场环境与卫生标准.

[20] JGJ 120—2012, 建筑基坑支护技术规程.

[21] GB 50497—2009, 建筑基坑工程监测技术规范.

[22] JGJ 130—2011, 建筑施工扣件式钢管脚手架安全技术规范.

[23] JGJ 162—2008, 建筑施工模板安全技术规范.

[24] JGJ 80—2016, 建筑施工高处作业安全技术规范.

[25] GBT 3608—2008, 高处作业分级.

[26] GB 6067—2010, 起重机械安全规程.

[27] GB 12602—2009, 起重机械超载保护装置安全技术规程.

[28] GB 5144—2006, 塔式起重机安全规程.

[29] JGJ 33—2012, 建筑机械使用安全技术规程.

[30] JGJ 46—2005, 建筑施工临时用电安全技术规范.

[31] JGJ 147—2016, 建筑拆除工程安全技术规范.

[32] GB 6095—2009, 安全带.

[33] GB/T 6096—2009, 安全带测试方法.

[34] GB 5725—2009, 安全网.

[35] GB 2811—2007, 安全帽.

[36] GB/T 2812—2006, 安全帽测试方法.